Elektronik und Radioelektrizität · Band 1

Fachbibliothek

G. Thalmann
Elektro-Ingenieur

Elektronik und Radioelektrizität

Band 1

Mit einem Vorwort der Übersetzer

WALTER ERB, Ing.,
Präsident der Prüfungskommissionen der Meister- und Konzessionsprüfungen Radio und TV.

WILLY WALDMEYER, Dipl.-Ing. ETH

Springer Basel AG

ISBN 978-3-0348-4055-2 ISBN 978-3-0348-4128-3 (eBook)
DOI 10.1007/978-3-0348-4128-3

Ursprünglich erschienen bei Birkhäuser Verlag Basel 1968.
Softcover reprint of the hardcover 1st edition 1968
Titel der französischen Originalausgabe:
Electronique et Radioélectricité, Tome 1, 3ème édition

Vorwort der Übersetzer

Die jungen Berufe Elektroniker, Radio- und Fernsehelektriker erfordern, neben der rein praktischen Ausbildung in Werkstatt und Laboratorium, theoretische Grundlagen, wie sie wohl kaum in einem anderen Beruf verlangt werden.

In den letzten Jahren haben Radioelektrizität und Elektronik ein immer breiteres Feld innerhalb der gesamten Elektrotechnik erobert, und es gibt kaum mehr eine Abteilung der Maschinen- oder Elektrotechnik, in der die Elektronik nicht eine hervorragende Rolle spielt.

In einer Technik, die sich so schnell entwickelt wie die Elektronik, müssen die Berufsleute vom Arbeiter bis zum Techniker mit einer sehr soliden Grundlage ihres Fachwissens ausgerüstet werden. Sie sind dann in der Lage, dem schnellen Fortschritt der Technik zu folgen und ihre Kenntnisse immer dem neuesten Stand anzupassen.

Es muß als besonderes Verdienst des Autors Herrn Thalmann bezeichnet werden, daß er in dem vorliegenden Werk die Grundlagen ausführlich, exakt und klar darbietet. Eine einfache, gutverständliche Sprache, sorgfältig ausgeführte Figuren und eine sehr übersichtliche Anordnung des Stoffes erleichtern das Studium.

Wir können das Werk Lehrlingen und Studierenden bestens empfehlen und wünschen ihm den Erfolg, den es verdient.

Baden und Zürich, den 31. Oktober 1967

Die Übersetzer

Walter Erb
Willy Waldmeyer

Inhaltsverzeichnis

3. Kapitel. – Die Halbleiter

4. Kapitel. – Die Energieversorgung der Elektronenröhren und der Transistoren

7. Kapitel. – Röhren-Leistungsverstärker

8. Kapitel. – Die Gegentaktschaltung und die Phasenkehrstufe

Verwendete Symbole

Die in diesem Buch aufgeführten Größen und Einheiten sind stets durch die gleichen Symbole dargestellt. Diese wurden nach den »Regeln und Leitsätzen für Buchstabensymbole und Zeichen« des Schweiz. Elektrotechn. Vereins SEV gewählt. Die Symbole für Größen sind durch Buchstaben in Vertikalschrift, diejenigen für Einheiten, chem. Elemente und mathematische Operationen in Schrägschrift dargestellt.

Damit der Leser jederzeit ohne Mühe die Bedeutung der Symbole nachschlagen kann, sind diese nachstehend in alphabetischer Reihenfolge aufgeführt.

A	Fläche. Betrachteter Punkt
A	Ampère
a	Anode. Statische Stromverstärkung einer Transistorbasis-Schaltung
a_H	Anode des Heptodenteils
a_T	Anode des Triodenteils
α	Winkel, Temperaturkoeff.
B	Magnetische Induktion
b	Breite. Batterie
b	Barye
β	Winkel. Statische Stromverstärkung einer Transistor-Emitterschaltung
C	Kapazität eines Kondensators. Streukapazität. Kondensator
C_a	Kapazität der Anode gegenüber den anderen Elektroden, ausgenommen das Steuergitter
C_d	Dynamische Kapazität
C_e	Eingangskapazität
C_{ec}	Eingangskapazität mit Gegenkopplung
C_{fk}	Kapazität zwischen Heizfaden und Kathode
C_g	Kapazität zwischen Steuergitter und den anderen Elektroden, die excl. Anode
C_{ga}	Gitter-Anodenkapazität
C_k	Kapazität des Entkopplungskondensators des Kathodenwiderstandes
C_{ka}	Kapazität zwischen Kathode und Anode
C_{kg}	Kapazität zwischen Kathode und Gitter
C_l	Kapazität eines Kopplungskondensators
C_r	Verteilte Kapazität
C_1	Kapazität des Eingangskondensators oder des 1. Kondensators
C_2	Kapazität des Ausgangskondensators oder des 2. Kondensators
C	Coulomb
Ch.	Heizung
Cu	Kupfer
c	Schallgeschwindigkeit in Luft. Lichtgeschwindigkeit
γ	Winkel. Einheitsgewicht
D	Durchgriff
d	Durchmesser. Verzerrung
d_c	Verzerrung mit Gegenkopplung
$d_{tot.}$	Gesamtverzerrung
d_2	Verzerrung durch die 2. Harmonische

d_3	Verzerrung durch die 3. Harmonische
Δ	Größenänderung
δ	Luftspalt. Verlustwinkel
E	EMK
e	Ladung eines Elektrons ($e = 1{,}6 \cdot 10^{-19}$ C)
e	Logarithmenbasis (e = 2,718) (natürlicher log.)
ε	Dielektrizitätskonstante
η	Wirkungsgrad. Wirkung eines Filters
F	Kraft
F	Farad
Fe	Eisen
f	Frequenz
$f_{inf.}$	Untere Grenzfrequenz
$f_{sup.}$	Obere Grenzfrequenz
f_0	Resonanzfrequenz
G	Gewicht. Leitfähigkeit
Gs	Gauss
g	Gewinn. Verstärkung pro Stufe. Gitter, Wehneltzylinder
g_c	Verstärkung m. Gegenkopplg.
g_i	Verstärkung bei tiefen Frequenzen
g_m	Verstärkung bei mittleren Frequenzen
g_s	Verstärkung bei hohen Frequenzen
g_2	Schirmgitter oder 2. Gitter
g_3	Bremsgitter oder 3. Gitter
H	Magnetische Feldstärke (ohne Eisen)
H	Henry
Hz	Hertz
h	Höhe
h_{11}	Eingangswiderstand oder Impedanz
h_{12}	Spannungsrückkopplungsverhältnis
h_{21}	Statische Stromverstärkung
h_{22}	Ausgangsadmittanz
I	Stromstärke
I_a	Anodenstromstärke
$I_{a_{max.}}$	Maximale Anodenstromstärke
$I_{a_{min.}}$	Minimale Anodenstromstärke
I_{a_r}	Anodenruhestrom
I_{a0}	Anodenstrom für $U_g = 0$ V
I_c	Kollektorgleichstrom
I_{cb0}, I_{c0}	Reststrom zwischen Basis und Kollektor
I_{ce0}, I'_{c0}	Reststrom zwischen Emitter und Kollektor
$I_{eff.}$, I	Effektivstromstärke
I_f	Heizstromstärke
I_d	Diodenstrom
I_g	Gitterstrom
I_{g1}	Strom des 1. Gitters
I_{g2}	Schirmgitterstrom oder Strom des 2. Gitters
I_i	Ionisationsstrom
$I_{inf.}$	Stromstärke an der unteren Grenze der Stabilisierung
I_k	Kathodenstrom
I_l	Strahlstrom
I_m	Mittelwert des Stromes
$I_{max.}$, $\hat{I}$	Maximalstrom
$I_{min.}$	Minimalstrom
$I_{ond.}$	Welligkeit des Stromes
I_p	NF-Strom (Wechselstromkomponente)
I_r	Ruhestrom
I_s	Sättigungsstrom
$I_{sup.}$	Stromstärke an der oberen Grenze der Stabilisierung
I_1	Eingangsstrom oder Strom durch den 1. Widerstand oder durch die 1. Wicklung
I_2	Ausgangsstrom oder Strom durch den 2. Widerstand oder durch die 2. Wicklung
i	Momentanwert des Wechselstromes
K	Thermischer Widerstand
K	Kilo
k	Konstante
k_c	Korrekturfaktor
k_r	Füllfaktor
k_{tr}	Transformatorenkonstante
L	Selbstinduktionskoeffizient
L_σ	Selbstinduktion des Streufeldes
l	Länge

l_{Fe} Mittlerer Kraftlinienweg im Eisen
l_m Mittlere Windungslänge
lg 10er Logarithmus
ln Natürlicher Logarithmus (basis e = 2,718)
λ Wellenlänge
M Gegenseitige Induktion
M Mega
m Masse
m Milli
μ Permeabilität. Verstärkungsfaktor
μ_c Verstärkungsfaktor mit Gegenkopplung
μ Mikro
N Windungszahl
N_{db} Niveau in Dezibel
N_p Windungszahl der Primärwicklung
N_s Windungszahl der Sekundärwicklung
N_v Windungen pro Volt
N_1 Windungszahl der Wicklung 1. Empfindlichkeit des 1. Plattenpaares einer Kathodenstrahlröhre
N_2 Windungszahl der Wicklung 2. Empfindlichkeit des 2. Plattenpaares einer Kathodenstrahlröhre
N Neper
n Übersetzungsverhältnis
n Nano
P Leistung. Arbeitspunkt
P_a Abgegebene Leistung
P_c Aufgenommene Leistung. Leistung des Kollektors
$P_{Ch.1}$ Leistung der Heizwicklung 1
P_{g_1} Gitterleistung am Gitter 1
$P_{HT.}$ Leistung der Hochspannungswicklung
P_m Modulierte Leistung
P_1 Eingangsleistung. Primärleistung
P_2 Ausgangsleistung. Sekundärleistung
p Pico
π 3,14
Q Quantum
R Widerstand
R_a Widerstand im Anodenkreis. Arbeitswiderstand
R_{aa} Arbeitswiderstand zwischen den Anoden von 2 in Gegentakt geschalteten Röhren
R_{ag} Widerstand zwischen Anode und Gitter
$R_{e\,opt.}$ Optimaler Eingangswiderstand
R_{fk} Widerstand zwischen Heizfaden und Kathode
R_g Gitterableitwiderstand der 1. Röhre
$R_{g(2)}$ Gitterableitwiderstand der 2. Röhre
R_{g_2} Serienwiderstand des Schirmgitters
R_H Hall-Koeffizient
R_i Innenwiderstand
R_{i_c} Innenwiderstand mit Gegenkopplung
R_k Kathodenwiderstand
R_m Magnetischer Widerstand. Reluktanz
R_p Ohmscher Widerstand der Primärwicklung
R_s Ohmscher Widerstand der Sekundärwicklung. Ausgangswiderstand
$R_{s\,opt.}$ Optimaler Ausgangswiderstand
R_t Scheinwiderstand eines Gleichrichters
R_{tr} Scheinwiderstand eines Transformators
R_u Arbeitswiderstand
r Übertragungskoeffizient
r_b Basiswiderstand
r_c Widerstand des Überganges Basis-Kollektor
r_e Widerstand des Überganges Basis-Emitter
r_m Proportionalitätsfaktor
ϱ Spezifischer Widerstand

S	Statische Steilheit. Querschnitt. Stabilisierungsfaktor
S_{Cu}	Kupferquerschnitt
S_d	Dynamische Steilheit
S_{Fe}	Eisenquerschnitt
s	Sekunde
σ	Stromdichte. Streufaktor
T	Periode. Absolute Temp.
t	Zeit
$t_{amb.}$	Umgebungstemperatur
τ	Zeitkonstante
U	Spannung
U_a	Anodenspannung
U_{ar}	Anodenruhespannung
U_{a0}	Anodenspannung für $I_a = 0$
U_b	Speisespannung
$U_{bat.}$	Batteriespannung
U_{c1}	Spannung am 1. Kondensator
U_{c2}	Spannung am 2. Kondensator
U_d	Diodenspannung
U_e	Eingangsspannung
$U_{eff.}$, U	Effektivspannung
U_f	Heizspannung
U_{fk}	Spannung zwischen Heizfaden und Kathode
U_g	Steuergittervorspannung
U_{g1}	Vorspannung des 1. Gitters
U_{g2}	Schirmgitterspannung
U_{g0}	Spannung am Steuergitter für $I_a = 0$
U_H	Hall-Spannung
U_i	Ionisationsspannung
$U_{inv.}$	Spitzensperrspannung
U_k	Spannung zwischen Kathode und Masse
U_m	Mittlere Spannung
$U_{max.}$, $\hat{U}$	Maximale Spitzenspannung
$U_{min.}$	Minimalspannung
$U_{ond.1}$	Welligkeitsspannung am Eingang des Filters
$U_{ond.2}$	Welligkeitsspannung am Ausgang des Filters
U_p	Spannung durch NF-Strom
U_r	Ruhespannung
U_s	Sättigungsspannung
U_0	Leerlaufspannung
U_ε	Störspannung
U_1	Eingangsspannung
U_2	Ausgangsspannung
V	Elektrisches Potential
v	Geschwindigkeit
V	Volt
W	Energie. Arbeit
W	Watt
X	Reaktanz
X_C	Kapazitanz
X_L	Induktanz
Z	Impedanz
Z_a	Impedanz im Anodenkreis. Arbeitsimpedanz
Z_{aa}	Impedanz zwischen den Anoden einer Gegentaktschaltg.
Z_p	Primärimpedanz
Z_s	Sekundärimpedanz
Z_u	Arbeitsimpedanz
Φ	Magnetischer Fluß. Lichtstrom
φ	Phasenverschiebungswinkel
Ω	Ohm
ω	Kreisfrequenz. Winkelgeschwindigkeit

Griechisches Alphabet

$A\ \alpha$	Alpha	$I\ \iota$	Jota	$P\ \varrho$	Rho
$B\ \beta$	Beta	$K\ \varkappa$	Kappa	$\Sigma\ \sigma$	Sigma
$\Gamma\ \gamma$	Gamma	$\Lambda\ \lambda$	Lambda	$T\ \tau$	Tau
$\Delta\ \delta$	Delta	$M\ \mu$	My	$Y\ \upsilon$	Ypsilon
$E\ \varepsilon$	Epsilon	$N\ \nu$	Ny	$\Phi\ \varphi$	Phi
$Z\ \zeta$	Zeta	$\Xi\ \xi$	Xi	$X\ \chi$	Chi
$H\ \eta$	Eta	$O\ o$	Omikron	$\Psi\ \psi$	Psi
$\Theta\ \vartheta$	Theta	$\Pi\ \pi$	Pi	$\Omega\ \omega$	Omega

Graphische Symbole der wichtigsten elektronischen Schaltelemente

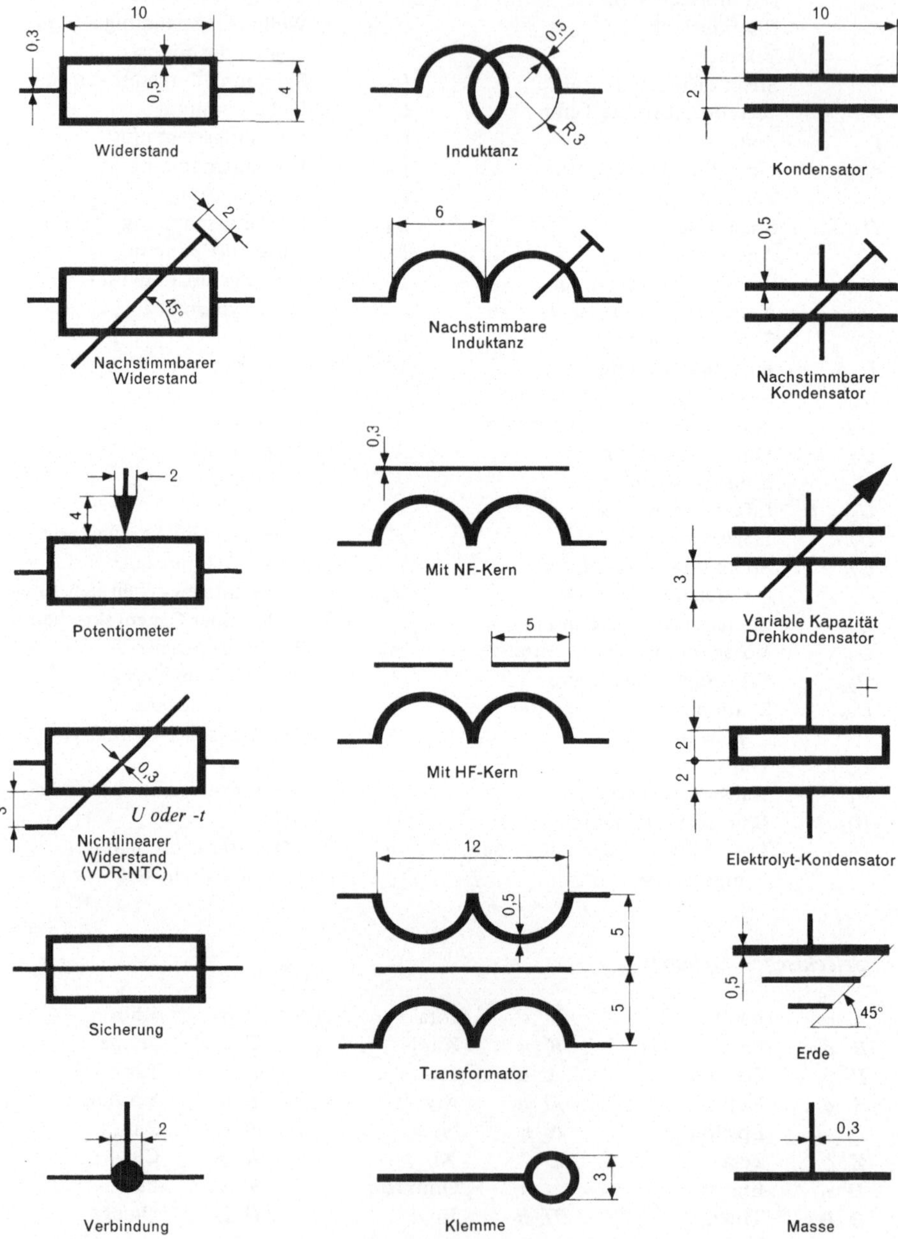

Graphische Symbole der wichtigsten elektronischen Schaltelemente

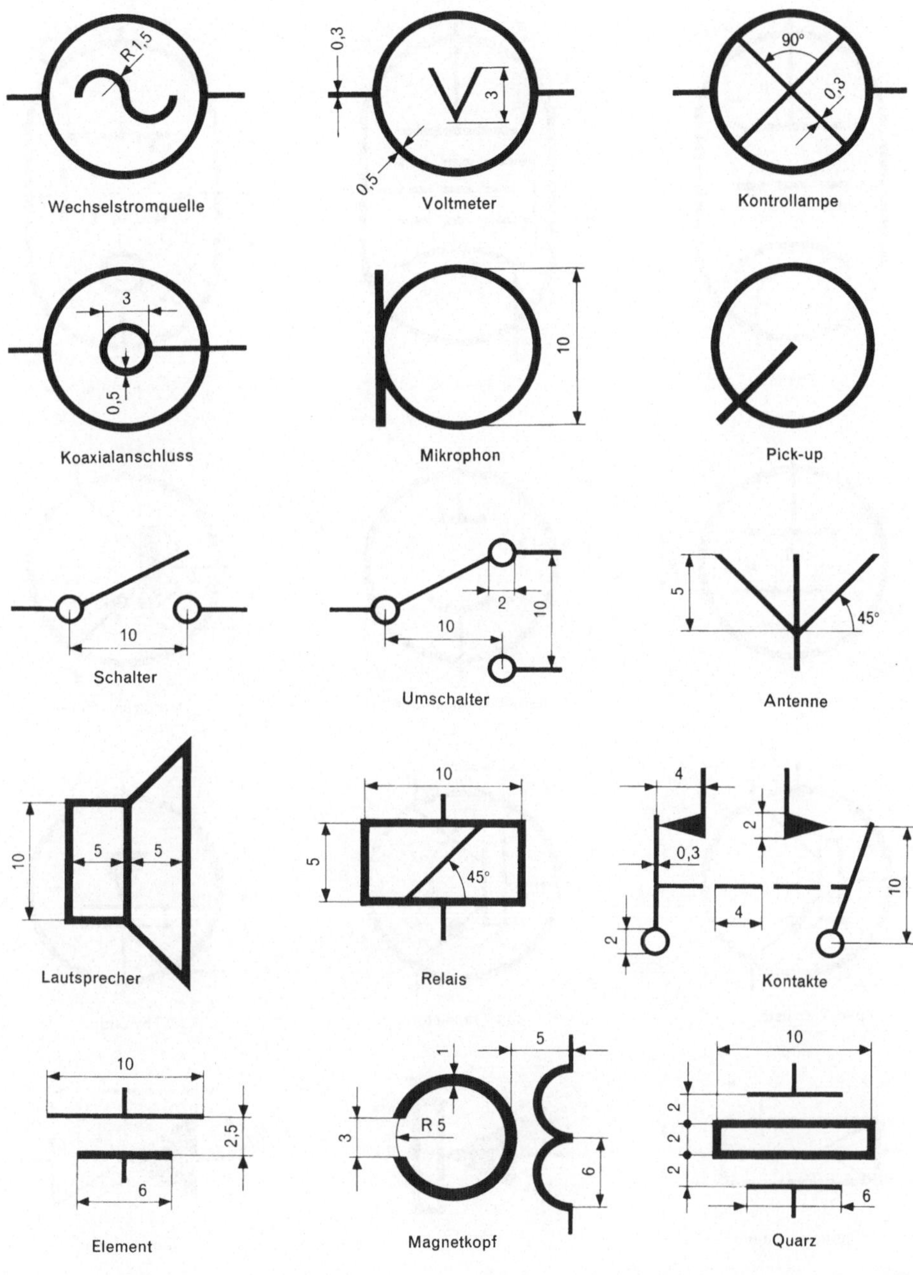

Graphische Symbole der wichtigsten elektronischen Schaltelemente

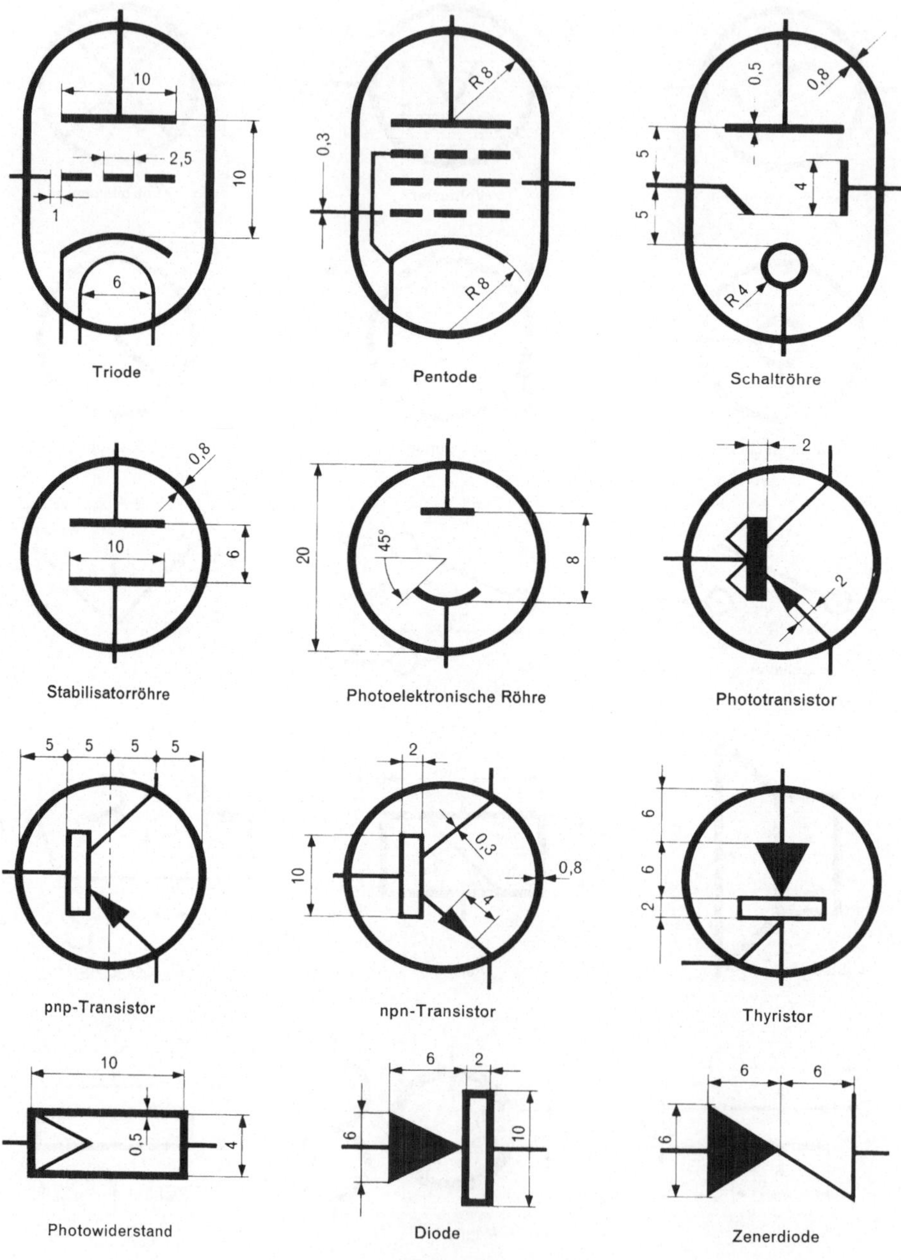

1. Kapitel

Die Elektronenröhren

1. Thermische Elektronenemission

Zwei metallische Elektroden in einem Abstand von einigen mm werden an eine Gleichspannung von mehreren 100 Volt angeschlossen (Fig. 1).
Erhitzt man die mit dem negativen Pol der Stromquelle verbundene Elektrode, so zeigt das Galvanometer einen schwachen Strom an (Fig. 1a). Es fließt keinerlei Strom, wenn wir die positive Elektrode erhitzen (Fig. 1b).

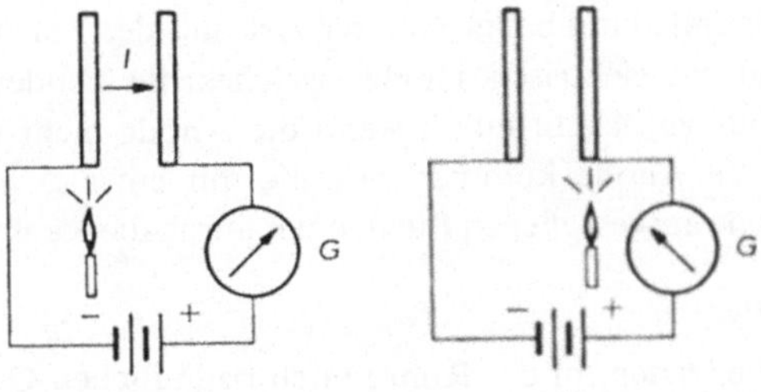

Fig. 1
Richtung des Elektronenstromes
a) Der Strom fließt
b) Der Strom ist unterbrochen

Bei der Erhitzung der negativen Elektrode, welche wir in Zukunft Kathode nennen werden, entsteht im Material derselben eine heftige atomare Bewegung, die die freien Elektronen nach außen abstößt. Diese Elektronen werden durch die positiv geladene Elektrode, die Anode *a*, angezogen und bilden einen Elektronenstrom.
Dieser Strom wird um so größer, je stärker die Kathode erwärmt wird, je größer die Spannung und je geringer der Abstand zwischen den Elektroden ist.
Die zwischen den Elektroden befindliche Luft verhindert das Ansteigen des Stromes auf höhere Werte.

2. Diode, Edison-Effekt

Die beiden Elektroden der Fig. 1 werden nun in einen Glaskolben gebracht, aus dem die Luft möglichst vollständig herausgepumpt wird. Die so entstehende Elektronenröhre wird Diode genannt (Fig. 2).
Heizt man nun die Kathode mit Hilfe einer Stromquelle und schließt man den Schalter *c*, so zeigt das Milliampèremeter mA den Durchgang eines Elektronenstromes I_a an, Anodenstrom genannt.

3. Raumladung

Durch die Erwärmung der Kathode entsteht um sie herum eine Elektronenwolke, welche Träger einer negativen elektrischen Ladung ist, die sich in dem die Kathode umgebenden Raum verteilt, daher der Name Raumladung (Fig. 3).

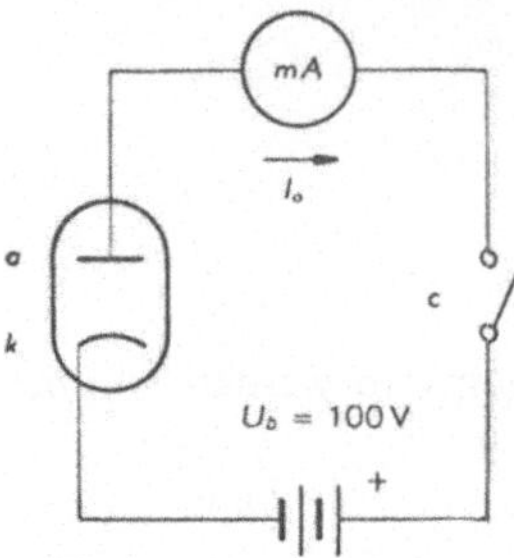

Fig. 2
Diode und Edisoneffekt

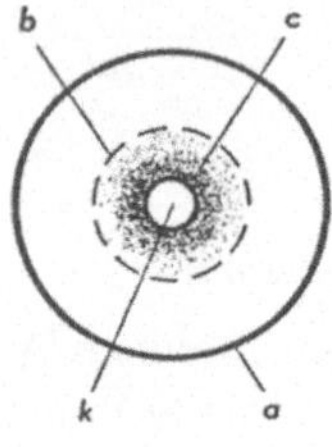

Fig. 3
Raumladung
a Anode, *b* Raumladung
c Elektronenwolke, *k* Kathode

Die Raumladung hängt von der Art und der Form der benützten Kathode ab. Sie erzeugt ein elektrisches Feld, welches die Tendenz hat, die Elektronen auf die Kathode zurückzuführen, wenn die Anode nicht vorhanden wäre. Sogar mit der positiven Anode kommen nur die mit einer gewissen Geschwindigkeit von der Kathode ausgestoßenen Elektronen durch die Raumladung hindurch bis zur Anode.

4. Getter

Um die letzten, in der Röhre noch befindlichen Gasreste zu absorbieren, die auch nach vollkommenem Auspumpen noch vorhanden sind, verdampft man im Innern des Glaskolbens eine kleine Menge Magnesium oder Baryum. Dieses sog. Gettermaterial wird auf einem kleinen Metallteller mit Hilfe von Hochfrequenz-Induktionsheizung verdampft.

5. Kathoden-Typen

Eine Kathode ist um so besser, je mehr Elektronen sie bei einem minimalen Heizstrom emittiert.

a) Wolframkathode

Bei den ersten Elektronenröhren bestand die Kathode aus einem einfachen Wolframdraht (wie bei den Glühlampen). Um eine genügende Elektronenemission zu bekommen, mußte dieser Glühfaden auf eine sehr hohe Temperatur gebracht werden, was einen entsprechenden Leistungsbedarf zur Folge hatte. Wolframkathoden werden heute nur noch bei Senderöhren verwendet.

b) Thorierte Wolframkathoden

Wenn man eine Wolframkathode mit einer dünnen Schicht Thoriumoxyd versieht, erhält man eine genügende Elektronenemission schon bei niedriger Temperatur.

Das Thorium bildet eine aktive Schicht, welche ein größeres Austrittspotential ermöglicht. Solche Kathoden verbrauchen weniger Strom (60–80 mA/W), sind aber sehr zerbrechlich.

c) Oxydkathoden

Baryum- und Strontiumoxyd gestatten ebenfalls eine starke thermoelektronische Emission bei niedrigen Temperaturen. Da diese Oxyde schlechte elektrische Leiter und auch ziemlich spröde sind, werden sie auf ein Nickelröhrchen aufgedampft und bilden so die Kathode, die im Innern den vom Röhrchen isolierten Heizfaden trägt. Bei den modernen Kathoden ist der Heizfaden mit einer feuerfesten Isolierschicht umgeben und direkt in das Nickelröhrchen eingeführt.

d) Diffusionskathoden

Wenn eine Oxydkathode, die mit einem porösen Wolframzylinder umgeben ist, geheizt wird, bildet sich eine aktive Schicht auf der Wolframoberfläche. Dank einer Diffusion durch das poröse Metall hindurch, gestattet diese Schicht eine stärkere Elektronenemission als diejenige der Oxydkathoden und ist zudem widerstandsfähiger gegen das Ionenbombardement.

6. Direkte und indirekte Heizung

Röhren, bei welchen der Heizfaden gleichzeitig die Kathode bildet, nennt man direkt geheizte Röhren (Fig. 4a). Diese Art Heizung hat den Nachteil einer un-

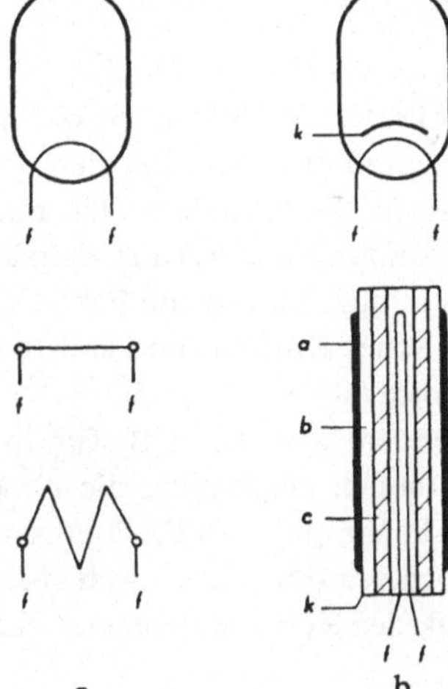

Fig. 4
Schema und Aufbau von direkt (a) und indirekt (b) geheizten Röhren
a Aktive Oxydschicht, *b* Nickelröhrchen, *c* Isolator, *f* Heizfaden, *k* Kathode

regelmäßigen Elektronenemission der Kathode. Da die beiden Heizfadenenden gegenüber den anderen Elektroden verschiedene Spannungen aufweisen, wird auch die Elektronenemission an beiden Enden verschieden.

Um diesen Fehler auf ein Minimum zu reduzieren, wurden die Heizfäden für eine sehr niedrige Spannung (1,4 V) hergestellt. Die direkt geheizten Röhren haben den Vorteil einer sehr kurzen Anlaufzeit.

Bei den indirekt geheizten Röhren übernimmt der Heizfaden lediglich die Rolle des Wärmespenders. Er ist von der Kathode durch einen wärmefesten Isolator getrennt wie z.B. bei den Oxyd- und Diffusionskathoden. Die meisten Elektronenröhren kleinerer Leistung haben diesen Aufbau (Fig. 4b).

Diese Art der Heizung gestattet die Herstellung von Kathoden mit großer emittierender Oberfläche und großer Wärmekapazität. Alle Punkte der Kathode haben das gleiche Potential. Schwankungen des Heizstromes vermögen die Temperatur der Kathode kaum zu ändern. Es ist deshalb möglich, die Heizfäden mit Wechselstrom zu speisen, ohne daß dadurch die Elektronenemission moduliert wird.

Wenn auch die indirekte Heizung unbestreitbare Vorteile bietet, so gibt es dabei doch auch einige Unzukömmlichkeiten, deren hauptsächlichste im Vorhandensein einer Isoliermasse zwischen Kathode und Heizfaden besteht.

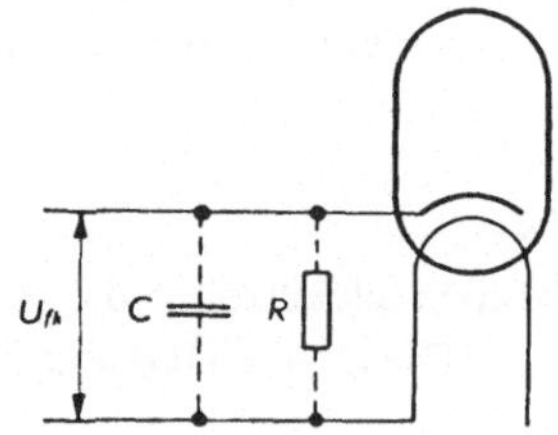

Fig. 5
Widerstand R und Streukapazität zwischen Heizfaden und Kathode

Diese Isolierschicht bildet sowohl einen hohen Widerstand *R* als auch mit der Kathode zusammen oder mit dem Heizfaden eine Kapazität (Fig. 5).

Diese beiden Werte ändern sich mit der Temperatur, so daß das Auftreten von Brummspannungen durchaus möglich ist, wenn nicht gar eine Beschädigung des Isolators erfolgt. Um solche Fehler zu vermeiden, verwendet man Schaltungen, bei denen zwischen Kathode und Heizfaden keine hohen Spannungen auftreten können (U_{fk} = max. 50 V).

Für besondere Zwecke, z.B. für indirekt geheizte Gleichrichterröhren hat man auch Kathoden geschaffen, die hohe Spannungen zwischen Kathode und Heizfaden aushalten (Röhren EZ 80, 6X4 usw., bei denen U_{fk} = max. 500 V beträgt).

Es sei noch erwähnt, daß durch geeignete Formgebung für die Kathode, die Charakteristik der Röhre weitgehend beeinflußt werden kann.

7. *Kennlinie einer Röhre*

Die Röhrenfabrikanten machen für die verschiedenen Röhren stets die nötigen Angaben wie Heizspannung, Heizstrom usw. Sie geben ferner Kurven bekannt, welche über die Arbeitsweise und Verwendungsmöglichkeit genau Auskunft geben. Diese Kurven werden *Kennlinien* genannt.

Bei einer Diode ist der Anodenstrom I_a ausschließlich von der Anodenspannung U_a abhängig, weshalb die Anwendungsbedingungen einer solchen Röhre durch eine einzige Kennlinie bestimmt werden können.
Um die Kennlinie einer Diode aufzunehmen, wird die Schaltung Fig. 6 benützt.

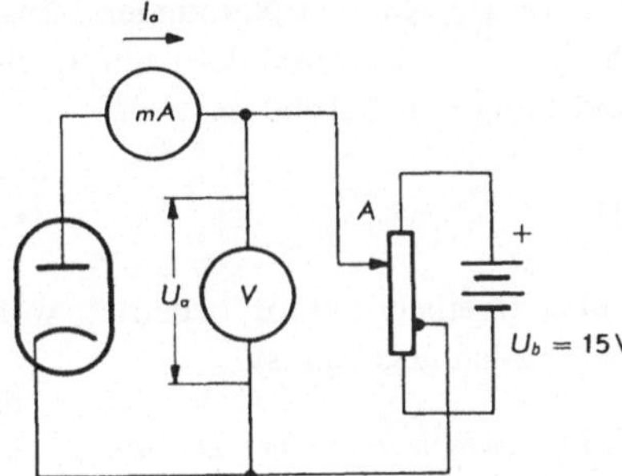

Fig. 6
Schaltung zur Aufnahme der I_a/U_a-Kennlinien einer Diode

Bei der untersten Stellung des Potentiometerläufers hat die Anode gegenüber der Kathode eine negative Spannung, und es fließt kein Anodenstrom I_a. Schiebt man den Läufer nach oben gegen den Punkt A, so steigt die Anodenspannung. Sobald die Spannung an der Anode das Kathodenpotential überschreitet, beginnt Anoden-

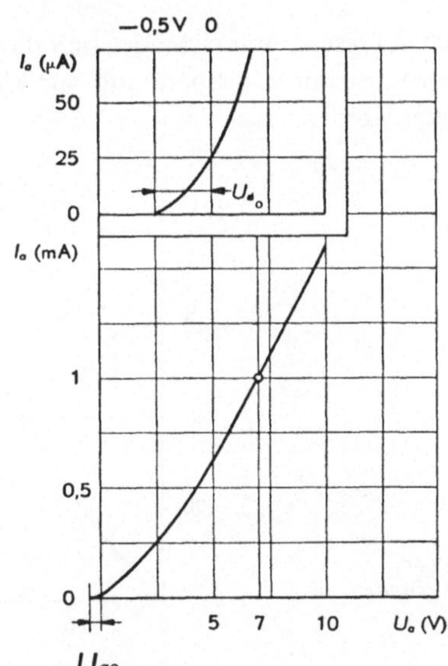

Fig. 7
I_a/U_a-Kennlinie einer Diode

strom zu fließen, welcher mit größerer Anodenspannung zunimmt. Trägt man die eingestellten Werte der Anodenspannung U_a und die dazugehörenden Anodenströme I_a in ein Koordinatensystem ein, so erhält man die Kurve Fig. 7, welche die Kennlinie der Diode darstellt.

Wie wir auf der Darstellung sehen, beginnt der Anodenstrom bei einer Spannung $U_{a0} = -0{,}5$ V zu fließen, und für eine Spannung von $U_a = 7$ V z. B. beträgt der Anodenstrom $I_a = 1$ mA. Diese Kennlinie gestattet also die Ermittlung des Anodenstromes I_a für jede beliebige Anodenspannung U_a.
Bei kleinen Anodenspannungen hängt der Anodenstrom nicht mehr von der Kathodentemperatur, sondern nur noch von der Anodenspannung ab. Nach Child und Langmuir beträgt er

$$I_a = G U_a^{\frac{3}{2}}, \tag{1}$$

wobei G einen Faktor bedeutet, welcher durch Form, Größe und Abstand der Elektroden gegeben ist.

8. Innenwiderstand einer Diode

Der Innenwiderstand einer Diode entspricht dem Quotienten:

$$R_i = \frac{\text{Spannungsänderung}}{\text{Stromänderung}} = \frac{\Delta U_a}{\Delta I_a} \tag{2}$$

I_a in A, R_i in Ω, U_a in V.

Analog dem ohmschen Gesetz, unterscheidet sich diese Formel nur durch die Tatsache, daß anstelle von Strom und Spannung nur kleine Strom- und Spannungsänderungen eingesetzt werden.

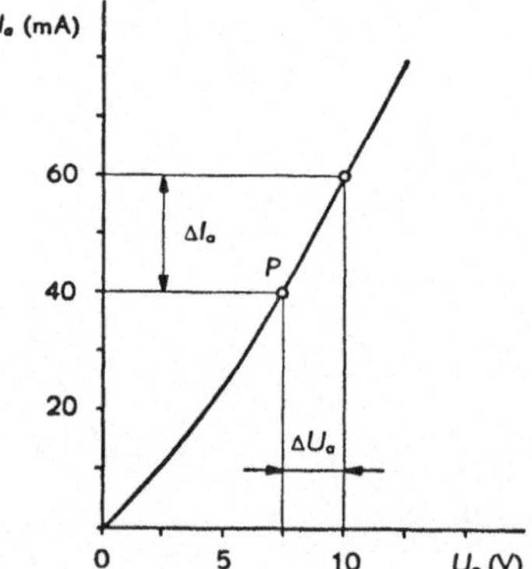

Fig. 8
Graphische Bestimmung des Innenwiderstandes einer Diode

Es ist hervorzuheben, daß der Innenwiderstand R_i dem reziproken Wert der Steilheit der Kennlinie im betrachteten Punkt P entspricht. Den Punkt P nennt man Arbeitspunkt. Der Innenwiderstand kann somit auch graphisch bestimmt werden (Fig. 8).

9. Sättigungsstrom

In einer Röhre mit Wolframkathode ist es möglich, bei genügend hoher Anodenspannung, alle aus der Kathode austretenden Elektronen zur Anode zu leiten. Wenn dieser Zustand erreicht ist, kann man den Anodenstrom auch mit einer noch höheren Anodenspannung nicht mehr steigern, man spricht dann vom Sättigungsstrom I_s (Fig. 9).

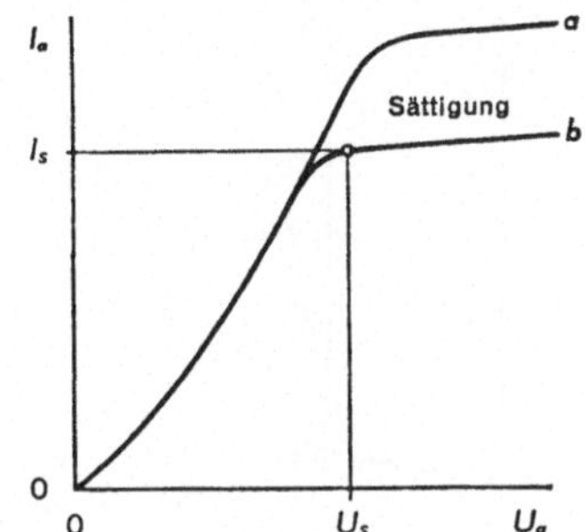

Fig. 9
Sättigungskurven
Bei der Kurve *a* ist die Temperatur der Kathode höher als bei Kurve *b*

Die Spannung, welche den Strom I_s erzeugt, ist die Sättigungsspannung U_s. Genau genommen steigt der Strom nach der Überschreitung der Sättigungsspannung U_s, infolge des verstärkten elektrischen Feldes noch leicht an (sog. Schottky-Effekt).

Bei den modernen Röhren mit Oxydkathoden beträgt der normale Anodenstrom nur einen Teil der von der Kathode emittierten Elektronen. Eine weitere Erhöhung der Spannung könnte die Röhre überlasten, wenn nicht gar zerstören.

Je höher die Temperatur der Kathode ist, desto höher wird der Sättigungsstrom. Für eine bestimmte Kathode beträgt er nach dem Gesetz von Richardson und Dushmann:

(3) $$I_s = AT^2 e^{\frac{-b}{T}},$$

wobei A eine Materialkonstante, b eine Konstante, abhängig von der Art der Kathode und T deren absolute Temperatur bedeutet.

10. Gasdiode

Das Vorhandensein von Gas oder Dampf in einer Diode verändert deren Charakteristik beträchtlich.

Wenn die von der Kathode emittierten Elektronen eine gewisse Geschwindigkeit erreichen, ionisieren sie die Gasmoleküle (z. B. Quecksilberdampf). Die positiven Ionen neutralisieren die Raumladung, während die negativen Ionen, von der Anode angezogen, weitere Gasteile ionisieren.

Dieses Phänomen der Ionisierung findet statt, sobald die Spannung eine gewisse Höhe, genannt Zündspannung, aufweist. Um zu vermeiden, daß der Anodenstrom abnormal hohe Werte annimmt, wird dem Stromkreis ein Widerstand in Serie ge-

schaltet. Diese Maßnahme verhindert die Beschädigung der Röhre, wenn die Anodenspannung konstant gehalten wird.
Gewisse Röhren mit Gasfüllung haben keinen Heizfaden, sondern besitzen eine kalte Kathode. Diese Röhren eignen sich hauptsächlich für kleine Ströme.
Bei Quecksilberdampfröhren muß der Heizfaden vor der Anlegung der Anodenspannung geheizt werden, um die Verdampfung des Metalls zu bewirken.

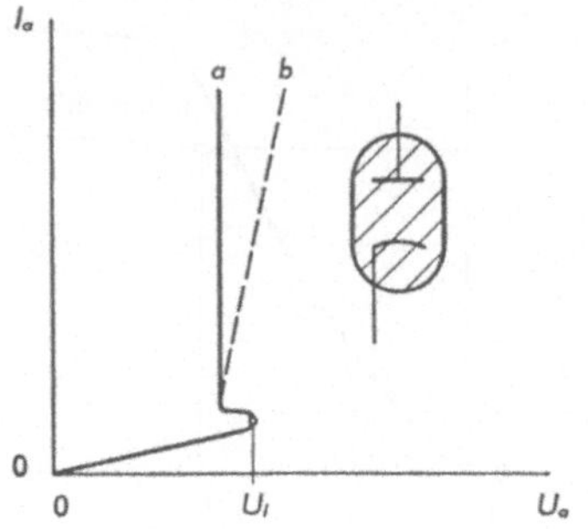

Fig. 10
Kennlinien einer Gasdiode
a Kennlinie ohne Schutzwiderstand
b Kennlinie mit Serie-Schutzwiderstand

11. Triode

Diese Röhrenart besitzt eine dritte Elektrode, genannt Steuergitter. Dieses bildet eine Spirale aus dünnem Draht und befindet sich zwischen Kathode und Anode (Fig. 11). Das Gitter besteht in der Regel aus Wolfram oder Molybdän und wird

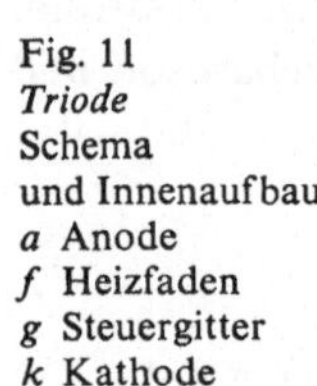
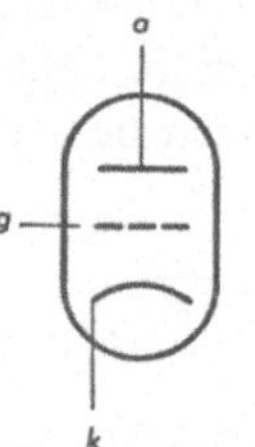

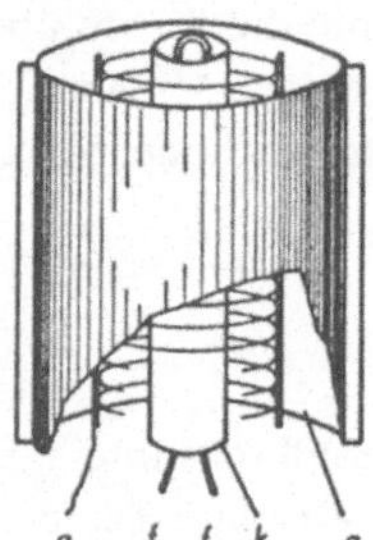

Fig. 11
Triode
Schema
und Innenaufbau
a Anode
f Heizfaden
g Steuergitter
k Kathode

durch die sog. Gitterstäbe gehalten, welche manchmal mit Kühlrippen versehen sind, damit das Gitter nicht zu heiß wird und selber Elektronen aussendet.
Durch Anlegen einer Spannung zwischen Gitter und Kathode kann die Stärke des Elektronenstroms beeinflußt werden.

12. Wirkung des Gitters

Das Gitter steuert den Elektronenstrom. Es kann die Elektronen beschleunigen, bremsen, leiten, je nach der Aufgabe, die ihm vom Röhrenkonstrukteur zugedacht ist.

a) Wenn das Gitter gegenüber der Kathode eine starke negative Spannung aufweist, werden alle Elektronen zurückgestoßen und können die Anode nicht erreichen (Fig. 12a).

b) Ist das Gitter weniger negativ geladen, so können es die schnellsten Elektronen passieren, und es entsteht ein schwacher Anodenstrom (Fig. 12b).

c) Bei noch geringerer negativer Vorspannung, ohne jedoch das Potential Null zu erreichen, erhöht sich der Anodenstrom. Das Gitter ist dabei noch genügend negativ, um selbst keine Elektronen aufzunehmen (Fig. 12c).

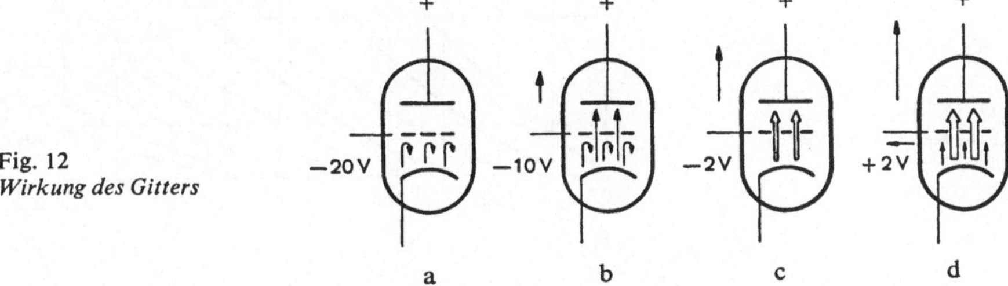

Fig. 12
Wirkung des Gitters

d) Wird das Gitter positiv, so beschleunigt es die Elektronen und nimmt selber einen gewissen Teil davon auf. Ein Elektronenstrom geht also auch von der Kathode zum Gitter, man nennt diesen Strom Gitterstrom (Fig. 12d).

In den ersten drei Fällen ist die vom Gitter aufgenommene Leistung Null, somit erfolgt die Steuerung des Anodenstromes leistungslos.

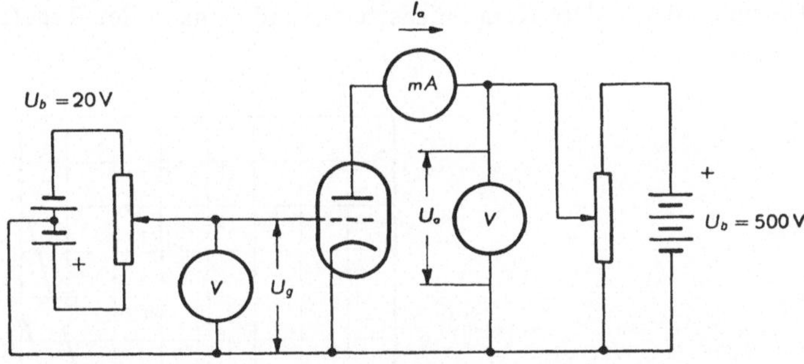

Fig. 13
Schema der Schaltung, welche zur Aufnahme der I_a/U_a- und I_a/U_g-Kennlinien einer Triode dient

13. I_a/U_a-Kennlinien einer Triode

Die Stärke des Anodenstromes einer Triode ist abhängig von der Anodenspannung und der Gitterspannung. Hält man die Gitterspannung konstant und verändert die Anodenspannung – die Schaltung zeigt Fig. 13 –, so kann man so viele Meßpunkte aufnehmen, wie zur Aufzeichnung der I_a/U_a-Kennlinie als nötig erscheinen.

Nimmt man die Meßpunkte für verschiedene negative Gitterspannungen auf, so erhält man die I_a/U_a-Kennlinienschar der Fig. 14.

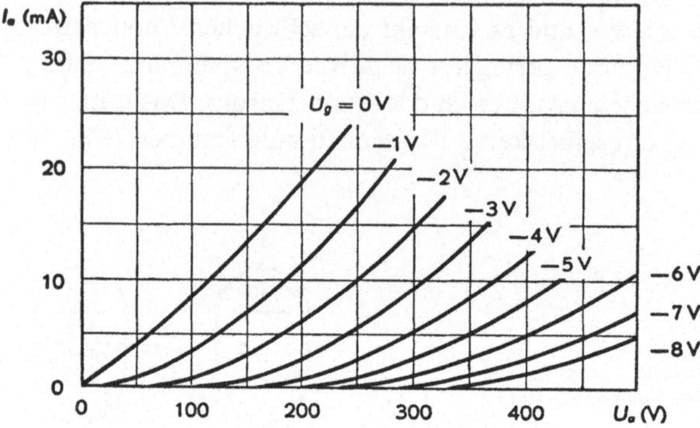

Fig. 14
I_a/U_a-Kennlinienschar einer Triode

14. I_a/U_g-Kennlinien einer Triode

Ändert man bei konstanter Anodenspannung U_a die Gitterspannung U_g, indem man im negativen Bereich bleibt, so erhält man für jeden Wert der Gitterspannung einen entsprechenden Anodenstrom I_a. Die so erhaltenen Meßwerte ergeben eine erste I_a/U_g-Kennlinie.

Weitere Kennlinien erhält man, wenn man die gleichen Messungen für andere Anodenspannungen U_a durchführt (Fig. 15).

Die eine oder andere Kennlinienschar erlaubt uns in der Regel, die Anwendungs-

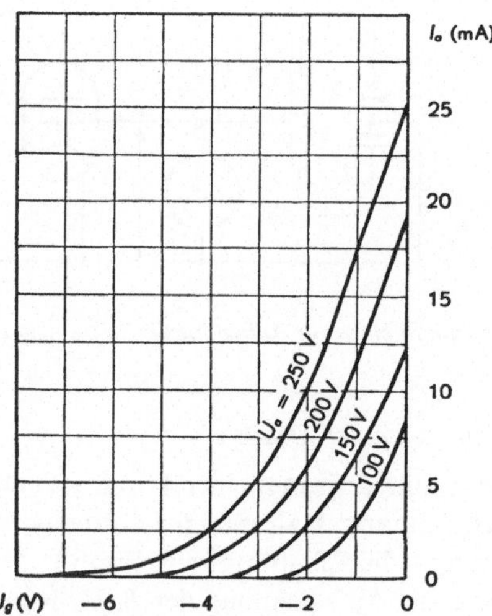

Fig. 15
I_a/U_g-Kennlinien einer Triode

möglichkeiten einer Röhre zu ermitteln. Es ist jedoch oft vorteilhaft, wenigstens noch eine Kennlinie der anderen Art zu kennen.

Die Gitterspannung, bei welcher der Anodenstrom gerade zu fließen beginnt, nennt man Sperrspannung U_{g0} der Röhre.

15. Beziehungen zwischen den I_a/U_a- und I_a/U_g-Kennlinien

Die beiden obengenannten Kennlinienscharen I_a/U_a und I_a/U_g stehen in einem festen Verhältnis zueinander. Aus der Kennlinienschar I_a/U_g kann die Kennlinienschar I_a/U_a ermittelt werden und umgekehrt.

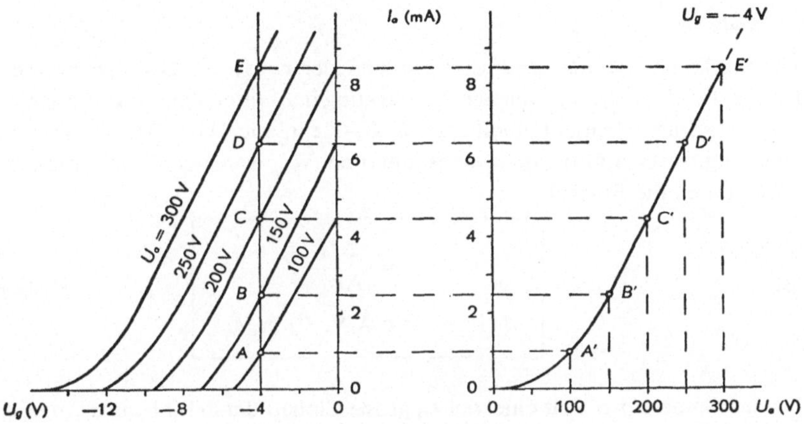

Fig. 16
Erstellen einer I_a/U_a-Kennlinie aus der I_a/U_g-Kennlinienschar

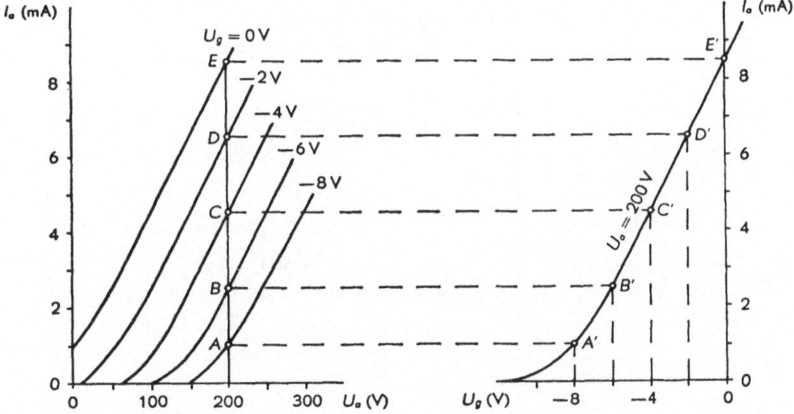

Fig. 17
Erstellung der I_a/U_g-Kennlinie aus der I_a/U_a-Kennlinienschar

Nehmen wir z. B. die I_a/U_g-Kennlinie der Fig. 16. Wenn wir in dieses Kennlinienfeld beim Gitterspannungswert $U_g = -4$ V eine Vertikale eintragen, so schneidet

diese die Kennlinien für 100, 150, 200, 250 und 300 V Anodenspannung in den Punkten A, B, C, D und E. Zieht man von diesen Punkten aus Parallele zur Abszisse bis zur jeweiligen Vertikalen über den Spannungen 100, 150, 200, 250 und 300 V, so erhält man die Punkte A', B', C', D' und E', welches Punkte der I_a/U_a-Kennlinie für $U_g = -4$ V sind.
Weitere Kennlinien dieser Art erhält man, indem man die gleiche Prozedur für andere Gitterspannungen durchführt.
Ausgehend von der I_a/U_a-Kennlinienschar kann man in ähnlicher Weise die I_a/U_g-Kennlinien ermitteln (Fig. 17).

16. Steilheit

Die Stärke des Anodenstromes I_a ist von der negativen Gitterspannung U_g abhängig. Der Koeffizient, welcher die Wirkung der Gitterspannung auf den Anodenstrom ausdrückt, heißt Steilheit S der I_a/U_g-Kennlinie. Wenn ΔI_a die Anodenstromänderung für eine Gitterspannungsänderung ΔU_g bedeutet, so ist die Steilheit gegeben durch die Formel

(4) $$S = \frac{\Delta I_a}{\Delta U_g} \qquad U_a \text{ konstant.}$$

I_a in A, S in A/V, U_g in V.

Da das Ampère pro Volt eine viel zu große Einheit darstellt, benützt man gewöhnlich als Einheit für die Steilheit das Milliampère pro Volt (mA/V) oder gar das Mikroampère pro Volt (μA/V). Im Bereich P–A der Fig. 18 beträgt die Steilheit S

$$S = \frac{AB}{PB} = \frac{2}{1} = 2 \text{ mA/V}.$$

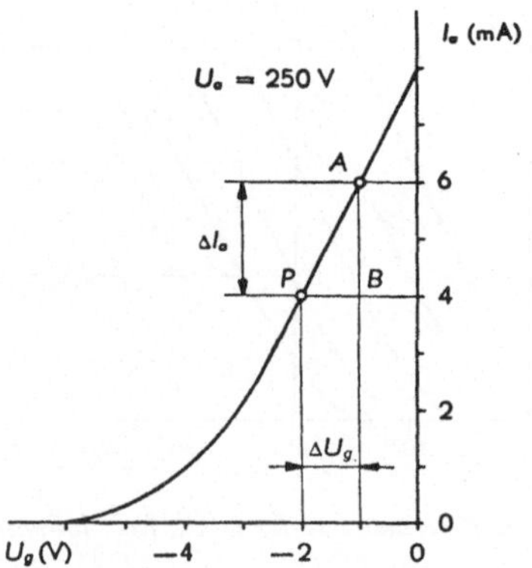

Fig. 18
Graphische Ermittlung der Steilheit S

Die Steilheit ist um so größer, je mehr sich die Kurve der Vertikalen nähert.

Wenn der Bereich *P–A* nicht geradlinig ist, muß im Arbeitspunkt eine Tangente an die Kurve gelegt werden (Fig. 19). In diesem Falle ist die Steilheit

$$S = \frac{AB}{PB} = \frac{2}{1{,}5} = 1{,}33 \text{ mA/V}.$$

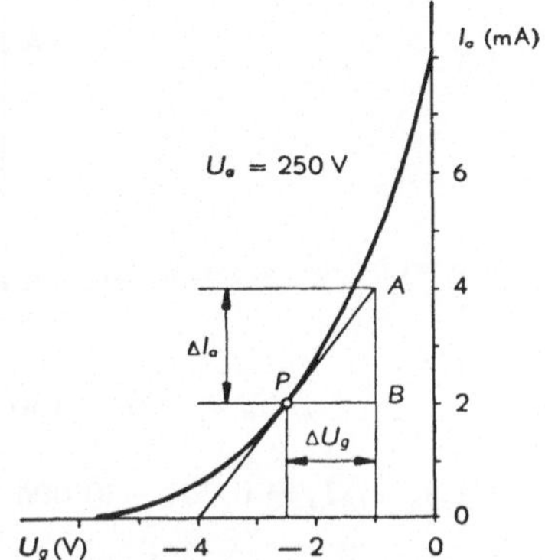

Fig. 19
Graphische Ermittlung der Steilheit S, wenn sich der Arbeitspunkt P auf dem gekrümmten Teil der Kennlinie befindet

Die Steilheit ist also nur für den geradlinigen Teil der Kennlinie konstant. Der am meisten benützte Steilheitswert ist derjenige beim sog. Arbeitspunkt *P*. Dieser Punkt wird aufgrund der von der Röhre verlangten Funktion festgelegt. Bei den üblichen Trioden bewegt sich die Steilheit zwischen 0,5 und 20 mA/V.

17. Transkonduktanz oder Leitwert

Wie wir sahen, ist die Einheit der Steilheit das Ampère pro Volt. Die gemessene Größe ist somit der reziproke Wert eines Widerstandes und trägt die Bezeichnung Leitwert, seine Einheit ist das mho. Da diese Einheit für den praktischen Gebrauch zu groß ist, wird sie meistens durch das Mikromho (10^{-6} mho) ersetzt.

$$1 \ \mu\text{mho} = 1 \ \mu\text{A/V}.$$

18. Innenwiderstand

Der Innenwiderstand R_i einer Triode berechnet sich in gleicher Weise wie derjenige einer Diode (8).

Bei konstanter Gitterspannung bewirkt eine Änderung der Anodenspannung ΔU_a eine Änderung des Anodenstromes ΔI_a. Wir haben somit:

$$R_i = \frac{\Delta U_a}{\Delta I_a} \qquad (2)$$

I_a in A, R_i in Ω, U_a in V. U_g konstant.

Der Innenwiderstand R_i kann, wie die Figur 20 zeigt, auch graphisch ermittelt werden.

Aus den Kennlinien ermitteln wir:

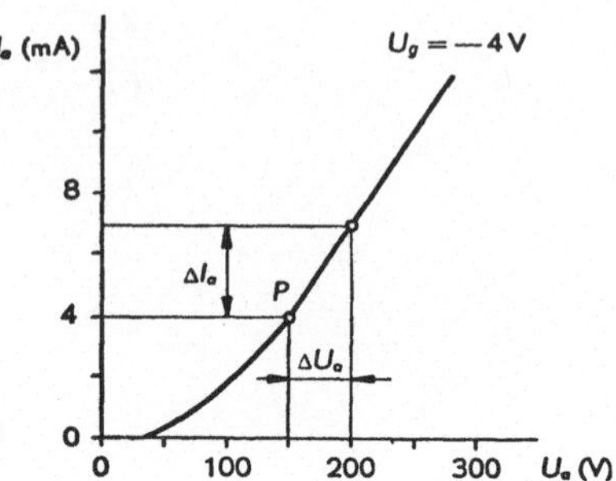

Fig. 20
Graphische Ermittlung des Innenwiderstandes R_i

$$\Delta U_a = 200 - 150 = 50 \text{ V}$$

und

$$\Delta I_a = 0{,}007 - 0{,}004 = 0{,}003 \text{ A};$$

womit

$$R_i = \frac{\Delta U_a}{\Delta I_a} = \frac{50}{0{,}003} = 16\,666\,\Omega.$$

Bemerke: Je mehr sich die Kennlinie der Horizontalen nähert, desto größer ist der Innenwiderstand R_i.
Der Innenwiderstand der Trioden bewegt sich zwischen 800 und 100000 Ohm. Um R_i für einen Arbeitspunkt P auf dem gekrümmten Teil der Kennlinie zu ermitteln, zieht man eine Tangente an diesen Punkt. Das Verhältnis ΔU_a zu ΔI_a ergibt dann R_i.

19. Verstärkungsfaktor

Um eine bestimmte Anodenstromänderung zu erhalten, können wir entweder die Gitter- oder die Anodenspannung variieren. Das Verhältnis der Anodenspannungsänderung ΔU_a zur Gitterspannungsänderung ΔU_g ist der Verstärkungsfaktor μ der Röhre bei einem konstanten Anodenstrom. Wir haben dann (absoluter Wert):

(5)
$$\mu = \frac{\Delta U_a}{\Delta U_g} \qquad I_a \text{ konstant.}$$
U_a und U_g in V.

Dieser Koeffizient ist rein numerisch. Man kann ihn auch aus den Kennlinien der Fig. 21 ermitteln.

Bei 200 V Anodenspannung beträgt der Anodenstrom 3,5 mA, wenn das Gitter eine Spannung von -1 V aufweist. Bei der gleichen Gitterspannung wächst der Anodenstrom von 3,5 auf 5 mA, wenn die Anodenspannung auf 250 V erhöht wird. Immerhin kann man den Anodenstrom auf den Wert 3,5 mA zurückführen, ohne die Anodenspannung 250 V zu verändern, wenn man die negative Gitterspannung auf -2 V erhöht.

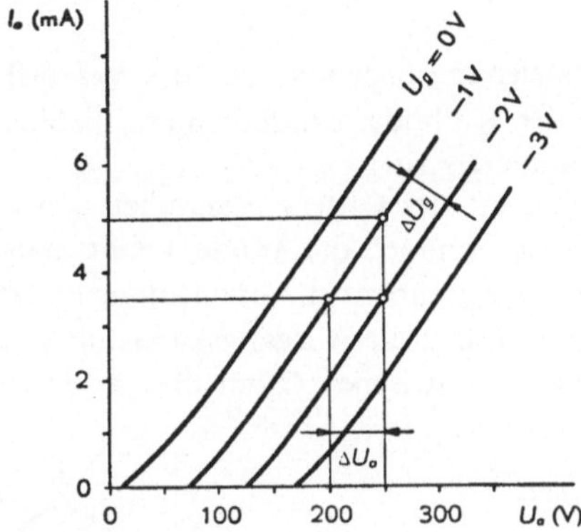

Fig. 21
Graphische Bestimmung des Verstärkungsfaktors μ

Wir stellen fest, daß eine Anodenspannungsänderung von $\Delta U_a = 50$ V die gleiche Wirkung hat wie eine Gitterspannungsänderung $\Delta U_g = 1$ V.
Der Verstärkungsfaktor ist dann

$$\mu = \frac{\Delta U_a}{\Delta U_g} = \frac{50}{1} = 50.$$

Bei den zur Zeit gebräuchlichen Trioden bewegt sich μ zwischen 4 und 100.

20. Durchgriff

Der Durchgriff D ist der reziproke Wert des Verstärkungsfaktors μ.

$$D = \frac{1}{\mu} \cdot \tag{6}$$

Er wird in % angegeben. Für eine Röhre mit $\mu = 50$ beträgt

$$D = \frac{1}{50} = 0,02$$

oder 2%.

21. Innenkapazitäten einer Triode

In einer Triode bestehen Kapazitäten einerseits zwischen Kathode und Gitter C_{kg} und andererseits zwischen Kathode und Anode C_{ka} (Fig. 22). Das Verhältnis dieser beiden Kapazitäten entspricht bei den einfachen Trioden dem Verstärkungsfaktor μ, somit

(7)
$$\mu = \frac{C_{kg}}{C_{ka}}$$
C_{ka} und C_{kg} in pF.

Diese Beziehung bedeutet, daß der Verstärkungsfaktor nicht vom Emissionsvermögen der Kathode, sondern ausschließlich von den geometrischen Daten der Röhre abhängig ist.
Die Kapazität des Gitters gegenüber den anderen Elektroden und die Abschirmung, ausgenommen die Anode, nennt man Eingangskapazität C_g. Die Kapazität der Anode gegenüber der Abschirmung und den anderen Elektroden, ausgenommen das Gitter, bildet die Ausgangskapazität C_a.
Die Kapazität zwischen Gitter und Anode wird C_{ga} genannt (siehe Absatz 26).

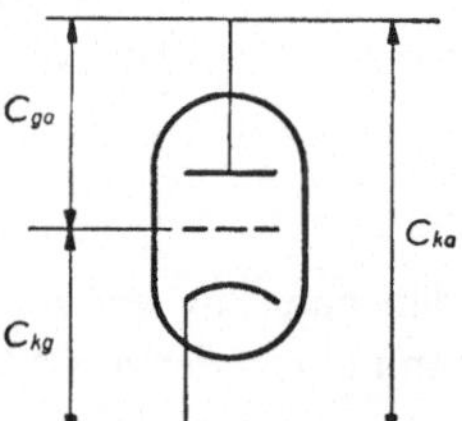

Fig. 22
Innere Kapazitäten einer Triode

22. Zusammenhang zwischen Steilheit, Innenwiderstand und Verstärkungsfaktor

Zwischen der Steilheit S, dem Innenwiderstand R_i und dem Verstärkungsfaktor μ besteht folgende Beziehung:

(8)
$$\mu = S\,R_i$$
R_i in Ω, S in A/V.

Tatsächlich haben wir:

$$\mu = \frac{\Delta I_a}{\Delta U_g} \cdot \frac{\Delta U_a}{\Delta I_a} = \frac{\Delta U_a}{\Delta U_g}.$$

Man kann somit einen der drei Werte bestimmen, wenn man die beiden anderen kennt.
Wenn wir in die Formel 8 den Durchgriff einführen, so erhalten wir die sog. Barkhausenformel:

(9)
$$D\,S\,R_i = 1$$
R_i in Ω, S in A/V.

Die Kurven der Fig. 23 gestatten die graphische Ermittlung der Werte μ, R_i und S für eine bestimmte Röhre und für eine bestimmte gegebene Gittervorspannung. Diese Darstellung zeigt auch, daß die Werte μ, R_i und S jeweilen nur für ganz bestimmte Betriebsbedingungen gültig sind (siehe auch Abs. 16).

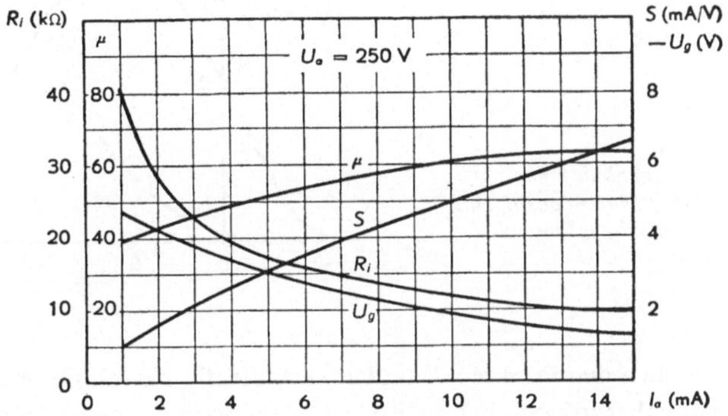

Fig. 23
Kurven zur Ermittlung von μ, R_i und S in Funktion von I_a und I_a in Funktion von U_g einer Triode

23. Beziehungen zwischen dem Anodenstrom und den Spannungen an Gitter und Anode

Erhöht man die Gitterspannung U_g einer Triode, so steigt der Anodenstrom I_a. Dieser beträgt:

$$\Delta I_a = S \cdot \Delta U_g, \qquad U_g \text{ konstant.}$$

Erhöht man die Anodenspannung U_a, so steigt der Anodenstrom ebenfalls, nämlich

$$\Delta I_a = \frac{\Delta U_a}{R_i}, \qquad U_g \text{ konstant.}$$

Ändert man gleichzeitig um einen kleinen Wert Gitter- und Anodenspannung, so erhält man die Triodengleichung:

$$\Delta I_a = S\,\Delta U_g + \frac{\Delta U_a}{R_i} \tag{10}$$

I_a in A, R_i in Ω, S in A/V, U_a und U_g in V.

Die Werte I_a, U_a und U_g können ebensogut abnehmen wie zunehmen. Im ersteren Fall sind die entsprechenden Änderungen negativ, im zweiten Fall positiv.

24. I_a/U_g-Kennlinie bei positivem Gitter

Als wir die Kennlinien einer Röhre mit Hilfe der Schaltung Fig. 13 aufnahmen, haben wir nur den Kurventeil für ein negativ geladenes Gitter betrachtet. Nehmen wir auch noch die Meßpunkte für ein gegenüber der Kathode positives Steuergitter auf, so erhalten wir die Kurve Fig. 24.

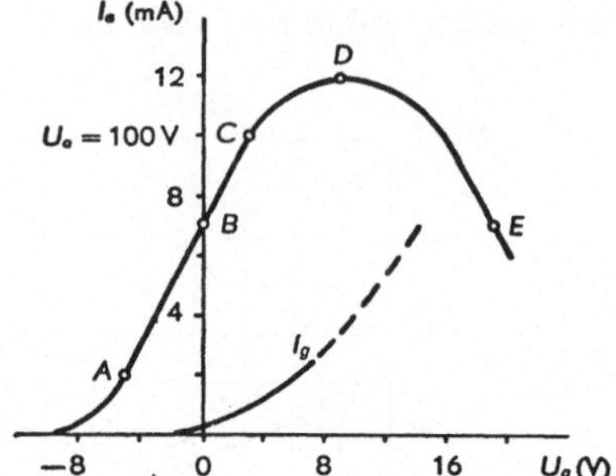

Fig. 24
I_a/U_g-Kennlinie einer Triode bis in den positiven Gitterspannungsbereich hinein

Zwischen den Punkten *A* und *B* verläuft die Kennlinie praktisch gerade. Sie bleibt es annähernd noch bei positiver Gittervorspannung bis zum Punkt *C*. Von *C* bis *D* verläuft sie gekrümmt, um in *D* das Maximum zu erreichen. Bei noch positiverem Gitter nimmt der Anodenstrom wieder ab. Dafür steigt der Gitterstrom I_g und absorbiert so einen Teil der Elektronen, die vorher zur Anode gelangten.

25. Dynatron-Effekt. Negativer Widerstand

Wir wollen jetzt eine I_a/U_a-Kennlinie aufnehmen, bei der wir die Gitterspannung auf +100 Volt fixieren und die Anodenspannung U_a ändern (Fig. 25).

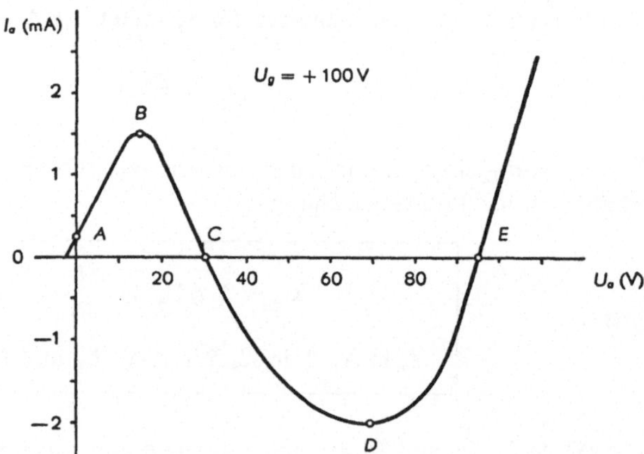

Fig. 25
I_a/U_a-Kennlinie einer Triode bei positivem Gitter

Schon bei der Anodenspannung 0 fließt ein kleiner Anodenstrom, welcher mit höherer Anodenspannung bis 15 V anwächst (Bereich *A–B*). Wird die Anodenspannung über 15 V hinaus erhöht, nimmt der Anodenstrom wieder ab (Bereich

B–C). Die Beschleunigungswirkung der Anode gesellt sich zu derjenigen des Gitters. Die Elektronen erreichen jetzt mit einer derart großen Geschwindigkeit die Anode, daß sie dort Sekundärelektronen auslösen, welche vom Gitter aufgefangen werden. Je höher U_a, desto größer die Zahl der Sekundärelektronen. Bei $U_a = 30$ V (Punkt C) verlassen ebenso viele Sekundärelektronen die Anode, wie Primärelektronen eintreffen.
Im Bereich C–D löst jedes eintreffende Primärelektron mehrere Sekundärelektronen aus. Dadurch erhalten wir eine Umkehrung des Anodenstromes von der Anode zum Gitter. Vom Punkt D an steigt der Anodenstrom mit höherer Anodenspannung wieder an. Es werden immer noch viele Sekundärelektronen ausgelöst. Es erreichen aber immer weniger das Gitter, weil der Spannungsunterschied zwischen Anode und Gitter kleiner wird.
Wir stellen fest, daß im Bereich B–D eine Erhöhung der Anodenspannung eine Verringerung des Anodenstroms bewirkt. In diesem Bereich ist der Innenwiderstand R_i negativ.

$$-R_i = \frac{\Delta U_a}{-\Delta I_a}. \tag{11}$$

Dieser sog. Dynatroneffekt wird benützt, um einen positiven Widerstand zu neutralisieren.
Die normalen Verstärkerröhren sollen nicht mit starker positiver Gitterspannung arbeiten. Sie würden dadurch sehr schnell zerstört. Um die Dynatronkennlinie einer Triode aufzunehmen, muß deren Kathode aus reinem Wolfram bestehen.

26. Unzukömmlichkeiten der Triode. Gitter-Anodenkapazität

Die Triode ist und bleibt für gewisse Anwendungen eine vorzügliche Röhre. Für andere Zwecke bietet sie gewisse Schwierigkeiten, z.B.:

a) Ihr Innenwiderstand R_i ist zu klein für die Anwendung als Hochfrequenzverstärker (mittlere und lange Wellen).
b) Der Verstärkungsfaktor μ beträgt für gebräuchliche Anodenspannungen maximal 100.
c) Außer den Kapazitäten C_{kg} und C_{ka} ist der hauptsächliche Nachteil das Vorhandensein einer Streukapazität zwischen Gitter und Anode. Diese Kapazität steigt mit der Verstärkung der Röhre und erzeugt eine gewisse Unstabilität in den Schaltungen (siehe Abs. 169).
   Man kann diese schädliche Wirkung durch neutralisierende Maßnahmen aufheben (Neutrodyneschaltung, deren Einstellung schwierig ist, Gitterbasisverstärker).

27. Tetrode oder Schirmgitterröhre

Um die schädliche Wirkung der Gitter-Anodenkapazität C_{ga} zu vermindern oder aufzuheben, hat man die Tetrode gebaut (Fig. 26).
Diese Röhre enthält, zwischen dem Steuergitter g_1 und der Anode, ein zweites Gitter g_2, welches die Rolle eines elektrostatischen Schirmes übernimmt. Es wird

deshalb Schirmgitter genannt. Die Gitter-Anodenkapazität C_{ga} wird dadurch stark vermindert. Sie ist ungefähr 1000-mal kleiner als bei einer Triode. Das Schirmgitter wird an eine gegenüber der Kathode positive Spannung angelegt. Je nach der Funktion liegt diese Spannung zwischen 30 und 300 Volt.

Das Schirmgitter beschleunigt die Elektronen und nimmt selbst einen Teil davon auf. Dadurch entsteht ein Schirmgitterstrom I_{g2}. Die größte Zahl der Elektronen erreicht aber die Anode und bildet den Anodenstrom I_a. Dieser ist also von der Schirmgitterspannung abhängig. Jede Änderung derselben hat eine entsprechende Änderung des Anodenstroms I_a zur Folge.

Das Steuergitter g_1 beeinflußt auch den Schirmgitterstrom.

Wenn zwischen Steuergitter und Kathode eine Wechselspannung angelegt wird, so erzeugt diese eine Spannungsänderung am Schirmgitter. Diese Spannungs-

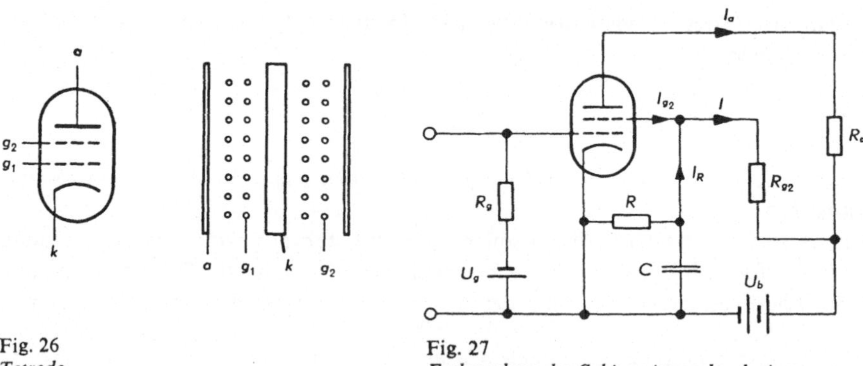

Fig. 26
Tetrode
Innenaufbau

Fig. 27
Entkopplung des Schirmgitters durch einen Kondensator C

änderung kann durch einen Entkopplungskondensator C zwischen Schirmgitter und Kathode vermieden werden, wodurch die Schirmgitterspannung konstant bleibt (Fig. 27). Vom statischen Gesichtspunkt aus wird das Schirmgitter durch diesen Kondensator an Masse gelegt.

28. Kennlinien der Tetrode

Die Kennlinien einer Tetrode werden in der bereits bekannten Weise aufgenommen. Dabei wird die Schirmgitterspannung konstant gehalten. Fig. 28a zeigt eine I_a/U_g-Kennlinie, die derjenigen einer Triode gleicht. Fig. 28b zeigt die I_a/U_a-Kennlinie. Diese ist im Bereich *ABCD* mit der Kennlinie einer Triode bei positiven Gitterspannungen zu vergleichen. Die Einbuchtung der Kurve bei C ist somit auf den Dynatroneffekt zurückzuführen. Von C nach D nimmt der Anodenstrom stark zu. Bei Punkt D ist die Anodenspannung gleich der Schirmgitterspannung U_{g2}. Die Zone D–E ist die normale Arbeitszone der Röhre.

Der Anodenstrom I_a wird von der Anodenspannung nur wenig beeinflußt, er ist hauptsächlich eine Funktion der Steuergitter- und Schirmgitterspannung.

Um die Größen S, R_i und μ einer Tetrode zu bestimmen, bedient man sich derselben Verhältnisse wie bei einer Triode.

29. Unzukömmlichkeiten der Tetrode. Sekundäremission

Bei der Tetrode fließen die auf der Anode ausgelösten Sekundärelektronen zum Schirmgitter, wie die Einsattelung $ABCD$ der I_a/U_a-Kennlinie Fig. 28 zeigt. Diese Zone ist für normale Verstärkerfunktionen unbrauchbar. Um die nützliche Zone

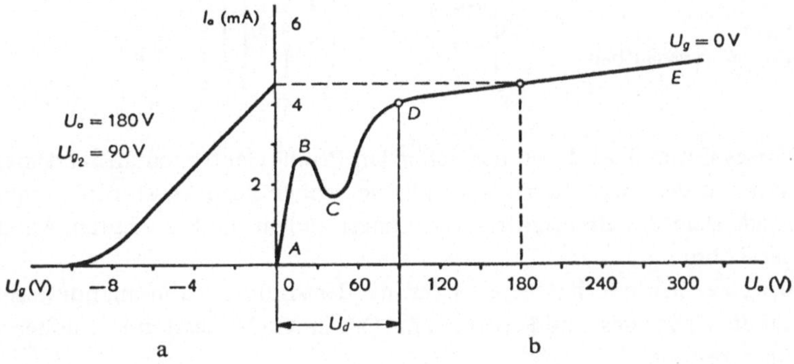

Fig. 28
Kennlinien einer Tetrode
a) I_a/U_g-Kennlinie; b) I_a/U_a-Kennlinie

D–E zu erweitern, benötigt man eine hohe Anodenspannung, die mindestens 150 Volt betragen soll.

Um den Kennlinienverlauf der Tetrode zu verbessern, ist es nötig, den Sekundärelektronenstrom zwischen Anode und Schirmgitter zu bekämpfen.

Je nach der Art der Anode kann die Sekundärelektronenemission mehr oder weniger stark sein. Bei einer glatten Anodenoberfläche (z. B. Nickelanode) ist die Sekundäremission beträchtlich (Fig. 29 a), bei einer rauhen Oberfläche (z. B. Kohleanode) dagegen gering (Fig. 29 b).

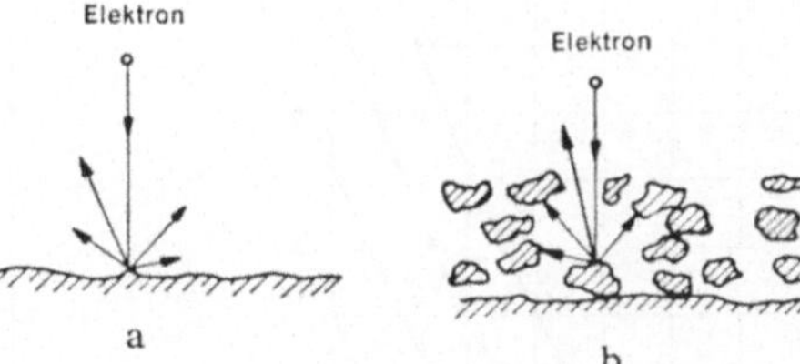

Fig. 29
Sekundäremission je nach Art der Anode
a) Glatte Anode (Nickel)
b) Rauhe Anode (Kohle)

30. Pentode. Bremsgitter

Um zu verhindern, daß die Sekundärelektronen auf das Schirmgitter gelangen, setzt man zwischen Schirmgitter und Anode ein weiteres Gitter, Bremsgitter genannt. Die so erhaltene Röhre mit 5 Elektroden nennt man Pentode (Fig. 30).

Das Gitter 3 ist meistens direkt mit der Kathode verbunden oder erhält gegenüber dieser ein leicht negatives Potential. Bei gewissen Röhren ist die Verbindung Bremsgitter–Kathode im Röhreninnern durchgeführt.

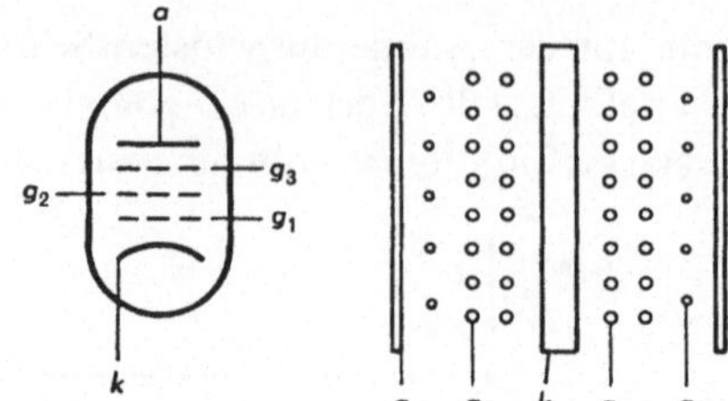

Fig. 30
Pentode Innenaufbau

Dieses Gitter 3 wird von den schnellen Primärelektronen anstandslos durchquert, während die langsameren Sekundärelektronen zurückgestoßen werden. Das Vorhandensein des Bremsgitters vermindert zudem die Steuergitter-Anodenkapazität der Röhre.

Bei einer Pentode hat eine Änderung der Anodenspannung nur geringen Einfluß auf die Größe des Anodenstroms I_a. Der innere Widerstand ist höher als derjenige einer Tetrode.

31. Kennlinien einer Pentode

Um die Kennlinien aufzunehmen, stehen uns die Parameter U_a, U_{g1}, U_{g2}, U_{g3} und I_a zur Verfügung.

Legt man das Schirmgitter an eine konstante Spannung und verbindet man das

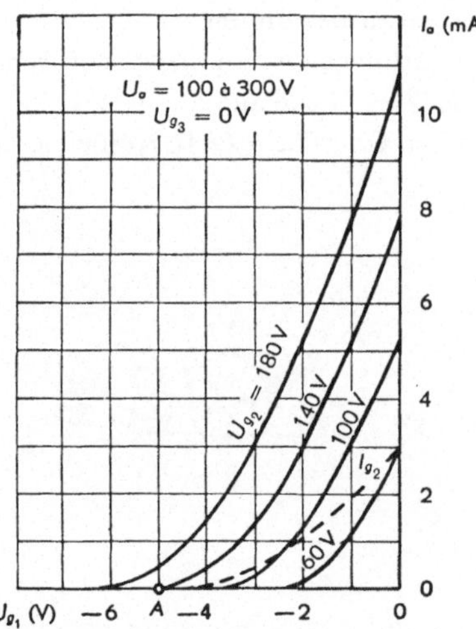

Fig. 31
I_a/U_g-Kennlinien einer Pentode

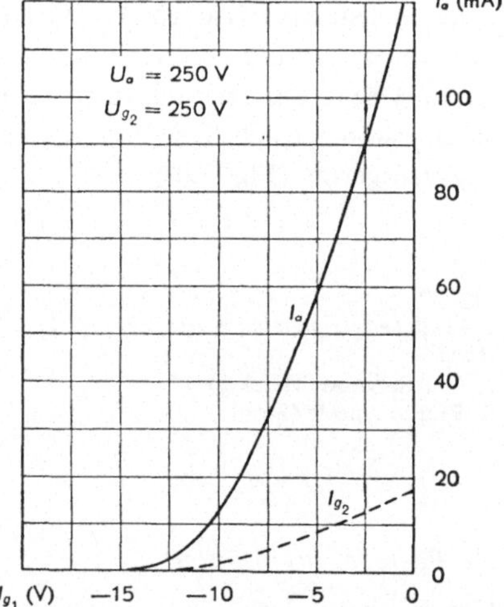

Fig. 32
I_a/U_g-Kennlinie einer Kraftpentode

Bremsgitter mit der Kathode, so kann man die I_a/U_g- und I_a/U_a-Kennlinienscharen aufnehmen. Fig. 31 gibt ein Beispiel einer I_a/U_g-Kennlinienschar einer Spannungsverstärker-Pentode. Die Kennlinien sind für verschiedene Schirmgitterspannungen aufgenommen und gelten für Anodenspannungen zwischen 100 und 300 V, die ja einen nur geringen Einfluß auf I_a haben.
Auf derselben Darstellung werden von den Röhrenfabrikanten oft auch die Änderungen des Schirmgitterstromes I_{g2} in Funktion der Steuergitterspannung angegeben.
In der Fig. 31 entspricht der Strom I_{g2} einer Schirmgitterspannung von 140 V. Durch Addition von I_a und I_{g2} erhält man den gesamten Kathodenstrom.

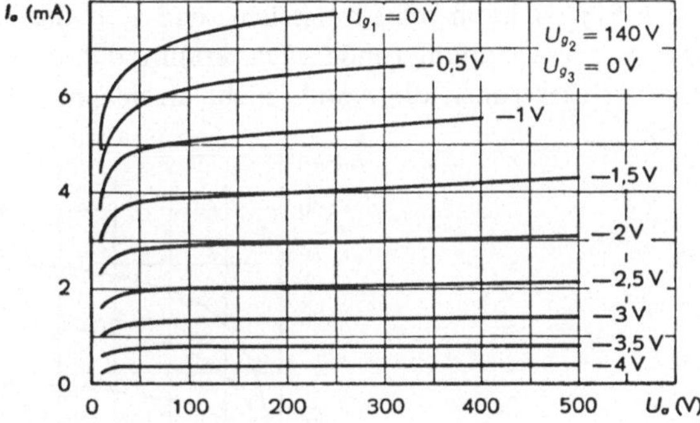

Fig. 33
I_a/U_a-Kennlinienschar einer Pentode

Im Punkt A, bei einer Gittervorspannung von -5 V, treffen sich die I_a- und I_{g2}-Kennlinien. Beide Ströme sind hier gleich Null. Der Anodenstrom kann also nur fließen, wenn es einen Schirmgitterstrom gibt. Ebenso erkennt man in der Fig. 31, daß man mit einer Änderung der Schirmgitterspannung die Kennlinien der Röhre ebenfalls verändert.
Die Fig. 33 zeigt die I_a/U_a-Kennlinien einer Pentode als Spannungsverstärker. Die Kurven verlaufen im oberen Teil fast waagrecht, sogar dort, wo U_a kleiner ist als U_{g2}. Die I_a/U_a-Kennlinien der Pentode gleichen denjenigen der Tetrode. Durch die Wirkung des Bremsgitters wird jedoch die Einsattelung der Kurve vermieden. Vergleichsweise sind in den Fig. 32 und 34 noch die I_a/U_g und I_a/U_a-Kennlinien einer Kraftpentode dargestellt. Bei diesen Röhren kann die Schirmgitterspannung den gleichen Wert haben, wie die Anodenspannung. Zur Ermittlung der Steilheit S und des Innenwiderstandes R_i einer Pentode gelten folgende Verhältnisse (U_{g2} und U_{g3} konstant):

$$S = \frac{\Delta I_a}{\Delta U_g}, \quad R_i = \frac{\Delta U_a}{\Delta I_a}.$$

Der Verstärkungsfaktor μ ist von der Schirmgitterspannung abhängig und variiert in weiten Grenzen.

Die Röhrenhersteller geben oft auch einen Teilverstärkungsfaktor μ_{g1g2} an, welcher den Verstärkungsfaktor des Gitters g_1 im Verhältnis zum Schirmgitter g_2 bedeutet. Der totale Verstärkungsfaktor ist das Produkt der Teilkoeffizienten:

$$\boxed{\mu = \mu_{g_1g_2}\,\mu_{g_2a},} \tag{12}$$

wobei μ_{g2a} den Verstärkungsfaktor des Schirmgitters im Verhältnis zur Anode bedeutet.

32. Röhren mit kritischem Abstand und mit gebündelten Elektronenstrahlen

Auf der Fig. 34 kann man feststellen, daß sich die Kennlinien im Bereich von 0–70 V Anodenspannung runden. Das kommt daher, daß ein Teil von der Kathode emittierten Elektronen die Anode nicht erreichen, solange die Anodenspannung klein ist.

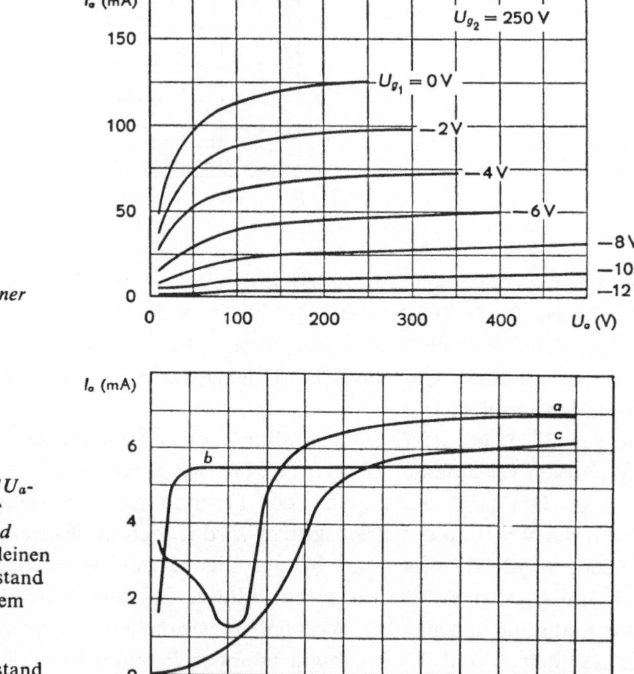

Fig. 34
I_a/U_a-Kennlinienschar einer Kraftpentode

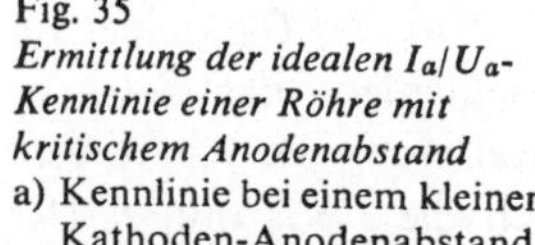

Fig. 35
Ermittlung der idealen I_a/U_a-Kennlinie einer Röhre mit kritischem Anodenabstand
a) Kennlinie bei einem kleinen Kathoden-Anodenabstand
b) Kennlinie bei kritischem Abstand
c) Kennlinie gei großem Kathoden-Anodenabstand

Das Bremsgitter, das, wie schon sein Name sagt, die Elektronen bremst, ist die Ursache dieser Krümmung. Sie vermindert den Wirkungsgrad der Röhre, wenn sie als Kraftverstärker benützt wird. Immerhin ist dieser Fehler weniger schwerwiegend als der Dynatroneffekt.

Die Forscher haben eine Kraftpentode gebaut, die gestattet, die optimalen Werte für die Abstände festzulegen. Bei diesen Röhren mit fester Kathode und festem Schirmgitter war die Anode beweglich. Der Engländer J. O. Harries hat die Kennlinien für verschiedene Anodenabstände aufgenommen. Er hat dabei den sog. kritischen Abstand festgestellt, bei dem der Dynatroneffekt aufgehoben war. Man bekommt dann die nahezu ideale Kurve *b* in Fig. 35.

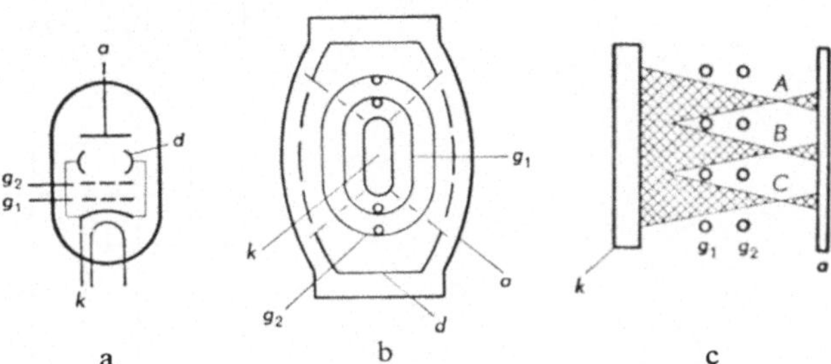

Fig. 36
Tetrode mit gebündeltem Elektronenstrom
a) Schema
b) Innenaufbau
c) Virtuelles Bremsgitter in den Punkten *A, B, C*

Die Erkenntnisse der Elektronenoptik gestatteten, diese Röhre zu vervollkommnen (Fig. 36). Durch Bündelung der Elektronen erreicht man, daß diese zwischen Schirmgitter und Anode konzentriert werden (Fig. 36c). Diese Konzentration bildet ein virtuelles Bremsgitter, dessen Wirkung noch durch 2 Ablenkelektroden *d*, welche mit der Kathode verbunden sind, verstärkt wird (Fig. 36a und b).
Um den Schirmgitterstrom zu vermindern, sind die Stäbe und Windungen der Gitter 1 und 2 genau aufeinander ausgerichtet. Das begünstigt die Bündelung der Elektronen.
Die Kennlinien werden hier also günstiger, einmal durch den Wegfall des Bremsgitters und dann noch durch den geringeren Stromverbrauch des Schirmgitters.

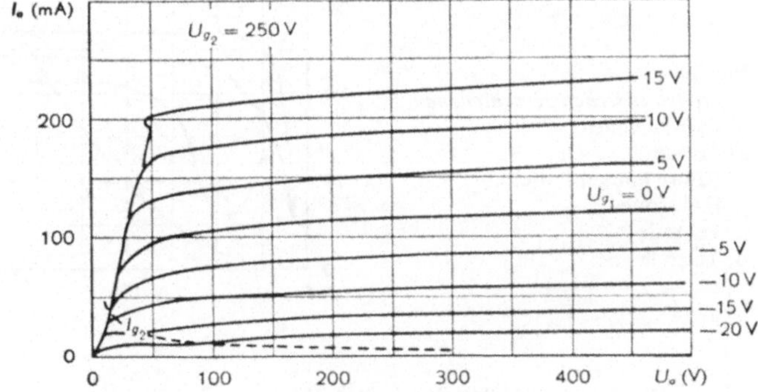

Fig. 37
I_a/U_a-Kennlinienschar einer Röhre mit gebündelten Elektronen

33. Kennlinien einer Röhre mit gebündelten Elektronen

Die Fig. 37 zeigt die I_a/U_a-Kennlinien einer Röhre mit gebündeltem Elektronenstrom. Man sieht, daß die Krümmung der Kurve bei kleinen Anodenspannungen

stark vermindert ist. Diese Röhre hat einen ausgezeichneten Wirkungsgrad und wird fast ausschließlich als Kraftverstärker benützt.
Fig. 38 zeigt eine I_a/U_g-Kennlinie. Ihre Form ist leicht parabolisch und gleicht der I_a/U_g-Kennlinie einer Triode.

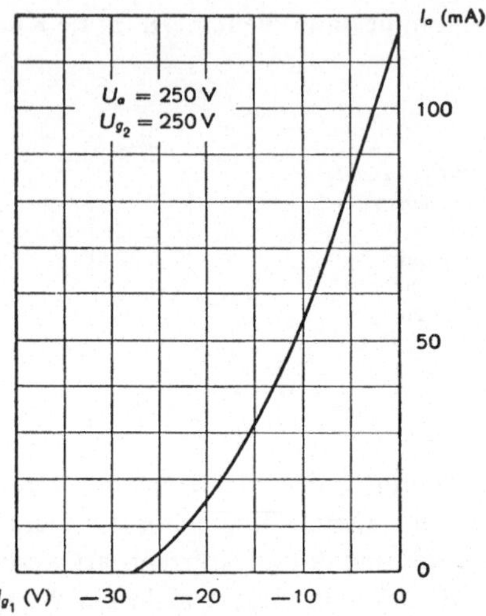

Fig. 38
I_a/U_g-Kennlinie einer Röhre mit gebündeltem Elektronenstrom

Die Fig. 39 gestattet den Vergleich der I_a/U_a-Kennlinien der Triode, Tetrode, Pentode und der Röhre mit gebündelten Elektronen.

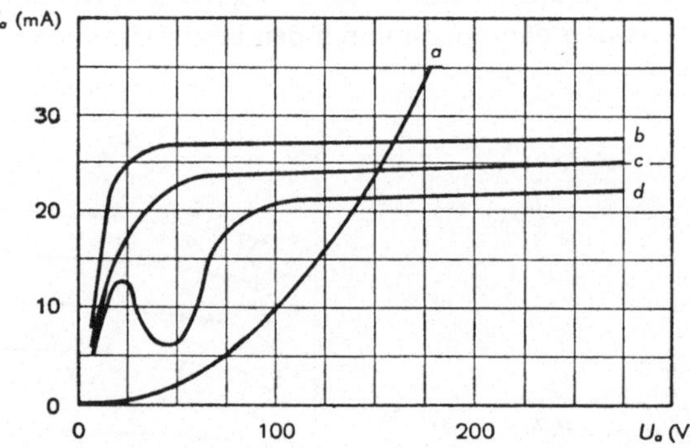

Fig. 39
Vergleich zwischen verschiedenen I_a/U_g-Kennlinien
a) Triode
b) Röhre mit gebündelten Elektronen
c) Pentode
d) Tetrode

34. Röhre mit veränderlicher Steilheit

Die Radioempfänger erhalten Signale sehr verschiedener Stärke. Um ein einwandfreies Funktionieren zu gewährleisten, muß die Empfindlichkeit der Verstärkerstufen für ein starkes Eingangssignal herab- und für ein schwaches Signal heraufgesetzt werden.

Um die Verstärkung g einer HF- oder ZF-Verstärkerstufe, welche meistens mit Röhren mit hohem Innenwiderstand bestückt ist, zu regeln, kann man entweder auf die Steilheit S, oder auf die Arbeitsimpedanz Z_a einwirken. Es ist (siehe Nr. 150):

$$g = S \cdot Z_a.$$

Die Lösung des Problems besteht darin, die Steilheit zu verändern. Bei einer Änderung von Z_a müßte man eine Dämpfung der Kreise in Kauf nehmen, was eine Verschlechterung der Selektivität bedeuten würde.
Die Steilheit kann gewählt werden, indem man der Röhre eine entsprechende Gittervorspannung anlegt. Das würde jedoch bei den bisher besprochenen Kennlinien zu Verzerrungen führen.

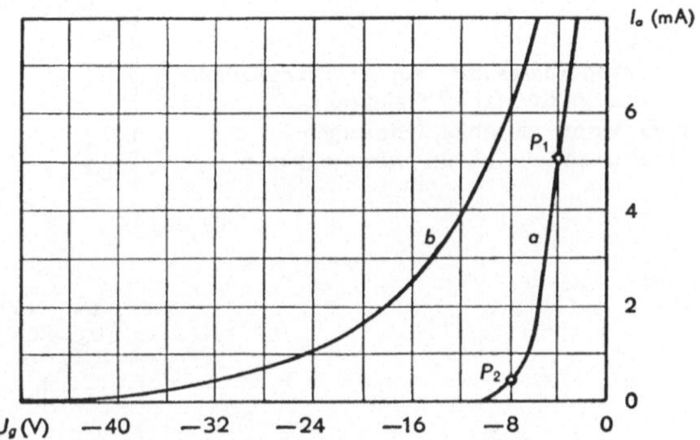

Fig. 40
I_a/U_g-Kennlinien einer Röhre mit fester (a) und einer Röhre mit veränderlicher Steilheit (b)

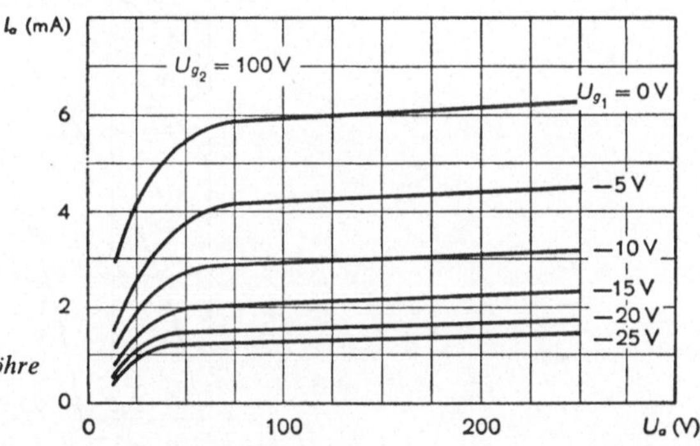

Fig. 41
I_a/U_a-Kennlinienschar einer Röhre mit veränderlicher Steilheit

Betrachten wir die I_a/U_g-Kennlinie einer gewöhnlichen Pentode (Fig. 40, Kurve *a*). Bei einer Vorspannung von -4 V am Steuergitter (Punkt P_1) haben wir eine gewisse Steilheit. Bei P_1 ist die Kennlinie praktisch gerade. Es gibt dort also keine Verzerrung. Bei -8 V an g_1 (Punkt P_2) ist die Steilheit kleiner. Die Kennlinie ist hier stark gekrümmt, so daß nur noch ganz kleine Abschnitte derselben als praktisch gerade betrachtet werden können. Für größere Eingangsspannungen ergäben sich hier erhebliche Verzerrungen. Um das zu vermeiden, haben die Röhrenhersteller Röhren mit veränderlicher Steilheit gebaut.

In einer solchen Röhre verändert sich die Steilheit regelmäßig in Funktion der Gittervorspannung (Fig. 40, Kurve *b*). Die Kennlinie weist gar keinen geradlinigen Teil auf. Sie ähnelt einer Parabel. Fig. 41 zeigt eine I_a/U_a-Kennlinienschar einer Röhre mit veränderlicher Steilheit.

Die veränderliche Steilheit bewirkt, daß der Abstand der Kennlinien von unten nach oben zunimmt.

Die gewünschte Kennlinie erhält man durch Gestaltung des Steuergitters nach Fig. 42.

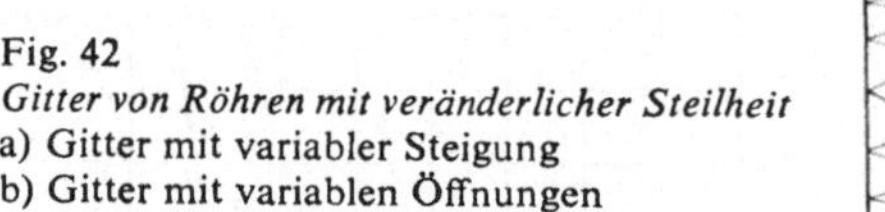

Fig. 42
Gitter von Röhren mit veränderlicher Steilheit
a) Gitter mit variabler Steigung
b) Gitter mit variablen Öffnungen
c) Gitter mit variablem Durchmesser

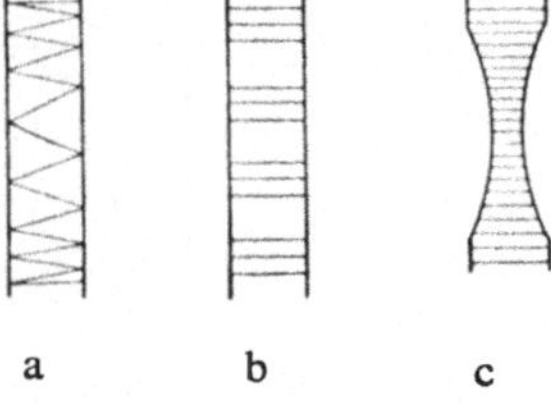

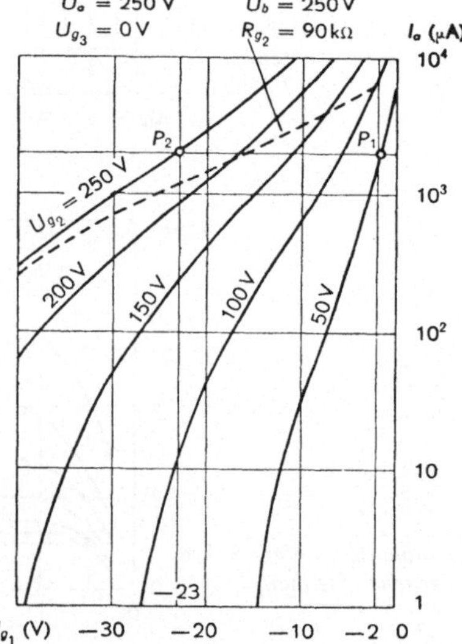

Fig. 43
I_a/U_g-Kennlinienschar einer Pentode mit gleitender Schirmgitterspannung

Diese Röhren, auch Regelröhren genannt, werden in den Verstärkerstufen verwendet, deren Verstärkung durch die von der Antenne gelieferte Spannung automatisch geregelt werden soll.

35. Röhre mit gleitender Schirmgitterspannung

Hierunter versteht man eine normale Pentode EF 85, EF 89, EF 90, die besonderen Betriebsbedingungen unterworfen wird. Anstatt auf das Steuergitter einer Regelröhre, kann man auch auf das Schirmgitter einwirken.

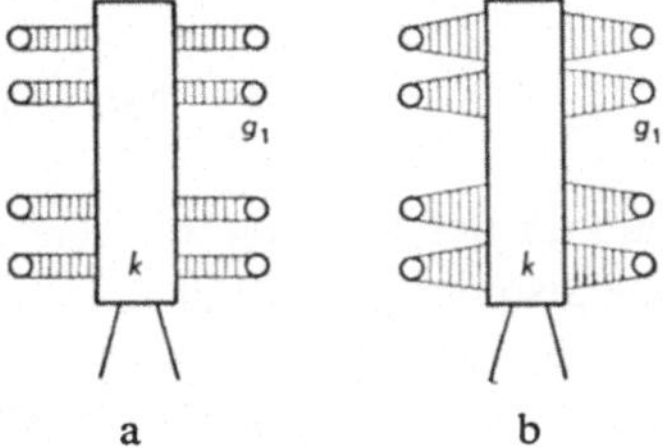

Fig. 44
Verkleinerung der aktiven Zone der Kathode
a) Kleine Gittervorspannung
b) Große Gittervorspannung

Erhöht man die Schirmgitterspannung, so werden die I_a/U_g-Kennlinien nach links verschoben und die Steilheit nimmt bei gleichem Wert der Anodenspannung ab.
In der Fig. 43 entspricht der Punkt P_1 einer schwachen negativen Gittervorspannung (– 2 V). In diesem Fall wird die aktive Zone der Kathode durch das Gitter g_1 nur wenig verkleinert (Fig. 44a). In der gleichen Fig. 43 entspricht der Punkt P_2 einer großen negativen Gittervorspannung (– 23 V). Die aktive Zone der Kathode ist jetzt wesentlich kleiner. Diese Oberflächenverkleinerung, bedingt durch den »Schatten« des Gitters g_1, entspricht einer Verkleinerung der Steilheit (Fig. 44b). Durch die Wirkung des Schirmgitters wird dabei der Anodenstrom auf dem gleichen Wert gehalten.

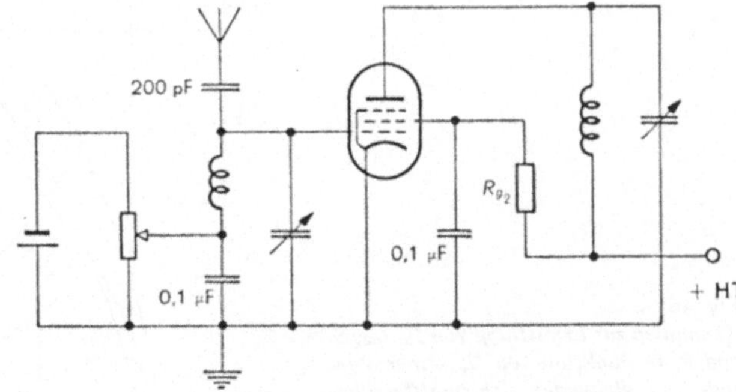

Fig. 45
Schaltung einer Pentode mit gleitender Schirmgitterspannung

Um eine gleitende Schirmgitterspannung zu erhalten, wird das Schirmgitter mit einem Seriewiderstand gespiesen (Fig. 45). Die Schirmgitterspannung wird dadurch veränderlich, was bei einer Pentode im Gegensatz zu einer Tetrode, nichts ausmacht.
Betrachten wir einmal die Wirkung des Seriewiderstandes. Der Fig. 46 kann man z.B. den Schirmgitterstrom in Funktion der Gittervorspannung entnehmen. Mit

einem Widerstand R_{g2} von 90000 Ohm und $U_{g1} = -4$ V wird $I_{g2} = 1{,}66$ mA. Der Spannungsabfall in R_{g2} ist dann

$$0{,}00166 \cdot 90000 = 150 \text{ V}.$$

Die Spannung zwischen Schirmgitter und Kathode beträgt:

$$U_{g2} = 250 - 150 = 100 \text{ V}.$$

Legt man nun an das Schirmgitter eine Spannung von -18 V an, so wird der entsprechende Spannungsabfall in R_{g2}

$$0{,}00055 \cdot 90000 = 49{,}5 \text{ V}.$$

Die Schirmgitterspannung ist jetzt etwa 200 V. Indem man auf die Gittervorspannung einwirkt, ist es möglich, in der Fig. 45, die Röhre mit verschiedenen Schirmgitterspannungen arbeiten zu lassen. Damit erhält man auch entsprechende Änderungen der Steilheit.

Die Kennlinien Fig. 46 gestatten ferner die Bestimmung von I_a, S und R_i in Funktion der Gittervorspannung U_{g1}.

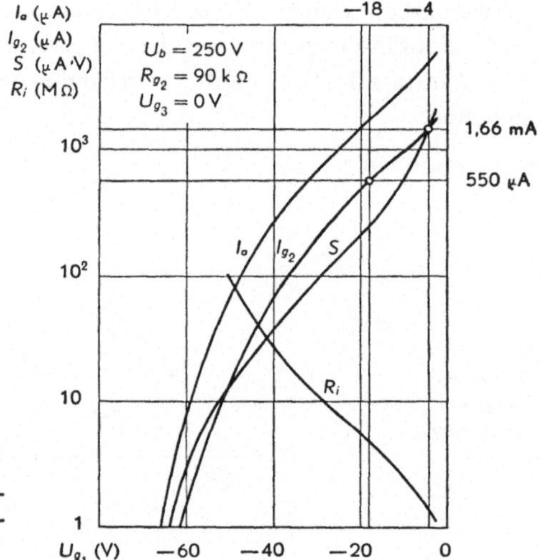

Fig. 46
Kennlinien zur Ermittlung von I_a, I_{g2}, S und R_i in Funktion von U_{g1} einer Pentode mit gleitender Schirmgitterspannung

36. Hexode, Heptode, Oktode, Enneode

Die Hexode besitzt 6 Elektroden: Kathode, 4 Gitter und Anode (Fig. 47a). Die Gitter g_1 und g_3 dienen in der Regel als Steuergitter, die Gitter g_2 und g_4 als Schirmgitter. Man verwendet die Hexode als Mischröhre in Superschaltungen.

Die Heptode enthält ein weiteres 5. Gitter, das Bremsgitter (Fig. 47b). Sie dient ebenfalls als Mischröhre und Verstärker.
In gewissen Schaltungen dient das Gitter g_3 der Hexoden oder Heptoden als Steuergitter für die automatische Verstärkungsregelung.
Die Oktode enthält 8 Elektroden (Fig. 47c). Man kann diese Röhre als Kombination einer Triode mit einer Pentode betrachten. Verwendung als Mischröhre und Oszillator. Heute setzt man an ihre Stelle meistens Kombinationsröhren, Triode–Hexode oder Triode–Pentode, welche stabiler arbeiten.

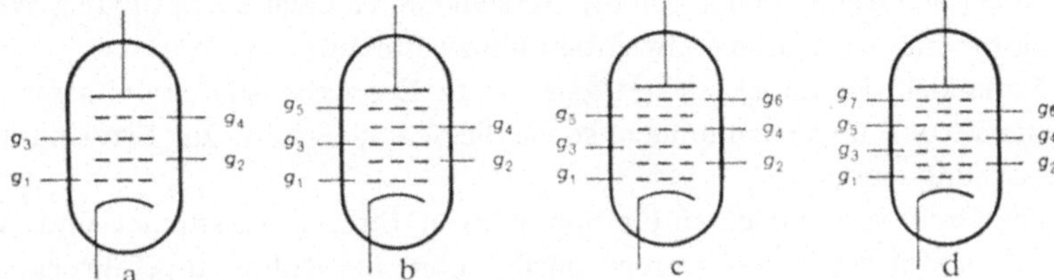

Fig. 47
Röhren mit mehr als 3 Gittern
a) Hexode; b) Heptode; c) Oktode; d) Enneode

Das Gitter g_1 übernimmt die Rolle des Steuergitters einer Triode und g_2 diejenige der Anode. Gitter g_3 beschleunigt die Elektronen. Zwischen den Gittern g_3 und g_4 bildet sich eine virtuelle Kathode. Diese bildet mit den Gittern g_4, g_5, g_6 und der Anode den Pentodenteil der Röhre.

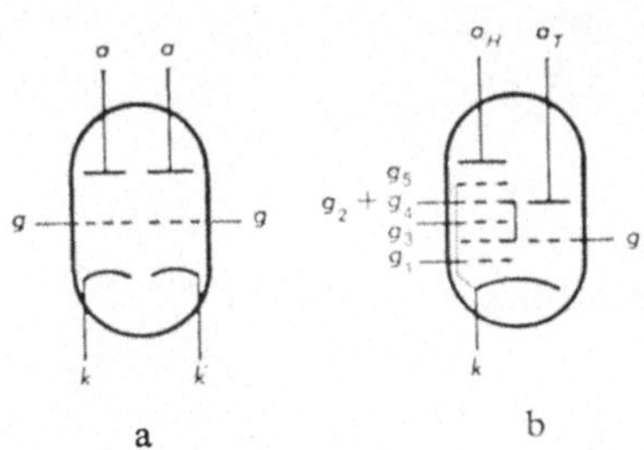

Fig. 48
a) Doppeltriode
b) Triode-Heptode

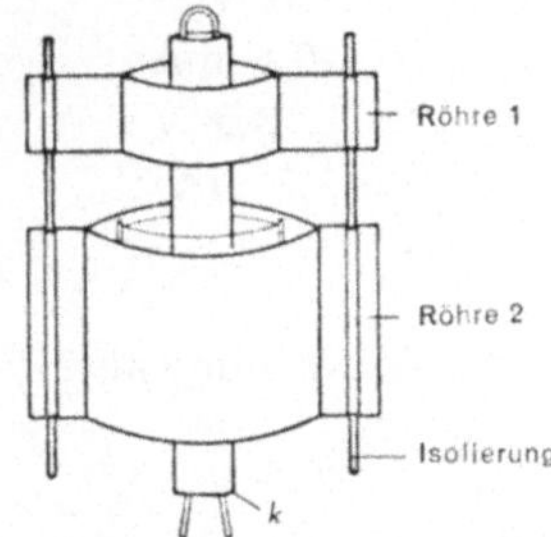

Fig. 49
Innerer Aufbau einer Mehrfachröhre mit gemeinsamer Kathode

Obige Röhren haben meistens Regelcharakteristik (Heptode 6BE6, Oktode DK91); einige besitzen mehrere Gitter mit variabler Steigung.
Die Enneode hat 9 Elektroden (Fig. 47d). Man verwendet sie als Begrenzer und Diskriminator bei der FM-Demodulation (EQ80).

37. Mehrfachröhren

Mehrfachröhren nennt man Röhren, bei denen 2 oder mehrere Röhrensysteme in den gleichen Glaskolben eingebaut sind. Meistens besitzen die Systeme eine ge-

meinsame Kathode, jedoch nicht dieselbe aktive Oberfläche. Die Fig. 48 zeigt zwei verschiedene Darstellungen von Mehrfachröhren, während aus Fig. 49 der Aufbau ersichtlich ist.
Beispiele für Mehrfachröhren: Doppeltriode, ECC81, Doppeldiode–Pentode EBF80, Triode–Heptode ECH81, Triode-Pentode ECL80, Doppeldiode–Triode EBC81 usw.

38. Kenndaten, Arbeitsdaten, Grenzwerte

Außer den Kenndaten geben die Hersteller auch noch die optimalen Werte für eine bestimmte Anwendung sowie die Grenzwerte an.
Es handelt sich dabei um statische Werte. Die Arbeitsdaten umfassen die günstigsten Ströme und Spannungen, sowie die Schaltelemente zur Erreichung des besten Wirkungsgrades.
Die Grenzwerte bedeuten die Spannungen, Ströme, Leistungen und Widerstände, die nicht überschritten werden dürfen, ohne die Röhre zu gefährden.
Nachstehend sind als Beispiel die Daten von 4 gebräuchlichen Röhren aufgeführt:

Triode EC(C)82

a) Kenndaten:

U_f	$= 6{,}3$ V	R_i	$= 7{,}7$ kΩ
I_f	$= 0{,}3$ A	μ	$= 17$
U_a	$= 250$ V	C_g	$= 1{,}8$ pF
I_a	$= 10{,}5$ mA	C_a	$= 0{,}37$ pF
U_g	$= -8{,}5$ V	C_{ga}	$= 1{,}5$ pF
S	$= 2{,}2$ mA/V		

b) Daten für die Verwendung als NF-Spannungsverstärker:

U_b	$= 250$ V	g	$= 14$
R_a	$= 100$ kΩ	R_g (Röhre 2)	$= 330$ kΩ
U_a	$= 87$ V	R_k	$= 2{,}2$ kΩ
I_a	$= 1{,}63$ mA	$d_{\text{tot.}}$	$(U_1 = 2{,}3\ \text{V}) = 5{,}9$ %
U_g	$= -3{,}5$ V		

c) Grenzwerte:

U_{a0}	$=$ max. 550 V	U_g	$=$ min. 0 V
U_a	$=$ max. 300 V	R_g	$=$ max. 1 MΩ
P_a	$=$ max. 2,75 W	U_{fk}	$=$ max. 180 V
I_k	$=$ max. 20 mA	R_{fk}	$=$ max. 150 kΩ

U_g ($I_g = 0{,}3$ µA) $=$ max. $-1{,}3$ V

Krafttriode 6 A 5 G

a) Kenndaten:

U_f	= 6,3 V	R_i	= 800 Ω
I_f	= 1,25 A	μ	= 4,2
U_a	= 250 V	C_g	= 7 pF
I_a	= 60 mA	C_a	= 5 pF
U_g	= – 45 V	C_{ga}	= 16 pF
S	= 5,25 mA/V		

b) Daten für die Verwendung als NF-Kraftverstärker:

U_b	= 250 V	P_m	= 3,75 W
R_a	= 2,5 kΩ	U_g	= – 45 V
U_a	= 250 V	R_k	= 750 Ω
I_a	= 60 mA	$d_{tot.}$	= 5 %

c) Grenzwerte:

U_{a0}	= max. 600 V	U_g (I_g = 0,3 μA)	= max. – 2 V
U_a	= max. 325 V	R_g (automat. Vorsp.)	= max. 470 kΩ
P_a	= max. 15 W	R_g (feste Vorsp.)	= max. 100 kΩ
I_k	= max. 90 mA		

Pentode EF 86

a) Kenndaten:

U_f	= 6,3 V	S	= 2 mA/V
I_f	= 0,2 A	R_i	= 2,5 MΩ
U_a	= 250 V	$\mu_{g_1g_2}$	= 38
I_a	= 3 mA	C_{g_1}	= 3,8 pF
U_{g_2}	= 140 V	C_a	= 5,3 pF
I_{g_2}	= 0,6 mA	C_{g_1a}	< 0,05 pF
U_{g_1}	= – 2V	C_{g_1f}	< 0,0025 pF
U_{g_3}	= 0 V		

b) Daten für die Verwendung als NF-Verstärker:

U_b	= 250 V	g	= 180
R_a	= 220 kΩ	R_g (Röhre 2)	= 680 kΩ
R_{g_2}	= 1 MΩ	R_k	= 2,2 kΩ
I_k	= 0,9 mA	$d_{tot.}$ (U_2 = 46 V)	= 5 %

c) Grenzwerte:

U_{a_0} = max. 550 V	I_k	= max. 6 mA
U_a = max. 300 V	U_{g_1} (I_{g_1} = 0,3 µA)	= max. – 1,3 V
P_a = max. 1 W	R_{g_1} (P_a < 0,2 W)	= max. 10 MΩ
$U_{g_{2_0}}$ = max. 550 V	R_{g_1} (P_a > 0,2 W)	= max. 3 MΩ
U_{g_2} = max. 200 V	U_{fk} (+ k ; – f)	= max. 100 V
P_{g_2} = max. 0,2 W	U_{fk} (– k + f)	= max. 50 V
	R_{fk}	= max. 20 kΩ

Kraftverstärkerpentode EL 84

a) Kenndaten:

U_f = 6,3 V	S = 10 mA/V
I_f = 0,76 A	R_i = 40 kΩ
U_a = 250 V	$\mu_{g_1g_2}$ = 19
I_a = 36 mA	C_{g_1} = 10,8 pF
U_{g_2} = 250 V	C_a = 6,5 pF
I_{g_2} = 4,1 mA	C_{g_1a} < 0,5 pF
U_{g_1} = – 8,4 V	C_{g_1f} < 0,25 pF

b) Daten für die Verwendung als NF-Kraftverstärker:

U_a = 250 V	P_m ($d_{tot.}$ = 10 %) = 4,2 W
R_a = 7 kΩ	P_m (I_{g_1} = 0,3 µA) = 5,6 W
I_a = 36 mA	U_1 ($d_{tot.}$ = 10 %) = 3,5 V
U_{g_2} = 250 V	U_1 (P_m = 50 mW) = 0,3 V
I_{g_2} (P_m = 4,2 W) = 8,5 mA	R_k = 210 Ω

c) Grenzwerte:

U_{a_0} = max. 550 V	P_{g_2} (P_m = max.)	= max. 4 W
U_a = max. 300 V	I_k	= max. 65 mA
P_a = max. 12 W	U_{g_1} (I_{g_1} = 0,3 µA)	= max. – 1,3 V
$U_{g_{2_0}}$ = max. 550 V	R_{g_1}(aut.)	= max. 1 MΩ
U_{g_2} = max. 300 V	U_{fk}	= max. 100 V
P_{g_2}(U_1 = 0 V) = max. 2 W	R_{fk}	= max. 20 kΩ

2. Kapitel

Die Spezialröhren

39. Sekundäremissionsröhren

Es gibt Röhren, deren Funktionsweise auf dem Phänomen der Sekundäremission beruht. Wir haben gesehen (Nr. 25), daß ein einziges Primärelektron mehrere Sekundärelektronen auslösen kann. Das ist besonders dann der Fall, wenn die Elektronen, die von der Kathode abgestrahlt werden, nacheinander zu Anoden mit immer höherem Potential geleitet werden (Fig. 50).

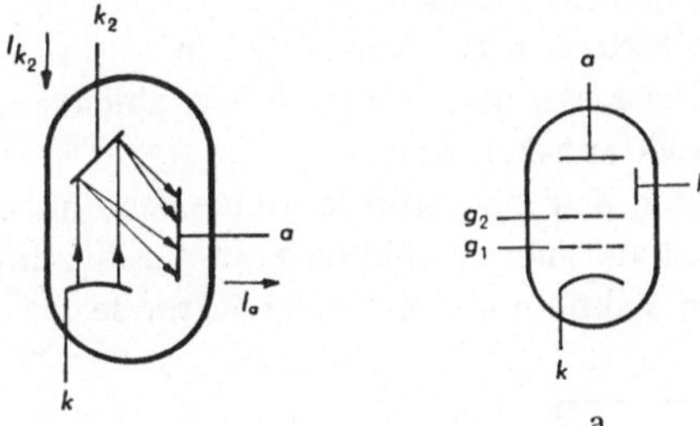

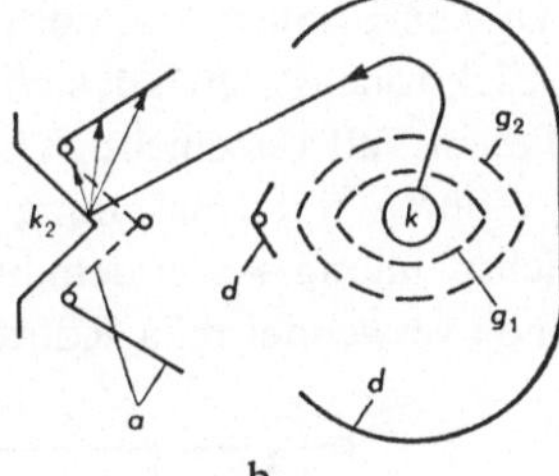

Fig. 50
Sekundäremission und Elektronenvervielfachung

Fig. 51
Sekundäremissionsröhre
a) Schema; b) Aufbau

Auf diese Art erhöht man sozusagen die Emissionskraft der Kathode, was einer Erhöhung der Steilheit der Röhre entspricht. Fig. 51 zeigt eine Sekundäremissionsröhre, auch Elektronenvervielfacher genannt. Die zylindrische Kathode ist von 2 elliptischen Gittern umgeben, dem Steuergitter g_1 und dem Schirmgitter g_2. Diese Anordnung hat den Zweck, den Elektronenstrom in zwei Bündel zu konzentrieren, um sie durch den Einfluß der Ablenkplatten *d*, welche mit der Kathode *k* verbunden sind, zur sog. Dynode k_2 zu leiten. Die Elektrode k_2 erhält eine positive Spannung, wirkt aber wie eine zweite Kathode. Die Sekundärelektronen, welche die Dynode k_2 emittiert, erreichen die Anode *a*. Diese Röhre findet in Spezialschaltungen, wie Breitbandverstärker, Phasenumkehrröhre usw. Verwendung.
Gewisse Röhren enthalten mehrere Dynodensysteme. Man nennt sie Elektronenvervielfacher. Man findet sie z.B. bei Photovervielfachern, Kameraröhren (Bildorthikon) usw. Sie können sehr große Anodenströme und hohe Verstärkung liefern.

40. Braunsche- oder Kathodenstrahlröhre

Eine Glasröhre enthält zwei Elektroden, Kathode und Anode. Pumpt man die Luft auf einen Druck von 0,001 mm Hg[1] aus, und liegt eine genügend hohe Gleichspannung an den Elektroden *k* und *a* (Fig. 52), so entsteht ein Elektronenstrahl, der sich in gerader Richtung durch das Rohr bewegt.

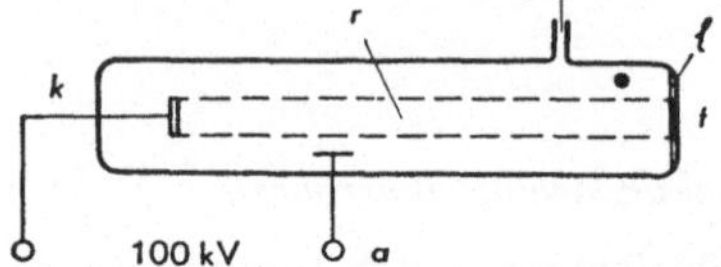

Fig. 52
Prinzip einer Kathodenstrahlröhre
k Kathode *l* Schirm
p Vakuumpumpe *r* Kathodenstrahlen
t Leuchtfleck *a* Anode

Dieser Elektronenstrom, gebildet von den von der Kathode emittierten Elektronen und durch die Anode a beschleunigt, bildet ein Kathodenstrahlbündel. Es wird senkrecht zur Kathodenfläche ausgestrahlt. Beim Auftreffen auf der gegenüberliegenden Glaswand entsteht dort ein Leuchtfleck *t*. Belegt man das Innere der Glaswand *l* mit einer fluoreszierenden Schicht (sog. Luminophor aus Zink- oder Cadmiumverbindung), so entsteht bei *t* ein hell leuchtender Fleck.
Bei zu wenig hohem Vakuum würden die Elektronen zur Anode fließen.
Der Elektronenstrahl läßt sich durch elektrische oder magnetische Felder ablenken. In diesem Fall verschiebt sich der Leuchtfleck auf dem Schirm.
Die Röhren mit Gasfüllung oder mit kalter Kathode erfordern eine sehr hohe Gleichspannung. Außerdem bleibt der Druck im Innern nicht konstant. Aus diesem Grunde verwendet man Röhren mit hohem Vakuum und geheizter Kathode.

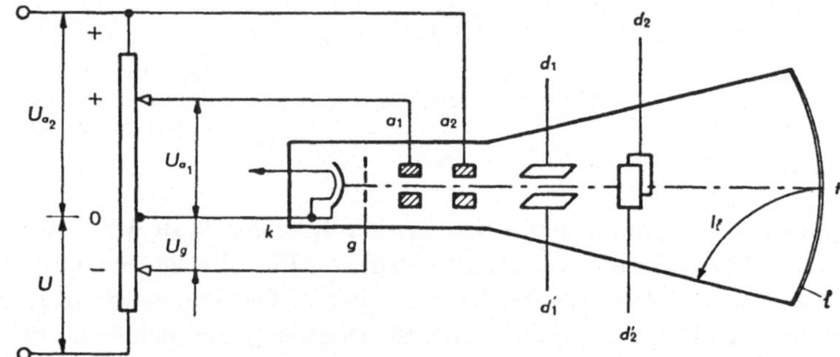

Fig. 53
Hochvakuum-Kathodenstrahlröhre

Die Röhre Fig. 53 hat einen Heizfaden, eine Kathode *k*, eine Steuerelektrode *g*, auch Wehneltzylinder genannt, eine Konzentrationsanode a_1, eine Beschleunigungsanode a_2, zwei Vertikalablenkplatten d_1 und d_1', zwei Horizontalablenkplatten d_2 und d_2' und oft noch eine oder zwei Nachbeschleunigungsanoden (siehe Band 3).

[1] Für einen höheren Druck, z. B. 0,1 mm Hg würde der Elektronenstrahl von der Anode abgefangen.

Die Anoden a_1 und a_2 sind so ausgeführt, daß sie den Elektronenstrahl durchlassen. Sie bilden mit der Kathode und dem Wehneltzylinder die sog. Elektronenkanone. Der Schirm l ist innen mit einer Leuchtschicht versehen.
Legt man an die Anode a_2 eine Spannung von mehreren hundert Volt an, so werden die Elektronen beschleunigt. Sie bilden auf dem Schirm einen nicht scharf begrenzten Leuchtfleck und schlagen dort auch noch Sekundärelektronen heraus. Diese erzeugen einen schwachen Leuchtschirmstrom I_l. Um einen scharfen Leuchtpunkt zu erhalten, muß der Kathodenstrahl konzentriert (fokussiert) werden.
Zu diesem Zweck gibt man den verschiedenen Elektroden der Röhre eine entsprechende Form und erhält so sog. elektronische Linsen.
Die Fig. 54a zeigt eine Röhre mit elektrostatischer Fokussierung. Es ist aber auch möglich, die gleiche Wirkung mit einem Magnetfeld zu erhalten (Fig. 54b).

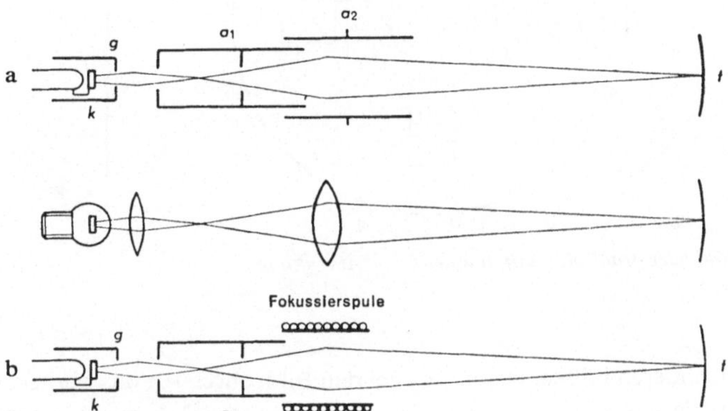

Fig. 54
Konzentration (Fokussierung) des Elektronenstrahls
a) Statische Fokussierung; b) Magnetische Fokussierung

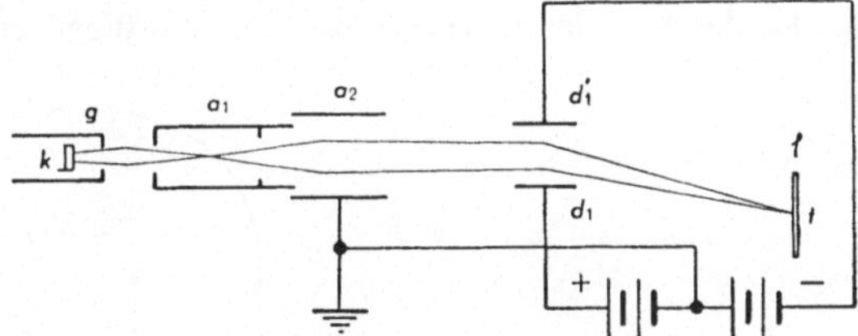

Fig. 55
Ablenkung des Elektronenstrahls durch ein elektrisches Feld

Die positive Anodenspannung a_1 ist regulierbar. Sie gestattet die Konzentration zu verändern. Der Wehneltzylinder, gegenüber der Kathode negativ geladen, gestattet die Stärke des Elektronenstromes zu steuern. Gleichzeitig schützt er die Kathode vor dem Beschuß mit positiven Ionen. Solche können immer auftreten, da das Vakuum nie vollständig ist und evtl. Luftreste durch Stoß ionisiert werden können.

Legt man an die Ablenkplatten d_1 d_1' oder d_2 d_2' eine Gleichspannung an, so wird der Elektronenstrahl von der positiven Platte angezogen und dadurch nach dieser Seite hin abgelenkt (Fig. 55).

Das Ablenkplattenpaar d_1 d_1' erzeugt eine vertikale und das Ablenkplattenpaar d_2 d_2' eine horizontale Ablenkung (Fig. 53). Man nennt diese Art Ablenkung elektrostatisch.

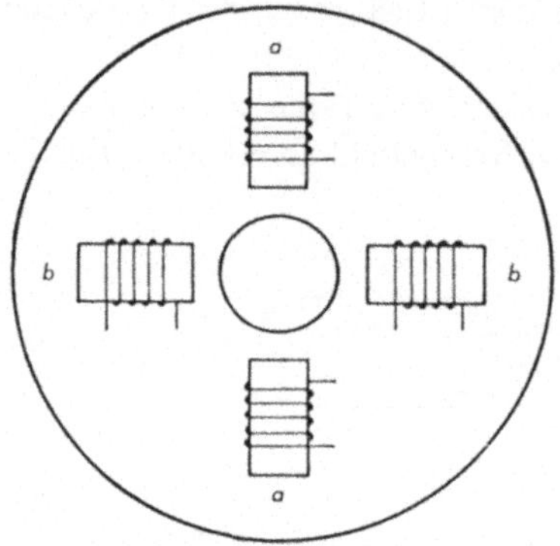

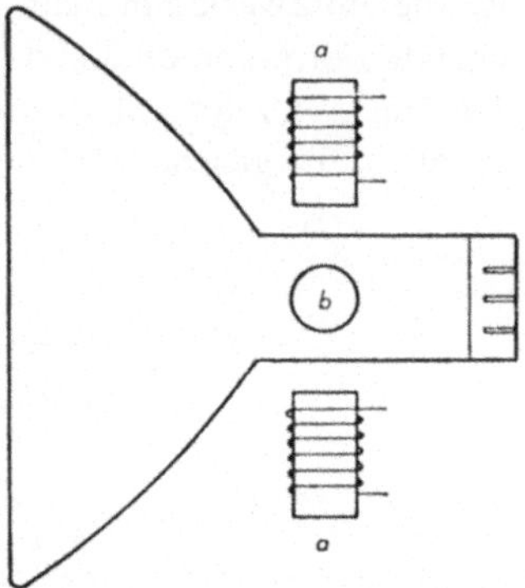

Fig. 56
Kathodenstrahlröhre mit magnetischer Ablenkung

In anderen Fällen, besonders bei den Bildröhren für das Fernsehen, wird die magnetische Ablenkung angewendet. Diese eignet sich besser für große Bildschirme und ist weniger aufwendig.

Das Spulenpaar *a* erzeugt eine horizontale und die Spulen *b* eine vertikale Ablenkung.

Ein Elektron, das von der Kathode zum Schirm fliegt, erzeugt um seine Bahn ein

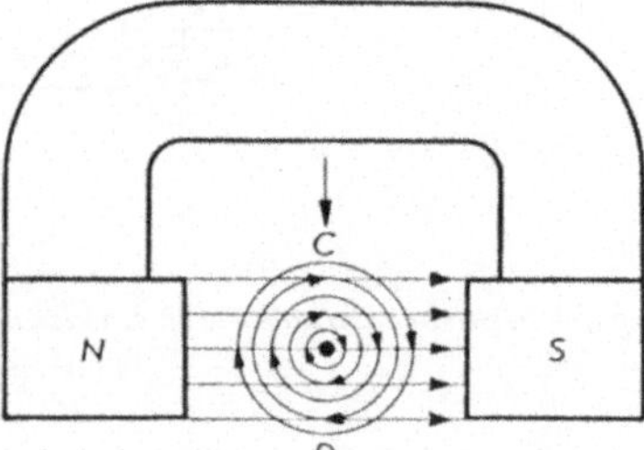

Fig. 57
Ablenkung des Elektronenstrahls durch ein magnetisches Feld

kreisförmiges Magnetfeld. Oben bei *C* (Fig. 57) verlaufen die Kraftlinien dieses Feldes gleich wie die Kraftlinien des Magnets; unten bei *D* entgegengesetzt. Wir erhalten dadurch oben eine Verdichtung und unten eine Verdünnung der Kraft-

linien. Der Elektronenstrahl wird in Pfeilrichtung nach unten abgedrängt. Die magnetische Ablenkung erfolgt also quer zur Richtung des Ablenkfeldes.
Die Kathodenstrahlröhre findet vielfache Anwendung, z. B. beim Kathodenstrahloszillographen, als Fernsehbildröhre und bei den Radargeräten.
Es gibt Röhren mit grün-, blau- und weißleuchtendem Bildschirm. Grün eignet sich für direkte Betrachtung beim Oszillographen, Blau für photographische Zwecke und Weiß für den Fernsehempfänger. Es gibt ferner Schirme mit verschiedener Nachleuchtzeit.

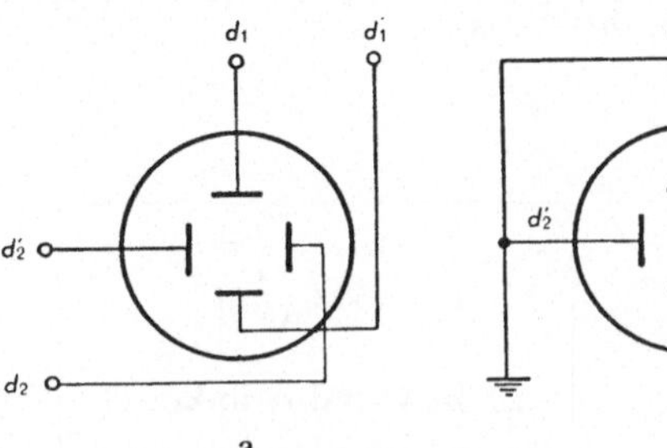

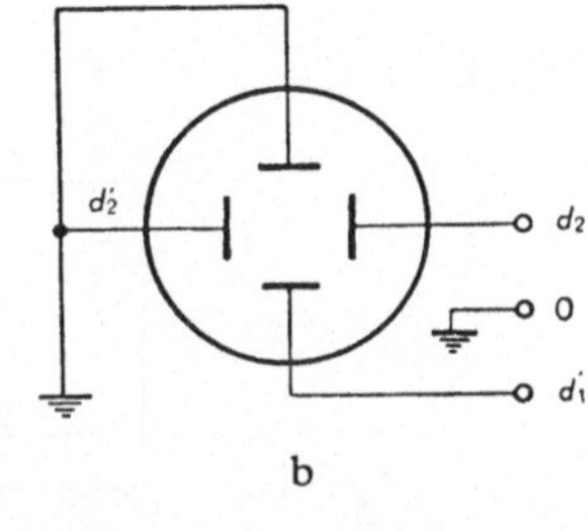

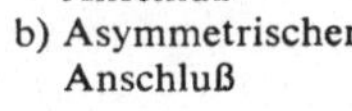

Fig. 58
Verschiedene Arten Anschlüsse der Ablenkplatten
a) Symmetrischer Anschluß
b) Asymmetrischer Anschluß

Die Röhren mit elektrostatischer Ablenkung nennt man symmetrisch, wenn die Anschlüsse aller Ablenkplatten nach außen geführt (Fig. 58a) und unsymmetrisch, wenn die Platten $d_1\ d_2'$ oder $d_1'\ d_2$ im Innern der Röhre verbunden sind (Fig. 58b).
Es gibt Kathodenstrahlröhren mit 2 Strahlen, die gestatten, 2 Vorgänge gleichzeitig aufzuzeichnen.
Nachstehend die wichtigsten Daten der Kathodenstrahlröhre DG 7–36:

U_f	= 6,3 V	C_{g_1}	= 5,7 pF
I_f	= 0,3 A	C_{d_1}	= 4,7 pF
$U_{a_{2\text{-}4}}$	= 1500 V	$C_{d_1'}$	= 4,7 pF
U_{a_3}	= 250 V	C_{d_2}	= 6 pF
$-U_{g_1}$	= 40 V	$C_{d_2'}$	= 6 pF
I_l	= 0,5 μA	$C_{d_1d_1'}$	= 1,7 pF
N_1	= 0,5 mm/V	$C_{d_2d_2'}$	= 1,9 pF
N_2	= 0,33 mm/V	R_d	= max. 5 MΩ

41. Ablenk-Empfindlichkeit

Die kinetische Energie eines Elektrons kann mit der Formel 13 (gültig für Geschwindigkeiten $v < \frac{c}{10}$) berechnet werden.

$$W = \frac{m\,v_1^2}{2} = e\,U_a\,, \tag{13}$$

e = Ladung des Elektrons ($e = 1{,}6 \cdot 10^{-19}$ C)
m = Masse des Elektrons ($m = 9{,}1 \cdot 10^{-31}$ kg)

Die Gleichung nach v_1 aufgelöst ergibt:

$$v_1 = \sqrt{\frac{2\, e\, U_a}{m}}\,. \tag{14}$$

Setzt man

$$k = \sqrt{\frac{2\, e}{m}} = \sqrt{2 \cdot 1{,}76 \cdot 10^{11}} = 593 \cdot 10^3\,, \tag{15}$$

so ergibt sich

$$v_1 = 593 \sqrt{U_a} \tag{16}$$

U_a in V und v_1 in km/s.

Diese Formel gilt für Beschleunigungsspannungen unter 100 kV. Wenn das Elektron einem gleichförmigen elektrischen Feld ausgesetzt ist, beschreibt es eine Gerade oder eine Parabel, in einem gleichförmigen Magnetfeld einen Kreis oder eine Spirale.

a) Elektrostatische Ablenkung

Bei dieser Ablenkart steht das elektrische Feld senkrecht zur Elektronenbahn. Die Ablenkspannung ist an die beiden parallelen Ablenkplatten angelegt.

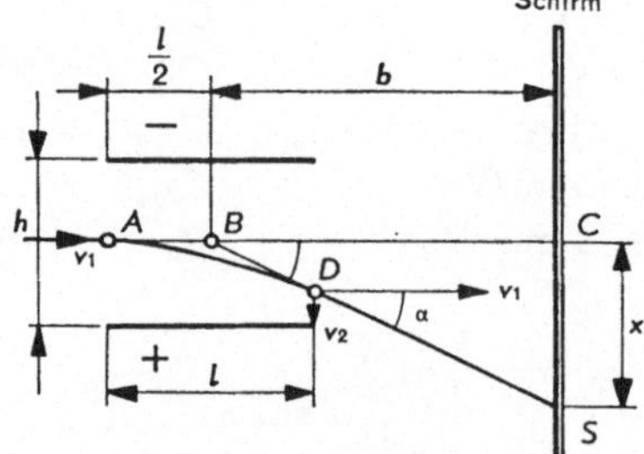

Fig. 59
Elektr. Ablenkung

Das Elektron erreicht den Punkt A mit einer Geschwindigkeit v_1, beschreibt eine Parabel und verläßt das Feld bei D in der Richtung der Tangente an diese Kurve. Es durchläuft die Strecke A–D in einer Zeit von

$$t = \frac{l}{v_1}\,. \tag{17}$$

Bei D beträgt die Geschwindigkeitskomponente v_2

(18) $$v_2 = a\,t = \frac{F\,l}{m\,v_1} = \frac{e\,E\,l}{m\,v_1}\,,$$

wobei a die Beschleunigung und F die Kraft, welche auf das Elektron wirkt, bedeuten.
Der Ablenkwinkel kann durch eine Tangente angegeben werden, nämlich

(19) $$\operatorname{tg} a = \frac{v_2}{v_1} = \frac{e\,E\,l}{m\,v_1^2} = \frac{x}{b}\,.$$

Die Ablenkdistanz beträgt somit

(20) $$x = \frac{e\,E\,l\,b}{m\,v_1^2}\,.$$

Indem man für $m v_1^2$ den aus der Formel (13) ermittelten Wert $2 \cdot e \cdot U_a$ und für E seinen Wert $\frac{U_d}{h}$ einsetzt, erhält man:

(21) $$x = \frac{b\,l\,U_d}{2\,h\,U_a}\,,$$

wobei U_a die Beschleunigungsspannung und U_d die Ablenkspannung bedeuten. Für eine bestimmte Kathodenstrahlröhre ist die Ablenkspannung ausschließlich eine Funktion des Verhältnisses $\frac{U_d}{U_a}$.
Die Elektroden einer Kathodenstrahlröhre müssen somit aus der gleichen Spannungsquelle gespiesen werden, um eine Änderung des Elektronenweges durch Netzspannungsschwankungen auszuschließen.
Als Ablenkempfindlichkeit bezeichnet man das Verhältnis

(22) $$N_e = \frac{x}{U_d}\,.$$

Ersetzt man x durch seinen Wert (21), so ergibt sich

(23) $$N_e = \frac{b\,l}{2\,h\,U_a}$$

b, h und l in cm, U_a in V.

Die Empfindlichkeit gebräuchlicher Kathodenstrahlröhren beträgt einige Zehntelmillimeter pro Volt.

b) Magnetische Ablenkung

Wenn ein Elektron ein schmales Magnetfeld, senkrecht zu seiner Flugbahn, durchfliegt, beschreibt es einen Kreisbogen (Fig. 60). Es ist einer Zentripetalkraft unterworfen:

(24) $$F_c = \frac{m v_1^2}{r} = e v_1 B \,.$$

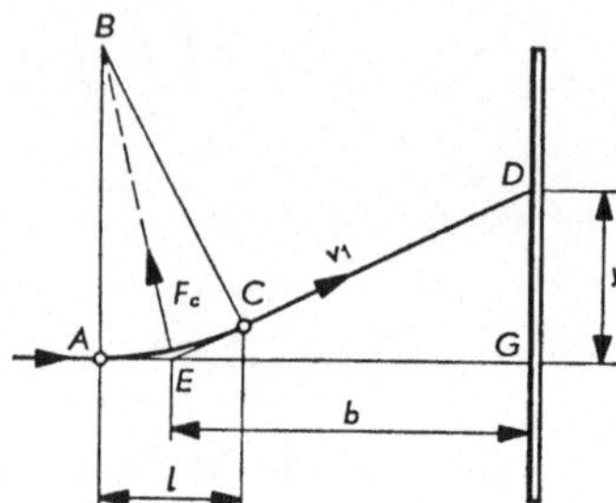

Fig. 60
Magnetische Ablenkung

Der beschriebene Kreisbogen hat den Radius:

(25) $$r = \frac{m v_1}{e B} \,.$$

Beim Austritt aus dem Magnetfeld folgt das Elektron der Tangente CD, welche AG bei E schneidet. Bei kleinen Ablenkwinkeln ($\alpha = \widehat{DEG} = \widehat{ABC}$) erhält man annäherungsweise:

(26) $$l \approx \widehat{AC} \,,$$

oder, wenn α in Radians ausgedrückt wird

(27) $$a = \frac{l}{r} \,.$$

Setzt man für r seinen Wert aus Formel 25 ein, so ergibt sich

(28) $$a = \frac{e l B}{m v_1} \,.$$

Nun beträgt die Ablenkung:

(29) $$y = b \operatorname{tg} a \approx \frac{b e l B}{m v_1}$$

und die Empfindlichkeit der magnetischen Ablenkung

(30) $$N_m = \frac{y}{I} \,,$$

oder

(31)
$$N_m = \frac{b\,e\,l\,B}{m\,v_1\,I}$$

b und l in m, B in Wb/m², I in A und v_1 in m/s,

wobei I die Stromstärke in den außerhalb des Röhrenhalses angebrachten Ablenkspulen bedeutet.
Die Gleichungen 20 und 29 zeigen, daß ein Elektronenstrahl von einem magnetischen Feld stärker abgelenkt wird, als von einem elektrischen Feld. Aus diesem Grunde wird die Ablenkung bei Kathodenstrahlröhren mit großem Bildschirm stets magnetisch vorgenommen.

42. Kathodenstrahlröhre als Bildröhre

Die modernen Fernsehempfänger haben in der Regel Bildröhren mit elektrostatischer Fokussierung und magnetischer Ablenkung. Verglichen mit der Größe des Bildschirms hat die Röhre eine geringe Länge. Der maximale Ablenkwinkel beträgt zur Zeit 110° ($2\,\alpha_{max}$).
Da es nicht möglich ist, im Innern der Röhre ein vollkommenes Vakuum zu schaffen, treffen Strahlelektronen auf Gasmoleküle und erzeugen negative und positive Ionen. Die letzteren bewegen sich gegen die Kathode, welche durch den Wehneltzylinder geschützt ist. Die negativen Ionen fliegen gegen den Bildschirm. Da diese Ionen eine erheblich größere Masse haben, als die Elektronen, werden sie von den Ablenkfeldern kaum beeinflußt. Aus diesem Grunde fliegen die Ionen geradeaus und treffen die Mitte des Bildschirms, wo sie die Leuchtsubstanz zerstören und einen blinden Fleck, den sog. Ionenfleck, bilden. Dies kann vermieden werden, indem man entweder eine sog. Ionenfalle in die Röhre einbaut oder die Leuchtschicht durch eine äußerst dünne Aluminiumfolie schützt (Fig. 61). Diese Aluminiumschicht ist für Elektronen durchlässig, hält jedoch die Ionen zurück. Sie bildet gleichzeitig einen Spiegel, der das ganze Licht des Leuchtpunktes nach außen wirft. Dadurch wird die Bildhelligkeit wesentlich verbessert.

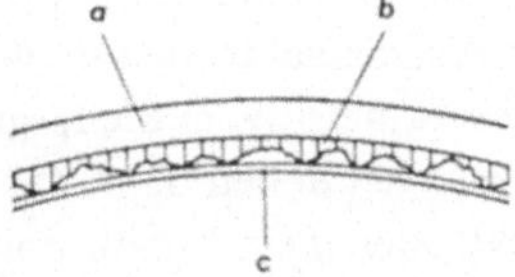

Fig. 61
Schnitt durch einen Bildschirm
a = Filterglas; b = Leuchtschicht; C = Aluminiumbelag

Die Ablenkspulen müssen möglichst nahe am kegelförmigen Teil der Bildröhre angebracht sein, um eine Schattenbildung an den Bildrändern zu vermeiden.
Nachstehend die Daten der Bildröhre AW 59–90, mit rechteckigem, aluminiumhinterlegtem Bildschirm, Ablenkwinkel 110°.

$U_f = 6{,}3$ V $\qquad U_{a_2} = 300$ V
$I_f = 0{,}3$ A $\qquad U_{a_4} = 0\text{-}400$ V
$-U_{g_1} = 30\text{-}72$ V $\qquad U_{a_3} = U_{a_5} = 16$ kV

43. Abstimmanzeiger

Bei der Abstimmung eines Empfängers auf einen Sender ist es bisweilen schwierig, die richtige Einstellung nur nach dem Gehör vorzunehmen. Zur Sichtbarmachung der genauen Abstimmung ist eine Röhre, auch magisches Auge genannt, geschaffen worden. Damit ist es möglich, den Empfänger auch bei leiser Einstellung und ohne durch Störungen behindert zu werden, exakt auf den gewünschten Sender abzustimmen.

Der Abstimmanzeiger enthält die Elemente einer Triode und einer kleinen Kathodenstrahlröhre (Fig. 62). Die Triode dient als Verstärker und der übrige Teil zur Abstimmanzeige.

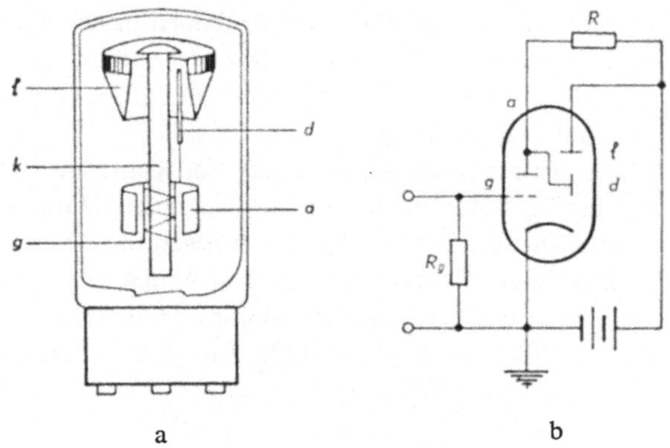

Fig. 62
Abstimmanzeiger (Abstimmkreuz)
a) Innerer Aufbau (nur eine der vier Ablenkelektroden ist dargestellt)
b) Betriebsschema

Im oberen Teil der Röhre befindet sich ein konischer Schirm, der mit einer Lumineszenzschicht versehen ist, auf der die Abstimmanzeige erscheint. In der Mitte befindet sich die gemeinsame Kathode *k*. Zwischen dieser und dem Schirm befinden sich die Ablenkelektroden *d*, welche mit der Triodenanode verbunden sind.

Bei sehr negativem Steuergitter ist die Triode gesperrt. Die Anode und die Ablenkelektroden haben dann das gleiche Potential wie der Leuchtschirm *l*. Die Ablenkelektroden *d* sind dann positiv und die leuchtende Zone des Schirms ist groß. Sie hat die Form eines Kleeblattes (Fig. 63a).

Wird das Gitter weniger negativ, so beginnt ein Anodenstrom I_a zu fließen. An *R* entsteht ein Spannungsabfall. Die Anode *a* und die Ablenkelektroden *d* sind negativ in bezug auf den Leuchtschirm *l*. Der Elektronenstrahl nimmt ab und die Leuchtzone wird kleiner (Fig. 63b).

Es gibt auch Abstimmanzeiger mit doppelter Empfindlichkeit, sie sind ähnlich aufgebaut wie das beschriebene magische Auge, enthalten aber zwei Triodensysteme. Die Fig. 64 zeigt die Kennlinien einer solchen Röhre, welche den Leuchtschirmstrom I_1 und die Ablenkwinkel α_1 und α_2 in Funktion der Gitterspannung U_g zeigen. Nachstehend die wichtigsten Daten des Abstimmkreuzes EM 34:

$U_f = 6{,}3$ V	$I_l\,(U_g = 0$ V$) = 2$ mA
$I_f = 0{,}2$ A	$R_{a_1} = 1$ MΩ
$U_b = U_l = 250$ V	$R_{a_2} = 1$ MΩ

Erste Empfindlichkeit:
Maximale Leuchtzone für $U_g = -5$ V

Zweite Empfindlichkeit:
Maximale Leuchtzone für $U_g = -16$ V

In beiden Fällen:
Minimale Leuchtzone für $U_g = 0$ V

Schließt man zwischen Gitter und Kathode eine von der Abstimmung des Empfängers abhängige Spannung an und variiert die Abstimmung, so ist auf dem Anzeiger die genaue Abstimmung ersichtlich. Diese Röhren können auch als Nullindikatoren bei Meß-Schaltungen (Meßbrücken) dienen.
Apparate für frequenzmodulierten Empfang haben besondere Abstimmanzeiger,

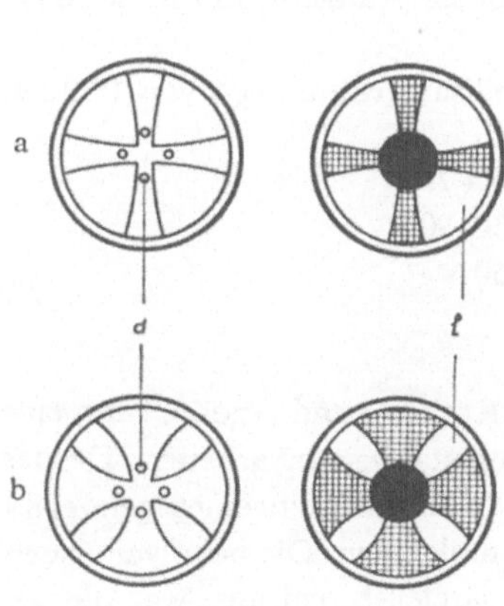

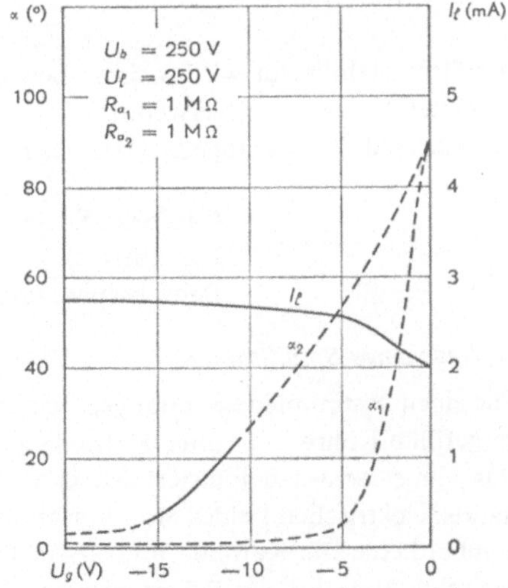

Fig. 63
Abstimmkreuz
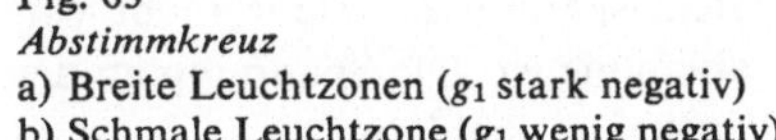
a) Breite Leuchtzonen (g_1 stark negativ)
b) Schmale Leuchtzone (g_1 wenig negativ)

Fig. 64
Kennlinien, welche gestatten, die Ablenkwinkel α_1 und α_2, sowie den Leuchtstrom I_1 in Funktion von U_g zu ermitteln

sog. magische Trigger (siehe Band 3). Gewisse Anzeiger gestatten die Erreichung einer schmalen Leuchtfläche mit einer starken negativen Spannung, andere wieder enthalten 2 Triodensysteme im gleichen Glaskolben.

44. Strom-Stabilisatorröhren

(sog. Eisen–Wasserstoff-Widerstände).
Wie der Name sagt, befindet sich in der Röhre ein Eisenwiderstand in einer Wasserstoffatmosphäre. Eisen hat einen hohen Temperaturkoeffizienten α. Wenn der durchfließende Strom zunehmen möchte, steigt der Widerstand des Eisendrahtes. Der Draht befindet sich auf Rotglut. Um seine Zerstörung zu verhindern, ist er von einer Gasatmosphäre umgeben, wobei sich Wasserstoff besonders gut eignet, weil es sich auch bei hohen Temperaturen nicht mit dem Eisen verbindet.
So ist es möglich, den Strom I sozusagen unabhängig von der angelegten Spannung konstant zu halten. Auf alle Fälle bleibt I innert der vom Hersteller angegebenen Grenzspannungen U_1 und U_2 konstant (Fig. 65).

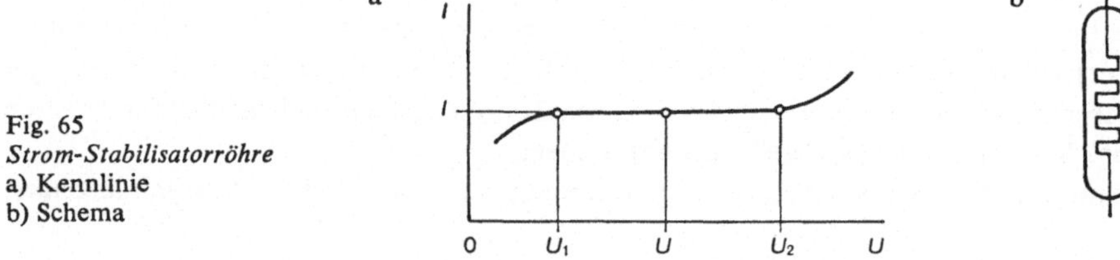

Fig. 65
Strom-Stabilisatorröhre
a) Kennlinie
b) Schema

Der Stromstabilisator wird meisten bei sog. Allstromempfängern, mit in Serie geschalteten Heizkreisen, verwendet.
Nachstehend die wichtigsten Daten der Stromstabilisatorröhre 1904 von Philips:

Geregelte Stromstärke	= 0,1 A
Regelbereich	= 30–80 V
Betriebsspannung	= 60 V

45. Spannungs-Stabilisatoren

Für einen bestimmten Spannungsbereich zwischen Kathode und Anode, kann eine gasgefüllte Röhre mit kalter Kathode als Spannungsstabilisator arbeiten. Da das Gas immer schwach ionisiert ist, entsteht beim Vorhandensein eines genügend starken elektrischen Feldes Stoßionisation von Gasmolekülen. Die positiven Ionen bombardieren die Kathode und lösen dort Sekundärelektronen aus, was die gewünschte Funktion der Röhre gewährleistet.
Der Spannungsstabilisator ist eine Röhre mit Neon-, Argon- oder Heliumfüllung. Er gestattet die Erreichung einer konstanten Gleichspannung, welche nicht von Belastungs- oder Netzspannungsschwankungen abhängig ist. Die Spannung an der Röhre ist in weiten Grenzen vom durchgehenden Strom unabhängig.

Betrachten wir das Schema Fig. 66. Wenn die Spannung U_1 zunimmt, löst sie eine kräftige Erhöhung des Stromes I durch die Röhre aus. Der Spannungsabfall am Widerstand R wird größer und kompensiert die Spannungserhöhung von U_1. Dasselbe passiert, wenn I_2 kleiner wird. Dann nimmt der Strom durch die Röhre um den entsprechenden Betrag zu und U_2 bleibt konstant.

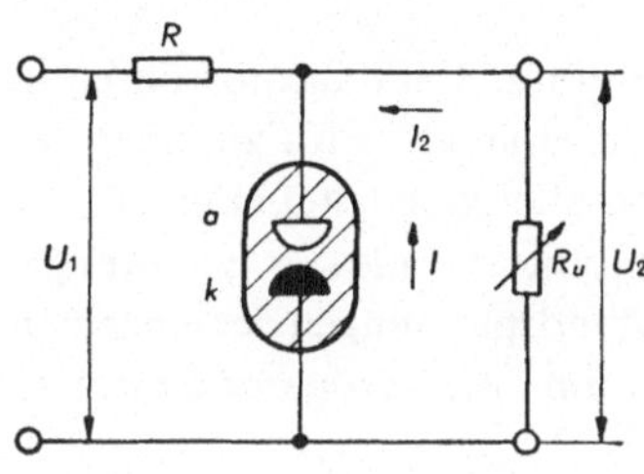

Fig. 66
Spannungsstabilisatorröhre

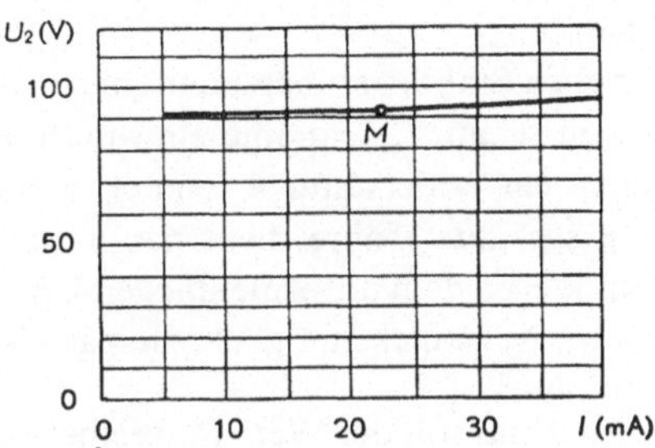

Fig. 67
Kennlinien einer Spannungsstabilisatorröhre

Die Belastungsschwankungen sind somit durch Zu- oder Abnahme des Röhrenstroms kompensiert.

Das Verhältnis der an der Röhre auftretenden Spannungsänderung zur entsprechenden Stromänderung ist die Impedanz oder der Innenwiderstand der Röhre. Fig. 67 zeigt die an die Stabilisatorröhre angelegte Spannung in Funktion des durchfließenden Stromes. Der Punkt M entspricht in der Regel dem Ruhezustand der Röhre.

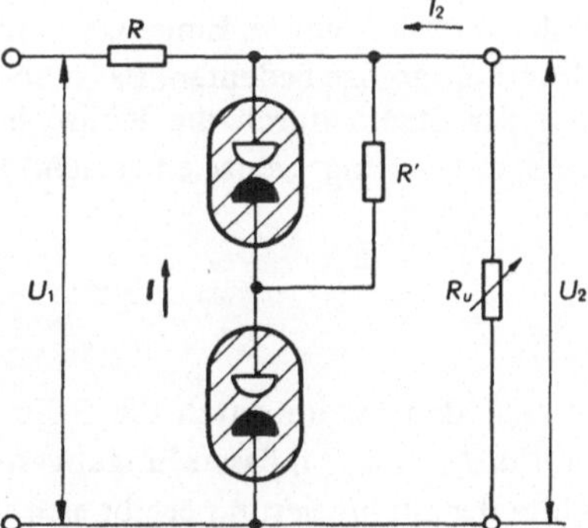

Fig. 68
Schaltung für die Stabilisierung einer höheren als für eine Röhre zulässigen Spannung

Um eine maximale Stabilisierungswirkung zu erhalten, muß eine Röhre verwendet werden, bei welcher ein schwacher Anstieg von U_1 eine große Zunahme des Stromes I durch die Röhre hervorruft.

Bei der Stabilisierung einer gleichgerichteten Spannung, wird durch die Stabilisator-

röhre die Siebung verbessert und gleichzeitig der Innenwiderstand der Stromquelle verringert.
Die Röhre muß bei ihrer Inbetriebsetzung durch eine Spannung gezündet werden, welche höher ist als die normale Betriebsspannung, man nennt sie die Zündspannung.
Bei der Anwendung der Röhre ist die vom Hersteller angegebene Polarität zu beachten.
Bei hohen Stabilisierungsspannungen ist es zuweilen nötig, 2 Stabilisatorröhren in Serie zu schalten. Um eine einwandfreie Zündung zu erhalten, wird zu einer der Röhren ein Widerstand R' von etwa 100000 Ohm parallel geschaltet (Fig. 68).
Die gasgefüllte Röhre dient hauptsächlich als Spannungsstabilisator bei Meßgeräten. Wegen dem unvermeidlichen Unterschied der Zündspannungen der einzelnen Röhren, ist es nicht möglich, sie parallel zu schalten um einen größeren Strom zu stabilisieren.
Nachstehend soll der Wert R, welcher von U_1 abhängig ist, ermittelt werden. Es sei

$$U_1 \geq \frac{3\,U_2}{2}\,. \tag{32}$$

Die Stabilisierungswirkung nimmt mit U_1 zu. Die Stromstärke im Verbraucher ist

$$I_2 = \frac{U_2}{R_u}\,.$$

Wir erhalten somit für R

$$R = \frac{U_{1\,\text{min.}} - U_2}{I_{\text{inf.}} + I_2}\,, \tag{33}$$

wobei $U_{1\,\text{min}}$ die kleinste Eingangsspannung und I_{inf} den Strom an der unteren Stabilisierungsgrenze bedeuten. Es ist noch zu prüfen, ob bei der Eingangsspannung ($U_{1\,\text{max}}$) der Strom durch die Röhre nicht den Wert überschreitet, welcher der oberen Stabilisierungsgrenze entspricht. Der Widerstand R ist richtig dimensioniert wenn:

$$I = \frac{U_{1\,\text{max.}} - U_2}{R} - I_2 \leq I_{\text{sup.}} \tag{34}$$

wobei I_{sup} den Strom durch die Röhre an der oberen Stabilisierungsgrenze bedeutet. Für $I > I_{\text{sup}}$, müssen Eingangsspannung und Widerstand R erhöht werden.
Die Güte der Stabilisierung ergibt sich durch das Verhältnis:

$$\frac{\Delta U_2}{\Delta U_1} = \frac{1}{1 + \frac{R}{R_i} + \frac{R}{R_u}} \tag{35}$$

Sie nimmt mit R zu.

Als Beispiel, die wichtigsten Daten der Spannungsstabilisatorröhre 85 AZ:

Betriebsspannung		= 85 V
Zündspannung		= 125 V
Ruhestrom I_r		= 5,5 mA
Untere Stabilisierungsgrenze	I_{inf}	= 1 mA
Obere Stabilisierungsgrenze	I_{sup}	= 10 mA
Impedanz	R_i	= 440 Ohm

46. Schaltröhren mit kalter Kathode

Die Röhren enthalten eine Kathode, eine Anode und eine als »Starter« bezeichnete Elektrode. Die Spannung zwischen Anode und Kathode nimmt einen Wert zwischen Arbeits- und Zündspannung an. Die Entladung erfolgt, wenn man eine gewisse Gleichspannung oder Wechselspannung zwischen Kathode und Starter oder zwischen zwei beliebigen Elektroden anlegt. Die Röhre zündet, sobald sich der Arbeitspunkt außerhalb der geschlossenen Kurve Fig. 69 befindet.

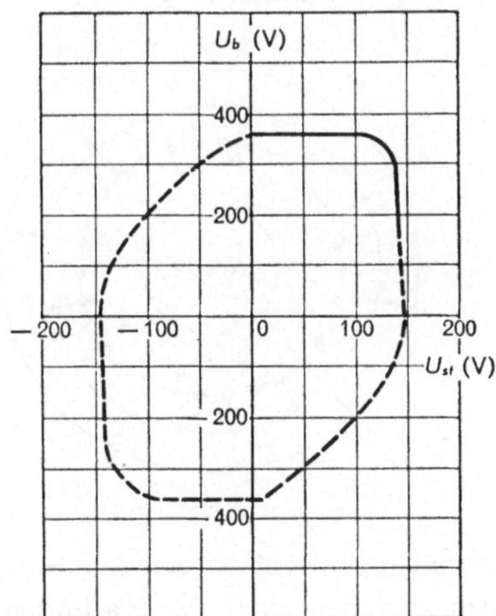

Fig. 69
Kennlinie einer Schaltröhre mit kalter Kathode

Um die Ionisation des Gases einzuleiten, genügen schon schwache Ströme. Die Zündung wird erleichtert, wenn man einen Kondensator zwischen Starter und Kathode einschaltet.

Verbesserte Schaltröhren enthalten ein bis zwei Starter und eine Hilfsanode, um die Ionisationszeit abzukürzen (Fig. 70). Sie werden hauptsächlich in der Industrie für Steuerungen verwendet.

47. Zählrohre mit kalter Kathode

Diese Rohre, auch Dekatrons genannt, sind z.Z. in 2 Typen vorhanden, je nachdem, ob sie mit einem oder zwei Impulsen gesteuert werden sollen. Bei den Zählern der zweiten Kategorie werden die beiden Steuerimpulse auf verschiedene Elektroden geleitet.

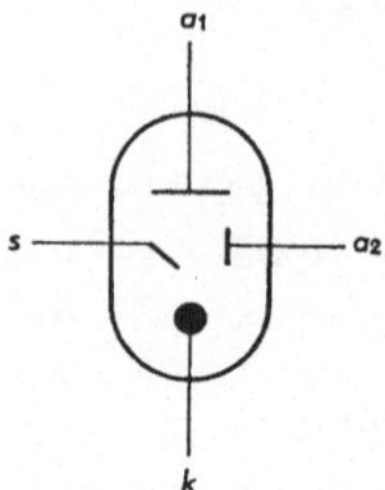

Fig. 70
Schaltröhre mit kalter Kathode
a_1 Hauptanode
a_2 Hilfsanode
k Kathode
s Starter

Die meisten Zählrohre haben eine zentrale Anode, um welche 10 Metallstäbe angeordnet sind, welche die Rolle der Hauptkathoden spielen. Zwischen je zwei benachbarten Kathoden sind sog. Transport- oder Leitelektroden (1–3 je nach Rohrtype) angebracht. Die Kathoden entsprechen den Zahlen 1–9 und sind miteinander verbunden. Die 10. Kathode (Zahl Null) ist unabhängig. Die Transportelektroden sind ebenfalls gruppenweise verbunden (Fig. 71).

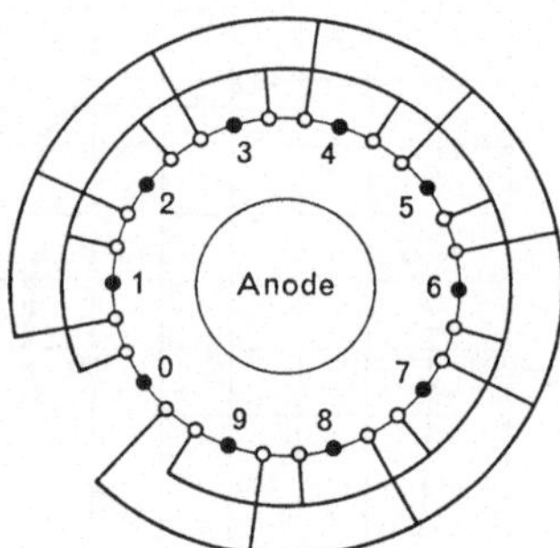

Fig. 71
Zweiweg-Dekatron

Legt man an die Elektroden des Rohrs geeignete Spannungen an, so entsteht ein elektrischer Lichtbogen zwischen einer der Kathoden und der zentralen Anode. Die Kathoden haben Nullpotential und die Anode wird über einen hohen Widerstand gespiesen. Sobald der Lichtbogen erscheint, steigt der Anodenstrom und die Anodenspannung sinkt auf einen Wert, bei dem der Lichtbogen erhalten bleibt. Dieser Wert liegt unter der Zündspannung. Der Lichtbogen bildet sich also zwischen einer einzigen Kathode und der Anode.
Legt man eine geeignete Spannung an die Transportelektroden, so kann man den Lichtbogen auf die nächste Kathode überspringen lassen. Um die Menge der Impulse festzustellen, zählt man die Zahl der Leuchtblitze.
Die Zählkapazität ist eine Funktion der Röhrenzahl, der Zählgeschwindigkeit und der Röhrencharakteristik. Rohre mit zwei Elektrodengruppen sind zweiwegig, sie können auch subtrahieren (Mullardrohr Z502S, Sylvania 6910). Rohre mit einer Elektrodengruppe sind einwegig (Elesta EZ10).

Es gibt heute Zählrohre mit direkter Anzeige (Philips Z510M), andere, Hochvakuumrohre haben eine sehr kurze Auflösungszeit in der Größenordnung von Mikrosekunden z.B. für die sog. Trochotrons.

48. Geiger–Müller-Zähler

Dieses Rohr besteht in der Regel aus einem Glas- oder Metallzylinder der mit Edelgas gefüllt und in welchen ein Wolframdraht gespannt ist.
Eine Seite des Zylinders ist durch ein sehr dünnes Glimmerfenster abgeschlossen (Fig. 72).

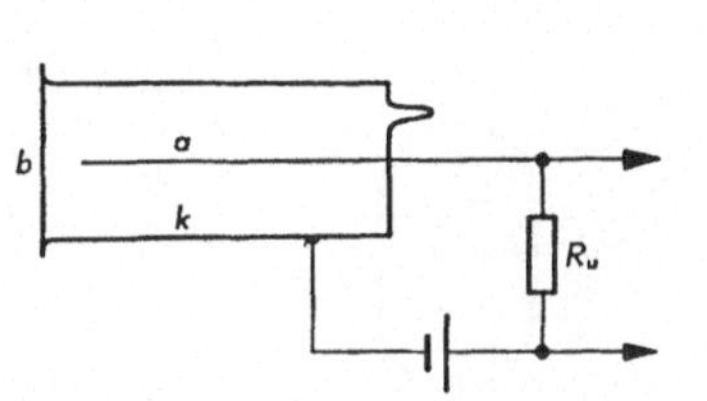

Fig. 72
Geiger-Müller-Zähler
a Anode
b Glimmerfenster
k Kathode

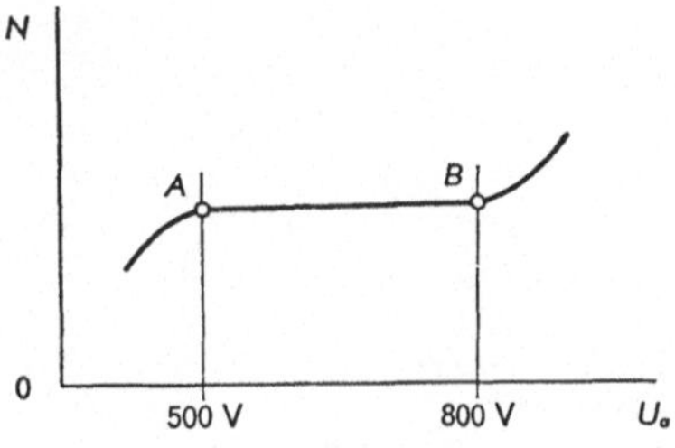

Fig. 73
Kennlinie eines Geiger-Müller-Zählers

Wenn ein radioaktives Teilchen genügender Energie dieses Fenster durchdringt, löst es eine Gasionisation aus. Das Rohr liefert dann einen elektrischen Impuls. Die Zahl der Impulse pro Minute gestattet, die Stärke der Radioaktivität festzustellen.
Die hauptsächlichsten Kenndaten eines Geiger–Müller-Zählers sind: Zählverhältnis, Arbeitstemperatur, Geigerschwelle, Länge und Steilheit der Schulter und Lebensdauer.
Das Zählverhältnis soll von Temperatur und Anodenspannung unabhängig sein. Die Hersteller liefern eine Kurve, welche die Größe N in Funktion der Spannung U_a zeigt (Fig. 73). Der geradlinige Teil A–B oder die Schulter der Kurve zeigt die normale Betriebszone. Je länger und je weniger geneigt die Kurve in dieser Zone ist, desto konstanter arbeitet der Zähler. Der Punkt A entspricht dem Schwellwert. Nachdem der Zähler ionisierende Teilchen angezeigt hat, kehrt er nicht sofort in seinen Ausgangszustand zurück. Die Zeit, die verstreicht, bis er wieder aktionsfähig ist, nennt man die »tote Zeit« des Zählers. Diese Zeit kann mit selbstlöschenden Zählern beträchtlich gekürzt werden. Diese haben eine Gasgemischfüllung (Edelgas mit Spuren von Wasserstoff oder organischen Dämpfen).
Der Wirkungsgrad des Geiger–Müller-Zählers für α- und β-Strahlen kann 100% erreichen, geht aber für Röntgenstrahlen nicht über 2%.

49. Thyratron

Das Thyratron, auch Gastriode oder Relaisröhre genannt, ist eine gasgefüllte Diode, welcher man eine Steuerelektrode *g* hinzugefügt hat (Fig. 74). Diese kann den Anodenstrom entweder ganz sperren, oder in voller Stärke erscheinen lassen. Die Gasfüllung besteht in der Regel aus Argon, Neon, Helium, Wasserstoff oder Quecksilberdampf unter geringem Druck, welcher von der Arbeitsweise der Röhre abhängt.
Wird bei einer festen negativen Gitterspannung (z. B. 10 V) die Anodenspannung U_a langsam erhöht, so stellen wir vorerst einen sehr kleinen Anodenstrom I_a fest. Der Innenwiderstand der Röhre ist groß. Erreicht U_a die Zündspannung (in unserem

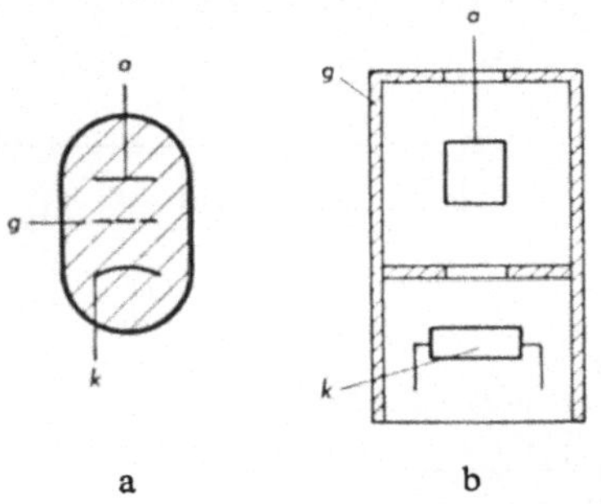

Fig. 74
Thyratron
a) Schema; b) Innenaufbau
a Anode; *g* Steuerelektrode; *k* Kathode

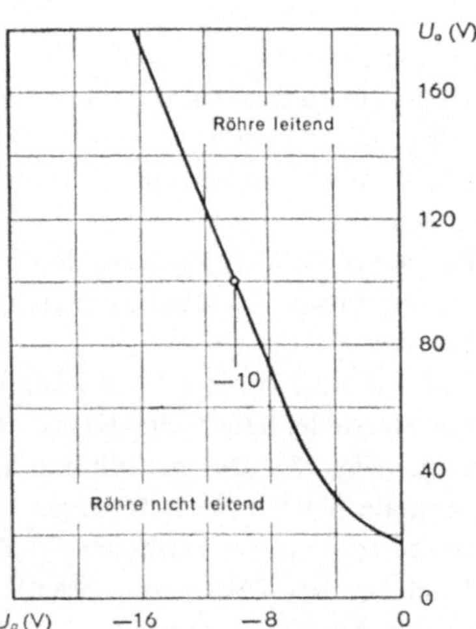

Fig. 75
Kennlinie zur Ermittlung des Steuerverhältnisses eines Thyratrons

Falle 100 V), so wird plötzlich ein sehr hoher Anodenstrom ausgelöst. Der Innenwiderstand der Röhre ist jetzt klein. Es resultiert dabei ein kleiner Spannungsabfall durch die Röhre (18 V).

Von jetzt an verhält sich das Thyratron wie eine gewöhnliche Gasdiode. Die Röhre leuchtet. Die Steuerelektroden oder das Gitter haben keinerlei Einfluß mehr auf den Anodenstrom. Die Röhre wurde gezündet. Die von den Gasmolekülen stammenden positiven Ionen neutralisieren die negative Ladung des Gitters. Um den Anodenstrom zu stoppen, muß die Anodenspannung auf einen sehr niedrigen Wert (Löschspannung) gebracht werden.

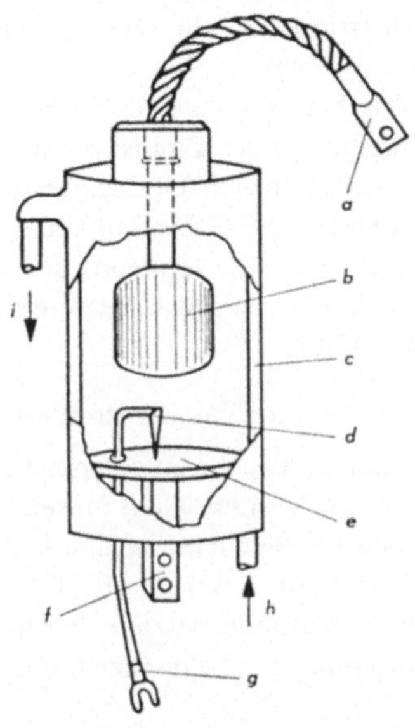

Fig. 76
Ignitron
a Anodenanschluß
b Graphitanode
c Kühlwasserkreis
d Zündstift
e Quecksilberkathode
f Kathodenanschluß
g Zündstiftanschluß
h Kühlwassereintritt
i Kühlwasseraustritt

Die Zeit, welche nach dem Verschwinden des Anodenstroms nötig ist, um die Steuerwirkung des Gitters wieder herzustellen, wird Entionisationszeit t_d genannt ($t_d \approx 100\, t_i$). Diese Zeit beschränkt das Thyratron für die Verwendung bei Frequenzen unter 100 kHz.

Die mittlere Kennlinie der Fig. 75 gestattet, das Steuerverhältnis eines Thyratrons, welches das Verhältnis zwischen Zündspannung und Gitterspannung darstellt, zu bestimmen.

Um das Steuerverhältnis variabel zu gestalten, oder um die Röhre mit positiven Impulsen zünden zu können, wurden Thyratrons vom Tetrodentyp herausgebracht.

Das Thyratron fand Verwendung in den Ablenkschaltungen von Kathodenstrahloszillographen, als Relaisröhre, als Wechselrichterröhre und als Gleichrichter veränderlicher Spannung (siehe Band III).

Die hauptsächlichsten Kenndaten des Thyratron 6D4 sind:

$U_f = 6{,}3$ V $\quad I_f = 0{,}25$ A $\quad U_a = 125$ V

Röhre leitend für U_g $= -12{,}5$ V

U_a-Spitzenspannung $=$ max. 450 V

I_a-Spitzenstrom $=$ max. 100 mA

Anheizzeit $=$ min. 30 s

50. Ignitron

Diese gasgefüllte Röhre hat eine Graphitanode, eine Quecksilberkathode und eine besondere, Zündstift genannte, Steuerelektrode, welche in das Quecksilber eintaucht (Fig. 76).

Der Zündstift besteht aus Borkarbonium oder Silizium (Halbleiter). Die Quecksilberkathode erzeugt eine bedeutend größere Elektronenemission, als eine warme Kathode bei gleichem elektrischem Feld. Die Arbeitsweise des Ignitron ist mit derjenigen des Thyratrons vergleichbar.

Wenn die Spannung zwischen Anode und Kathode angelegt ist, kann man die Röhre zünden, indem man durch den Zündstift einen Strom in das Quecksilberbad schickt. Dieser Strom erzeugt an den Übergangsstellen kleine Lichtbogen. Diese erzeugen die nötigen Ionen für die Gasentladung.

Die Hersteller erzeugen geschlossene Ignitrons und solche mit unterhaltenem Vakuum. Erstere können Ströme bis zu 500 A, letztere solche bis 1000 A unterbrechen. Die Röhren sind wassergekühlt.

51. Photoelektrische Röhre (Photoröhre, Photozelle)

Diese Röhren können Lichteindrücke in entsprechende Ströme umwandeln. Insbesondere die Alkalimetalle (Caesium, Kalium) senden bei Lichteinfall Elektronen aus. Andere Körper geben bei Beleuchtung Ladungsträger ab.

Man unterscheidet dabei: Photoelektronische Röhren und Photozellen. Erstere besitzen eine emittierende Kathode, letztere beruhen auf der Photoleitfähigkeit (innerer Photoeffekt), es sind sog. Photowiderstände. Diese Zellen werden mit den Halbleitern behandelt.

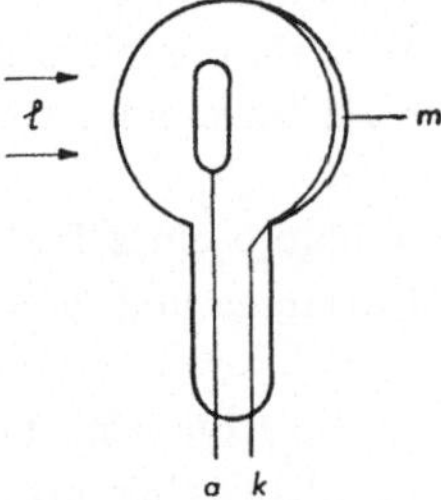

Fig. 77
Photoelektronische Röhre
l Licht
m Alkalimetall

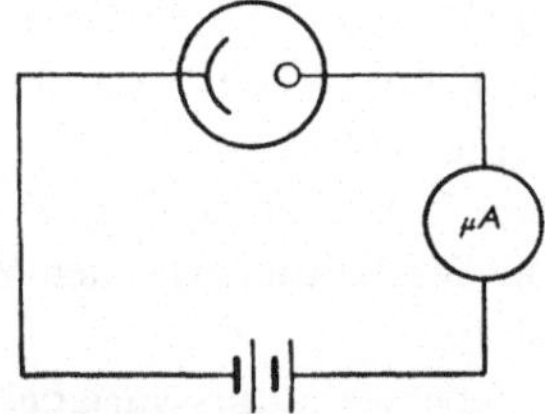

Fig. 78
Schaltung mit Photoröhre

a) Vakuum-Photoröhre

Die Röhre enthält eine lichtempfindliche Kathode und eine Anode im Vakuum. Die Kathode besteht aus einer Schicht aus Alkalimetall, welche einen Teil des Röhrenkolbens oder eine besondere Platte bedeckt. Die Anode wird durch eine einfache Drahtschleife gebildet (Fig. 77).

Schaltet man in den Anodenkreis eine Stromquelle 100 V und ein Mikroampèremeter (Fig. 78), so fließt bei Dunkelheit ein sehr kleiner Strom. Dieser Dunkelstrom ist thermoelektrischen Ursprungs. Beleuchtet man die Kathode, so emittiert sie Elektronen, Photoelektronen genannt, welche von der Anode angezogen werden. Im Anodenkreis fließt also ein Strom, welcher dem Lichtstrom proportional ist (Fig. 79).

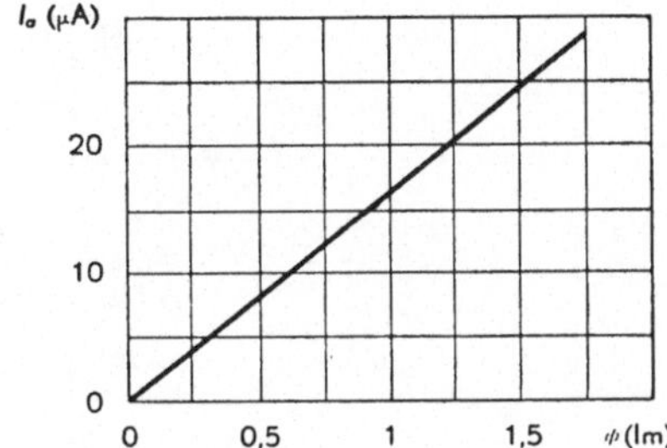

Fig. 79
I_a/Φ-Kennlinie einer Photoröhre

Die Proportionalität zeigt sich in den gleichen Abständen und dem fast horizontalen Verlauf der I_a/U_a-Kennlinien der Röhre (Fig. 80). Es zeigt sich dabei, daß der Innenwiderstand der Röhre sehr groß ist (Größenordnung 1000 Megohm).

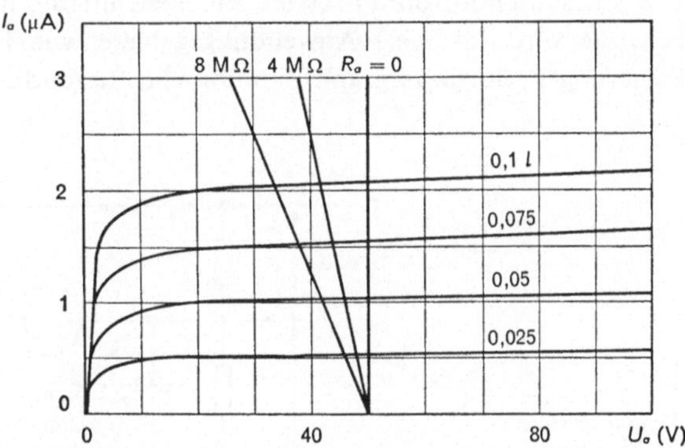

Fig. 80
I_a/U_a-Kennlinien einer Vakuum-Photozelle

Die Lichtempfindlichkeit einer Photoröhre ist der Quotient des Anodengleichstroms durch den einfallenden Lichtstrom (bei einer gegebenen Anodenspannung). Diese Empfindlichkeit ist nicht für alle Wellenlängen des sichtbaren Lichtes (von Ultraviolett bis Infrarot) gleich. Sie ist von der Art der Kathode abhängig.

Fig. 81 zeigt die Empfindlichkeitskurven von zwei Röhren, eine mit Caesiumkathode und mit Antimon (Kurve *a*) und die andere mit Caesiumkathode mit Silberoxyd (Kurve *b*).

Die Anodenstromstärke der Photoröhren ist sehr klein. Somit sind auch die Spannungsänderungen am Arbeitswiderstand R_u gering (10 mV). Es ist deshalb nötig, sie zu verstärken (Fig. 82).

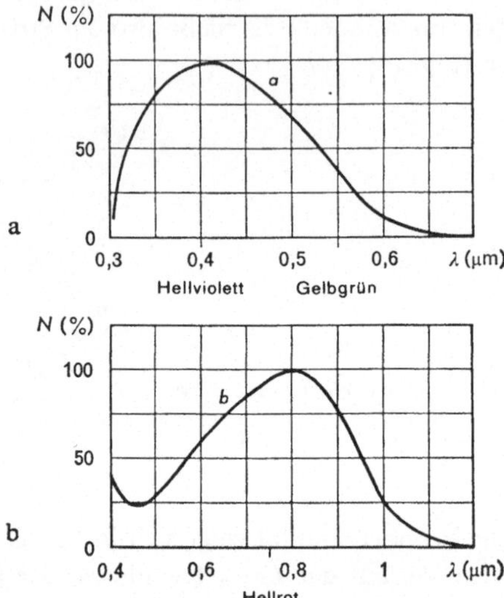

Fig. 81
Spektrale Empfindlichkeitskurven
a) Mit Caesium und Antimonkathode
b) Mit Caesium und Silberoxydkathode

Die Vakuumphotoröhre arbeitet sehr gleichmäßig und hat praktisch keine Trägheit. Sie wird für viele Anwendungsgebiete, wie Lichtschranken, automatische Steuerungen, Sortierung und Zählung von Bestandteilen, Tonfilm usw. gebraucht.

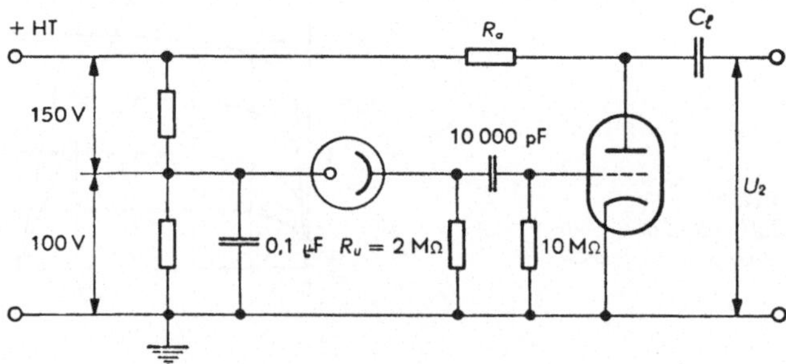

Fig. 82
Schaltung einer Verstärkerstufe für Photoröhre

b) Gas-Photoröhre

Die Empfindlichkeit einer Photoröhre kann noch gesteigert werden, indem man in den Kolben eine Gasatmosphäre (Argon, Neon, Helium) bringt.
Wie bei der Vakuumröhre werden die Elektronen durch Lichteinfall auf die Kathode ausgelöst und durch die Anode angezogen. Bei einer gewissen Geschwindig-

keit ionisieren sie die Gasmoleküle, mit denen sie zusammenstoßen und steigern so den Anodenstrom.
Erhöht man die Anodenspannung einer Gas-Photoröhre, so stellt man keine Sättigung fest. Die positiven Ionen prallen auf die Kathode und lösen dort weitere Elektronen aus, auch wenn diese Kathode kein Licht mehr erhält. Wir würden in diesem Falle einen konstanten Anodenstrom erhalten, welcher durch das Licht ausgelöst, jedoch die ursprüngliche Funktion der Röhre nicht mehr gewährleisten würde. Ein immer stärker werdender Strom würde schließlich die Röhre zerstören. Um das zu verhindern, begrenzt man den Strom durch Serieschaltung eines Widerstandes von etwa 100 kΩ.
Die Gas-Photoröhre arbeitet weniger stabil als eine Vakuumröhre und ihr Frequenzbereich geht nicht über einige 100000 Hz. Der Lichtstrom ist dem Anodenstrom nicht genau proportional. Die Röhre dient besonders zum Abtasten von Tonfilmen. Die wichtigsten Daten der Gas-Photoröhre 90AG sind:

Gasgefüllte Röhre, blauempfindlich, Caesium-Antimon-Kathode,
Empfindlichkeit = 130 μA/Lumen
U_a = max. 90 V
I_k = max. 0,006 μA/mm²
C_{ka} = 0,7 pF
Maximalstrom bei Dunkelheit (für U_a = 85 V) $<$ 0,1 μA
Umgebungstemperatur ≐ max. 70° C.

Um die Zerstörung der Kathode zu vermeiden, darf diese nicht mit allzu intensivem Licht bestrahlt werden.

52. *Photoelektronenvervielfacher*

Der Anodenstrom einer Photoröhre kann durch Zusatz eines Elektronenvervielfachers gesteigert werden. (Siehe Abschnitt 39). Man nennt solche Röhren Photoelektronenvervielfacher. Sie bestehen aus mehreren Dynoden (Fig. 83). Die von der ersten Dynode ausgesandten Sekundärelektronen bombardieren eine zweite Elektrode, wo wiederum neue Sekundärelektronen ausgelöst werden.

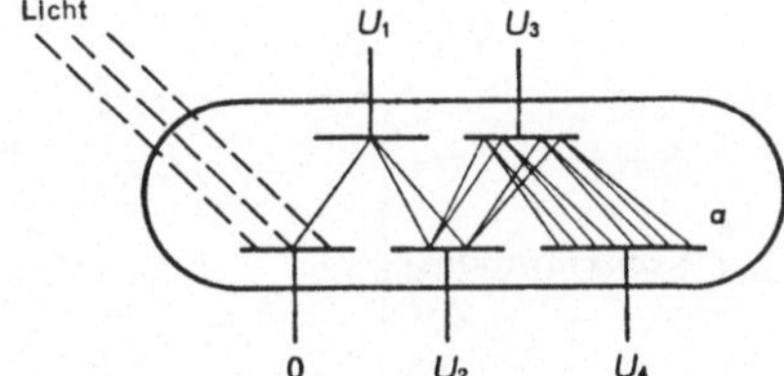

Fig. 83
Photoelektronenvervielfacher

Der Anodenstrom wird dabei immer größer, bis er die Anode erreicht. Die Totalverstärkung ist eine Funktion der Anzahl n Dynoden und des Sekundäremissionsgrades β. Sie ist

$$A = \beta^n . \tag{36}$$

Um Verstärkungsschwankungen zu verhindern, werden die Dynoden durch einen Spannungsteiler an einer stabilisierten Hochspannung gespiesen.
Der Dunkelstrom ist größer als derjenige einer Vakuumzelle. Man hält ihn mit Hilfe von Kühlelementen mit Peltier-Effekt niedrig. Bei kleinen Anodenströmen (einige μA), kann der Ermüdungseffekt der Elektronenvervielfacher vernachlässigt werden. Mit einem Szintillator verbunden, können sie als Szintillationszähler in der Kernphysik dienen.

53. Röntgen-Röhre

Hier handelt es sich um eine Diode mit hohem Vakuum und Hochspannung. Die Wolframkathode wird direkt geheizt. Die aus der Kathode austretenden Elektronen, stark beschleunigt durch die Hochspannung, treffen auf eine sog. Antikathode, welche die Röntgen- oder X-Strahlen aussendet. Diese bewegen sich geradlinig fort und sind imstande feste, undurchsichtige Körper zu durchdringen. Die Röhre wird mit Wasser oder Öl gekühlt. Ihr Wirkungsgrad übersteigt 1% nicht.
Röntgenröhren dienen in der Medizin und bei der Materialprüfung von Metallen. Erstere erzeugen sog. weiche Strahlen mit einer Anodenspannung von 40–300 kV, während für metallographische Zwecke harte Strahlen und Anodenspannungen von 300 kV bis mehrere Megavolt benötigt werden.

54. Ikonoskop

Das von Zworykin entwickelte Ikonoskop ist eine Kameraröhre für Aufnahmen in Fernsehstudios. Sie enthält, in einem Glaskolben zusammengebaut, eine lichtempfindliche sog. Mosaikplatte, eine richtige elektrische Netzhaut und eine Kathodenstrahlröhre (Fig. 84).

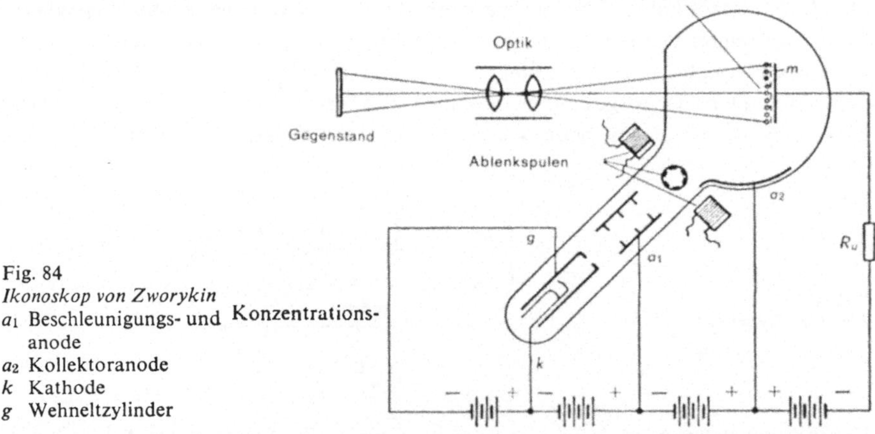

Fig. 84
Ikonoskop von Zworykin
a_1 Beschleunigungs- und Konzentrations-anode
a_2 Kollektoranode
k Kathode
g Wehneltzylinder

Das Mosaik besitzt unzählige winzige Photozellen, jede bestehend aus einem mit einer photoemittierenden Schicht (Caesium) bedeckten Silberoxydkörnchen. Diese kleinen, voneinander isolierten Zellen, sitzen auf einer dünnen Glimmerplatte, auf deren Rückseite eine zusammenhängende Silberschicht aufgedampft ist. Jedes Silberkörnchen bildet somit, mit dem Glimmer als Isolator und der leitenden Rückschicht, einen Kondensator. Die Rückschicht ist der gemeinsame Belag für alle Kondensatoren.

Unter dem Einfluß von Licht werden von den einzelnen Körnchen Elektronen ausgesandt und durch die Kollektoranode aufgefangen. Die kleinen Kondensatoren werden dadurch geladen. Ihre Ladung ist jeweilen der eingefallenen Lichtmenge proportional.

Das eingebaute Kathodenstrahlsystem erzeugt einen äußerst feinen Elektronenstrahl, welcher die zeilenweise Abtastung des Mosaiks gestattet. Er wird durch Ablenkspulen gesteuert. Die durch den Lichteinfluß ausgesandten Elektronen werden durch Strahlelektronen ersetzt, wodurch der kleine Kondensator wieder entladen wird.

Die Ladungsänderungen dieser Kondensatoren sind Funktion des Lichteinfalles und erzeugen entsprechende Spannungsänderungen am Arbeitswiderstand R_u, die in Röhren- oder Transistorenverstärkern verstärkt werden können.

Das Ikonoskop hat eine geringe Empfindlichkeit. Zudem werden auf dem Mosaik, durch die dort zurückfallenden Sekundärelektronen, Schatten erzeugt. Es ist möglich, diese durch entsprechende Korrekturspannungen zu mildern.

55. Super-Ikonoskop

Beim Ikonoskop übernimmt das Mosaik die Rolle des Licht-Strom-Wandlers und des Ladungsträgers. Beim Super-Ikonoskop sind diese beiden Funktionen getrennt. Die Röhre enthält eine halbdurchsichtige Caesium-Antimon-Photokathode, welche auf der Stirnseite der Röhre angebracht ist, sowie eine Signalplatte (Fig. 85).

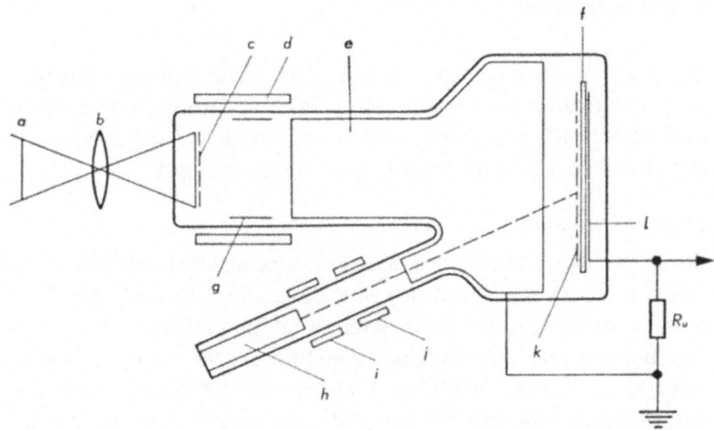

Fig. 85
Super-Ikonoskop
a Szene; *b* Optik; *C* Photokathode; *d* Fokussierungsspule; *e* Kollektoranode; *f* Glimmerplatte; *g* Fokussierelektrode; *h* Elektronenkanone; *i* Fokussierungsspule; *j* Ablenkspule; *k* Sekundäremissionsschicht; *l* Signalplatte

Wird ein Bild auf die Photokathode projiziert, so werden dort Photoelektronen ausgelöst, d.h. das optische Bild wird in ein elektronisches Bild umgewandelt. Dieses wird, beschleunigt durch eine Anode, durch ein elektronenoptisches System etwas vergrößert, auf die Signalplatte geleitet.
Die Signalplatte trägt eine Schicht, die besonders viele Sekundärelektronen abgeben kann. Diese Schicht ist wieder durch eine Glimmerscheibe von einem Aluminiumbelag getrennt.
Die Sekundärelektronen werden von der Kollektoranode aufgenommen. Der Vorgang der Speicherung von Ladungen in den Ladungsträgern und die Abtastung durch einen Elektronenstrahl sind gleich wie beim Ikonoskop.

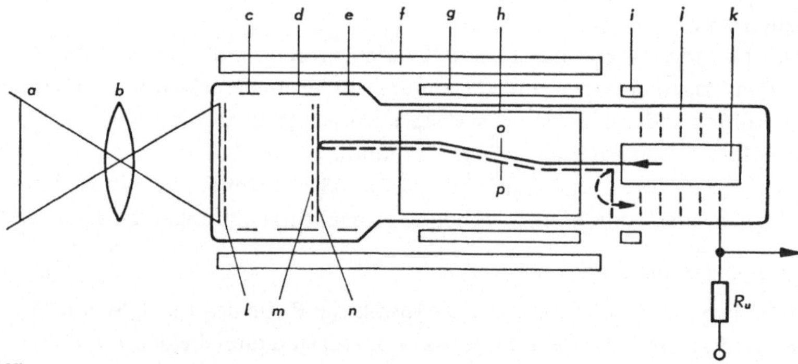

Fig. 86
Bild-Orthikon
a Szene; *b* Optik; *c* Erste Beschleunigungsanode; *d* Zweite Beschleunigungsanode; *e* Bremsanode; *f* Fokussierspule; *g* Ablenkspule; *h* Anode; *i* Zentrierspule; *j* Elektronenvervielfacher; *k* Elektronenkanone; *l* Photokathode; *m* Feines Gitter; *n* Glasscheibe; *o* Abtaststrahl; *p* Zurückkehrender Strahl

Das Super-Ikonoskop hat eine etwa 10× größere Empfindlichkeit als das Ikonoskop. Es verlangt aber immer noch eine stark beleuchtete Szene und die Schattenbildung ist auch hier vorhanden. Die frontale Anordnung der Photokathode gestattet die Verwendung einer handelsüblichen Optik.

56. Bild-Orthikon

Diese ziemlich komplizierte Kameraröhre arbeitet mit einem langsamen Abtaststrahl, wodurch die Auslösung von Sekundärelektronen auf der Abtastfläche vermieden wird und somit keine Schattenbildung auftritt.
Das Bild wird auf eine durchsichtige Photokathode, auf der Stirnseite der Röhre, geworfen (Fig. 86). Durch das Licht werden Photoelektronen ausgelöst und durch das elektronenoptische System auf eine äußerst dünne, schwach leitende Glasscheibe geleitet.
Die dort ausgelösten Sekundärelektronen werden durch ein im Abstand von etwa 1 mm vor der Glasscheibe befindliches, ganz feines Gitter aufgefangen und abgeleitet. Sie hinterlassen auf der Scheibe positive Ladungen. Infolge der geringen

Dicke der Scheibe (10 μm) erreichen die Ladungen auch die Rückseite und werden dort durch einen langsamen Elektronenstrahl abgetastet.
Die Endbeschleunigungsspannung beträgt nur etwa $U_a = 10$ Volt, so daß hier keine Sekundärelektronen entstehen. Der Abtaststrahl wird zurückgeleitet, wenn das örtliche Potential auf der Glasscheibe kleiner ist als die Spannung U_a, oder angezogen, wenn es größer ist. Im letzteren Fall werden die positiven Ladungen neutralisiert. Die zurücklaufenden Elektronen treffen auf die erste Dynode eines Elektronenvervielfachers. Am Ausgang desselben erzeugen sie eine große Spannung am Arbeitswiderstand R_u.
Die Empfindlichkeit des Bildorthikons ist so groß, daß damit auch ganz schwach beleuchtete Szenen aufgenommen werden können. Es wird z.Zt. in den meisten Fernsehkameras verwendet.

57. Röhren für Geschwindigkeitsmodulation, Klystron, Reflex-Klystron

Bei sehr kurzen Wellen im cm-Bereich bzw. sehr hohen Frequenzen (sog. Hyperfrequenzen) sind die gewöhnlichen Verstärkerröhren nicht mehr anwendbar. Ihre größten Nachteile in diesem Frequenzbereich sind die Kapazitäten zwischen den einzelnen Röhrenelektroden, sowie die Laufzeit der Elektronen. Die Kapazitäten können bis zu einem gewissen Grad durch geeignete Dimensionierung und Formgebung verringert werden.
Mit Laufzeit bezeichnet man die Zeit, welche die Elektronen brauchen, um von der Kathode zur Anode zu gelangen. Für die Hyperfrequenzen ist diese Zeit, im Vergleich zur Zeit einer Periode, nicht mehr vernachlässigbar. Z.B. bei 1000 MHz ($\lambda = 30$ cm) beträgt die Periodendauer noch 10^{-9} Sekunden. Diese Zeit ist kürzer als die Zeit, welche die Elektronen für ihren Weg von Kathode zu Anode benötigen. Es entsteht dadurch eine Phasenverschiebung und die Röhre funktioniert nicht mehr normal. Um diesen Fall zu vermeiden, wurde die Röhre mit Geschwindigkeitsmodulation geschaffen.

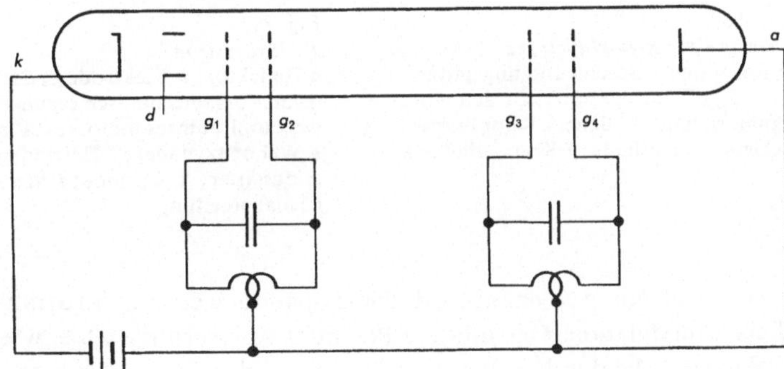

Fig. 87
Klystron-Verstärkerröhre
d Fokussierelektroden; *k* Kathode; g_1 und g_2 Modulationsgitter; g_3 und g_4 Elektroden zum Empfang des verstärkten Signals; *a* Kollektoranode

Das Klystron, auf diesem Prinzip aufgebaut, enthält hauptsächlich eine Elektronenkanone, zwei Modulatorelektroden g_1 und g_2, zwei Elektroden g_3 und g_4 zum Empfang des verstärkten Signals und eine Kollektoranode (Fig. 87). Die Elektroden g_1, g_2, g_3 und g_4 sind so gebaut, daß sie den Elektronenstrahl durchlassen. Der Kathodenstrahl, durch g_1 beschleunigt, durchläuft den Raum zwischen g_1 und g_2. Diese beiden Gitter sind mit einem Schwingkreis verbunden, welcher durch eine

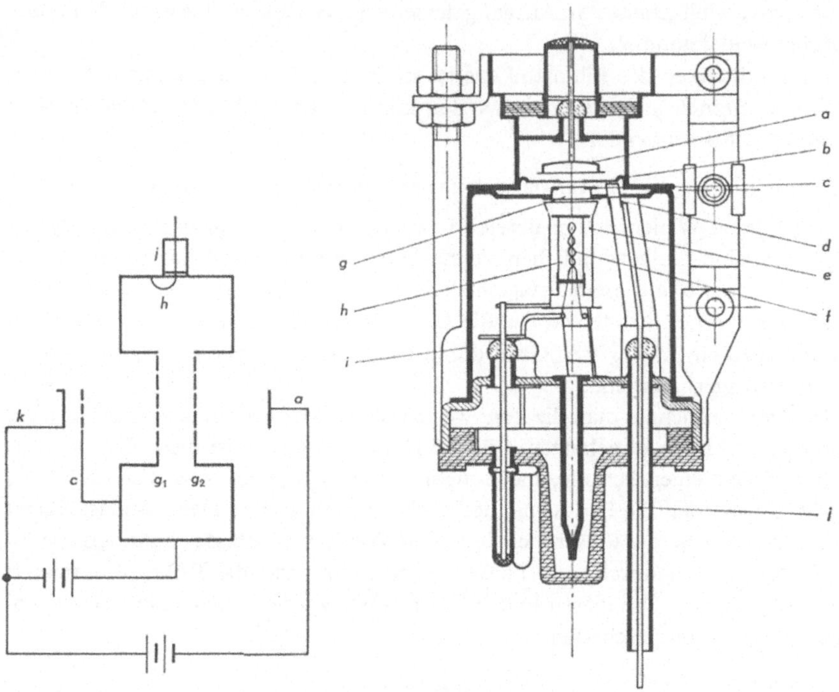

Fig. 88
Prinzip eines Reflexklystrons
a Reflektor; *c* Beschleunigungsgitter; g_1 und g_2 Elektroden, welche den Hohlraumresonator bilden; *h* Kopplungsschleife; *k* Kathode; *j* Koaxialleitung

Fig. 89
Reflexklystron
a Reflektor; *b* Elektrode g_2 des Hohlraumresonators, mechanisch regulierbar; *c* Elektrode g_1 des Hohlraumresonators; *d* Kopplungsschleife; *e* Wehneltzylinder; *f* Heizfaden; *g* Beschleunigungsgitter; *h* Kathode; *i* Metallkolben; *j* Koaxialleitung

Wechselspannung angeregt wird. Diese Spannung erzeugt im Strahl eine Geschwindigkeitsmodulation. Das mittlere Potential von g_2 ist dasselbe, wie das von g_1. Die Elektronen, die durch g_2 hindurchfliegen, werden während der positiven Halbwelle der Schwingung beschleunigt und während der negativen Halbwelle gebremst.
Im Zwischenraum g_2–g_3 holen die schnelleren Elektronen die langsameren ein. Es entstehen Zusammenballungen, sog. Pakete, in ganz bestimmten Abständen. Die

Geschwindigkeitsmodulation wird also in diesem Raum in Dichtemodulation umgesetzt.
Der periodische Durchgang der Elektronenpakete zwischen g_2 und g_3 löst einen beträchtlichen HF-Strom im Kollektorschwingkreis aus. So ist die Spannung an den Elektroden g_3 und g_4 größer als die Modulationsspannung, das Klystron arbeitet als Verstärker.
Es kann aber auch als Oszillator und Mischröhre angewendet werden.
Die Klystrons sind ausschließlich im Bereich der Hyperfrequenzen angewendet, wo die Schwingkreise aus Hohlraumresonatoren bestehen.
Das Reflexklystron enthält einen einzigen Hohlraum (Fig. 88 und 89). Es wird als Oszillator verwendet. Die von der Kathode abgegebenen Elektronen, durch die Spannung zwischen Kathode und Gitter g_1 beschleunigt, durchqueren den Hohlraumresonator. Im Zwischenraum g_1–g_2 erhalten sie eine Geschwindigkeitsmodulation. Am Ausgang des Gitters g_2 wird der Elektronenstrahl auf einen Reflektor geleitet. Diese Elektrode ist gegenüber der Kathode negativ vorgespannt und stößt die ankommenden Elektronen ab.
Im Reflexzwischenraum wird die Geschwindigkeitsmodulation in eine Dichtemodulation umgewandelt. Die Elektronenpakete, welche in den Hohlraum zurückkehren, erzeugen einen Energieaustausch zwischen dem Elektronenstrahl und dem Hyperfrequenzfeld. Wenn das Feld die mittlere kinetische Energie der Elektronenpakete abschwächt, überträgt der Elektronenstrahl dem Hyperfrequenzfeld die zur Erhaltung der Schwingung im Hohlraumresonator nötige Energie. So können die mit großer Energie geladenen Elektronen auf die Kathode zurückfallen, während die Elektronen geringerer Energie durch die Gitter aufgefangen werden.
Die Frequenz der Schwingungen ist eine Funktion der Elektronenlaufzeit in der Bremszone zwischen dem Hohlraum und der Kathode. Indem man die Spannung des Reflektors variiert, kann man Frequenz und Amplitude der Schwingung beeinflussen.
Das durch das Reflexklystron erzeugte Signal kann einem Wellenleiter mit Hilfe eines Koaxialleiters, durch eine kleine Schleife angekoppelt, übermittelt werden.
Die Reflexklystrons haben einen Frequenzbereich von 1000 bis 100000 MHz.

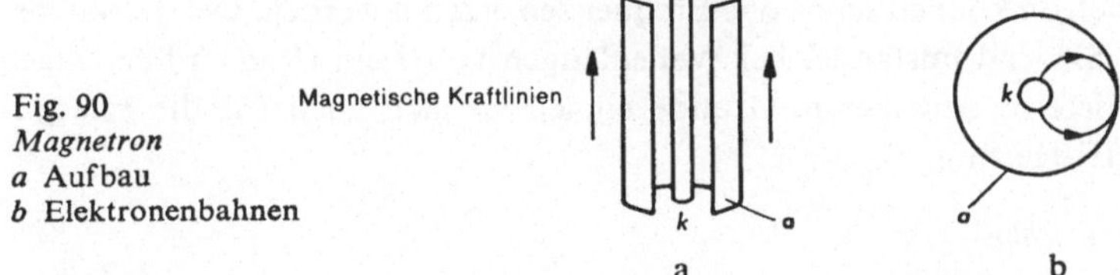

Fig. 90
Magnetron
a Aufbau
b Elektronenbahnen

58. Magnetron

Das Magnetron ist eine Diode mit Kathode und zylindrischer Anode, welche in ein kräftiges, regulierbares Magnetfeld gesetzt wird (Fig. 90a).
Die Kraftlinien verlaufen axial zum Elektrodensystem. Fehlt das Magnetfeld,

so fliegen die Elektronen in gerader Linie von der Kathode zur Anode. Unter dem Einfluß des Magnetfeldes werden die Elektronenbahnen gekrümmt. Bei einer bestimmten Feldstärke tangieren sie den Anodenzylinder (Fig. 90b).
Bei noch größerem Feld erreicht kein Elektron mehr die Anode, der Anodenstrom wird Null. Unter diesen Bedingungen, bei Einfluß einer äußeren Störung, kann das

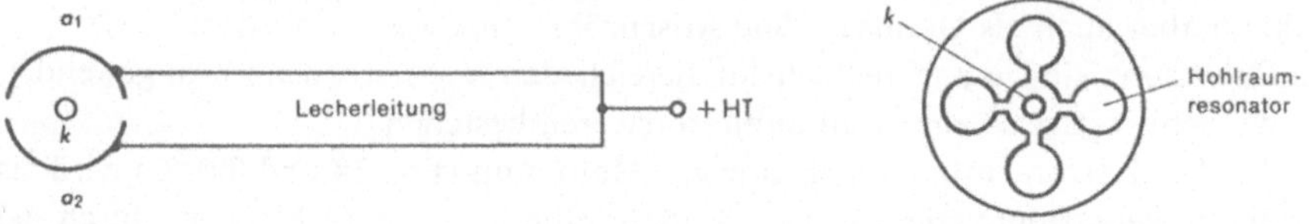

Fig. 91
Magnetron mit zwei Anoden

Fig. 92
Magnetron mit Hohlraumresonatoren

Magnetron einen negativen Widerstand darstellen. In Verbindung mit einem Schwingkreis kann es Schwingungen sehr hoher Frequenz erzeugen.
Bei den modernen Magnetrons ist die Anode zwei- bis vierteilig (Fig. 91).
Es gibt Magnetrons, bei denen die Anoden als Hohlraumresonatoren ausgebildet sind (Fig. 92 und 93).

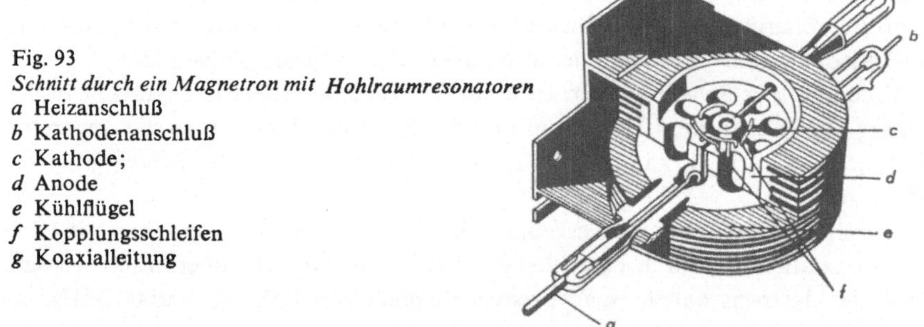

Fig. 93
Schnitt durch ein Magnetron mit Hohlraumresonatoren
a Heizanschluß
b Kathodenanschluß
c Kathode;
d Anode
e Kühlflügel
f Kopplungsschleifen
g Koaxialleitung

Mit dem Magnetron können sehr hohe Frequenzen erzeugt werden. Der Wirkungsgrad ist hoch. Sie sind imstande, bei Wellenlängen von 3 cm (Radar) Leistungen bis 80 kW zu liefern. Aus diesem Grunde eignen sie sich auch für die Energielieferung bei HF-Heizung.

59. Elektrometer-Röhre

Als Elektrometer bezeichnet man ein Meßgerät, welches leistungslos arbeitet.
Bei einer gewöhnlichen Elektronenröhre wird der Anodenstrom durch eine am Gitter angelegte Spannung gesteuert. In einem gewissen Bereich fließt im Gitterkreis kein Strom. Die Größe des Anodenstroms gestattet dann, die Spannung am Gitter genau festzustellen.

Elektronenröhren könnten somit auch als Elektrometer verwendet werden. Trotzdem wurden besondere Elektrometerröhren gebaut (Fig. 94).

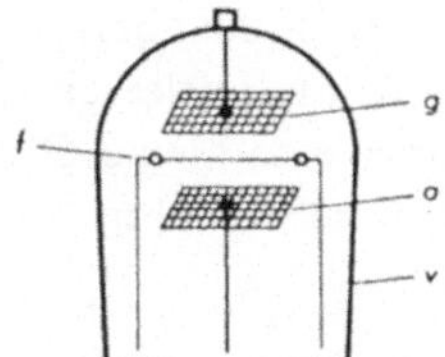

Fig. 94
Elektrometerröhre
a Anode *f* Heizfaden
g Gitter *v* Glaskolben

Diese Röhren arbeiten als elektrostatische Instrumente. Der Gitterstrom ist vernachlässigbar klein. Gemessen werden hauptsächlich kleine Spannungen (Messung des pH-Wertes, piezoelektrische Messungen, Isolationsmessung, Nullindikator). Fig. 95 zeigt das Schaltschema einer Elektrometerröhre.

Um eine Messung zu machen, wird zuerst das Millivoltmeter mV mit dem Widerstand R_1 auf Null eingestellt und nachher das Galvanometer G mit den Widerständen R_2 und R_3. Nun wird die zu messende Spannung U angeschlossen. Der Anodenstrom wird sich jetzt verändern. Diese Änderung von I_a verschiebt die Nullstellung des Galvanometers, welche mit R_1 wieder korrigiert wird.

Die Spannung U kann jetzt auf dem Millivoltmeter mV abgelesen werden. Die Empfindlichkeit der Anordnung hängt vom Widerstand R_g und vom verwendeten Galvanometer ab.

Nachstehend die Daten der Elektrometerröhre 4060:

$U_f = 0{,}7$ V[1])	$S = 28\ \mu$A/V
$I_f = 0{,}6$ A[1])	$I_g < 10^{-14}$ A
$U_a = 4$ V	U_a (Grenzwert) = max. 6 V.

1 Diese beiden Werte sind für jede Röhre genau angegeben.

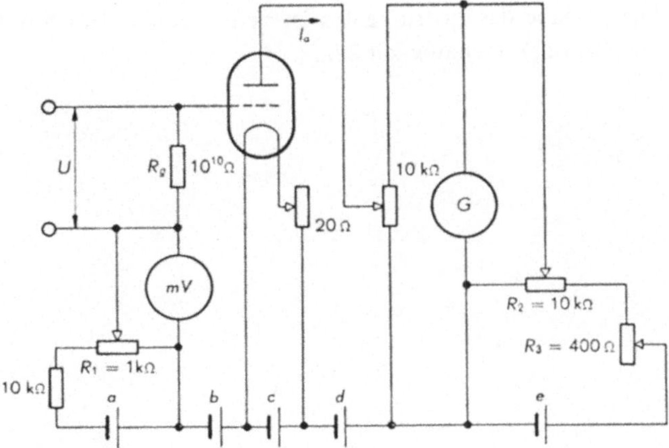

Fig. 95
Schaltschema einer Elektrometerröhre

60. Thermokreuz

Lötet man zwei metallische Drähte verschiedenen Materials (meistens Eisen und Konstantan) an den beiden Enden zusammen und erwärmt eine der Lötstellen, so fließt ein Strom im Stromkreis. Dies ist das thermoelektrische Prinzip.
Die modernen Thermokreuze werden in luftleeren Glaskolben untergebracht. Das Thermoelement wird indirekt, über eine kleine Glasperle, welche den Leiter des zu messenden Stromes umschließt, geheizt (Fig. 96b).

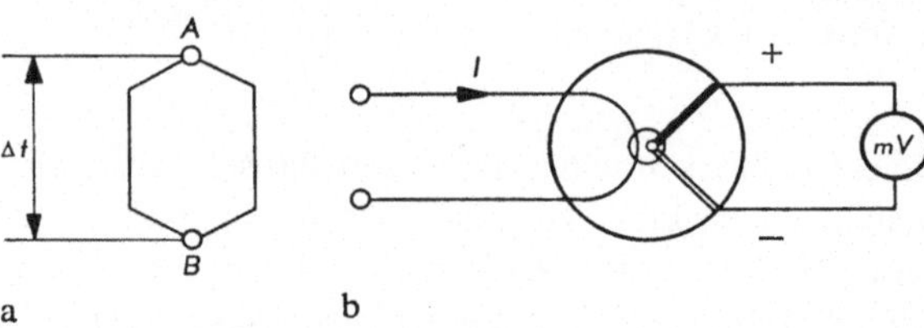

Fig. 96
Thermokreuz
a) Thermoelektrisches Prinzip
b) Schaltschema eines Vakuum-Thermokreuzes

Die vom Thermokreuz gelieferte EMK ist ausschließlich eine Funktion des Effektivwertes des Stromes, welcher den Heizfaden durchfließt. (Für Frequenzen < 100 MHz).
Das Instrument wird gewöhnlich mit einer regulierbaren Gleichstromquelle geeicht. Thermokreuze sind sehr empfindlich, schon eine Überlastung von 30% kann sie zerstören.
Die wichtigsten Daten des Thermokreuzes TH91 sind:

Meßbereich = 0–15 mA		
Widerstand des Thermoelementes	=	6 Ω
Widerstand des Heizfadens	=	68 Ω
Heizstrom während einer Minute	=	max. 20 mA
EMK bei einer Heizstromstärke von 10 mA	=	12 mV

Die Angabe des Instrumentes ist dem Quadrat des Stromes, bis zu max. 5 mA, proportional. Genauigkeit 2%.

3. Kapitel

Die Halbleiter

61. Halbleiter

Der spezifische Widerstand eines Stoffes hängt von der Art dieses Stoffes ab. Bei einem Nichtleiter oder Isolator ist er groß; bei einem Leiter dagegen klein. Diejenigen Stoffe, deren spezifischer Widerstand zwischen demjenigen der Nichtleiter und demjenigen der Leiter liegt (d.h. bei 20 °C zwischen $\varrho = 10^{-2}$ und $\varrho = 10^{8}\,\Omega/\text{cm}^2/\text{cm}$) und deren Leitfähigkeit mit zunehmender Temperatur ebenfalls steigt, werden als *Halbleiter* bezeichnet. Um eine möglichst genaue Unterscheidungsmöglichkeit zwischen Leitern, Nichtleitern und Halbleitern zu erhalten, stützt man sich auf die Größe der Bindungsenergie zwischen den äußeren Elektronen und dem Kern dieser Stoffe.
Gewisse Halbleiterstoffe, im besonderen das Germanium und das Silizium finden in der Elektronik eine ausgedehnte Anwendung; sie dienen zur Herstellung von Kristalldioden und von Transistoren. Ihre Struktur ist kristallin (Fig. 97).

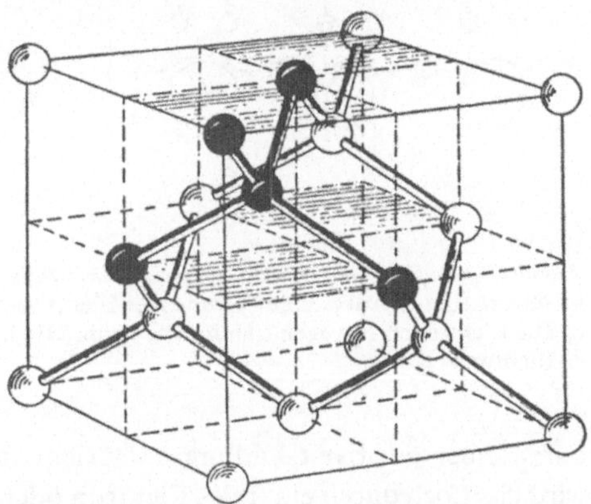

Fig. 97
Kristalline Struktur von Germanium und von Silizium

Die Atome, aus denen diese Halbleiter bestehen, enthalten je vier äußere oder Valenzelektronen[1]. Diese Atome sind durch die Bindung zweier Elektronen unter sich verbunden. Jede Bindung besitzt somit ein Elektron, welches zwei Atomen gemeinsam ist. Auf diese Weise spielt sich alles so ab, als wenn jedes Atom acht äußere Elektronen hätte (Fig. 98a).

[1] Gruppe IV der periodischen Reihe von L. Meyer und Mendeléjeff

Durch diese Gemeinsamkeit der Elektronen kommt die Kohäsion der Atome zustande, d.h. die Starrheit des Kristalls.
In einem *Leiter* überwiegen die äußeren Elektronen; gewisse unter ihnen entziehen sich der Anziehungskraft des Kerns und bewegen sich dann frei zwischen den Atomen: dadurch ist die Dichte an freien Elektronen groß. Wird an die Klemmen des Leiters eine Potentialdifferenz angelegt, so bildet die gemeinsame Bewegung der Elektronen den elektrischen Strom. In einem Isolierstoff ist die äußere Atomschicht vollständig, so daß die äußeren Elektronen an den Kern gebunden bleiben: infolgedessen ist die Dichte der freien Elektronen sehr gering. In einem Halbleiter ist bei Umgebungstemperatur[1] die Dichte der freien Elektronen zwischen derjenigen des Leiters und derjenigen des Nichtleiters.
Die Leitfähigkeit, welche auf die freien Elektronen zurückzuführen ist, ist also geringer als diejenige eines Leiters. Sie wird durch eine sekundäre Leitfähigkeit ergänzt, welche darauf zurückzuführen ist, daß jedes Elektron, welches ein Atom verläßt, eine als Loch oder Defektelektron bezeichnete Lücke hinterläßt, die da-

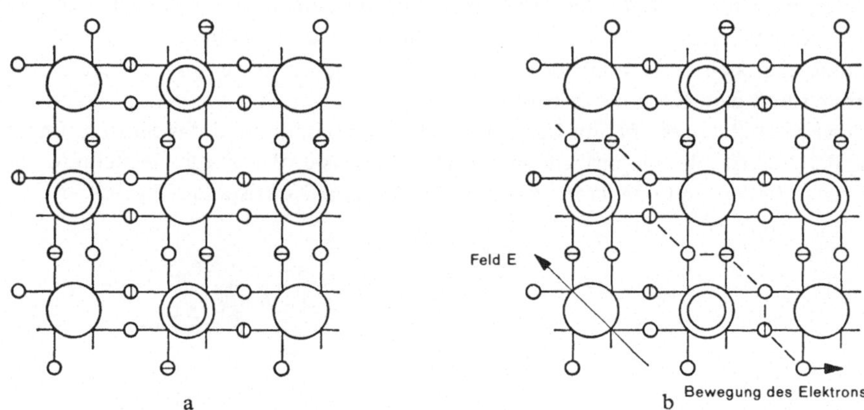

Fig. 98
Atomischer Aufbau eines reinen Germaniumkristalls
a) Schematischer Aufbau auf Grund der Elektronenbindung
b) Die Elektronen bewegen sich im Pfeilsinn. Die Löcher bewegen sich in der umgekehrten Richtung

durch einer positiven Ladung entspricht. Nach kurzer Zeit (einige μs oder ms) wird das Loch durch ein freies Elektron oder durch ein Elektron eines benachbarten Atoms ausgefüllt. Wegen der Wärmebewegung innerhalb des Kristalls ändern die Löcher dauernd ihre Lage. Infolgedessen müssen wir in einem Halbleiter zwei Bewegungen von Ladungsträgern unterscheiden:
1. diejenige der Elektronen, die einer wirklichen Bewegung entspricht.
2. diejenige der Löcher, deren Bewegung nur eine scheinbare ist.
In einem reinen Halbleiter (nach dem Englischen als »intrinsic« bezeichnet) ist die

[1] In der Umgebung von —273 °C unterscheidet man nur noch Leiter und Nichtleiter.

Dichte der freien Elektronen gleich derjenigen der Löcher. Die Leitfähigkeit wird in diesem Fall als Eigenleitfähigkeit bezeichnet. Wird eine Spannung beispielsweise an einem Germaniumkristall angelegt, so bewegen sich die freien Elektronen im Sinn und in der Richtung des elektrischen Feldes. Dieses fördert also die Auf-

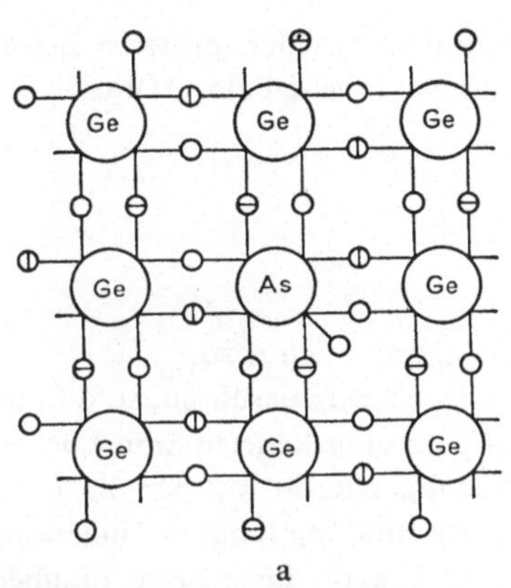

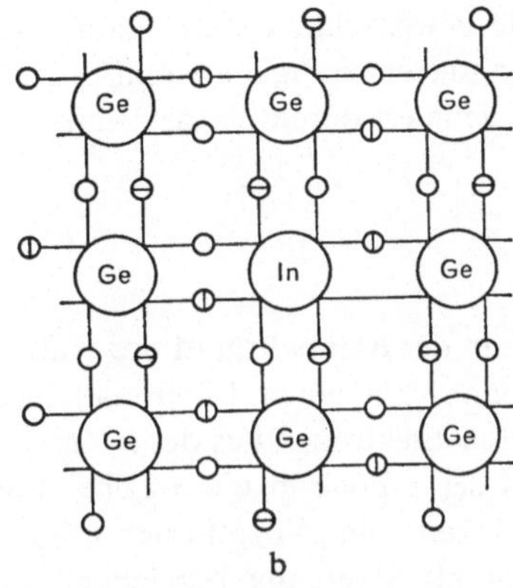

Fig. 99
Atomstruktur von Halbleitern
a) *n*-Type; b) *p*-Type

füllung der Löcher durch die freien Elektronen (Fig. 98b). Die Stärke des durch den Kristall fließenden Stromes ist um so größer, je größer die Gesamtzahl der Ladungsträger (freie Elektronen und Löcher) ist.

62. Die Verunreinigung des Kristalles. Der p-n-Übergang. Der Hall-Effekt

Die Anwesenheit von Spuren eines fremden Elementes oder von chemisch nicht feststellbaren Verunreinigungen in einem Halbleiter, verändert in starkem Maß den spezifischen Widerstand. Während dieser spezifische Widerstand bei reinem Germanium $40\,\Omega/\text{cm}^2/\text{cm}$ beträgt, so sinkt er auf wenige $\Omega/\text{cm}^2/\text{cm}$ ab, wenn dieses Material winzige Zusätze von Arsen (in der Größenordnung von einem μg pro g) enthält. Der Zusatz von Verunreinigungen – als Dotierung bezeichnet – gibt im Halbleiter Anlaß zu zwei Arten von Störstellenleitfähigkeit, nämlich von der *n*-Type und von der *p*-Type. So gehört ein Germaniumkristall zur *n*-Type (negativ), wenn er Verunreinigungen enthält, deren Atome auf der äußeren Schale 5 Elektronen besitzen. Zu solchen Verunreinigungen gehören Arsen, Antimon usw. deren Atome als Donatoren bezeichnet werden. Die Dichte der freien Elektronen ist in diesem Kristall im dotierten Zustand größer als im reinen Zustand (Fig. 99a).
Dasselbe trifft auch für die Leitfähigkeit zu. Die Elektronen werden dabei als Majoritätsträger und die Löcher als Minoritätsträger bezeichnet.
Anderseits wird ein Germaniumkristall zur *p*-Type (positiv), wenn er Atome besitzt, deren äußere Schale 3 Elektronen aufweist. Dazu gehören Aluminium, Indium usw., deren Atome als Akzeptoren bezeichnet werden. In einem solchen *p*-Typ ist die Dichte an Löchern größer, wenn das Germanium rein ist (Fig. 99b). Die

Löcherleitfähigkeit ist dann ebenfalls größer. In diesem Fall sind die Löcher die Majoritätsträger und die Elektronen die Minoritätsträger.
Dadurch ist es also möglich, einem reinen Halbleiter eine ganz bestimmte Leitfähigkeit zu erteilen, indem man ihn genauestens mit den entsprechenden Verunreinigungen dotiert.
Die Beweglichkeit μ der Ladungsträger ist der Quotient aus der mittleren Bewegungsgeschwindigkeit v (cm/s) der Träger durch das elektrische Feld E (V/cm). Sie ist definiert durch die Beziehung

$$\mu = \frac{v}{E}$$

Wenn der Reinheitsgrad des Halbleiters wächst, so nimmt auch μ zu.
Wenn sich in einem Einkristall die n- und p-Zonen gegenseitig berühren, so diffundieren Elektronen aus der n-Zone in die p-Zone und im umgekehrten Sinn Löcher aus der p-Zone in die n-Zone (Fig. 100). Die Kristallpartie, in welcher die Leitfähigkeit vom p-Typ in den n-Typ übergeht, wird als Bindung (engl. = junction) oder als Übergang bezeichnet. Die Elektronen, welche in die p-Zone hinüber diffundieren, bilden im Ruhezustand eine negative Schicht, die für diejenigen Elektronen unüberwindlich ist, welche keine genügende Energie besitzen. In gleicher Weise bilden die Löcher, welche in die n-Schicht hinüberdiffundieren, eine positive Schicht, die ihrerseits für Löcher mit ungenügender Energie unpassierbar ist.
Zwischen diesen beiden Schichten bildet sich eine Potentialbarriere oder Potentialschwelle aus (Fig. 101 a). Wird jetzt der Plus-Pol einer Stromquelle an die n-Zone angeschlossen, so wächst die Höhe der Potentialschwelle (Fig. 101 b). Der Durchgangswiderstand des Übergangs wird groß und dadurch wird der durchgelassene Strom entsprechend klein. Wird aber umgekehrt der Minus-Pol der Stromquelle an die n-Zone angeschlossen, so verringert sich die Höhe der Potentialschwelle (Fig. 101 c). Der Übergangswiderstand sinkt und der Durchlaßstrom nimmt große Werte an.
Diese Überlegungen zeigen uns, daß eine Halbleiterkombination dieser Art dieselbe Wirkung zeigt, wie eine Röhren-Diode. Es kann deshalb an deren Stelle in zunehmendem Maße die Kristalldiode verwendet werden.
Setzt man einen Germanium-Kristall der Wirkung eines Magnetfeldes aus, das den Kristall senkrecht zur Stromrichtung durchsetzt (Fig. 102), so entsteht eine sog. Hallspannung zwischen den Punkten C und D dieses Kristalls.
Die Höhe dieser Hallspannung ergibt sich aus:

$$U_H = R_H \frac{I B}{d}, \tag{37}$$

wobei B die magnetische Induktion, d die Dicke des Halbleiters und I die Stromstärke darstellt.

Für Germanium ergibt sich der Hall-Koeffizient R_H aus der Beziehung:

(38) $$R_H = \frac{3\,\pi}{8\,e\,N}$$

Darin stellt e die Ladung eines Elektrons dar ($e = 1{,}6 \cdot 10^{-19}\,C$) und N die Dichte der Ladungsträger.

Die Hallspannung ermöglicht die Feststellung der Dichte und Beweglichkeit der Ladungsträger, der Polarität dieser Spannung und der Art (n oder p) des Halbleiters.

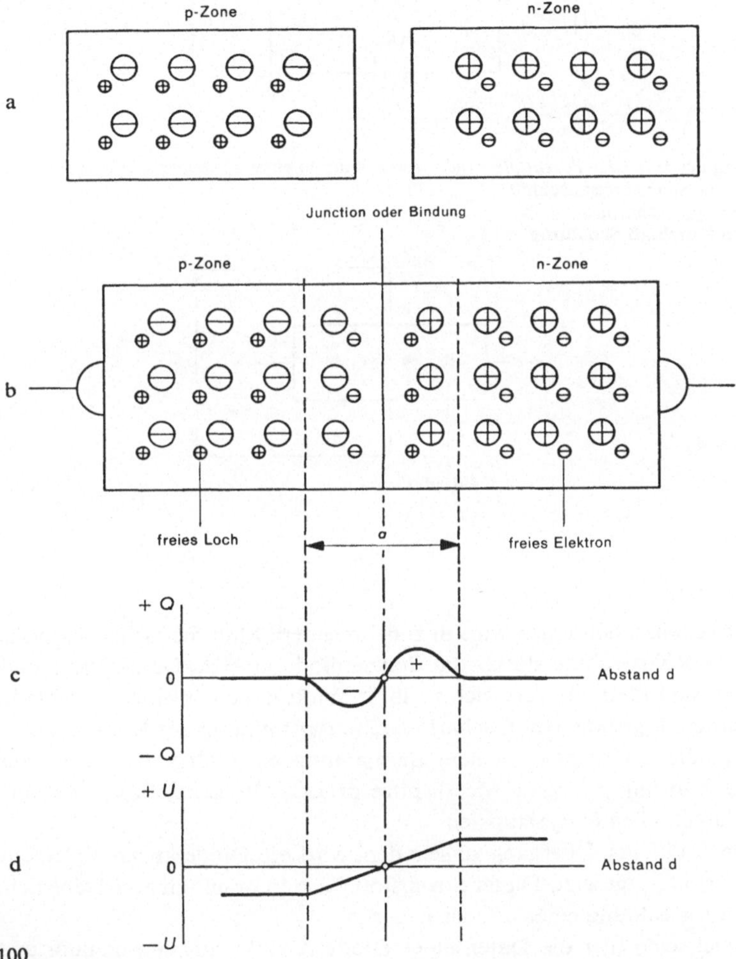

Fig. 100
Der p-n-Übergang
a Schematische Darstellung der Akzeptoren und Donatoren in *n*- und *p*-Halbleitern
b Darstellung der Elektronen und Löcher in der Umgebung eines *p-n*-Übergangs (*a* Übergangszone)
c Ladungsdichte
d Potentialunterschied zwischen den *p*- und *n*-Zonen

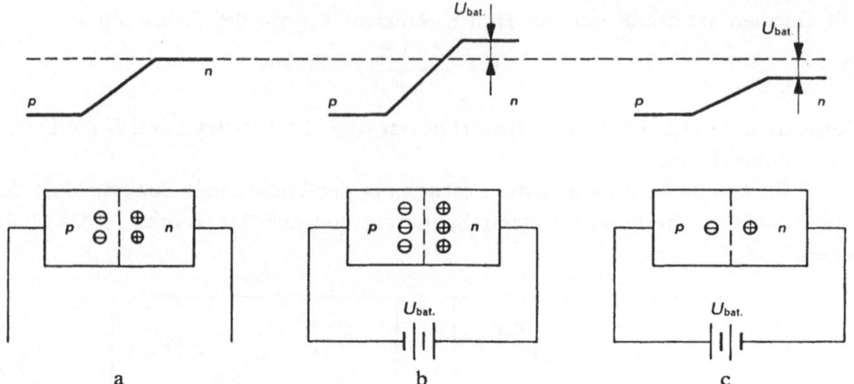

Fig. 101
Veränderung der Höhe der Potentialschwelle durch Anlegen einer Spannung an einen p-n-Übergang
a) Diode ohne Spannungsanschluß
b) Diode in Sperrschaltung
c) Diode in Durchlaß-Schaltung

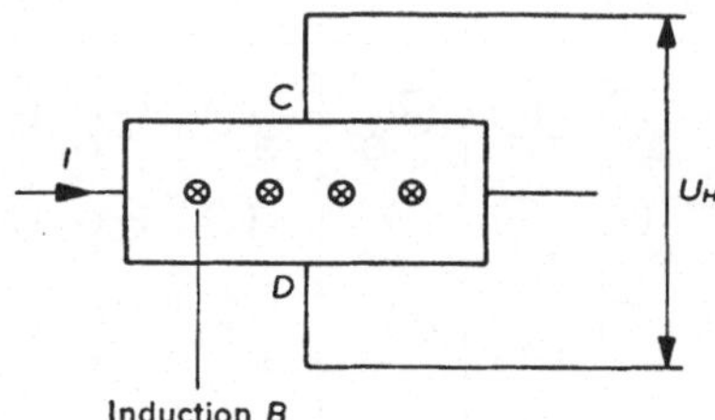

Fig. 102
Der Hall-Effekt

63. *Spitzendiode*

In Hochfrequenzschaltungen wird in zunehmendem Maß die bisher hauptsächlich verwendete Röhrendiode durch die Spitzendiode ersetzt. Deren Preis und Abmessungen sind klein im Vergleich zu ihrer Wirksamkeit (kleiner Durchlaßwiderstand, geringe Eigenkapazität, scharfe Anfangskrümmung der Kennlinie).

Die Spitzendiode besteht aus einem Germanium- oder Silizium-Kristall, auf welchen eine S-förmig gebogene Metallspitze drückt. Die ganze Kombination ist in einem Glasröhrchen eingeschlossen.

Um einen Halbleiter-Übergang zu schaffen, wird die Diode kurzzeitig einem starken Stromstoß ausgesetzt. Dieser Stromstoß führt in unmittelbarer Nähe der Kontaktspitze zur Bildung einer *n*- oder *p*-Zone.

Als Beispiel seien hier die Daten einer Diode AAZ17 mit Germanium und vergoldeter Spitze aufgeführt:

$t_{\text{amb}} = 25\,°\text{C}$ $\quad I_d = \max 110\text{ mA}$

$-U_d = \max 50\text{ V}$ $\quad C_d = 1{,}5\text{–}4\text{ pF}$

64. Die Zenerdiode

Bei einem bestimmten Wert der Sperrspannung kann am Übergang einer Halbleiterverbindung ein Kurzschluß auftreten. Dieser läßt sich zurückführen auf einen Nebenschluß zum Übergang, auf den Zener-Effekt oder auf einen sog. Lawinendurchbruch.
Der Durchschlag infolge eines Nebenschlusses erfolgt bei hohen Werten der Sperrspannung ($U_{inv} > 1000$ V). Er führt zu einer Durchschlagsentladung, die den Übergang umgeht.

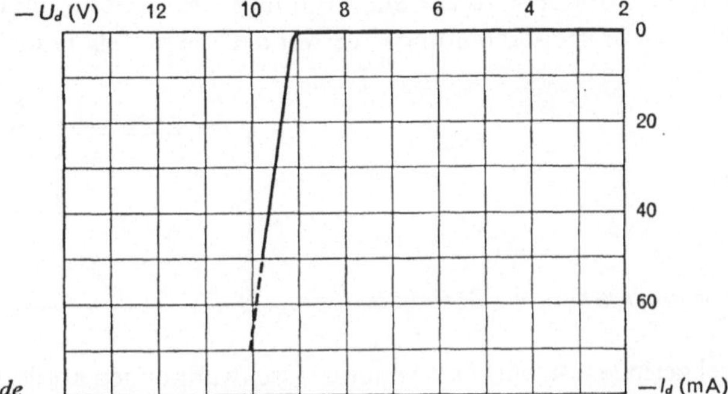

Fig. 103
Charakteristik einer Zenerdiode

Beim Zenerdurchbruch erfolgt der Durchschlag durch das elektrische Feld, das für einen gewissen Wert von U_{inv} die Dichte der Elektronen und Löcher im Halbleiter stark vergrößert. Der Sperrwiderstand des Übergangs wird dadurch in starkem Maße verringert und die Sperrspannung an den Klemmen der Diode bleibt praktisch konstant (Fig. 103).
Der Zenerdurchbruch tritt bei kleinen Werten von U_{inv} auf. Er ist bei Siliziumdioden sehr ausgeprägt. Deshalb werden Zenerdioden zur Stabilisierung von Gleichspannungen mit niedrigen Spannungswerten verwendet.
Die Durchbruch- oder Zenerspannung ist von der Temperatur des Übergangs und von der Leitfähigkeit des Siliziums abhängig. Sie ist für jede Diodentype charakteristisch. Bei einer bestimmten Temperatur hängt die Verlustleistung von den Abmessungen der Siliziumpille ab. Der dynamische Widerstand

(39) $$r_z = \frac{\Delta U_d}{\Delta I_d}$$

bestimmt den Regelgrad.
Der Lawinendurchbruch kann sowohl bei hohen Sperrspannungen als auch bei der kritischen Temperatur des Übergangs (Wärmedurchbruch) erfolgen.
Bei einer Umgebungstemperatur t_{amb} von 25 °C sind die wichtigsten Daten einer Zenerdiode OAZ207:

Nennwert der Referenzspannung:	$-U_d$	$= 9{,}2\,V$
Strom in Sperrichtung für $-U_d = 5\,V$:	$-I_d$	$< 0{,}4\,\mu A$
Durchlaß-Strom für $U_d = 0{,}8\,V$:	I_d	$= 100\,mA$
Dynamischer Widerstand für $-I_d = 5\,mA$:	r_2	$= 4{,}3\,\Omega$
Verlustleistung:	P_d	$=$ max $300\,mW$
Maximalstrom für $-U_d = 9\,V$:	I_d	$\approx 33\,mA$
Temperaturkoeffizient, in Luft:	K	$= 0{,}4\,°C/mW$
Eigenkapazität für $-U_d = 2\,V$:	C_d	$= 250\,pF$

Die Zenerdiode wird zur Stabilisierung von Gleichspannungen sowie als Referenzelement in Speiseschaltungen verwendet, die mittels Transistoren stabilisiert werden.

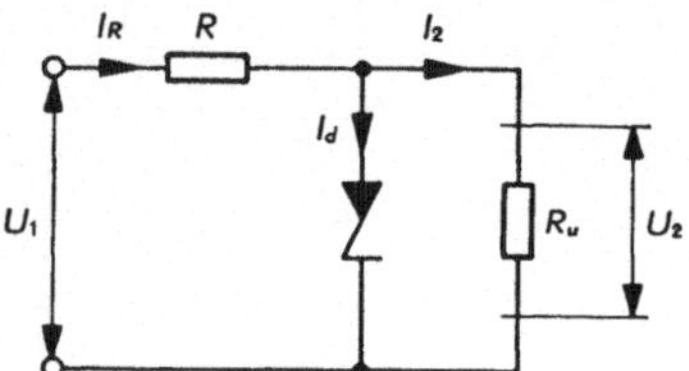

Fig. 104
Stabilisierung mit einer Zenerdiode

Bei geringen Strom- und Spannungsschwankungen ergibt sich die Stärke des durch die Diode fließenden Stroms als (Fig. 104):

$$I_d = I_R - I_2$$

Die Ausgangsspannung U_2 ist praktisch gleich der Zenerspannung. Die Maximalleistung ergibt sich zu

$$P_{d\,\max} = U_2 \cdot I_{d\,\max}$$

Der Wert des Widerstandes R muß betragen:

$$R \leq \frac{U_{1\min.} - U_{2\min.}}{I_{d\min.} + I_{2\max.}} \,. \tag{40}$$

Die Güte der Stabilisierung wird ausgedrückt durch den Faktor:

$$S = \frac{r_z}{r_z + R} \,. \tag{41}$$

65. Trockengleichrichter

Beim Kontakt eines *n*-Halbleiters mit einem Metall, dessen Austrittsarbeit[1] größer ist als diejenige des Halbleiters, diffundieren Elektronen aus der *n*-Zone in das Metall. Im Gegensatz dazu diffundieren die Elektronen aus dem Metall in die

[1] Unter Austrittsarbeit versteht man die Mindestenergie, welche notwendig ist, damit ein Elektron die Potentialschwelle überwinden kann.

p-Zone beim Kontakt eines Metalls und einem p-Halbleiter, dessen Austrittsarbeit größer ist als diejenige des Metalls. Auf diese Weise kann infolgedessen die Verbindung zwischen einem Metall und einem Halbleiter eine Potentialschwelle zur Folge haben. Je nach der Polarität der Spannung, welche an die Verbindung Metall–Halbleiter angelegt wird, wird diese Potentialschwelle zu- oder abnehmen.

Ein Trockengleichrichter ist ein Halbleiter–Metall-Element, das dieselben Eigenschaften aufweist, wie ein p-n-Übergang mit einer asymmetrischen Kontaktcharakteristik. Ein solcher Gleichrichter besteht in der Regel aus einem Metall, einer dünnen p-Halbleiterschicht sowie aus einer Gegenelektrode zur Herstellung des Kontaktes und zur Erzielung der notwendigen Kühlung. Am meisten werden

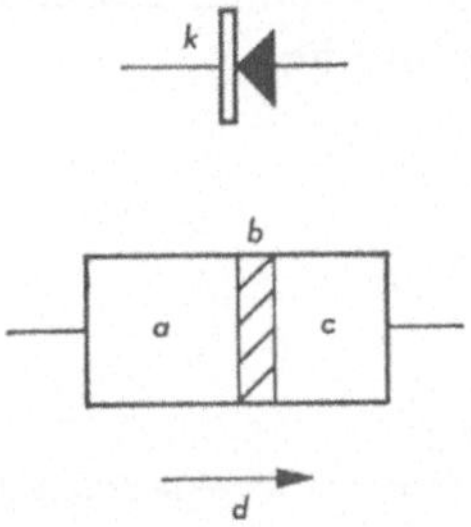

Fig. 105
Konventionelle Darstellung von Trockengleichrichtern

Kupferoxydgleichrichter
a Kupfer
b Kupferoxyd
c Gegenelektrode aus Blei
d Richtung der Elektronenbewegung
k Kathode

Selengleichrichter
a Legierung aus Zinn, Wismuth und Cadmium
b Selen
c Gegenelektrode aus Eisen, innen vernickelt
d Richtung der Elektronenbewegung
k Kathode

Trockengleichrichter mit Kupferoxyd und mit Selen verwendet. Sie besitzen eine große Betriebssicherheit und nützen sich im Betrieb praktisch nicht ab. In vielen Fällen ersetzen sie vorteilhaft die Gleichrichterröhren zur Versorgung von HF- und NF-Geräten.

a) Kupferoxydgleichrichter

Ein solcher Gleichrichter besteht aus einer einseitig oxydierten Kupferscheibe (Fig. 105a). Der elektrische Widerstand dieser Scheibe ist größer in der Richtung Oxyd → Kupfer als in der umgekehrten Richtung Kupfer → Oxyd. (Dabei liegt die Elektronenbewegung bei der Bestimmung der Stromrichtung zugrunde.) Das Oxyd spielt hier eine ähnliche Rolle wie die Anode der Elektronenröhre.

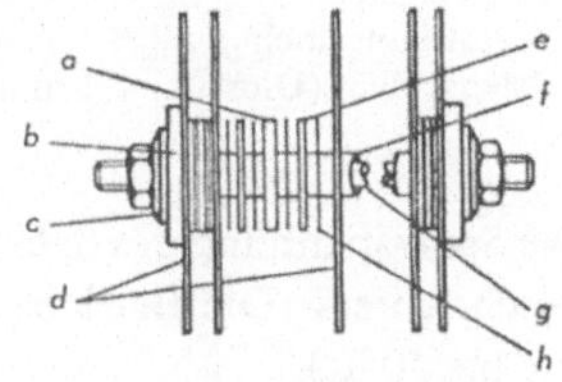

Fig. 106
Serieschaltung von Kupferoxyd-Gleichrichterelementen
a Zwischenplatte; *b* Isolierscheibe; *c* Federscheibe; *d* Kühlflügel; *e* Kupferoxydscheibe; *f* Isolierrohr; *g* Achse; *h* Blei

Eine einzelne oxydierte Scheibe hält nur einige Volt und pro cm^2 Oberfläche 100–200 mA aus. Zur Gleichrichtung höherer Spannungen müssen mehrere Einheiten in Serie geschaltet werden (Fig. 106).

Der elektrische Kontakt zwischen dem Kupferoxyd und dem nachfolgenden Gleichrichterelement erfolgt durch eine Gegenelektrode aus Blei. Diese Gegenelektrode wird durch die Schraube fest gegen die Oxydschicht gepreßt.
Für die Gleichrichtung großer Ströme werden die Gleichrichterelemente parallelgeschaltet.
Die Kupferoxydgleichrichter haben eine niedrigere Übergangsschwelle als die Selengleichrichter.

b) Selengleichrichter

Der Selengleichrichter besteht aus einer Metallscheibe, die mit einer dünnen Schicht aus Selen überzogen ist (Fig. 105b). Auch hier ist der Widerstand in der einen Richtung größer als in der anderen, wie aus der Kurve Fig. 107 deutlich hervorgeht.

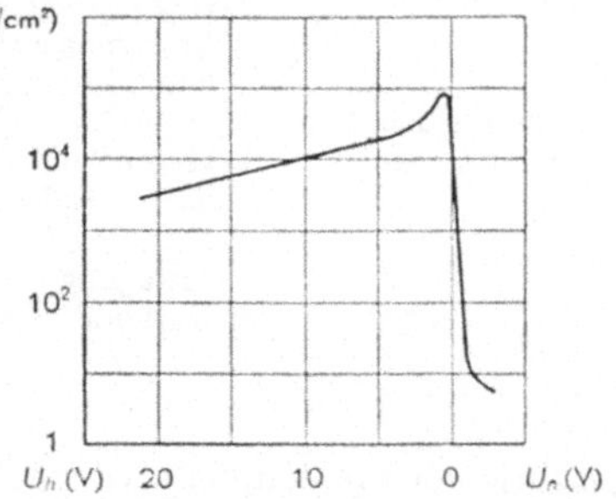

Fig. 107
Widerstandscharakteristik eines Selengleichrichters
U_h Spannung in Sperrichtung
U_n Spannung in Durchlaßrichtung

Selengleichrichterelemente lassen sich ebenfalls zu Serie- und Parallelschaltungen kombinieren. Ihre Wirkungsweise kann durch eine dünne Schicht aus einer Zinklegierung, die auf das Selen aufgespritzt wird, verbessert werden. Diese Schicht wird als Sperrschicht bezeichnet (Fig. 108).

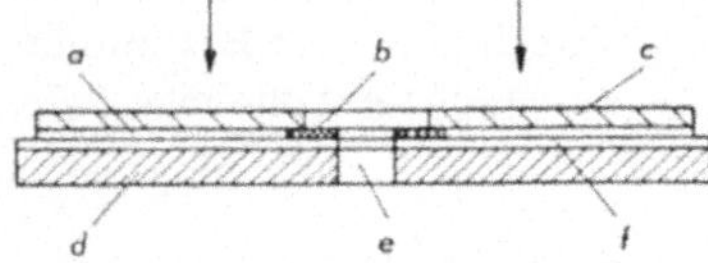

Fig. 108
Selen-Eisen-Gleichrichterelement
a Sperrschicht (Dicke 10^{-5} mm)
b Isolierscheibe
c Gegenelektrode
d Eisenscheibe
e Befestigungsloch
f Selenschicht (Dicke ca. 0,1 mm)

Die Sperrspannung des Selengleichrichters ist größer als diejenige des Kupferoxydgleichrichters. Die Betriebstemperatur kann bis 70 °C ansteigen (bei Kupferoxyd nur bis 50 °C).

66. Varistoren

Halbleiter, deren Widerstand infolge von Temperatur- oder Spannungseinwirkungen in weiten Grenzen (1 : 1000) ändert, nennt man Varistoren. Sie bestehen aus einer großen Zahl agglomerierter Körnchen, deren Grenzschichten bei Thermistoren (Fig. 109a) zersprengt sind. Bei nichtlinearen Widerständen dagegen (Fig. 109b) sind die Grenzschichten der Körner unversehrt.

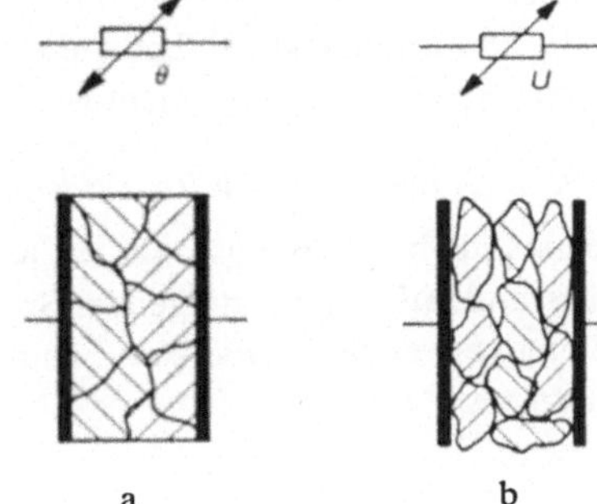

Fig. 109
Schaltsymbol und Struktur von Varistoren
a Thermistor
b Nicht-linearer Widerstand

a) Thermistoren

Diese temperaturabhängigen Widerstände bestehen aus Metalloxyden (Eisen-, Wolfram-Nickeloxyden) und kommen handelsmäßig als Zylinder oder Perlen vor oder auch in Glasröhrchen eingebaut. Sie können direkt geheizt werden oder auch über eine besondere Heizwicklung.

Die Hersteller solcher Thermistoren geben Kurvenblätter ab, die es erlauben, den Widerstand in Funktion der Zeit und der Temperatur zu bestimmen. Anderseits kann daraus auch der Durchlaß-Strom in Funktion der angelegten Spannung ermittelt werden. Die Fig. 110 zeigt die *U*/*I*-Kurve eines normalen Thermistors.

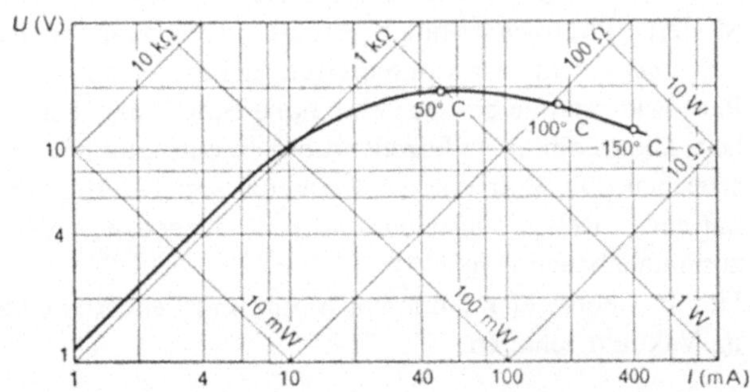

Fig. 110
U/*I-Charakteristik eines Thermistors*
Die Umgebungstemperatur ist zu 25° angenommen

Die Thermistoren lassen sich in zwei Klassen aufteilen, je nachdem die Wirkungsweise einer *U*/*I*-Kurve mit ansteigender Kennlinie oder einer abfallenden, bzw. flach verlaufenden Kennlinie entspricht.

Die wichtigsten Anwendungen der ersten Art von Thermistoren finden wir bei der Kompensation der Widerstandsveränderungen eines Bauelementes mit positivem

Temperaturkoeffizienten. (Stabilisierung von Transistorverstärkern) Ferner werden sie bei der Temperaturmessung und bei der Temperaturregelung verwendet. Die zweite Art von Thermistoren dient zur Spannungsregelung, zur Stabilisierung von NF-Generatoren und zum allmählichen Aufheizen der Röhren in Allstromgeräten. Die Erwärmung spielt bei dieser zweiten Art von Thermistoren – im Gegensatz zur ersten Art – eine wichtige Rolle.

b) Nicht-lineare Widerstände (VDR-Widerstände)

Diese Widerstände bestehen aus intakten Körnchen aus Siliziumkarbid. Sie weisen einen Widerstand auf, der bei steigender Spannung abnimmt. Sie werden zur Spannungsregelung verwendet, sowie zum Schutz von Relais- und Schaltkontakten bei Überspannungen.

67. Photoelektrische Zellen

Die Wirkungsweise der photoelektrischen Zellen beruht auf der Veränderung des Widerstandes bei Lichteinfall und auf der Photoemission, d.h. der Erzeugung von Elektrizität durch die Einwirkung des Lichtes.

a) Photowiderstände

1873 entdeckte der Physiker Smith anläßlich von Versuchen mit Selenwiderständen, daß der Widerstand unter der Einwirkung von Licht sank. Je nach Art des Halbleiters reagieren Photowiderstände auf sichtbares Licht (Thalliumsulfid- und Cadmiumsulfidzellen) oder auf infrarotes Licht (Bleisulfidzellen). Die spektrale Empfindlichkeit hängt von der Art und von der Dotierung des Halbleiters ab. Je nach Zellentypus liegt der Dunkelwiderstand zwischen 50 kΩ und 100 MΩ.
Moderne Photowiderstände enthalten eine dünne Schicht aus Halbleitermaterial, welche zwischen zwei kammartigen Elektroden aus Silber angeordnet ist (Fig. 111). Photowiderstände besitzen eine hohe Empfindlichkeit, aber auch eine große Trägheit. Die Cadmiumsulfidzellen können eine Empfindlichkeit von 10 A pro Lumen erreichen. Die Betriebsgrenzfrequenz liegt bei 10 kHz. Solche Zellen lassen sich mit einem Relais oder einem in Serie liegenden Widerstand zu einem Stromkreis zusammenbauen (Fig. 112).
Um die Photowiderstände vor Staub und Feuchtigkeit zu schützen, werden sie oft im Vakuum gehalten.

b) Photozelle, Sonnenzelle

Wird die Berührungszone eines Metalls mit einem Halbleiter oder der Übergang zweier entgegengesetzt polarisierter Halbleiter belichtet, so kann zwischen den beiden Stoffen eine elektromotorische Kraft festgestellt werden ($E \approx 0{,}1$ V). Dieser Effekt ist auf den Unterschied der Dichte der freien Elektronen der beiden Materialien zurückzuführen.
Die Photozelle, auch Photoelement genannt, besteht aus einer vernickelten Eisenelektrode, die mit einer besonders behandelten Halbleiterschicht überzogen ist,

sowie aus einer Gegenelektrode aus durchsichtigem Blattgold oder Blattsilber (Fig. 113).

Obwohl der Wirkungsgrad für sichtbares Licht 1% nicht überschreitet, wird Selen als Halbleiter am häufigsten verwendet.

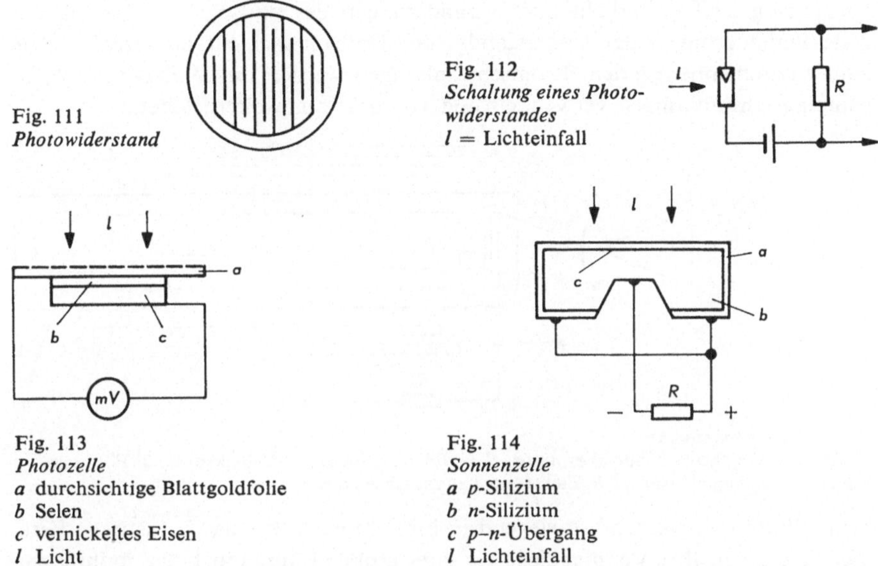

Fig. 111
Photowiderstand

Fig. 112
Schaltung eines Photowiderstandes
l = Lichteinfall

Fig. 113
Photozelle
a durchsichtige Blattgoldfolie
b Selen
c vernickeltes Eisen
l Licht

Fig. 114
Sonnenzelle
a *p*-Silizium
b *n*-Silizium
c *p*–*n*-Übergang
l Lichteinfall

Diese Photozelle wird hauptsächlich in Luxmetern und anderen Belichtungsmessern verwendet. Die spektrale Empfindlichkeit entspricht ungefähr derjenigen des menschlichen Auges.

Die Sonnenzelle wird durch eine *p*-*n*-Verbindung gebildet. Sie besteht aus einer Platte aus *n*-Silizium, auf welche eine dünne Schicht *p*-Silizium in der Stärke von einigen μ aufdiffundiert ist (Fig. 114).

68. Bildaufnahmeröhre

Die auf der Wirkung des Photowiderstandes entwickelte Bildaufnahmeröhre (auch Vidicon, Resistron, Staticon genannt) enthält eine dem Kathodenstrahloszillographen ähnliche Grundausrüstung, bestehend aus der Elektronenkanone, den Ablenkspulen, den Spulen für die Strahlkonzentration und den Abgleich. Anstelle des Leuchtschirms tritt eine sog. Speicherplatte, bestehend aus einer lichtdurchlässigen Halbleiterschicht, welche auf einer transparenten, dünnen Metallplatte niedergeschlagen ist (Fig. 115).

Das zu übertragende Bild wird auf der Speicherplatte mit Hilfe des Objektivs fokussiert und ruft auf dieser zunächst Punkte verschiedener Helligkeitswerte hervor.

Der Strahl der Elektronenkanone wird so gesteuert, daß er die Speicherplatte zeilenweise abtastet, entsprechend den geltenden Fernsehnormen. Dabei wird der Elektronenstrahl durch die mit 200 Volt gespiesene Anode zunächst beschleunigt und alsdann abgebremst. Die Spannung zwischen der Speicherplatte und der Kathode beträgt nur einige Zehn Volt. Darum wird die Platte nur von langsamen Elektronen getroffen, und die Lichtveränderungen des optischen Bildes können lokale Veränderungen des Widerstandes der Halbleiterschicht hervorrufen. Die damit zusammenhängenden Stromschwankungen werden am Widerstand R_u in Spannungsschwankungen verwandelt und von dort aus weitergeleitet.

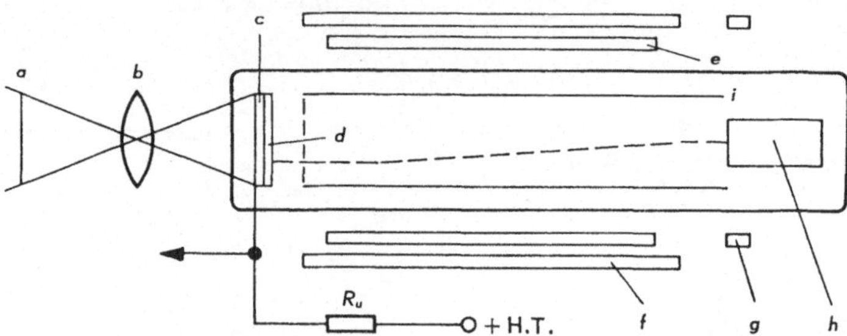

Fig. 115 *Bildaufnahmeröhre*
a Objekt; *b* Objektiv; *c* Speicherplatte; *d* Halbleiterschicht; *e* Ablenkspule; *f* Fokussierungsspule; *g* Abgleichspule; *h* Elektronenkanone; *i* Anode

Solche Bildröhren werden vorwiegend in Einrichtungen für das industrielle Fernsehen verwendet. Ihre Vorzüge liegen in ihrer großen Empfindlichkeit, in ihrer einfachen Arbeitsweise und auch in ihren geringen Abmessungen (Länge: 100 mm, Durchmesser: 10 mm). Siehe auch Abs. 55–56.

69. Photodiode, Phototransistor

Die Wirkungsweise der Photodioden und der Phototransistoren beruht auf den Eigenschaften des *p-n*-Übergangs.

a) Photodiode

Wird ein Diodenübergang belichtet, so treten Elektronen und Löcher paarweise in der Umgebung dieses Übergangs auf, aber in einer Entfernung, die geringer ist als die Diffusionslänge. Auf diese Weise nimmt der Diodenstrom zu, so daß diese Diode als lichtempfindliches Element verwendet werden kann. Die Stromstärke ist bei nicht belichteter Diode am kleinsten: sie liegt bei 5 μA für eine Speisespannung von einigen Volt und wächst mit zunehmender Belichtung.

Von robuster Bauart, hat die Photodiode eine Empfindlichkeit, die zwischen derjenigen einer Photozelle und derjenigen eines Photovervielfachers liegt. Photodioden werden auf der Lichteinfallsseite oft noch mit einer Vergrößerungslinse versehen (Fig. 116).

Fig. 116
Photodiode
l Lichteinfall

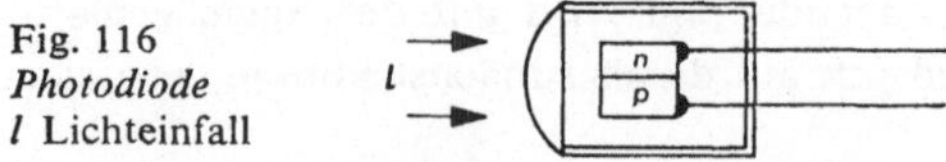

Schaltungsmäßig entspricht die Photodiode einem Stromerzeuger, der durch die Parallelschaltung von Kondensator und Widerstand belastet ist.

b) Phototransistor

Ein Transistor ist ebenfalls lichtempfindlich. Wird der Emitter belichtet, so nimmt der Kollektorstrom in stärkerem Maße zu als bei einer Photodiode. Diese zusätzliche Verstärkung ist charakteristisch für alle Phototransistoren, wobei die Basis frei sein kann. Die Basis kann aber auch mit dem Emitter verbunden sein (siehe hierzu Abschnitt 71).
Der Kollektor wird an die Speisestromquelle über einen Belastungswiderstand oder über ein Relais angeschlossen. Mit einem kleinen Wert für den Arbeitswiderstand kann die Betriebsfrequenz des Phototransistors bis auf 1 MHz ansteigen. Nachteilig ist bei diesem Typ das starke Eigenrauschen.

70. Kühlzelle, Peltier-Effekt

Ein die Stoßstelle zweier verschiedener Metalle oder eines Metalles und eines Halbleiters durchfließender Strom kann eine Wärmeentwicklung, aber auch eine Wärmeabsorption hervorrufen. Der letztere, von Peltier 1834 entdeckte Effekt, wird zur Herstellung von Kühlzellen verwendet. In dieser Hinsicht ergeben Zellen mit der Kombination Metall–Halbleiter die größten Temperaturunterschiede. In diesen Zellen überschreiten eine große Zahl hochbeschleunigter Elektronen die Potentialschwelle. Das Metall verliert dabei Elektronen an den Halbleiter. Während sich der Halbleiter erwärmt, kühlt sich das Metall ab.
Die Peltierzellen werden hauptsächlich zur Kühlung elektronischer Bauteile (Photovervielfacher, Widerstände usw.) verwendet. Ihr Wirkungsgrad ist klein und ihr Preis verhältnismäßig hoch.
Die Kenndaten einer Peltierzelle SACM, Type P3Al sind:

Abmessungen: 45 × 23 × 7 mm
Heizspannung: 2 V
Heizstrom: 3 A
Betriebstemperatur maximal 150 °C
Für eine thermische Belastung von 1 W ist $\Delta_t = 25\,°C$

71. Prinzipielle Wirkungsweise des Transistors. Der Spitzentransistor

Ein Flächentransistor (*trans*fer-res*istor*) besteht aus einem monokristallinen Block, der zwei *n*-Zonen aufweist, die durch eine dünne *p*-Schicht getrennt sind (*n-p-n*-Transistor). Er kann auch aus zwei *p*-Zonen gebildet werden, die dann durch eine dünne *n*-Schicht getrennt werden (*p-n-p*-Transistor). Wir haben somit zwei Übergänge bzw. zwei Bindungen (Fig. 117).
Wir wenden uns zunächst dem *n-p-n*-Transistor zu (Fig. 118). Die Wirkungsweise des *p-n-p*-Transistors ist analog; es muß lediglich die Lochleitfähigkeit durch die Elektronenleitfähigkeit ersetzt werden.

Die beiden *n*-Zonen weisen nicht die gleiche Dichte an Ladungsträgern auf. Die eine, der Emitter, enthält mehr Majoritätsträger (Elektronen), d.h. Verunreinigungen, als die andere, der Kollektor. Wenn sich der Transistor im Ruhezustand befindet, so erscheint eine Potentialschwelle an jedem der beiden Übergänge (Fig. 118a).

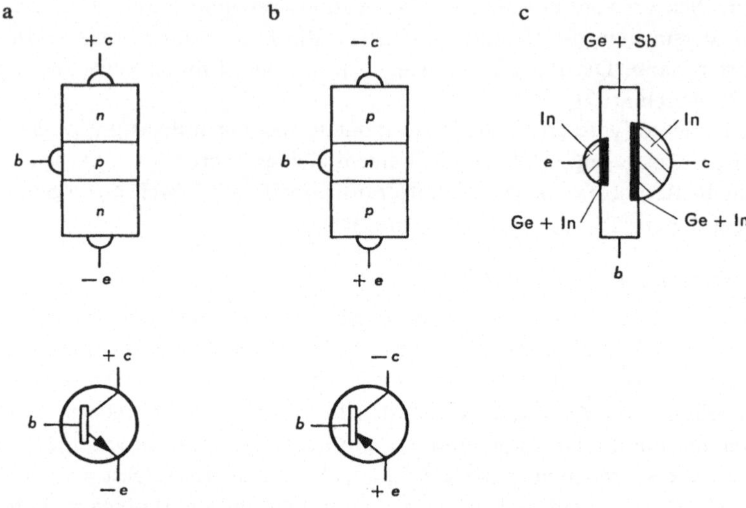

Fig. 117
Prinzipaufbau und Symbol der Flächentransistoren
a gezogener *n–p–n*-Transistor; b gezogener *p–n–p*-Transistor; c legierter *p–n–p*-Transistor
(*b* = Basis, *c* = Kollektor, *e* = Emitter)

Wird nun der Emitter an den Minus-Pol und der Kollektor an den Plus-Pol einer Stromquelle angeschlossen, so sucht die angelegte Spannung die freien Elektronen durch die Zwischenschicht *p* – Basis genannt – hindurch zum Kollektor zu ziehen. Ebenso ist diese Spannung bestrebt, die Löcher zum Emitter hin zu ziehen. Der erste Übergang (Emitter-Basis) kann dabei einer in Durchlaßrichtung geschalteten Diode gleichgesetzt werden. Der zweite Übergang (Basis-Kollektor) entspricht dagegen einer sperrenden Diode. Die Elektronen, denen es gelingt, durch die Basis hindurchzulaufen, gelangen zum Kollektor und bilden auf diese Weise den schwachen Strom I_{ce_0} im äußeren Stromkreis (Fig. 118b).
Wir schalten nun weiter den Plus-Pol einer zweiten Stromquelle an die Basis und deren Minus-Pol an den Emitter (Fig. 118c). Dadurch wird der Durchfluß der Elektronen durch die Basis erleichtert. Ein Strom von einer gewissen Stärke fließt vom Emitter zum Kollektor. Seine Stärke nimmt zu mit der Höhe der Spannung zwischen Basis und Emitter. Auch der Basisstrom I_b wächst mit dieser Spannung. Werden aber die Anschlüsse der zwischen Basis und Emitter liegenden Spannungsquelle umgepolt, so wird der Strom vom Emitter zum Kollektor praktisch gleich Null (Fig. 118d).

Der in Fig. 118c dargestellte Versuch erlaubt den Schluß, daß eine geringe Veränderung des Basisstromes I_b eine relativ große Veränderung des Kollektorstroms I_c zur Folge hat. Diese Leistungsverstärkung ist darauf zurückzuführen, daß die Ausgangsimpedanz wesentlich größer ist als die Eingangsimpedanz.

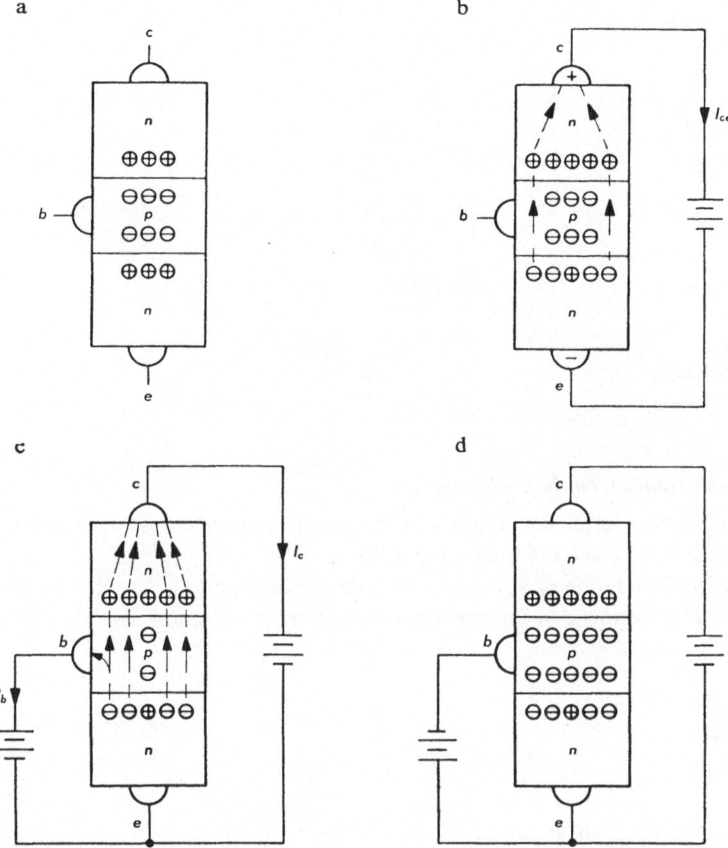

Fig. 118
*Wirkungsweise des n–p–n-*Transistors
a Transistor im Ruhezustand; b Der Strom I_{ce0} ist sehr klein; c I_c ist groß; d I_c ist praktisch gleich Null

Der Spitzentransistor, der älter ist als der Flächentransistor, wird in gewissen elektronischen Schaltungen immer noch verwendet, besonders in Oszillatorschaltungen und in Multivibratoren. Der Spitzentransistor besteht aus einem Germaniumkristall der *n*-Type, auf welchen die Spitzen von zwei Metallelektroden drücken (Fig. 119).

Dabei dient eine der beiden Spitzen als Emitter, die andere als Kollektor. Um die Berührungsstellen herum bilden sich *p*-Zonen, so daß eine ähnliche Wirkung ent-

steht wie beim Flächentransistor. Der Spitzentransistor kann einen negativen Eingangs- oder Ausgangswiderstand aufweisen. Verstärkerschaltungen, bei denen Spitzentransistoren verwendet werden, sind so zu dimensionieren, daß sie nicht zu Schwingungen angeregt, d.h. daß sie nicht zu Oszillatoren werden.
In den nun folgenden Abschnitten werden wir uns auf die Flächentransistoren beschränken.

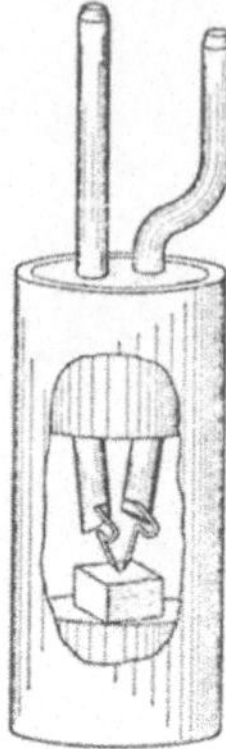

Fig. 119
Spitzentransistor

72. *Grundschaltungen.* I_c-U_c-*Kennlinien*

Als ein Vierpol kann der Transistor durch ein äquivalentes, d.h. gleichwertiges Ersatzschaltbild ersetzt werden (Fig. 120).
Die Innenwiderstände r_b, r_c und r_e sowie der Widerstand r_m sind die für die Ersatzschaltung bestimmenden Parameter. Der erste r_b stellt theoretisch den Basiswider-

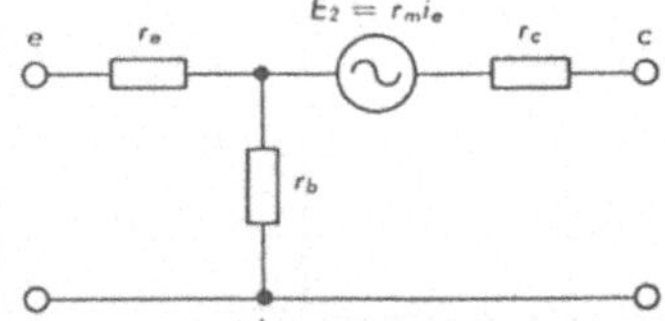

Fig. 120
Ersatzschaltbild eines NF-Transistors

stand dar. Ferner stellt r_c den Widerstand des Überganges zwischen Basis und Kollektor dar. Der Widerstand des Überganges zwischen Basis und Emitter wird durch r_e dargestellt und schließlich stellt r_m den Quotienten[1] dar, gebildet aus der für den Transistor charakteristischen elektromotorischen Kraft E_2 und dem Eingangsstrom i_e.
Die Verstärkerschaltungen mit Transistoren lassen sich nach der jeweils dem Eingang und Ausgang gemeinsamen Elektrode benennen und einteilen. Danach unterscheiden wir:

[1] r_m wird auch als Proportionalitätskoeffizient bezeichnet.

Basis-Schaltung, wenn die Basis am Ein- und Ausgang gemeinsam ist.
Emitterschaltung, wenn dies beim Emitter der Fall ist.
Kollektorschaltung, wenn dies beim Kollektor der Fall ist.

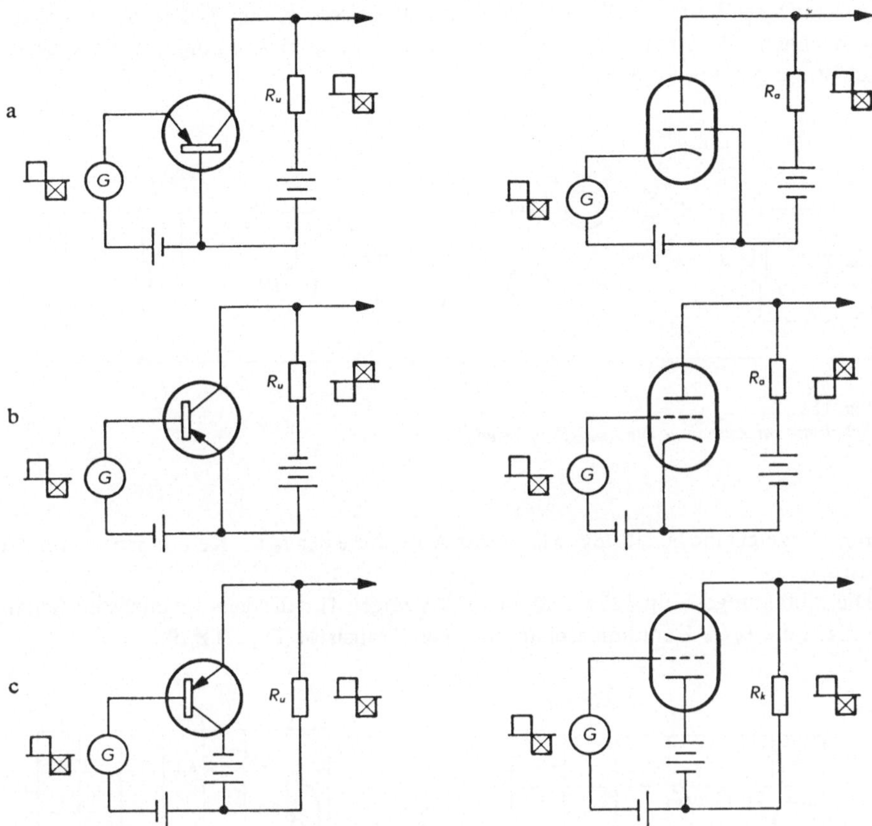

Fig. 121
Die Grundschaltungen für Transistoren und die ihnen entsprechenden Röhrenschaltungen
a Basisschaltung; b Emitterschaltung (am häufigsten angewendet); c Kollektorschaltung (mit Basissteuerung)

Wenn wir diese Schaltungen mit Schaltungen von Elektronenröhren vergleichen, so entsprechen sich:

Fig. 121 a: Basisschaltung und Röhrenverstärker, bei welchem das Gitter an Masse liegt

Fig. 121 b: Emitterschaltung und Röhrenschaltung, bei welcher die Kathode an Masse liegt

Fig. 121 c: Kollektorschaltung und Röhrenschaltung, bei welcher die Anode an Masse liegt.

Wie bei den Elektronenröhren, so lassen sich auch bei den Transistoren die maßgebenden Eigenschaften durch Kennlinien darstellen. In der Praxis sind die I_c/U_c-Kennlinien, die als Ausgangskennlinien bezeichnet werden, am gebräuchlichsten. Sie stellen den Kollektorstrom I_c in Funktion der Kollektorspannung U_c dar, für verschiedene Werte des Emitter- oder des Basisstroms, die als Parameter gelten, je nachdem die Basis oder der Emitter dem Ein- und Ausgang der Verstärkerschaltung gemeinsam ist.

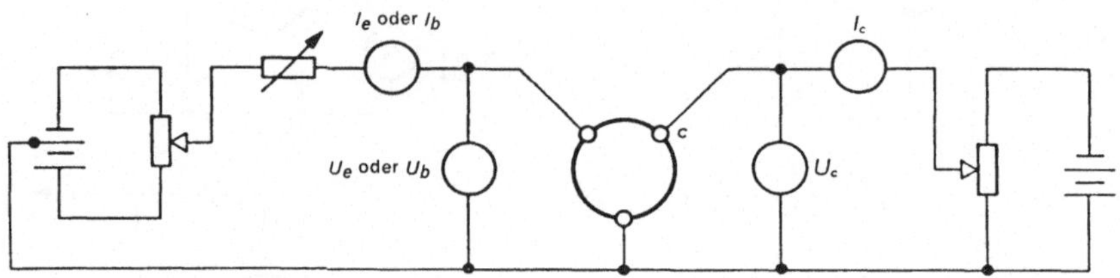

Fig. 122
Schaltung zur Aufnahme der I_c/U_c-Kennlinien

Fig. 122 zeigt eine Schaltung, wie sie zur Aufnahme der I_c/U_c-Kennlinien verwendet wird.
Die Abbildungen Fig. 123a und Fig. 123b zeigen für die gebräuchlichsten Schaltungen die I_c/U_c-Kennlinienschar für einen Transistor Type TF70.

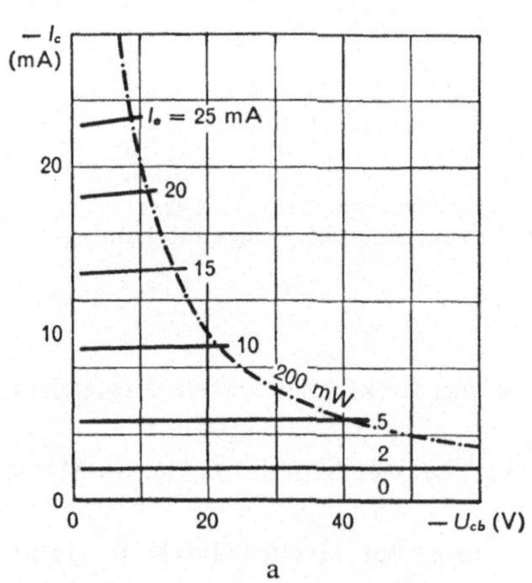

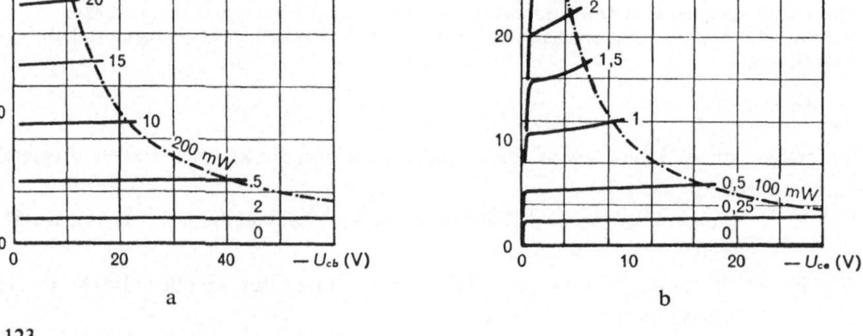

Fig. 123
I_c/U_c-Kennlinien eines Transistors TF70
a Basisschaltung; b Emitterschaltung

73. Ersatzschaltbilder zu den Grundschaltungen

Eine Verstärkerstufe mit Transistor kann durch verschiedene gleichwertige Schaltungen, sog. Ersatzschaltbilder ersetzt werden, durch welche die rechnerische Behandlung solcher Stufen erleichtert wird. Eines der einfachsten Ersatzschaltbilder ist der bereits im vorhergehenden Abschnitt unter Fig. 120 dargestellte T-Vierpol. Mit dieser Schaltung ist auf relativ einfache Weise die Berechnung wichtiger Werte möglich, wie beispielsweise:

Ein- und Ausgangswiderstand einer NF-Stufe
Stromverstärkung
Spannungsverstärkung
Leistungsverstärkung.

Im folgenden sollen die Berechnungen für das Ersatzschema der Basisschaltung (normalerweise als Bezugsschaltung betrachtet) durchgeführt werden. Für die übrigen Schaltungen werden dann nur die Ersatzschaltbilder und die anzuwendenden Berechnungsformeln angegeben.
In den nun folgenden Berechnungen wird vorausgesetzt, daß die richtigen Betriebs- und Vorspannungen vorhanden sind, daß ferner die zu verstärkenden Signale nur geringe Amplituden aufweisen und daß die Größen r_b, r_e, r_c und r_m konstant sind.

a) Basis-Schaltung

Zwischen Emitter und Basis wird ein NF-Signal U_1 angelegt, das von einem NF-Generator mit der EMK E_1 mit dem Innenwiderstand R_g geliefert wird. Das Ausgangssignal U_2 wird am Widerstand R_u abgenommen, der zwischen Kollektor und Basis liegt (Fig. 124a). Unter diesen Voraussetzungen gilt:

$$U_1 = i_e (r_e + r_b) - i_c r_b \tag{42}$$

und

$$i_c (r_c + r_b + R_u) - i_e (r_m + r_b) = 0 \, . \tag{43}$$

Daraus läßt sich die *Stromverstärkung* g_i ermitteln:

$$g_i = \frac{i_c}{i_e} = \frac{r_m + r_b}{r_c + r_b + R_u} \, . \tag{44}$$

Ist der Belastungswiderstand $R_u = 0$, d.h. bei kurzgeschlossenem Ausgang, so wird

$$a = \frac{r_m + r_b}{r_c + r_b} \, ; \tag{45}$$

Weil aber r_m und r_c praktisch viel größer sind als r_b, so kann man setzen

$$a \approx \alpha = \frac{r_m}{r_c} \, . \tag{46}$$

Aus der Formel (44) entnehmen wir i_c und setzen diesen Wert in Formel (42) ein. Damit erhalten wir den *Eingangswiderstand* R_e des Transistors:

$$R_e = \frac{U_1}{i_e} = r_e + r_b - \frac{r_b (r_m + r_b)}{r_c + r_b + R_u}. \tag{47}$$

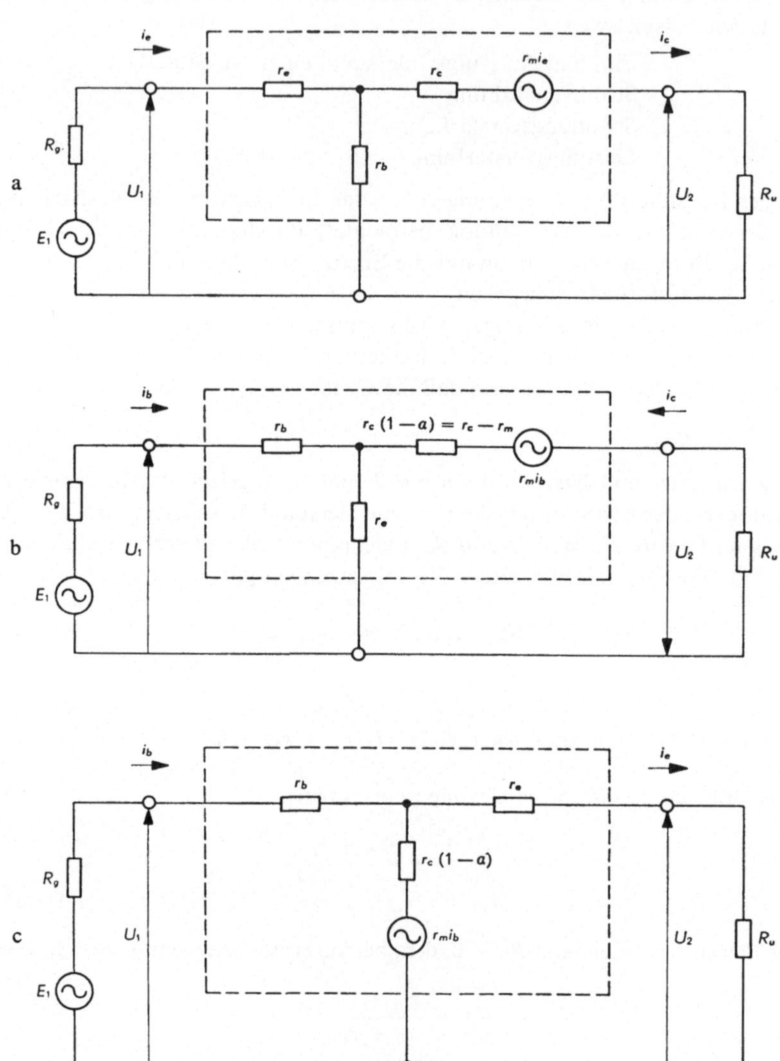

Fig. 124a, b, c
Ersatzschaltbilder zu den Transistor-Grundschaltungen
a Basis-Schaltung; b Emitter-Schaltung; c Kollektor-Schaltung

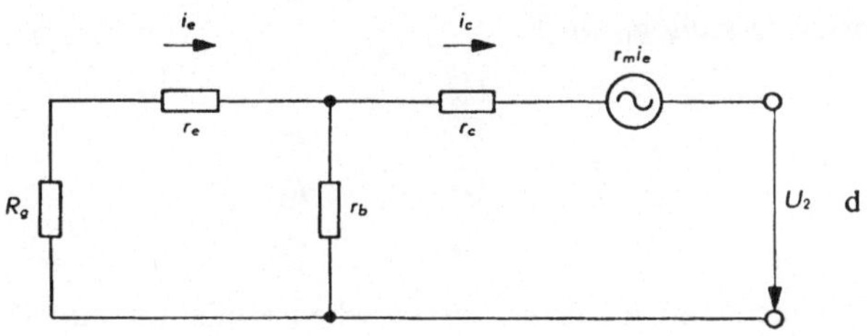

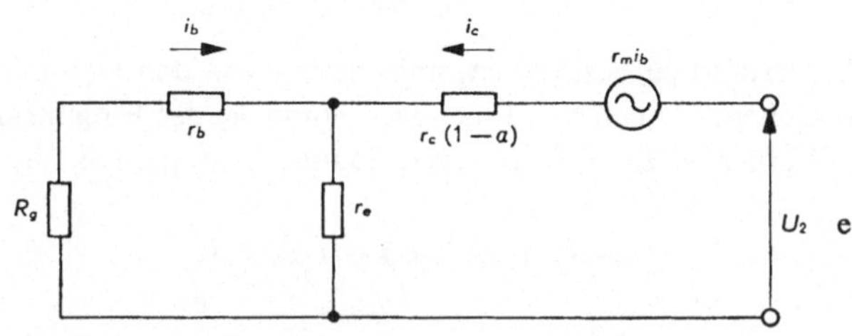

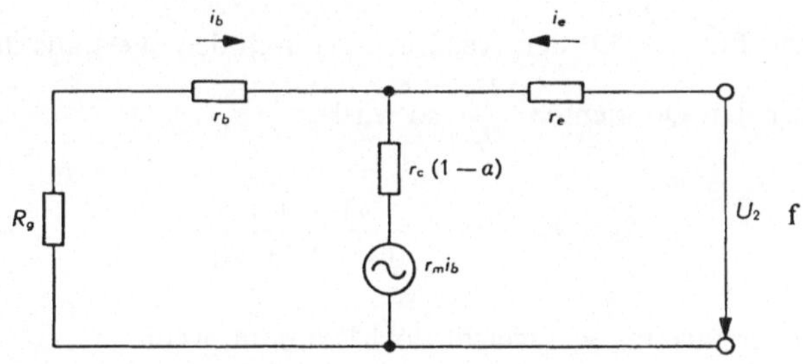

Fig. 124d, e, f
Ersatzschaltungen zur Bestimmung des Ausgangswiderstandes
d Basis-Schaltung; e Emitter-Schaltung; c Kollektorschaltung

Die *Spannungsverstärkung* g ist gegeben durch:

(48)
$$g = \frac{U_2}{U_1} = \frac{i_c\,R_u}{i_e\,R_e} = g_i\,\frac{R_u}{R_e}$$

und ergibt ausgerechnet:

(49)
$$g = \frac{R_u\,(r_m + r_b)}{r_b\,(r_c + r_e + R_u - r_m) + r_e\,(r_c + R_u)}\,.$$

Die *Leistungsverstärkung* g_p wird:

(50) $$g_p = \frac{\frac{U_2^2}{R_u}}{\frac{U_1^2}{R_e}} = g^2 \frac{R_e}{R_u}.$$

Der Ausgangswiderstand R_s, gemessen zwischen Kollektor und Basis ergibt sich aus:

(51) $$R_s = \frac{U_2}{i_c}.$$

Um diesen Widerstand zu bestimmen, muß man – von den Definitionsgrößen des Transistors ausgehend – auch den Innenwiderstand R_g des Eingangsgenerators berücksichtigen. Ferner ist $E_1 = 0$ zu setzen. Damit wird, gemäß Fig. 124d:

(52) $$i_e (R_g + r_e + r_b) - i_c r_b = 0$$

und

(53) $$U_2 = i_c (r_c + r_b) - i_e (r_m + r_b).$$

Ersetzen wir in Formel (53) den Ausdruck i_e durch den Wert aus der Formel (52) und bilden wir den Quotienten $\frac{U_2}{i_c}$ so wird:

(54) $$R_s = r_c + r_b - \frac{r_b (r_m + r_b)}{r_e + r_b + R_g}.$$

Die Leistungsverstärkung g_p erreicht ihr Maximum, wenn

$$R_u = R_s; \qquad R_g = R_e$$

Die Widerstände, welche diese maximale Verstärkung ermöglichen, sind:

(55) $$R_{e_{\text{opt.}}} = (r_b + r_e) \sqrt{1 - \frac{a\, r_b}{r_e + r_b}}$$

und

(56) $$R_{s_{\text{opt.}}} = (r_b + r_c) \sqrt{1 - \frac{a\, r_b}{r_e + r_b}}.$$

b) Emitterschaltung

Es ist dies die gebräuchlichste Schaltung. Der Widerstand r_e verursacht eine Strom-

Gegenkopplung. Die Größen g_i, g, g_p, R_e, $R_{e\,\text{opt}}$ und $R_{s\,\text{opt}}$ lassen sich aus den folgenden Beziehungen ermitteln (Fig. 124b und 124e):

$$U_1 = i_b (r_b + r_e) + i_c r_e \,, \tag{57}$$

$$i_b (r_e - r_m) + i_c (R_u + r_e + r_c - r_m) = 0 \,, \tag{58}$$

$$i_c r_e + i_b (R_g + r_b + r_e) = 0 \,, \tag{59}$$

$$U_2 = i_b (r_e - r_m) + i_c (r_c + r_e - r_m) \,. \tag{60}$$

Daraus ergeben sich:

$$g_i = \frac{r_m - r_e}{R_u + r_e + r_c - r_m} \,, \tag{61}$$

$$g = \frac{- R_u (r_m - r_e)}{r_b (R_u + r_e + r_c - r_m) + r_e (R_u + r_c)} \,, \tag{62}$$

$$g_p = g^2 \frac{R_e}{R_u} \,, \tag{63}$$

$$R_e = r_b + \frac{r_e (R_u + r_c)}{R_u + r_e + r_c - r_m} \,, \tag{64}$$

$$R_s = r_c + \frac{(r_e - r_m)(r_b + R_g)}{R_g + r_b + r_e} \,, \tag{65}$$

$$R_{e_{\text{opt.}}} = \sqrt{(r_b + r_e)\left(r_b + \frac{r_e r_c}{r_e + r_c - r_m}\right)} \,, \tag{66}$$

$$R_{s_{\text{opt.}}} = \sqrt{\left[r_c + \frac{r_b (r_e - r_m)}{r_b + r_e}\right](r_c + r_e)} \,. \tag{67}$$

Wird in Beziehung (61) r_e gegenüber r_m vernachlässigt, und setzt man außerdem $R_u = 0$, so wird die Stromverstärkung g_i:

$$g_i \approx \beta \approx \frac{a}{1 - a} \,. \tag{68}$$

In der Emitterschaltung sind die Eingangsimpedanz, die Stromverstärkung und die Spannungsverstärkung größer als in der Basisschaltung. Dagegen ist die Ausgangsimpedanz kleiner.

c) Kollektorschaltung

Diese Schaltung wird nicht häufig angewendet. Ihr wesentlicher Vorteil ist die große Eingangsimpedanz. Deshalb wird sie hauptsächlich als Impedanzwandler zur Herabsetzung der Impedanz angewendet.
Die Kirchhoffschen Gesetze ergeben hier (Fig. 124c und 124f):

(69) $$U_1 = i_b (r_b + r_c) - i_e (r_c - r_m) ,$$

(70) $$i_e (R_u + r_e + r_c - r_m) - i_b r_c = 0 ,$$

(71) $$i_b (R_g + r_b + r_c) - i_e (r_c - r_m) = 0 ,$$

(72) $$U_2 = i_e (r_c + r_e - r_m) - i_b r_c .$$

Daraus ergeben sich

(73) $$g_I = \frac{r_c}{R_u + r_e + r_c - r_m} ,$$

(74) $$g = \frac{r_c R_u}{r_b (R_u + r_e + r_c - r_m) + r_c (r_e + R_u)} ,$$

(75) $$g_p = g^2 \frac{R_e}{R_u} ,$$

(76) $$R_e = r_b + \frac{r_c (r_e + R_u)}{R_u + r_e + r_c - r_m} ,$$

(77) $$R_s = r_e + \frac{(r_c - r_m)(R_g + r_b)}{R_g + r_e + r_c} ,$$

(78) $$R_{e_{\text{opt.}}} = \sqrt{\left(r_b + \frac{r_c r_e}{r_e + r_c - r_m}\right)(r_b + r_c)} ,$$

(79) $$R_{s_{\text{opt.}}} = \sqrt{\left[r_e + \frac{r_b (r_c - r_m)}{r_b + r_c}\right](r_e + r_c - r_m)}$$

Der T-Vierpol, den wir unseren Berechnungen zu Grunde legten, hat als Nachteil, daß dabei Parameter zur Anwendung kommen, die schwierig zu messen sind. Deshalb hat man sich nach weiteren Möglichkeiten umgesehen: Von den sechs Gruppen, die der Vierpoltheorie zur Verfügung stehen, werden in der Praxis jeweils nur wenige angewendet. Die Auswahl hängt von der Art der Schaltung ab, welche untersucht werden soll.

Von den Transistorherstellern werden in ihren Datenblättern außer den Parametern der T-Vierpole auch die sog. h-Parameter angegeben. Sie haben den großen Vorteil, daß sie leicht meßbar sind. Diese h-Parameter lassen sich durch die folgenden Beziehungen ermitteln (Fig. 125a, b):

(80) $$U_1 = h_{11} I_1 + h_{12} U_2 ,$$

(81) $$I_2 = h_{21} I_1 + h_{22} U_2 ,$$

wobei

(82) $$h_{11} = \frac{U_1}{I_1} \qquad (U_2 = 0)$$

die Eingangsimpedanz (Steilheit der Eingangskennlinie) angibt.

(83) $$h_{12} = \frac{U_1}{U_2} \qquad (I_1 = 0)$$

stellt das Spannungsrückwirkungsverhältnis dar (Steilheit der Rückwirkungscharakteristik).

(84) $$h_{21} = \frac{I_2}{I_1} \qquad (U_2 = 0)$$

stellt die Stromverstärkung dar (Steilheit der Stromverstärkungskennlinie), wobei

(85) $$h_{22} = \frac{I_2}{U_2} \qquad (I_1 = 0)$$

die Ausgangs-Admittanz (Steilheit der Ausgangscharakteristik) darstellt.

Man fügt den Symbolen, die diese Parameter darstellen, die Indices b, e oder c an, je nach der Grundschaltung, auf welche sie sich beziehen.
Die Kurven nach Fig. 126 zeigen uns, wie die Parameter h_{21e}, h_{22e}, h_{11e} und h_{12e} eines Transistors bestimmt werden.
Indem man setzt:

(86) $$\Delta_h = h_{11} h_{22} - h_{12} h_{21} ,$$

werden die allgemeinen Beziehungen zur Berechnung einer Verstärkerstufe, nach Fig. 125c:

(87) $$g_i = \frac{h_{21}}{1 + h_{22} R_u} ,$$

(88) $$g = \frac{- h_{21} R_u}{h_{11} + \Delta_h R_u} ,$$

(89) $$g_p = g_i g ,$$

(90) $$R_e = \frac{h_{11} + \Delta_h R_u}{1 + h_{22} R_u},$$

(91) $$R_s = \frac{h_{11} + R_g}{\Delta_h + h_{22} R_g},$$

(92) $$R_{e_{\text{opt.}}} = \sqrt{\frac{\Delta_h h_{11}}{h_{22}}} = R_g,$$

(93) $$R_{s_{\text{opt.}}} = \sqrt{\frac{h_{11}}{\Delta_h h_{22}}} = R_u.$$

Diese Beziehungen gelten nur für die Niederfrequenz-Verstärkerstufen. Für die Hochfrequenzverstärkung gelten andere Voraussetzungen. Diese lassen sich aus dem Ersatzschaltbild Fig. 125d ermitteln.
Um von den h-Parametern zu den Werten r_b, r_c, r_e und r_m zu gelangen, verwendet man folgende Beziehungen:

a) Basisschaltung

(94) $$r_b = \frac{h_{12_b}}{h_{22_b}}$$

(95) $$r_c = \frac{1 - h_{12_b}}{h_{22_b}}$$

(96) $$r_e = h_{11_b} - \frac{h_{12_b}\left(1 - |h_{21_b}|\right)}{h_{22_b}}$$

(97) $$r_m = \frac{|h_{21_b}| - h_{12_b}}{h_{22_b}}.$$

b) Emitterschaltung

(94a) $$r_b = h_{11_e} - \frac{h_{12_e}(1 + h_{21_e})}{h_{22_e}}$$

(95a) $$r_c = \frac{1 + h_{21_e}}{h_{22_e}}$$

(96a) $$r_e = \frac{h_{12_e}}{h_{22_e}}$$

(97a) $$r_m = \frac{h_{21_e} + h_{12_e}}{h_{22_e}}.$$

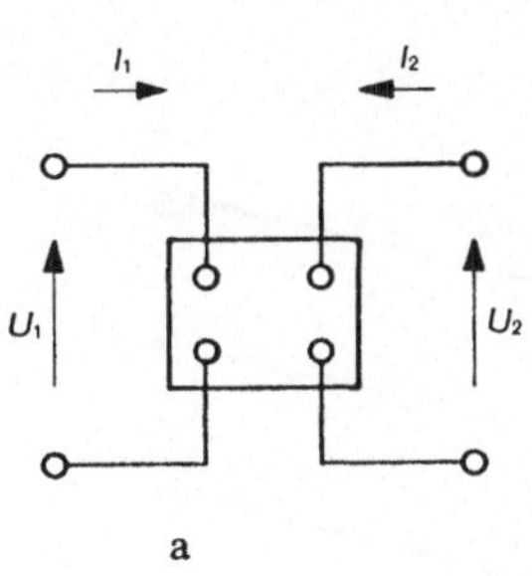

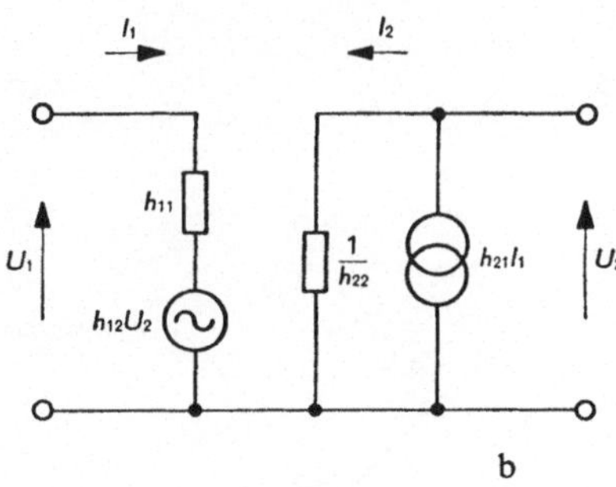

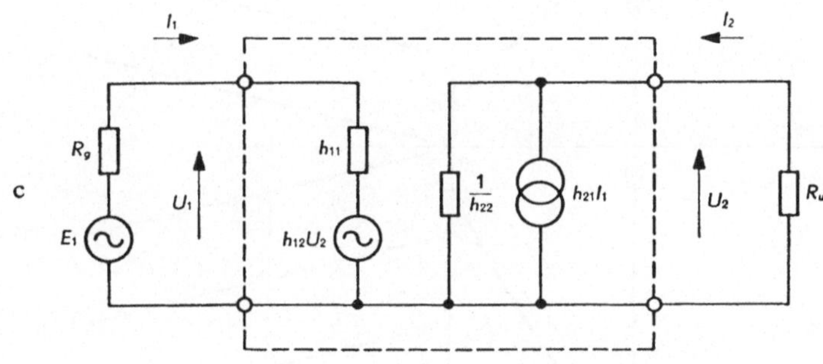

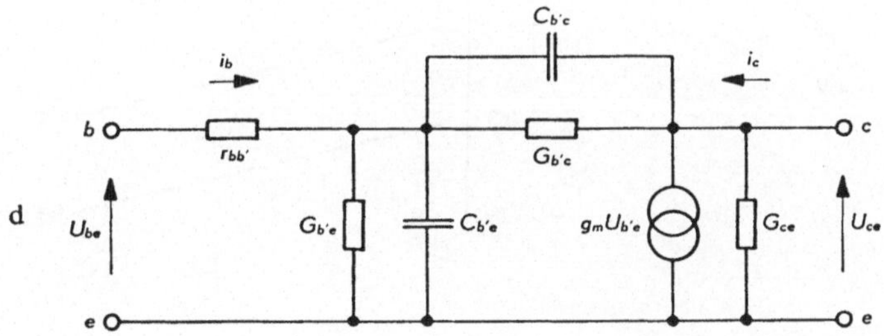

Fig. 125
Darstellung des Transistors durch Vierpole
a Allgemeiner Vierpol; b Vierpol mit *h*-Parameter; c Vierpol mit Eingangsgenerator und Lastwiderstand; d Vierpol der Emitterschaltung, für alle Frequenzen verwendbar

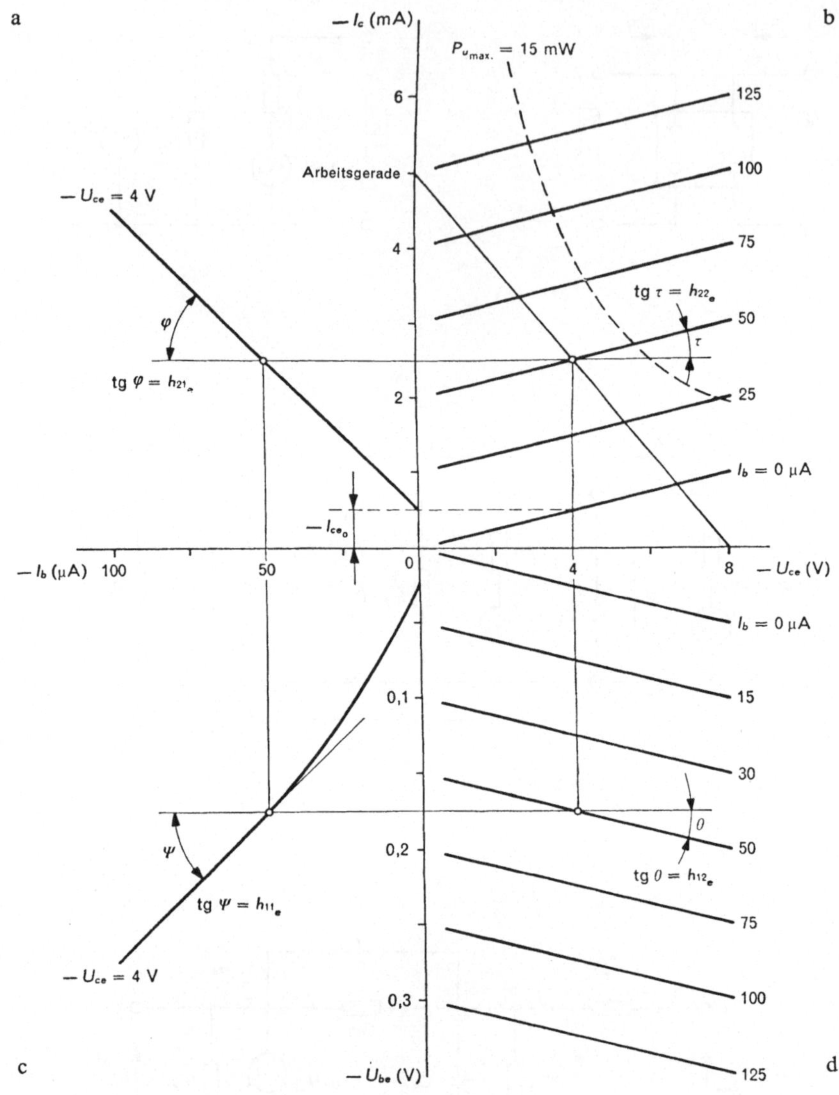

Fig. 126
Idealisierte Kennlinien eines Transistors
a Stromverstärkungskennlinie; b Ausgangscharakteristik; c Eingangskennlinie; d Rückwirkungscharakteristik

c) Kollektorschaltung

(94b) $$r_b = h_{11_c} - |h_{21_c}|(1 - h_{12_c})$$

(95b) $$r_c = \frac{|h_{21_c}|}{h_{22_c}}$$

(96b) $$r_e = \frac{1 - h_{12_c}}{h_{22_c}}$$

(97b) $$r_m = \frac{|h_{21_c}| - h_{12_c}}{h_{22_c}}$$

Als Beispiel folgen die Hauptdaten für zwei *p–n–p*-Transistoren:

Philips-Transistor OC 71
(vorteilhaft ersetzt durch die Type AC125)

a) Typendaten

Basisschaltung:

$-U_{cb}$	$= 2$ V	h_{11_b} oder h_{11}	$= 17\ \Omega$
$-I_c$	$= 3$ mA	$-h_{21_b}$oder$-h_{21}$	$= 0{,}979$
r_e	$= 6{,}5\ \Omega$	h_{12_b} oder h_{12}	$= 8 \cdot 10^{-4}$
r_b	$= 500\ \Omega$	h_{22_b} oder h_{22}	$= 1{,}6\ \mu$A/V
r_c	$= 625$ kΩ	$-I_{cb_0}$ ($I_e = 0$)	$= 8\ \mu$A
r_m	$= 611$ kΩ	$t_{amb.}$	$= 25°$ C

Emitterschaltung:

$-U_{ce}$	$= 2$ V	h_{12_e} oder h'_{12}	$= 5{,}4 \cdot 10^{-4}$
$-I_c$	$= 3$ mA	h_{22_e} oder h'_{22}	$= 80\ \mu$A/V
h_{11_e} ou h'_{11}	$= 800\ \Omega$	$-I_{ce_0}$ ($I_b = 0$)	$= 150\ \mu$A
h_{21_e} ou h'_{21}	$= 47$		

b) Grenzdaten

$-U_{ce}$	= max. 30 V [1]	I_e	= max. 15 mA [1]
$-U_{ce_{max.}}$	= max. 30 V	$I_{e_{max.}}$	= max. 70 mA
$-I_c$	= max. 10 mA [1]	$-I_b$	= max. 5 mA [1]
$-I_{c_{max.}}$	= max. 50 mA	$-I_{b_{max.}}$	= max. 20 mA .

[1] Die Indices [I] bedeuten, daß es sich um Dauerwerte handelt

Transistor Fabrikat Ebauches ES3113

a) Typendaten

h-Parameter für $U_c = -5$ V, $I_c = -1$ mA, $f = 1$ kHz
Basisschaltung:

$h_{11_b}\,(h_i) = 28\,\Omega$ $\quad -h_{21_b}\,(h_f) = 0{,}975$

$h_{12_b}\,(h_r) = 2{,}3\cdot 10^{-4}$ $\quad h_{22_b}\,(h_o) = 0{,}75\cdot 10^{-6}$ mhos

Emitterschaltung:

$h_{11_e} = 1100\,\Omega$ $\quad h_{21_e} = 39$

$h_{12_e} = 6{,}1\cdot 10^{-4}$ $\quad h_{22_e} = 30\cdot 10^{-6}$ mhos

b) Grenzwerte:

maximale Leistung bei 40°C	= 27 mW
maximale Temperatur der Übergänge	= 65°C
Thermischer Widerstand zwischen Kollektor und Gehäuse	= 0,75°C/mW
Obere Grenzfrequenz (Mittelwert) in Basisschaltung	= 800 kHz
maximale Kollektor–Basisspannung mit offenem Emitter	= – 30 V
maximale Kollektor–Emitterspannung mit offener Basis	= – 15 V
maximaler Kollektorstrom	= – 10 mA
Rauschwert in Emitterschaltung ($R_g = 1500\,\Omega$, $U_c = -2$ V, $I_c = -0{,}5$ mA)	= max 10 db
maximale Kollektorkapazität ($U_c = -5$ V)	= 50 pF

maximaler Kollektorreststrom (bei offenem Emitter)
bei $U_c = -2$ V : $-3{,}5\,\mu$A
bei $U_c = -10$ V : $-6\,\mu$A

74. Transistor mit undotierter Zwischenschicht

Indem man eine Schicht reines, also undotiertes Germanium oder Silizium zwischen der Basis und dem Kollektor eines Transistors einfügt, kann man die Dicke der Basis verringern, ohne daß man die Kollektorspannung herabsetzen muß (Fig. 127). Die Zwischenschicht hat keinen Einfluß auf die Durchlaufzeit der Ladungsträger.

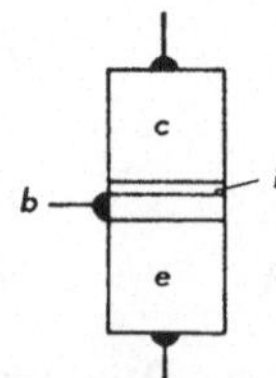

Fig. 127
Transistor mit undotierter Zwischenschicht
b Basis; *c* Kollektor; *e* Emitter; *i* undotierte, reine Schicht

Die obere Grenzfrequenz, umgekehrt proportional im Quadrat zur Basis-Schichtdicke nimmt daher zu. Gleichzeitig verringert sich die Kapazität zwischen Basis und Kollektor.
Als Nachteil kann betrachtet werden, daß diese Transistortype beim Unterschreiten einer gewissen minimalen Kollektorspannung aussetzt.

75. Der Tetroden-Transistor

In einer *n–p–n*-Ausführung aufgebaut, hat dieser Transistortyp zwei Basiskontakte. Wenn der zweite Kontakt gegenüber dem ersten Kontakt negativ ist, so sinkt sowohl der Basiswiderstand wie auch die virtuelle Nutzfläche der Übergänge. Daraus ergibt sich eine Verringerung der Eigenkapazität des Überganges, also ebenfalls eine Erhöhung der oberen Grenzfrequenz.
Solche Transistoren werden in Breitbandverstärkern und in Oszillatoren eingesetzt, sofern die sinusförmigen Signale die Frequenz von 100 MHz nicht überschreiten. Die Siliziumtypen solcher Transistoren lassen sich bis zu Temperaturen von 150 °C verwenden.

76. Transistor mit Oberflächenschwelle

Je dünner die Basisschicht eines Transistors gemacht wird, um so größer wird die Laufgeschwindigkeit der Minoritätsladungsträger und um so höher liegt die obere Grenzfrequenz. Im Transistor mit Oberflächenschwelle ist die Basis nur noch einige μ dick. Diese geringe Dicke wird dadurch erreicht, daß man die Germaniumbasis mit einem konzentrierten Elektrolyten angreift. In die so entstehenden Aushöhlungen wird Indium eingelegt, um so den Emitter und den Kollektor zu bilden (Fig. 128).

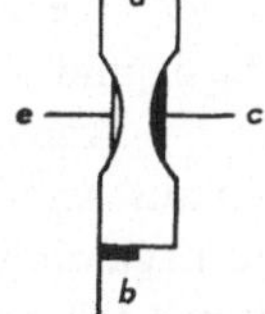

Fig. 128
Transistortype mit Oberflächenschwelle
a *n*-Halbleiter; *b* Basis; *c* Kollektor;
e Emitter

Einzelne Transistoren dieser Type können bis zu Frequenzen über 300 MHz verwendet werden.

77. Der Mesa-Transistor. Legierte und diffundierte Transistoren

Die Diffusion einer *n*- oder *p*-Halbleiterschicht auf eine andere *p*- oder *n*-Schicht ermöglicht es, eine etwa 25mal dünnere Basisdicke zu erzielen, als bei den anderen Herstellungsverfahren.

a) Mesa-Transistor

Bei der Herstellung dieser Transistortype geht man von einer *n*-Siliziumpille aus, die eine geringe Dicke besitzt (200 μ). Darauf wird eine *p*-Halbleiterschicht von einigen μ Dicke durch Diffusion niedergeschlagen, die derart die Basis bildet. Auf diese Schicht wird eine weitere n-Schicht, meistens aus Phosphor, aufdiffundiert, so daß ein Emitter gebildet wird. Schließlich wird noch ein Basiskontakt angebracht (Fig. 129).

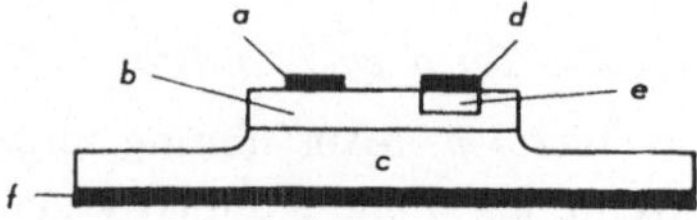

Fig. 129
Der Mesa-Transistor
a Basiskontakt; *b* Diffundierte p-Basis; *c* Kollektor aus n-Silizium; *d* Emitterkontakt; *e* n-Halbleiter als Emitter; *f* Kollektorkontakt

Um die Kapazität des Übergangs zu verringern und um jede Rekombination zu verhindern, wird die diffundierte p-Schicht mit Säure abgetragen, so daß die charakteristische tafelbergähnliche Mesaform entsteht.

Solche Transistoren erreichen obere Grenzfrequenzen bis über 500 MHz. Die Kapazität zwischen Basis und Kollektor liegt in der Größenordnung von 0,5 pF. Als Beispiel seien nachstehend die Daten eines Mesa-Transistors von geringer Leistung angegeben

Type n–p–n

Arbeitspunkt: $U_{ce} = 10\,\text{V}$, $I_c = 10\,\text{mA}$
Frequenz für $_p = 1$: $f = 200$ MHz
Für $f = 1$ kHz ist:

$$h_{11_e} = 200\,\Omega, \quad h_{12_e} = 1{,}1 \cdot 10^{-4},$$
$$h_{21_e} = 45, \quad h_{22_e} = 45\,\mu\text{A/V}$$

b) Legierter und diffundierter Transistor

Bei diesem Transistortyp wird der Übergang zwischen Emitter und Basis durch Diffusion, derjenige zwischen Basis und Kollektor durch Legierung hergestellt.

Die Herstellung eines solchen p–n–p-Transistors geht von einer Germaniumtablette aus, auf welcher zwei Kügelchen aus Antimon (Fig. 130) aufgebracht werden. Das Ganze wird erhitzt, so daß eine Legierung zwischen dem Antimon und dem Germanium entsteht. Dabei bildet sich auf dem Germanium eine n-Zone, welche die Basis bildet (Fig. 130b).

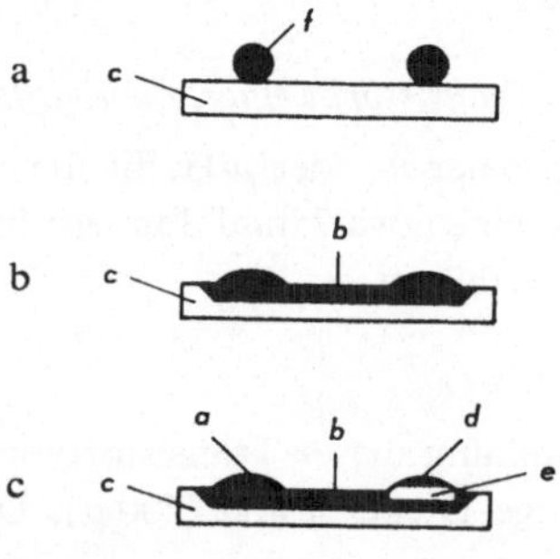

Fig. 130
Legierter und diffundierter Transistor
a Kontaktbasis
b Halbleiter vom n-Typus
c Germanium-Kollektor
d Emitterkontakt
e p-Zone, die den Emitter bildet
f Antimon-Kügelchen

Den p-Typ-Emitter erhält man, indem man Aluminium auf die Oberseite des einen Antimonkügelchens legt (Fig. 130c). Dann wird die ganze Tablette auf ungefähr 800 °C erhitzt, also auf eine höhere Temperatur als vorher.
Dieses Herstellungsverfahren wird für zahlreiche Transistortypen angewendet.
Für eine Temperatur von 25 °C sind die Hauptdaten eines diffundierten und legierten Transistors AF 102 in Basis-Schaltung die folgenden:

— I_{c0} $(-U_{cb} = 12\ \text{V}) < 10\ \mu\text{A}$
— U_{cb} $(-I_c = 50\ \mu\text{A};\ I_e = 0\ \text{mA}) > 25\ \text{V}$
— U_{eb} $(-I_e = 50\ \mu\text{A};\ I_c = 0\ \text{mA}) > 0{,}3\ \text{V}$
— I_b $(-U_{cb} = 12\ \text{V};\ -I_c = 1\ \text{mA}) < 50\ \mu\text{A}$
— U_{be} $(-U_{cb} = 12\ \text{V};\ -I_c = 1\ \text{mA}) =$ ca. 0,3 V
— $U_{cb} = 12\ \text{V};\quad I_e = 1\ \text{mA};\quad f < 180\ \text{MHz}$

78. Der Drift-Transistor

Die obere Grenzfrequenz eines Transistors kann auch dadurch erhöht werden, daß man ein elektrisches Feld zwischen zwei Halbleiterschichten mit verschiedener Leitfähigkeit erzeugt, welche die Basis des sog. Drift-Transistors bilden. (Er wird auch als Trift-Transistor bezeichnet.) Diese Transistortype enthält eine sehr dünne Folie aus n-Halbleitermaterial, welche sehr schwach dotiert ist, also wenig Verunreinigungen enthält. Darauf gelangt durch Diffusion eine Schicht desselben Materials, aber mit starker Dotierung (Fig. 131).

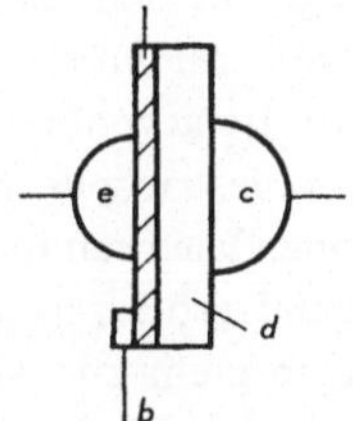

Fig. 131
Drift-Transistortype
a n-Schicht, stark dotiert
b Basis-Kontakt
c Kollektor
d schwach dotierte Halbleiterschicht
e Emitter

Der Unterschied in der Dotierung ruft ein elektrisches Feld hervor, welches die Bewegung der Minoritätsträger beschleunigt. Der Emitter wird auf der stark dotierten Schicht gebildet.

Wegen des großen Widerstandes der Basis benötigen diese Transistoren höhere Betriebsspannungen als sonst üblich. Sie vermögen Signale bis über 100 kHz zu verstärken.

78a. Der Feldeffekt-Transistor (FET)

Diese Transistortype wird aus einem kleinen Halbleiterblock, meistens *n*-Silicium gebildet. An den beiden Enden dieses Halbleiterstücks befinden sich zwei Kontaktelektroden, die als Kathode und als Anode bezeichnet werden (Fig. 131 a und b).

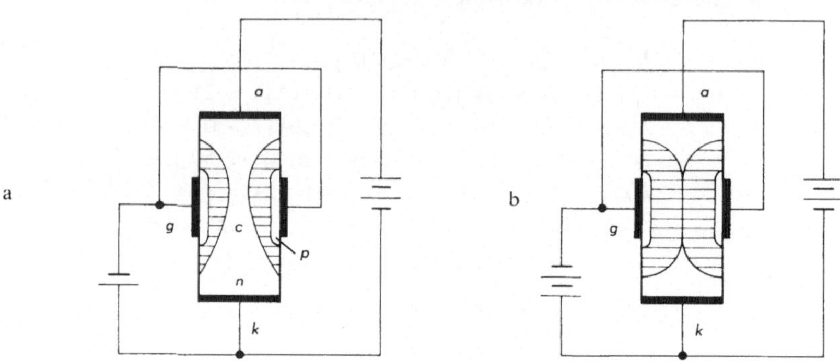

Fig. 131 a und 131 b
Transistoren mit Feldeffekt
a Anode; *c* Kanal; *g* Gitter; *k* Kathode; *n* *n*-Zone; *p* *p*-Zone.
Gegenüber der Kathode negatives (*a*) und sehr negatives (*b*) Gitter

In der Mitte des Blocks werden zwei *p*-Zonen gebildet, die unter sich verbunden sind. Diese Zonen erlauben eine Steuerung des Elektronenflusses im »Kanal«, der sich im Innern des Halbleiters von der Kathode (engl. source) bis zur Anode (engl. drain) erstreckt. In Analogie zu den Elektronenröhren werden diese steuernden Zonen als Gitter oder Tore bezeichnet.

Wenn dieses Gitter negativ ist gegenüber der Kathode, so entstehen in der Umgebung der Übergänge *p–n* (gestrichelte Zonen in Fig. 131 a) Verarmungszonen an Ladungsträgern. Diese Zonen wachsen in dem Maße, wie das Gitterpotential negativer wird. Für ein genügend großes negatives Potential wird der Kanal gesperrt und es gelangt kein Elektron mehr zur Anode (Fig. 131 b). Die Summe der Gitter- und Anodenspannungen, die der Unterdrückung des Elektronenstroms entspricht, wird als Abschnürspannung bezeichnet. Die Spannungen, welche diese Abschnürspannung überschreiten, verlängern die enge Partie des Kanals, aber sie beeinflussen die Weite seiner Öffnung nicht.

Die Feldeffekt-Transistoren haben eine hohe Eingangsimpedanz, die von der inversen Polarisation der Steuerdioden *p–n* herrührt. Daher ist der Gitterstrom sehr gering (10^{-3} μA).

Es wurden verschiedene Typen von Feldeffekt-Transistoren geschaffen, wie JFET oder Junction-Type, IGFET oder Type mit isoliertem Tor, MOSFET oder Metal-

oxyd-Halbleitertype. Am interessantesten ist die IGFET-Type oder die von ihr abgeleiteten Modelle. Sie kann sowohl im Anreicherungsbetrieb, d.h. mit positivem Gitter, wie auch im Verarmungsbetrieb der Ladungsträger verwendet werden. *Fig.* 131 d stellt die charakteristischen I_a/U_a-Kurven eines solchen Transistors dar. Die Kurven zeigen denselben Verlauf wie diejenigen einer Pentode.
Bei vielen Anwendungen ersetzen die Feldeffekt-Transistoren nicht nur die klassischen Elektronenröhren, sondern auch gewisse Transistortypen mit Trägerinjektion. Einzelne dieser Transistoren sind reversibel, d.h. sie können mit vertauschter Anode und Kathode betrieben werden.
Als Beispiel ist in Fig. 131 c eine Verstärkerstufe mit Feldeffekt-Transistor dargestellt. Das Gitter wird automatisch durch den Kathodenwiderstand vorgespannt.

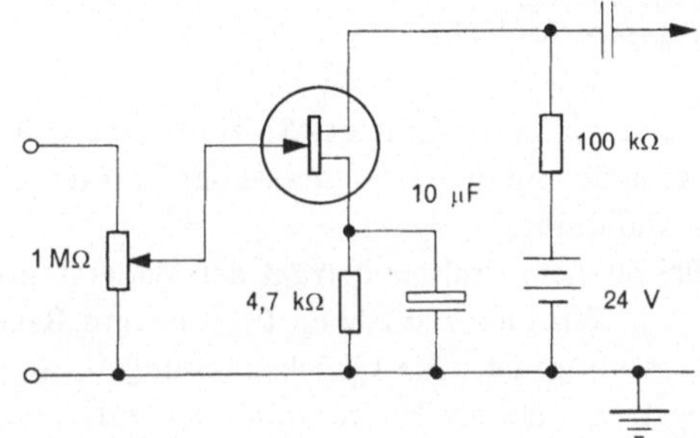

Fig. 131 c
Verstärkerstufe mit Feldeffekt-Transistor

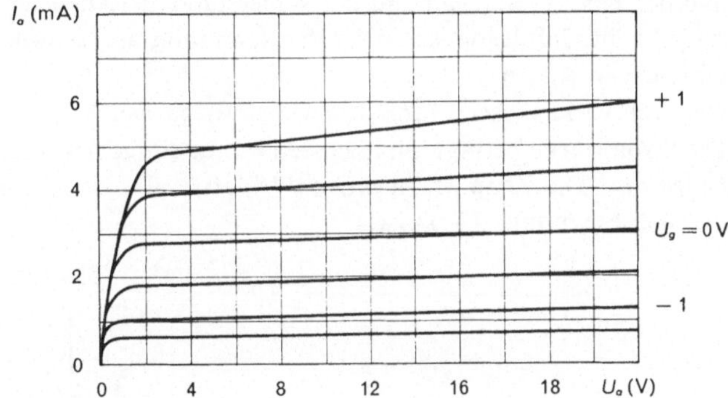

Fig. 131 d
I_a/U_a-Kennlinien eines Feldeffekt-Transistors

79. Der Unijonction Transistor (Schalttransistor)

Ein solcher Transistor wird aus einem *n*-Siliziumstäbchen von hohem spezifischen Widerstand gebildet, an dessen Enden zwei Goldkontakte die Basen darstellen (Fig. 132a und b).

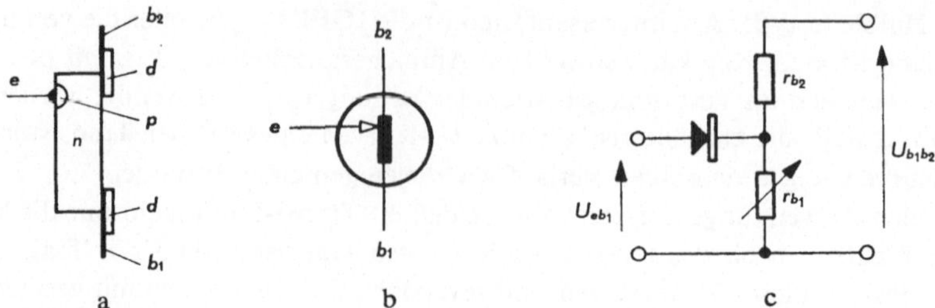

Fig. 132
Unijunction-Transistor
a) Innerer Aufbau
b_1, b_2 Goldbasen; *d* Keramik; *e* Emitter; *n* und *p* Halbleiter *n*- und *p*-Typ.
b) Schaltsymbol
c) Ersatzschaltbild

Auf der anderen Seite des Siliziumstäbchens, in geringem Abstand von der Basis b_2 verbindet ein dritter Kontakt, der Emitter, einen *p*-Halbleiter mit dem äußeren Anschlußdraht.

Bei offenem Emitter beträgt der Widerstand des Siliziumstäbchens einige tausend Ohm. Wird aber zwischen Emitter und Basis b_1, die dem Ein- und Ausgangskreis gemeinsam ist, eine Gleichspannung U_e angelegt, wobei der Plus-Pol am Emitter liegt, so wird die Emitterdiode leitend. Voraussetzung dazu ist, daß U_e größer ist als die Ruhespannung an den Klemmen von R_{b1} (Fig. 132c). Sobald das Emitterpotential genügend hoch ist, nimmt der Widerstand zwischen dieser Elektrode und der Basis b_1 ab, während der Widerstand zwischen Emitter und Basis b_2 konstant bleibt. Infolgedessen sinkt die Spannung an r_{b1} wenn der Emitterstrom zunimmt.

Dadurch wirkt dieser Transistor wie ein negativer Widerstand (Fig. 133).

Die Stromstärke beträgt am höchsten Punkt einige µA, diejenige am tiefsten Punkt einige mA. Die Zone des negativen Widerstandes ist um so ausgedehnter, je höher die Speisespannung $U_{b1\,b2}$ ist.

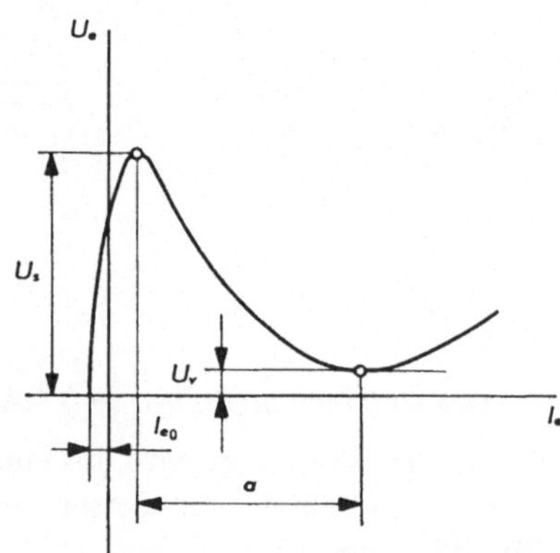

Fig. 133
Emitter-Charakteristik eines Unijunction-Transistors
a Zone des negativen Widerstandes
U_s Höchstwert der Spannung
U_v Tiefstwert der Spannung

Dieser Transistor wird zur Erzeugung von Strom- und Spannungs-Impulsen verwendet.

80. Vierschicht-Diode. Festkörper-Thyratron oder Thyristor

Diese Halbleiterelemente enthalten zwei oder drei Elektroden.

a) Vierschichtdiode

Diese spezielle Diode besitzt zwei stabile Betriebszustände. Aufbaumäßig besteht sie aus vier abwechselnden Halbleiterschichten (Fig. 134).

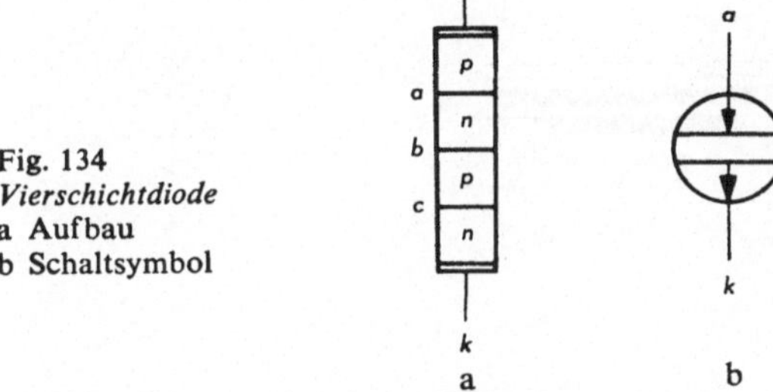

Fig. 134
Vierschichtdiode
a Aufbau
b Schaltsymbol

Die Kontakte mit den äußeren Schichten werden durch Goldfolien hergestellt. Die p-Elektrode wird als Anode bezeichnet, die n-Elektrode dagegen als Kathode. Die Übergänge a und c zeigen denselben Richtungssinn. Der Übergang in b dagegen hat einen umgekehrten Richtungssinn.

Die Diode bleibt gesperrt: (mit Ausnahme des Stromes I_{c_0})

a) wenn die Kathode positiv gegenüber der Anode ist,

b) wenn die Speisespannung umgepolt wird.

Für eine genügend hohe Durchgangsspannung tritt der Lawineneffekt auf, d.h., es tritt am Übergang kurzzeitig ein Durchschlag auf, und die Spannung an der Diode nimmt in starkem Maß ab. Die Stromstärke dagegen nimmt zu und würde große Werte erreichen, wenn sie nicht durch einen Außenwiderstand begrenzt würde (Fig. 135).

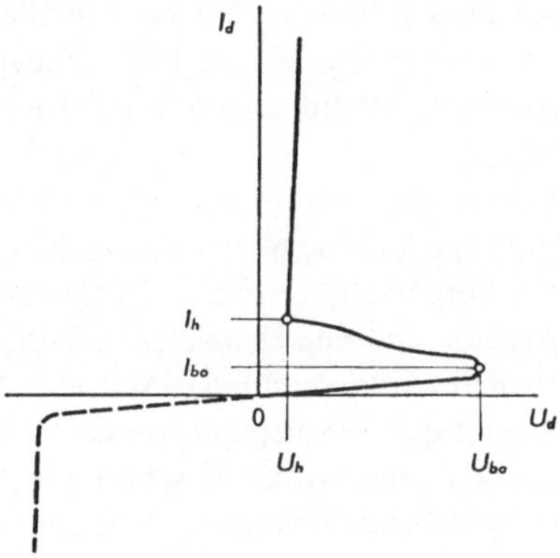

Fig. 135
I_d/U_d-Kennlinie einer Vierschichtdiode
U_h und I_h Haltespannung und Haltestrom
U_{bo} und I_{bo} Umschaltspannung und Umschaltstrom

Die Vierschichtdiode läßt sich mit einer gasgefüllten Diode vergleichen. Sie findet Anwendung in Signalgeneratoren.

b) Festkörper-Thyratron

Es ist dies eine Vierschichtdiode, deren Steuerelektrode durch die *p*-Halbleiterschicht gebildet wird, die der Kathode am nächsten liegt (Fig. 136).

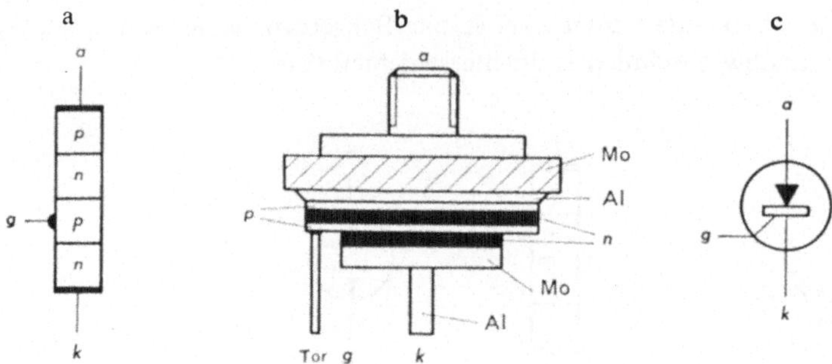

Fig. 136
Festkörper-Thyratron, auch Thyristor genannt a Aufbau; b Schnittdarstellung; c Symbol

Damit das Thyratron leitend wird, muß es »gezündet« werden. Dieses Zünden kann auf zwei Arten erfolgen:

1. man erhöht die Anodenspannung,
2. man wirkt auf die Steuerelektrode ein.

Wenn diese Steuerelektrode gegenüber der Kathode positiv ist, so zündet das Thyratron, sobald der Strom über diese als Tor bezeichnete Elektrode eine gewisse Stärke erreicht hat. Der Lawineneffekt wirkt dann im mittleren Übergang und die Steuerelektrode hat keinen Einfluß mehr auf den Anodenstrom. Der ursprüngliche Zustand kann beim Thyratron nur wieder hergestellt werden, wenn entweder die Anodenspannung abgeschaltet wird, oder wenn der Strom praktisch auf Null gebracht wird oder schließlich durch Umpolen der Speisestromquelle. Die Steuerspannung und die Steuerstromstärke können als unabhängig von der Anodenspannung angesehen werden.

Für Festkörper-Thyratrone üblicher Bauart beträgt die Steuerspannung einige Volt. Sie kann von Element zu Element verschieden sein. Deshalb werden zu den Festkörper-Thyratronen von den Herstellern Kurven mitgeliefert, aus denen die Arbeits- und Sperrbereiche ersichtlich sind (Fig. 137).
Im Ruhezustand muß der Arbeitspunkt im schraffierten Teil des Diagramms liegen. Sobald der Arbeitspunkt dieses Feld verläßt, wird das Thyratron leitend.
Zur Zündung wird, wie schon erwähnt, zwischen das Tor *g* und die Kathode eine entsprechende Spannung angelegt (Fig. 138).

Der Beginn des leitenden Zustands kann durch den Widerstand R_g beeinflußt werden. Die maximale Steuerleistung darf die vom Hersteller angegebenen Werte nicht überschreiten. Durch Impulssteuerung läßt sich die Steuerleistung wesentlich herabsetzen.
Thyristoren aus Silizium können bei Temperaturen bis zu etwa 100 °C betrieben werden, mit einer Zündungszeit von einigen Mikrosekunden.

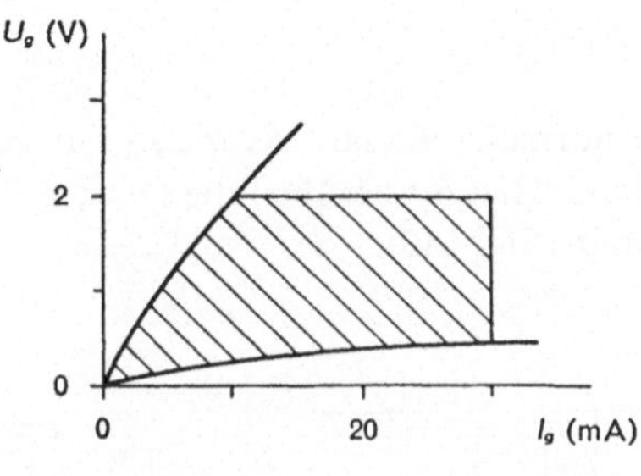

Fig. 137
Zündkennlinie U_g/I_g

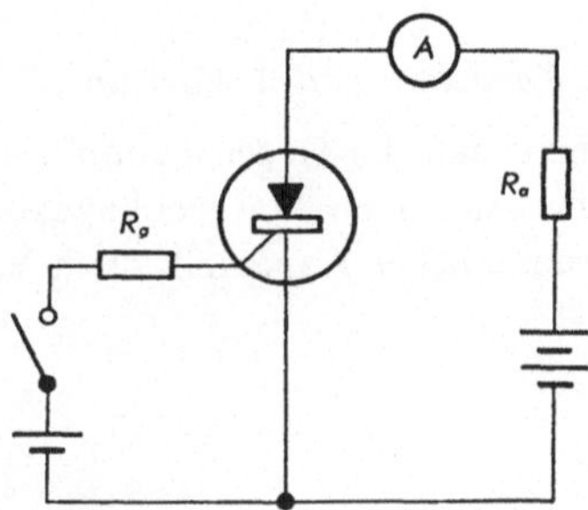

Fig. 138
Zündschaltung eines Thyristors

81. Die Tunneldiode

Dieser 1953 durch den Japaner Esaki entdeckte Halbleitertyp hat die Fähigkeit, sehr hohe Frequenzen (bis 5000 MHz) verarbeiten zu können. Die Tunneldiode besteht aus zwei Halbleitern vom *p*- und *n*-Typus, deren Dotierung mit Verunreinigungen etwa 10^6mal größer ist als bei normalen Dioden. Dadurch erreicht man eine sehr dünne Potentialschwelle, die durch die Elektronen des *n*-Halbleiters leicht durchstoßen werden kann. Dieses Durchstoßen wird als Tunneleffekt bezeichnet. Die I_d/U_d-Kennlinie einer Tunneldiode ist durch Fig. 139 dargestellt. Mit steigender U_d nimmt I_d rasch zu, erreicht ein Maximum und sinkt dann auf ein Minimum. Danach zeigt die Kennlinie den gleichen Verlauf wie I_d einer normalen Diode.

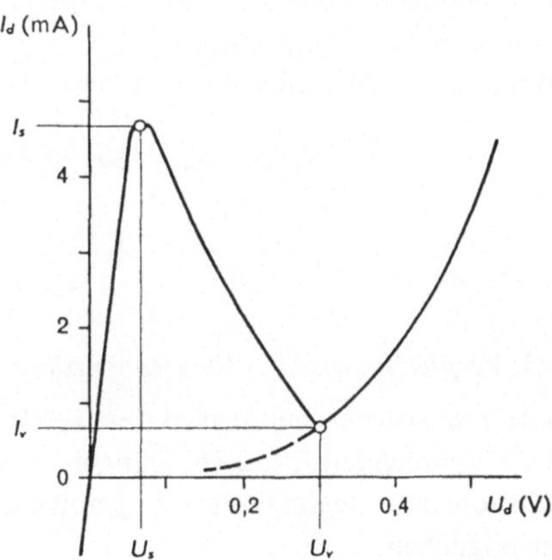

Fig. 139
Kennlinie einer Tunneldiode
(Die gestrichelte Kennlinie entspricht einer normalen Diode)

In dem Kennlinienteil, bei welchem die Kurvensteilheit negativ ist, nimmt der Strom I_d ab wenn U_d wächst. Dadurch läßt sich ein positiver Widerstand kompensieren, so daß es möglich ist – unter Beizug eines Schwingkreises – Schwingungen zu erzeugen.

Solche Tunneldioden werden zu Verstärkerzwecken und in Multivibratoren mit sehr hoher Arbeitsfrequenz verwendet. Die geringe Dicke des Übergangs (10^{-2} μ) verringert die Durchlaufzeit der Ladungsträger.

82. Kapazitätsdioden. Varicap

Wenn man die Gegenspannung einer Diode normaler Bauart verändert, so verändert sich auch die Eigenkapazität dieser Diode. Hierauf beruhen die Dioden mit veränderlicher Kapazität, auch Varicap genannt (Fig. 140).

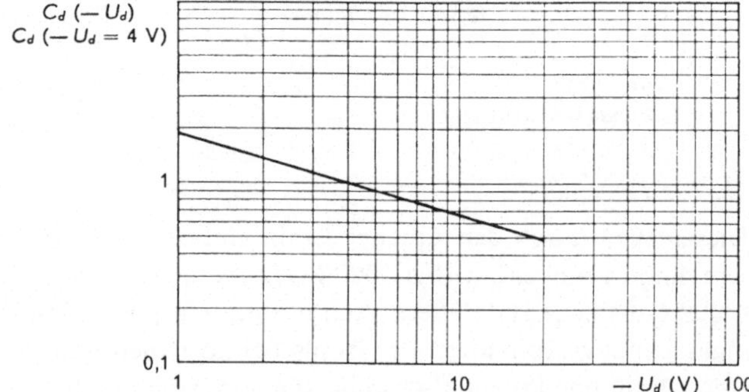

Fig. 140
Kennlinie einer Kapazitätsdiode

Die Kapazitätsdioden bestehen aus legiertem Silizium. Sie werden zur Festeinstellung von UKW-Kreisen und Fernsehtunern, wie auch in gewissen Schaltkreisen zur Festabstimmung verwendet.

Ihre geringen Abmessungen und ihre robuste, stabile Bauart wirken sich bei ihrer Anwendung günstig aus.

Als *Beispiel* seien hier die Daten einer Kapazitätsdiode BA 102 aufgeführt:

$$- I_d\ (- U_d = 20\ \text{V}) < 5\ \mu\text{A}$$
$$C_d\ (- U_d = 4\ \text{V},\ f = 0{,}5\ \text{MHz}) : 20 \div 45\ \text{pF}$$
$$Q = 65\,;\ R_s < 3\ \Omega$$

83. Vergleich zwischen Elektronenröhren und Transistoren

Die Transistoren nehmen in der Elektronik eine ständig wachsende Bedeutung an. In zunehmendem Maß verdrängen sie dabei die Elektronenröhren.

Die folgende Gegenüberstellung soll einen Vergleich zwischen beiden Bauelementen ermöglichen:

Elektronenröhren

Wesentlich größere Abmessungen.
Notwendigkeit einer Heizung. Große Leistungsaufnahme. Die Speisespannungen sind im allgemeinen höher als bei Transistoren.
Dadurch erhöhte Beanspruchung der übrigen Bauteile der Schaltung.
Verstärkung in der Größenordnung von 20 bis 40 db.
Obere Grenzfrequenz bei einigen tausend MHz.
Geringes Eigenrauschen.
Umgebungstemperatur ohne wesentlichen Einfluß auf die Arbeitsweise.
Lebensdauer etwa 10000 Stunden.

Flächentransistoren

Sehr kleine Abmessungen.
Keine Heizung notwendig. Hoher Wirkungsgrad.
Niedrige Speisespannungen.
Dadurch auch niedrige Arbeitsspannungen für die übrigen Bauteile einer Schaltung
Stufenverstärkung gleich groß wie bei der Elektronenröhre.
Obere Grenzfrequenz allgemein niedriger als bei Elektronenröhren.
(Dazu ist zu bemerken, daß die Grenzfrequenz neuer Transistorentypen bis zu mehreren hundert MHz reicht.)
Rauschen stärker als bei Elektronenröhren.
Umgebungstemperatur hat einen großen Einfluß auf die Arbeitsweise.
Lebensdauer höher als 80000 Stunden.

4. Kapitel

Die Energieversorgung der Elektronenröhren und der Transistoren

84. Allgemeines

Der Betrieb von Elektronenröhren und von Transistoren erfordert verschiedene Speisespannungen: Heizspannung für die Heizfäden, hohe oder niedrige Gleichspannung, Zwischenspannungen für die Hilfselektroden, Vorspannungen usw. Diese Spannungen lassen sich auf verschiedene Weise herstellen.

85. Wechselstromspeisung

Bei dieser Art von Versorgung wird ein Transformator verwendet, dessen Primärwicklung am Netz liegt (Fig. 141). Bei der Versorgung von Elektronenröhren sind dabei verschiedene Sekundärwicklungen vorhanden.
Wir unterscheiden im allgemeinen:

1. eine Wicklung für die Röhrenheizung,
2. eine zweite Wicklung für die Heizung der Gleichrichterröhre,
3. eine oder zwei Wicklungen für die Hochspannung.

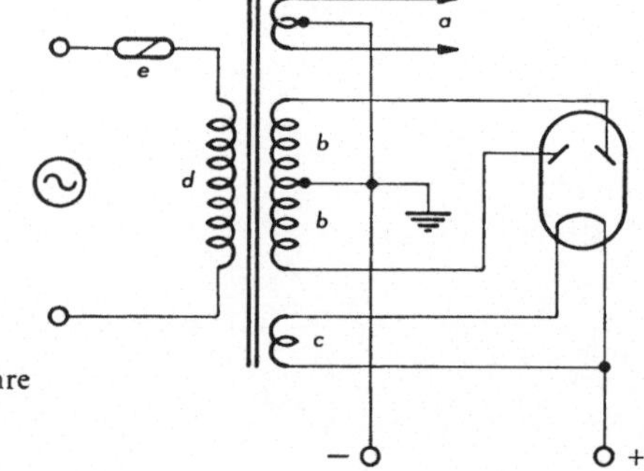

Fig. 141
Wechselstromspeisung
a Röhrenheizung
b Hochspannungswicklung
c Heizung der Gleichrichterröhre
d Primärwicklung
e Sicherung

Die Röhrenheizfäden werden parallel geschaltet. Die Heizspannung selbst wird durch die Hersteller der Röhren festgelegt, z.B. 5, 6,3 V. Die Ströme der einzelnen Röhrenheizfäden summieren sich bei dieser Schaltart und bilden so den totalen Heizstrom. Die Wicklung oder die Wicklungen für die Hochspannung speisen die Anoden der Gleichrichterröhre, bzw. den Trockengleichrichter, sofern ein solcher verwendet wird.

86. Die Einweggleichrichtung

Die Elektroden der Röhren und der Transistoren benötigen eine reine Gleichspannung. Um aus der Wechselspannung, welche die Transformatorwicklung abgibt, eine Gleichspannung zu erhalten, nutzen wir die Gleichrichterwirkung einer Röhren- oder einer Halbleiterdiode aus.
In den Schaltbildern der Fig. 142 liegt eine Wechselspannung zwischen Anode und Kathode der Gleichrichterröhre.

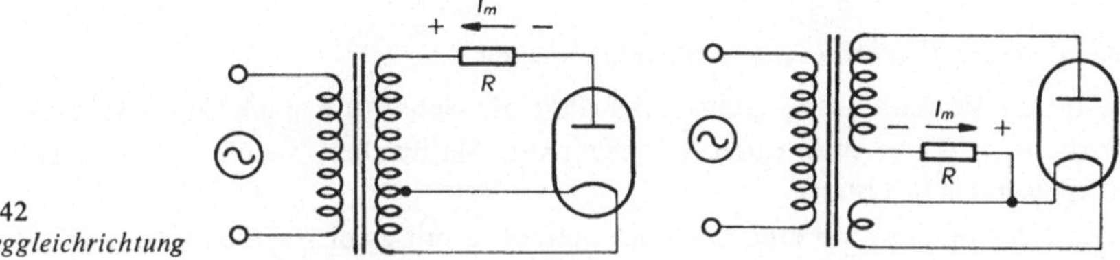

Fig. 142
Einweggleichrichtung

In einem bestimmten Augenblick ist die Anode positiv. Dann zieht sie Elektronen von der Kathode ab. Ein Elektronenstrom durchwandert den Stromkreis und ruft an *R* einen Spannungsabfall hervor. Dieser Anodenstrom ist von der positiven Halbwelle der Wechselspannung abhängig. Ist die Anode dagegen negativ, so fließt kein Anodenstrom. Die negativen Halbwellen werden ausgeschieden.
Auf diese Weise erhalten wir durch den Widerstand *R* einen Stromfluß, der immer im gleichen Sinn läuft und dessen zeitlicher Verlauf die Fig. 143 zeigt.

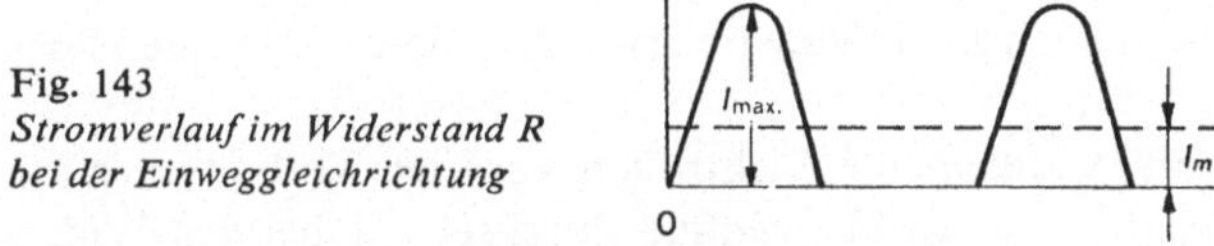

Fig. 143
Stromverlauf im Widerstand R bei der Einweggleichrichtung

Dieser Strom ist praktisch noch kein genügender Gleichstrom, da er pulsierend ist. Seine mittlere Stromstärke beträgt:

(98) $$I_m = \frac{I_{max.}}{\pi},$$

also ist

(99) $$I_m = 0{,}318\, I_{max}$$
I_m und I_{max} in A

Somit beträgt der Mittelwert der Spannung:

$$U_m = 0{,}318\ U_{max} \qquad (100)$$

U_m und U_{max} in V

Damit der pulsierende Gleichstrom den Kern des Transformators nicht sättigen kann, muß dieser Kern einen entsprechend vergrößerten Querschnitt aufweisen.

87. Zweiweggleichrichtung. Brückenschaltung

Um den Verlauf des Gleichstroms, den die Schaltung nach Fig. 142 erzeugt, zu verbessern, kann man auch die negativen Halbwellen ausnutzen. Das führt zur Zweiweggleichrichtung.

Dazu verwendet man eine Gleichrichterröhre mit zwei Anoden und man gibt dem Transformator zwei symmetrische Wicklungen für die Hochspannung (Fig. 144).

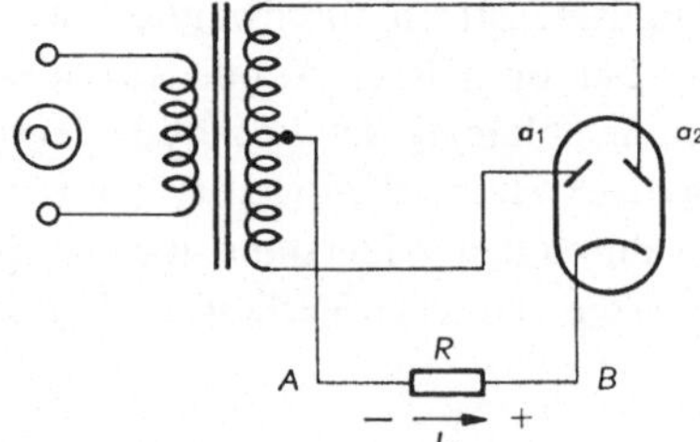

Fig. 144
Zweiweggleichrichtung

Anstelle der Röhre lassen sich auch zwei Dioden verwenden, deren jede eine Halbwelle verarbeitet.

Auch hier zieht die positive Anode a_1 die Elektronen von der Kathode her an. Dabei ist die Anode a_2 negativ. Der Elektronenfluß durchsetzt dabei den Widerstand R im Sinne $A \to B$. Für die jetzt folgende nächste Halbwelle wird die Anode a_2 positiv und die Anode a_1 dagegen negativ. Deshalb werden die Elektronen jetzt

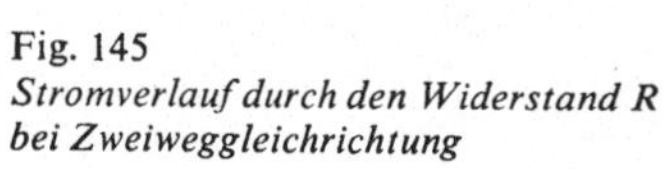

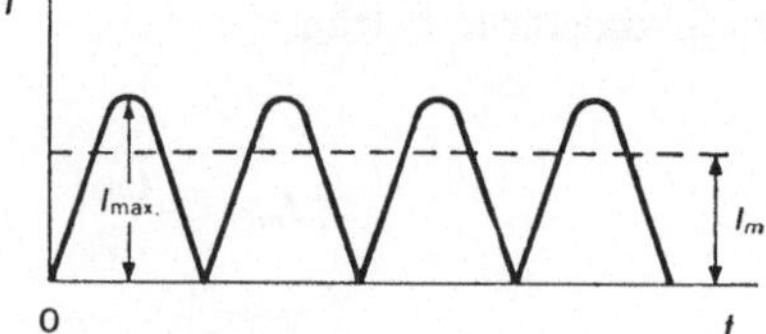

Fig. 145
Stromverlauf durch den Widerstand R bei Zweiweggleichrichtung

von a_2 angezogen. Der Elektronenfluß durchsetzt dabei den Widerstand R wieder im Sinn $A \to B$. Dadurch erhalten wir einen immer im gleichen Sinn fließenden Strom, der wirksamer ist als bei der Einweggleichrichtung.

Die Stromstärke ergibt sich aus:

$$I_m = \frac{2\ I_{max.}}{\pi}, \tag{101}$$

also wird

$$\boxed{\begin{array}{c} I_m = 0{,}636\ I_{max} \\ I_m \text{ und } I_{max} \text{ in A} \end{array}} \tag{102}$$

Der Mittelwert der Spannung ist in diesem Fall:

$$\boxed{\begin{array}{c} U_m = 0{,}636\ U_{max} \\ U_m \text{ und } U_{max} \text{ in V} \end{array}} \tag{103}$$

Bei der Zweiweggleichrichtung kann man den Mittelabgriff der Hochspannungswicklung weglassen. Dadurch kommt man zur Brückenschaltung, auch Graetz-Schaltung genannt (Fig. 146). Diese viel verwendete Schaltung zeichnet sich durch einen hohen Wirkungsgrad aus.

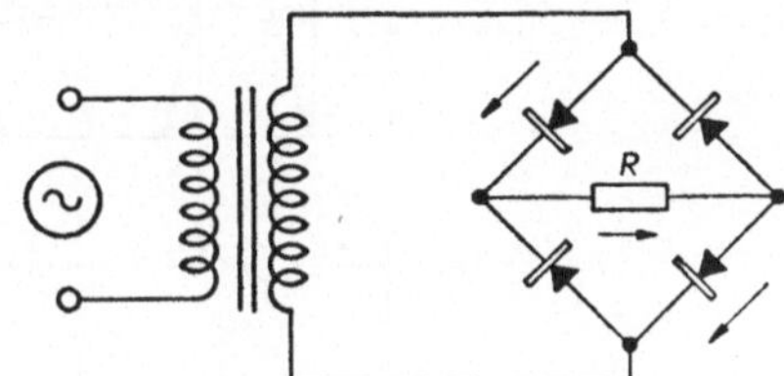

Fig. 146
Brücken- oder Graetzschaltung

88. Gleichrichtung mit Ladekondensator

Wir gehen wieder von der Einweggleichrichtung nach Fig. 142 aus. Hier fließt während der negativen Halbwelle kein Strom durch R.
Wenn wir aber nach Fig. 147 einen Kondensator C_1 parallel zu dem Widerstand R

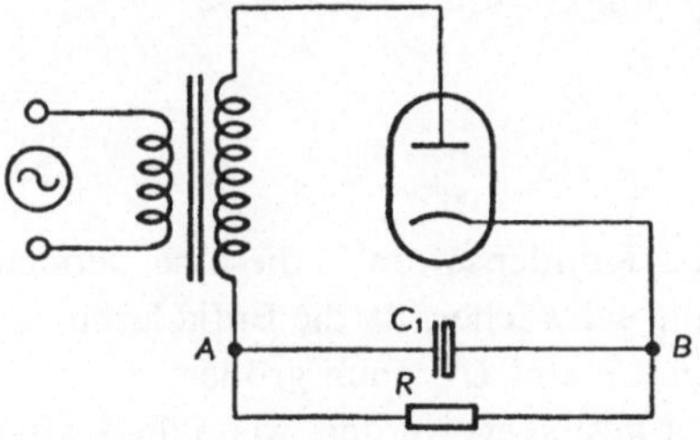

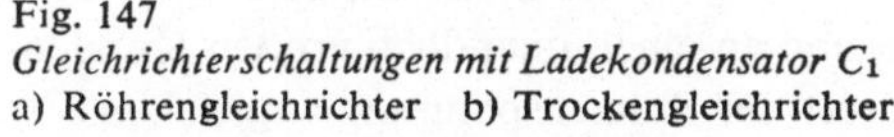

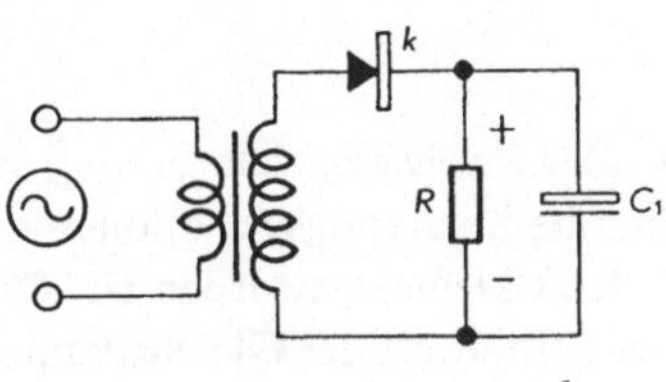

Fig. 147
Gleichrichterschaltungen mit Ladekondensator C_1
a) Röhrengleichrichter b) Trockengleichrichter

schalten, so wird sich dieser Kondensator während der positiven Halbwellen aufladen. In den negativen Halbwellen dagegen, wird er sich über R entladen. Diese Entladung kompensiert gewissermaßen den Stromunterbruch während der negativen Halbwelle (Fig. 148).

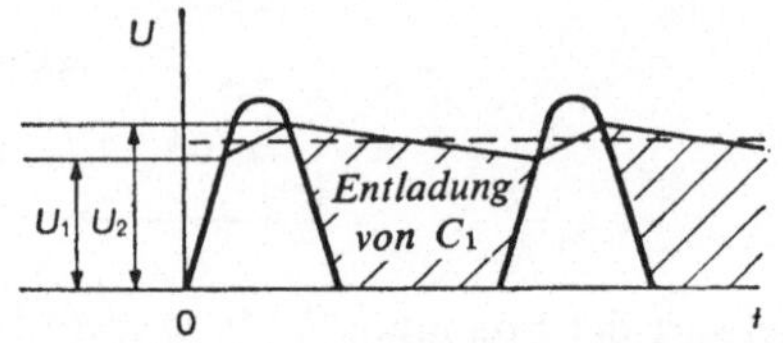

Fig. 148
Wirkungsweise des Ladekondensators C_1

Der Kondensator C_1, Ladekondensator genannt, wirkt hier also wie ein Energiespeicher. Seine Entladung ist jedoch nicht vollständig. Seine Spannung sinkt nur so lange, bis die nachfolgende Halbwelle eine neue Aufladung ermöglicht.
Die Spannung an C_1 schwankt zwischen zwei Grenzwerten U_1 und U_2 gemäß Fig. 148. Dadurch erhalten wir in Schaltung 147 zwischen A und B eine Gleichspannung, der eine, nicht sinusförmige Wechselspannung überlagert ist.

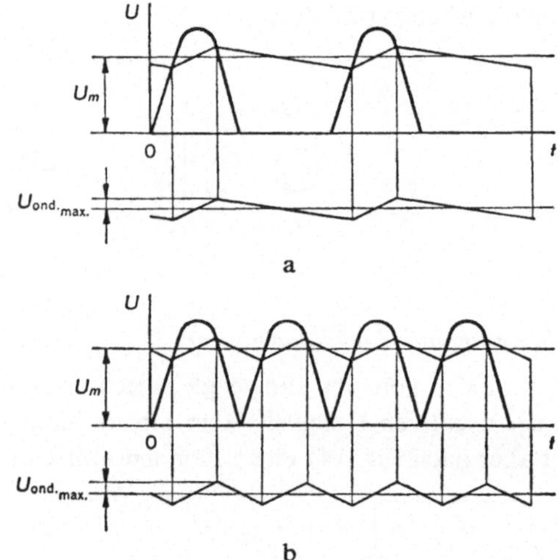

Fig. 149
Die Welligkeitsspannung
a Einweggleichrichtung
b *Zweiweggleichrichtung*

Bei der Zweiweggleichrichtung ist die Rolle des Kondensators C_1 dieselbe. Jedoch sind die Spannungsvariationen an C_1 wertmäßig schwächer, da die Entladezeit für C_1 jetzt kleiner geworden ist. Dadurch werden U_1 und U_m auch größer.
Der Mittelwert der Gleichspannung kann weiter gesteigert werden, wenn die Kapazität von C_1 vergrößert wird. Bei Annäherung an einen unendlich großen Kondensator C würde sich der Spannungsmittelwert der Spitzenspannung angleichen.

89. Welligkeitsspannung

Wie wir schon im vorhergehenden Abschnitt erfahren haben, überlagert sich der Gleichspannung eine Wechselspannung von nichtsinusförmigem Verlauf (Fig. 149). Diese Wechselspannung wird als Welligkeitsspannung oder Ondulationsspannung bezeichnet.

Die Amplituden der Welligkeitsspannung sind um so kleiner, je größer R ist, weil sich bei einem großen Widerstand der Kondensator nur langsam entladen kann. Würde R unendlich groß (offener Kreis), so würde die Gleichspannung der gleichzurichtenden Wechselspannung U_{max} entsprechen. Umgekehrt wird bei kleinem R der durchfließende Strom größer, also steigt auch die Welligkeitsspannung. Wenn wir jetzt einen großen Kondensator C_1 verwenden, so wird er sich über R langsamer entladen, während der Zeit der negativen Halbwellen. Die Welligkeitsspannung nimmt in diesem Fall ab. Sie läßt sich mit Hilfe der folgenden Formel berechnen:

$$U_{\text{ond.}1} = \frac{k\,I}{C_1} \tag{104}$$

C_1 in µF, I in mA und $U_{\text{ond}1}$ in V

Der Faktor k in dieser Formel ergibt sich aus:

Einweggleichrichtung: $k = 4{,}5$
Zweiweggleichrichtung: $k = 1{,}7$
Greinacherschaltung: $k = 3$
(siehe Fig. 167)

Aus der Fig. 149 können wir ferner ersehen, daß die Frequenz der Welligkeitsspannung bei Einweggleichrichtung gleich der Netzfrequenz ist, während sie bei Zweiweggleichrichtung doppelt so groß ist.

Die Welligkeitsspannung hat die Gestalt einer sog. Sägezahnspannung. In der Praxis und für Berechnungen können wir sie jedoch annähernd als sinusförmig ansehen. Ist die Welligkeitsspannung groß, so macht sie sich im Lautsprecher des Verstärkers oder des Empfängers als Brummstörung bemerkbar.

90. Siebung des gleichgerichteten Stromes

Die pulsierende Gleichspannung an C_1 mag für manche Anwendungsfälle genügend sein, jedoch nicht für die Speisung von Elektronenröhren in Verstärkerschaltungen. Hier muß die Welligkeit auf ein Minimum abgesenkt werden. Diese Aufgabe übernimmt der Siebkreis. Fig. 150 zeigt die Schaltung eines solchen Kreises im Anschluß an den Kondensator C_1.

Die Drosselspule L bietet dem Welligkeitsstrom einen großen Widerstand. Der Siebkondensator C_2 setzt die Welligkeit noch mehr herab und entkoppelt zugleich die Hochspannungsleitung. Eine noch wirksamere Siebung erzielt man durch die

Nachschaltung einer zweiten aus L und C bestehenden Siebkette. Bei kleinen Strömen kann man die Drosselspule L auch durch einen Widerstand R ersetzen (Fig. 151).
In den handelsüblichen Gleichrichterschaltungen liegen die Werte für C_1 und C_2 zwischen 4 und 60 μF. Dabei handelt es sich in der Regel um Elektrolytkondensatoren.

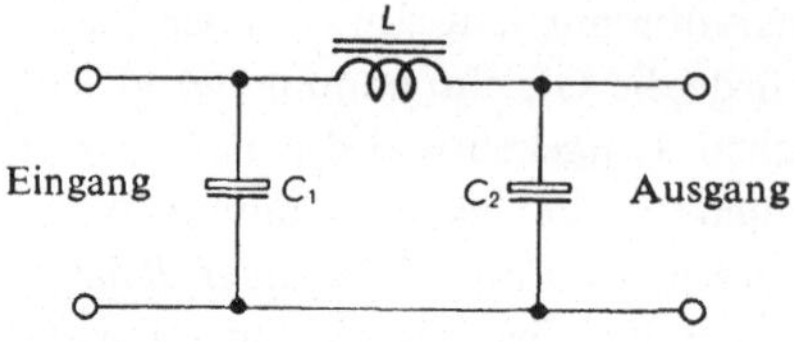

Fig. 150
Siebkette im Anschluß an den Ladekondensator C_1

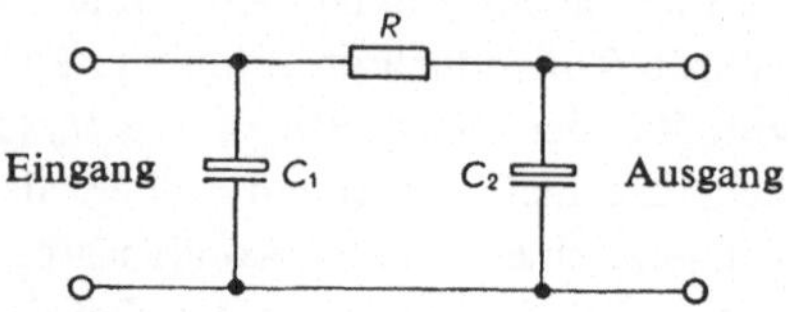

Fig. 151
Siebkette mit Siebwiderstand

In einem Verstärker ist ein Brumm noch zulässig, wenn die Welligkeitsspannung $U_{\text{ond}\,2}$ am Ausgang der Siebkette, unter 2‰ der Tonfrequenzspannung liegt, die an der Belastungsimpedanz Z_a der Endröhre bei einer Leistung von 50 mW auftritt. Es gilt also

(105)
$$U_{\text{ond.}\,2} \leqq \frac{U_p}{500}$$
$U_{\text{ond}\,2}$ und U_p in V

Zur Berechnung einer Siebschaltung ist es zweckmäßig, zuerst den Wirkungsgrad η des Filters und danach die Selbstinduktion L der zu verwendenden Drossel zu bestimmen.
Dazu betrachten wir den in Fig. 152a dargestellten Siebkreis:
Wenn der Ohmsche Widerstand R der Drosselspule gegenüber ωL vernachlässigt werden kann, ist die Impedanz Z des Kreises L/C_2 gegeben durch

(106)
$$Z = \omega L - \frac{1}{\omega C_2},$$

wobei ω die Kreisfrequenz der Welligkeitsspannung darstellt. Wenn $U_{\text{ond}\,1}$ die Welligkeitsspannung am Eingang des Siebkreises darstellt, so ist der Welligkeitsstrom

(107)
$$I_{\text{ond.}} = \frac{U_{\text{ond.}\,1}}{\omega L - \dfrac{1}{\omega C_2}}.$$

Die Welligkeitsspannung U_{ond2} an den Klemmen von C_2 wird also

(108) $$U_{ond.2} = \frac{I_{ond.}}{\omega C_2}.$$

und wir erhalten den Siebkreiswirkungsgrad η aus:

(109) $$\eta = \frac{U_{ond.2}}{U_{ond.1}}$$

$U_{ond\,1}$ und $U_{ond\,2}$ in V

woraus, unter Berücksichtigung der Formeln (107) und (108) folgt:

(110) $$\eta = \frac{1}{\omega C_2 \left(\omega L - \frac{1}{\omega C_2}\right)}$$

und schließlich:

(111) $$\eta = \frac{1}{\omega^2 C_2 L - 1}.$$

Da C_2, η und ω bekannt sind, ergibt sich L aus der Formel (111) zu:

(112) $$L = \frac{1 + \eta}{\eta \omega^2 C_2}$$

C_2 in F, L in H und ω in rad/s.

Für eine Welligkeitsfrequenz von 100 Hz (entsprechend der Zweiweggleichrichtung) wird $\omega^2 \cong 0{,}4 \cdot 10^6$. Wird dieser Wert in die Formel (112) eingesetzt, wobei C_2 in μF eingesetzt wird, so erhalten wir:

(113) $$L = \frac{1 + \eta}{0{,}4\ \eta\ C_2}.$$

Wenn der Widerstand R der Drosselspule nicht vernachlässigbar ist, so berechnet man I_{ond} und L, indem Z durch seinen vollen Wert ersetzt wird, nämlich

(114) $$Z = \sqrt{R^2 + \left(\omega L - \frac{1}{\omega C_2}\right)^2}.$$

Wir wollen nun weiter den Fall einer Siebung mit einem Widerstand R betrachten (Fig. 152b). Der Wirkungsgrad des Filters ist immer noch durch Formel (109) festgelegt. Indem wir $U_{\text{ond}\,1}$ und $U_{\text{ond}\,2}$ durch ihre zugehörigen Werte ersetzen, erhalten wir:

(115)
$$\eta = \frac{\dfrac{I_{\text{ond.}}}{\omega C_2}}{I_{\text{ond.}} \sqrt{R^2 + \left(\dfrac{1}{\omega C_2}\right)^2}},$$

also

(116)
$$\eta = \frac{1}{\omega C_2 \sqrt{R^2 + \left(\dfrac{1}{\omega C_2}\right)^2}}$$

oder

(117)
$$\eta = \frac{1}{\sqrt{\omega^2 C_2^2 R^2 + 1}}.$$

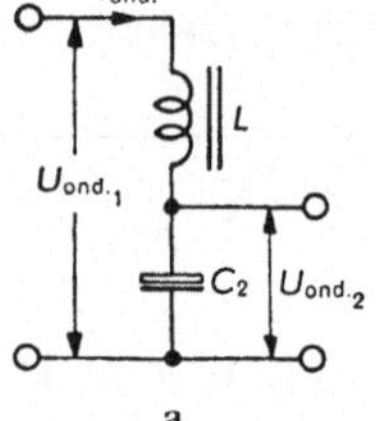

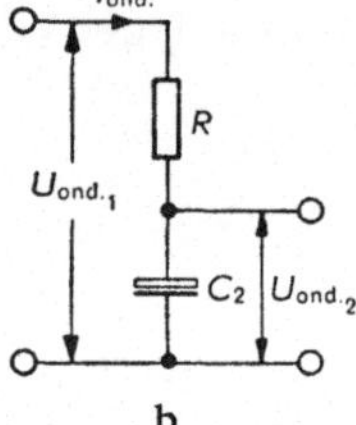

Fig. 152
Schaltung zur Bestimmung des Siebkreis-Wirkungsgrades
a) Siebung mit Drosselspule
b) Siebung mit Widerstand

Da C_2, η und ω bekannt sind, ergibt sich aus dieser Beziehung der Siebwiderstand R zu:

(118)
$$R = \frac{\sqrt{1 - \eta^2}}{\eta\, \omega\, C_2}$$

C_2 in F, R in Ω und ω in rad/s

Im folgenden soll ein *Beispiel* die *praktische Berechnung der Selbstinduktion L einer Siebdrossel* zeigen.

Die Kondensatoren C_1 und C_2 werden zu je 32 μF angenommen. Der Gleichstrom betrage 60 mA. Weil Zweiweggleichrichtung angewendet wird, ist die Frequenz $f = 100$ Hz.
Die Welligkeitsspannung am Ladekondensator ergibt sich nach Formel (104) zu

$$(104) \qquad U_{\text{ond.}1} = \frac{k\,I}{C_1} = \frac{1{,}7 \cdot 60}{32} \approx 3{,}2 \text{ V}.$$

Die Endstufe besitzt eine Röhre El 84 mit einer modulierten Leistung P_m von 0,05 W bei einer Impedanz $Z_a = 7000\,\Omega$. Die Tonwechselspannung U_p an Z_a ergibt sich als

$$U_p = \sqrt{P_m\,Z_a} = \sqrt{5 \cdot 10^{-2} \cdot 7 \cdot 10^3} = 18{,}7 \text{ V}.$$

Da $U_{\text{ond}\,2}$ nicht größer sein soll als $\frac{U_p}{500}$, so haben wir:

$$(105) \qquad U_{\text{ond.}2} \leqq \frac{18{,}7}{500} = 3{,}74 \cdot 10^{-2} \text{ V}.$$

Damit ergibt sich der Wirkungsgrad η der Siebkette zu:

$$(109) \qquad \eta = \frac{U_{\text{ond.}2}}{U_{\text{ond.}1}} = \frac{3{,}74 \cdot 10^{-2}}{3{,}2} \approx 1{,}16 \cdot 10^{-2}$$

und der Selbstinduktionskoeffizient L als:

$$(113) \qquad L = \frac{1 + \eta}{0{,}4\,\eta\,C_2} = \frac{1 + 1{,}16 \cdot 10^{-2}}{0{,}4 \cdot 1{,}16 \cdot 10^{-2} \cdot 32} \approx 6{,}8 \text{ H}.$$

Zur Erzielung einer guten Siebwirkung wählt man in diesem Fall etwa $L = 8$ H.

91. Filterkreis mit induktivem Eingang

Soll die Höhe der gesiebten Gleichspannung möglichst unabhängig vom abgegebenen Gleichstrom sein, so wird C_1 weggelassen, woraus sich eine Schaltung nach Fig. 153 ergibt.

In diesem Fall wird bei gleicher Wechselspannung die erzielte Gleichspannung kleiner als bei Verwendung eines Ladekondensators. Dasselbe ist der Fall für den Strom.

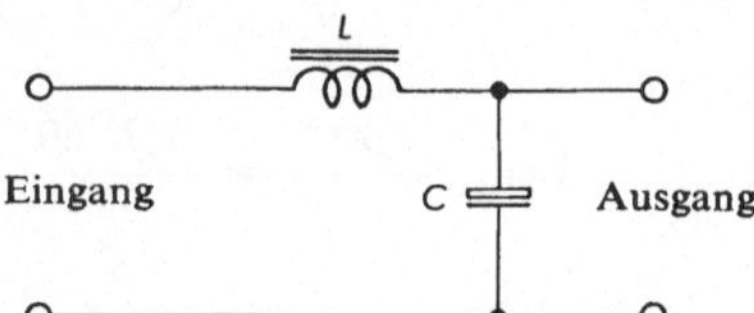

Fig. 153
Siebung mit induktivem Eingang

Die Schaltung eignet sich besonders für die Entnahme großer Gleichströme (200 mA) und sie wird deshalb auch vorwiegend bei Leistungsverstärkern eingesetzt.

Bei Zweiweggleichrichtung mit einer Netzfrequenz von 50 Hz wird die Welligkeitsspannung an den Klemmen von C:

(119)
$$U_{\text{ond.}} = \frac{U_{tr}}{L\,C}$$

C in μF, L in H, U_{ond} und U_{tr} in V,

wobei C die Kapazität des Siebkondensators, L die Selbstinduktion der Eingangsdrossel und U_{tr} die Wechselspannung einer Wicklungshälfte der Hochspannungswicklung darstellt.

92. Berechnung einer Filterdrossel

In den üblichen Filterkreisen wird als Spule meistens eine Eisendrossel, seltener jedoch die Lautsprecher-Erregerspule verwendet. Damit der Eisenkern nicht durch den Gleichstrom gesättigt wird, fügt man entsprechend Fig. 154 einen Luftspalt ein.

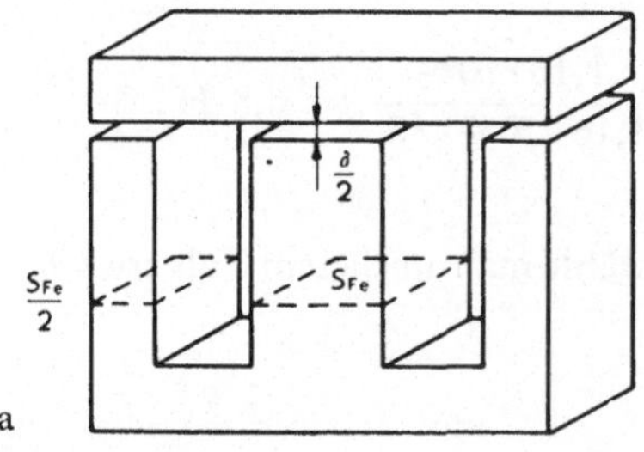

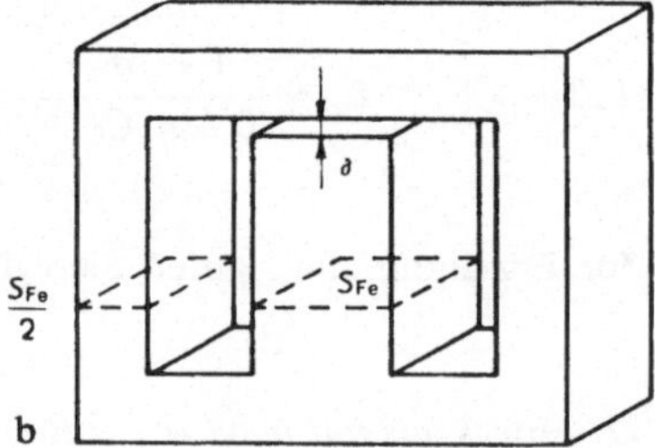

Fig. 154
Eisenkerne für Filterdrosseln
a) doppelter Luftspalt; b) einfacher Luftspalt

Die Länge δ des Luftspaltes hängt von der Stärke dcs Gleichstroms ab, der durch die Spule fließt. Diese Länge kann nach folgender empirischer Formel bestimmt werden:

(120) $$\delta = 0{,}4 \sqrt{S_{Fe}}\,.$$

Der Wert für δ liegt allgemein zwischen 0,1 und 1 mm. Man sieht oft 0,1 mm pro 15 mA Gleichstrom vor.

Zur Berechnung der Drossel wählt man aus der Tabelle auf Seite 140 die Art des zu verwendenden Bleches aus. Dann ermittelt man, ausgehend vom bekannten Selbstinduktionskoeffizienten L, die Anzahl Windungen und den Kernquerschnitt S_{Fe}.

Aus der allgemeinen Elektrotechnik ergibt sich der magnetische Kraftfluß Φ im Luftspalt aus der Beziehung:

(121) $$\Phi = \frac{4\,\pi\,N\,I\,S_{Fe}}{10\,\delta}\,,$$

wobei darstellen:

N : Windungszahl

I : Stärke des Gleichstroms

S_{Fe}: Eisenkernquerschnitt
Die Querschnitte einer Luftspule und einer Spule mit Eisenkern können als identisch angesehen werden

δ : Länge des Luftspaltes.

Anderseits ist

(122) $$\Phi = B\,S_{Fe}.$$

Ersetzt man Φ durch den Wert aus Formel (121), so wird

(123) $$B\,S_{Fe} = \frac{4\,\pi\,N\,I\,S_{Fe}}{10\,\delta}\,,$$

Daraus folgt die Windungszahl N als:

(124) $$N = \frac{10\,\delta\,B}{4\,\pi\,I}\,,$$

somit ist:

(125) $$N = \frac{0{,}8\,\delta\,B}{I}$$

B in Gs, I in A und δ in cm

Dabei liegt die magnetische Induktion B zwischen 4000 und 8000 Gs.
Für Normalbleche nimmt man nach DIN 6400:

für die Type I : $6000\,\text{Gs} \leq B \leq 8000\,\text{Gs}$
für die Type II : $5000\,\text{Gs} \leq B \leq 6000\,\text{Gs}$
für die Typen III/IV: $4000\,\text{Gs} \leq B \leq 6000\,\text{Gs}$.

Zur Bestimmung des Eisenquerschnitts S_{Fe} benutzen wir:

(126) $$L = \frac{4\,\pi\,N^2\,S_{\text{Fe}}\,10^{-9}}{\delta}$$

oder auch

(127) $$L = \frac{4\,\pi\,N^2\,10^{-9}}{\dfrac{\delta}{S_{\text{Fe}}}}\,.$$

Der Quotient $\dfrac{\delta}{S_{\text{Fe}}}$ stellt den magnetischen Widerstand (Reluktanz) des Luftspaltes dar. Da für eine Drosselspule auch der magnetische Widerstand des Eisenkerns selbst eine Rolle spielt, wird der gesamte magnetische Widerstand:

(128) $$R_m = \frac{\delta}{S_{\text{Fe}}} + \frac{l_{\text{Fe}}}{\mu\,S_{\text{Fe}}}\,,$$

wobei l_{Fe} die vom Kraftfluß benutzte Eisenweglänge (Fig. 155) und μ die Permeabilität darstellt.

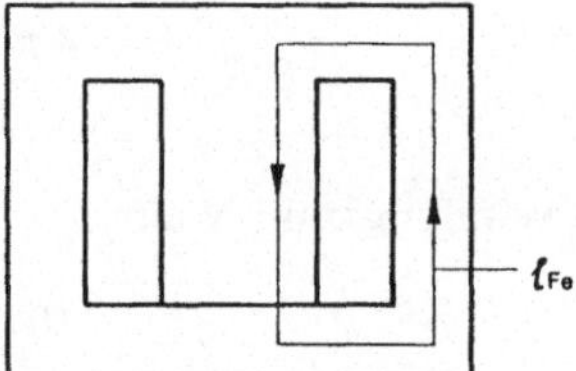

Fig. 155
Mittlere Eisenweglänge l_{Fe}

Um den Eisenquerschnitt S_{Fe} zu bestimmen, gehen wir aus von der Formel (129):

(129) $$L = \frac{4\,\pi\,N^2\,10^{-9}}{\dfrac{\delta}{S_{\text{Fe}}} + \dfrac{l_{\text{Fe}}}{\mu\,S_{\text{Fe}}}}\,.$$

(130)
$$S_{Fe} = \frac{L\,(\mu\,\delta + l_{Fe})}{4\,\pi\,N^2\,10^{-9}\,\mu}$$

l_{Fe} und δ in cm, L in H, S_{Fe} in cm²

Die Permeabilität μ hängt von der Qualität der verwendeten Eisenbleche und von der magnetischen Dichte B ab. Ihr Wert ändert mit der Stärke des Stromes und sie läßt sich nur unter bestimmten Voraussetzungen genau bestimmen.
Die Kurven der Fig. 156 ermöglichen die Ermittlung von μ in Abhängigkeit von B für drei Typen von Eisenblechen nach DIN 6400:

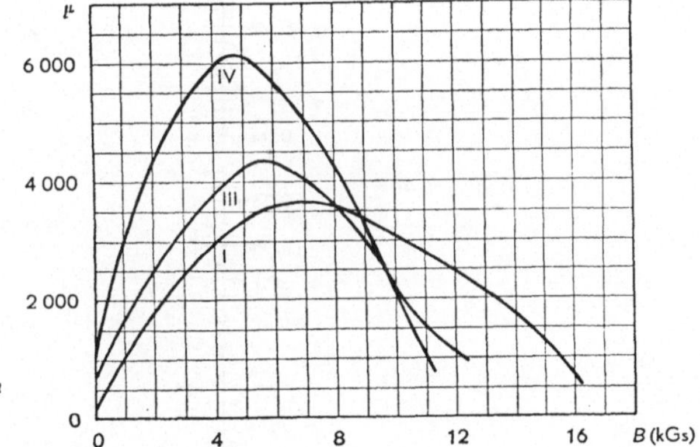

Fig. 156
Kurven zur Bestimmung von μ in Funktion von B für Bleche nach DIN 6400

In der Praxis bestimmt man S_{Fe} direkt aus der Formel (126). Dabei wird der magnetische Widerstand des Eisens, der sowieso klein ist gegenüber demjenigen des Luftspalts, vernachlässigt. Um diesen Fehler zu kompensieren, wird ein Korrektionsfaktor k_c, abhängig von der Luftspaltlänge δ eingeführt. Der Kernquerschnitt wird dann:

(131)
$$S_{Fe} = \frac{k_c\,L\,\delta\,10^9}{4\,\pi\,N^2}$$

L in H, S_{Fe} in cm², δ in cm

Man wählt allgemein:

für $\delta \leq 0{,}5$ mm $\quad k_c = 1{,}1$
und für $\delta > 0{,}5$ mm $\quad k_c = 1{,}05$

Zur raschen Bestimmung des Eisenquerschnitts kann man nachstehendes Nomogramm Fig. 157 verwenden.

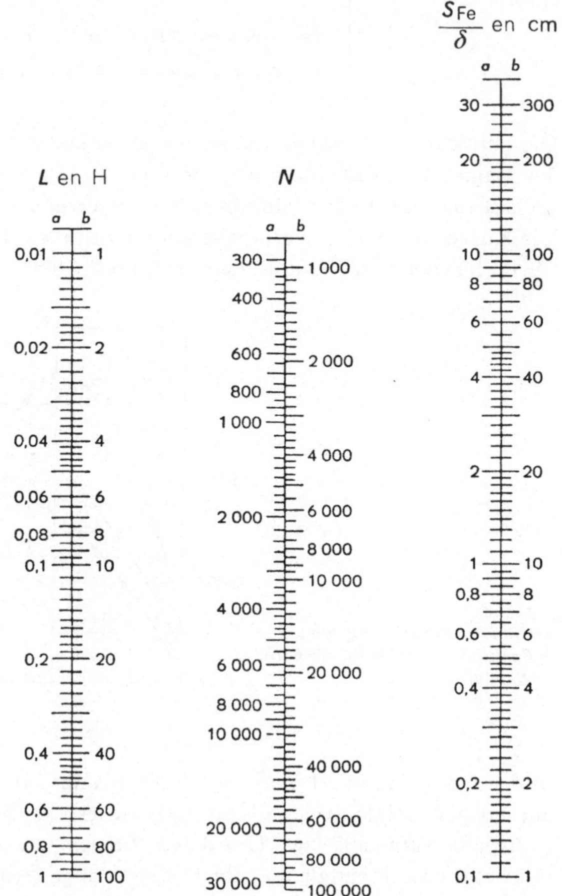

Fig. 157
Nomogramm zur Bestimmung des Eisenquerschnittes einer Drossel

Dieses Nomogramm ist im Prinzip die graphische Darstellung der obigen Formel (131). Ist der Eisenquerschnitt S_{Fe} bekannt und auch die Windungszahl N, so läßt sich der Drahtdurchmesser d des zu verwendenden Drahtes für eine gegebene Stromdichte σ aus nachstehender Formel ermitteln:

(132) $$S_{Cu} = \frac{\pi d^2}{4} = \frac{I}{\sigma},$$

Dabei stellt S_{Cu} den Querschnitt des Kupferdrahtes dar. Somit ist

$$d^2 = \frac{4 I}{\pi \sigma},$$

so daß:

(133)
$$d = \sqrt{\frac{4\,I}{\pi\,\sigma}}$$
d in mm, I in A, σ in A/mm²

Um einen geringen ohmschen Widerstand zu erhalten, wählt man eine geringe Stromdichte σ. Man nimmt etwa 2,5 A/mm² für Emaildraht und 2 A/mm² für baumwollisolierten Draht.
Für $\sigma = 2{,}5$ A/mm² läßt sich die Formel (133) noch vereinfachen. Indem wir $\sqrt{\frac{4}{\pi\,\sigma}}$ durch die Konstante

$$k_{Cu} = \sqrt{\frac{4}{3{,}14 \cdot 2{,}5}} = 0{,}71,$$

ersetzen, erhalten wir:

(133a)
$$d = 0{,}71\sqrt{I}$$
d in mm und I in A

Es bleibt noch die Fensteröffnung A im Eisenblech zu bestimmen, die nötig ist, um darin die Wicklung unterbringen zu können. Es ist

(134)
$$A = \frac{N\,S_{Cu}}{k_r}$$
A und S_{Cu} in mm²

wobei k_r den sog. Füllfaktor, N die Windungszahl und S_{Cu} den verwendeten Drahtquerschnitt darstellen. Man nimmt allgemein

$$k_r = 0{,}3 \text{ für baumwollisolierte Drähte}$$

und

$$k_r = 0{,}35 \text{ für Emaildraht.}$$

Der Vollständigkeit wegen bestimmen wir zum Schluß den ohmschen Widerstand R der Drosselspule:

(135)
$$R = \frac{\rho \, l_m \, N}{S_{Cu}}$$
l_m in m, R in Ω, S_{Cu} in mm²

Dabei stellen dar:

l_m: mittlere Drahtlänge einer Windung
N: Windungszahl
σ: spez. Widerstand (Ω pro m und mm²)

Als *Beispiel* berechnen wir die Daten einer Drosselspule. Dabei gehen wir aus von folgenden Angaben:

$L = 4$ H
$S = 0{,}4$ mm $= 0{,}04$ cm
$B = 5000$ Gs (Eisenblech DIN 6400, Type III, 0,5 mm dick)
$I = 60$ mA $= 0{,}06$ A
$k_c = 1{,}1$

Die Windungszahl N ergibt sich aus

(125)
$$N = \frac{0{,}8 \, \delta \, B}{I} = \frac{0{,}8 \cdot 0{,}04 \cdot 5\,000}{0{,}06} = 2\,666 \text{ Windungen.}$$

Der Eisenquerschnitt S_{Fe} ergibt sich als:

(131)
$$S_{Fe} = \frac{k_c \, L \, \delta \, 10^9}{4 \, \pi \, N^2} = \frac{1{,}1 \cdot 4 \cdot 0{,}04 \cdot 10^9}{12{,}56 \cdot (2\,666)^2} = 1{,}97 \text{ cm}^2.$$

In der Praxis wird man dafür einen Kern von 15 × 15 mm wählen.

Der Drahtdurchmesser wird:

(133)
$$d = \sqrt{\frac{4 \, I}{\pi \, \sigma}} = \sqrt{\frac{4 \cdot 0{,}06}{3{,}14 \cdot 2{,}5}} = 0{,}175 \text{ mm.}$$

Dazu wird man einen Drahtdurchmesser $d = 0{,}18$ mm verwenden, so daß der tatsächliche Querschnitt $S_{Cu} = 0{,}0254$ mm³ wird.

Die Fensteröffnung A muß werden:

$$(134) \qquad A = \frac{N\,S_{\mathrm{Cu}}}{k_r} = \frac{2\,666 \cdot 0{,}025\,4}{0{,}35} = 193 \text{ mm}^2.$$

Nimmt man eine mittlere Windungslänge $l_m = 0{,}1$ m und $\varrho = 0{,}018$ an, so wird der ohmsche Widerstand R:

$$(135) \qquad R = \frac{\rho\, l_m\, N}{S_{\mathrm{Cu}}} = \frac{0{,}018 \cdot 0{,}1 \cdot 2\,666}{0{,}025\,4} = 189\,\Omega,$$

bzw. aufgerundet 200 Ω.

93. Die Gleichrichterröhre

Wir unterscheiden zwei Typen von Diodenröhren zur technischen Gleichrichtung von Wechselströmen. Es sind dies:

1. Hochvakuumröhren (Kenotron)
2. Gasgefüllte Röhren (Phanotron)

Die wichtigsten Daten der Hochvakuumröhren sind:

die Heizspannung,
die maximale Wechselspannung, welche die Röhre aushalten kann,
(Effektivwert der Wechselspannung, der von der Hochspannungswicklung nicht überschritten werden darf)
die Spitzen-Sperrspannung (deren Angabe nur erforderlich ist, wenn die maximale Wechselspannung nicht bekannt ist),
die maximale Stromstärke des gleichgerichteten Stromes,
die maximale Kapazität des Ladekondensators C_1.

Für indirekt geheizte Röhren wird auch noch die maximal zulässige Spannung zwischen Heizfaden und Kathode angegeben.

Die Spitzen-Sperrspannung ist die maximale Spannung, welche die Röhre zwischen Anode und Kathode aushält, wenn die negative Halbwelle wirksam ist (Fig. 158). In diesem Zustand zieht die Anode keine Elektronen an, so daß die Spannung zwischen Anode und Kathode beträgt:

$$(136) \qquad \boxed{\begin{array}{c} U_{\mathrm{inv.}} = U_{tr\,\mathrm{max.}} + U_m \\ U_{\mathrm{inv}},\ U_m \text{ und } U_{tr\,\mathrm{max}} \text{ in V} \end{array}}$$

Dabei bedeuten:

U_{inv}: die Sperrspannung
U_m: Mittelwert der gleichgerichteten Spannung
$U_{tr\,\mathrm{max}}$: maximale Wechselspannung an den Klemmen der Hochspannungswicklung des Transformators.

Die Spitzen-Sperrspannung wird zwar durch die Welligkeitsspannung beeinflußt, jedoch nur in geringem Maße.
Die Gleichrichterröhre gibt nur während der positiven Halbwellen Strom ab. (schraffierte Fläche der Fig. 159).

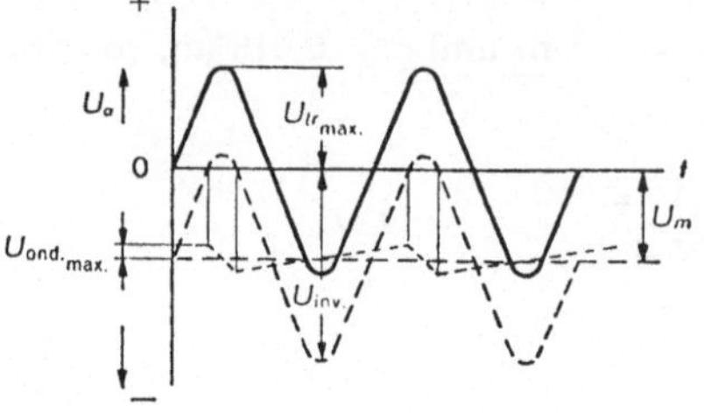

Fig. 158
Spitzen-Sperrspannung

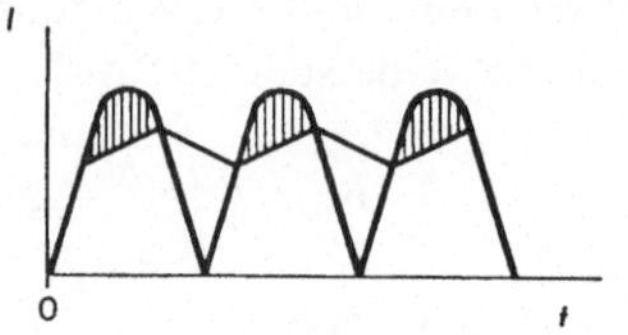

Fig. 159
Die Gleichrichterröhre arbeitet nur während den gestrichelten Flächen

Während der Aufladung des Kondensators ist die Stromstärke größer als während der Entladung. Ganz besonders trifft das für den Einschaltmoment zu (Fig. 160).

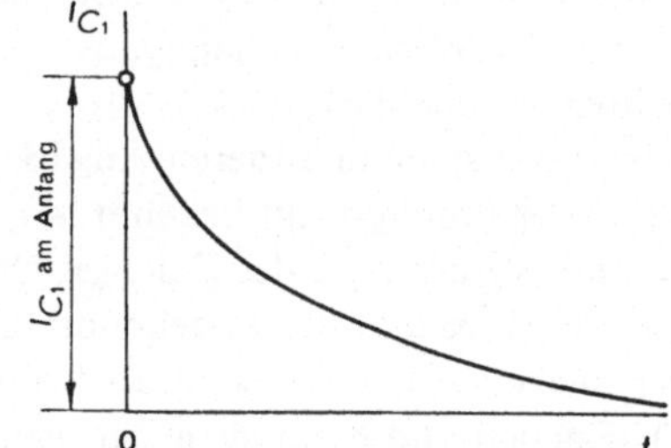

Fig. 160
Ladestromstärke des Kondensators C_1 beim Einschalten des Gleichrichters

Die momentane Stromstärke, die durch die Röhre fließt, ist dann viel größer als der Strom durch den Verbraucherwiderstand. Diese Stromstärke hängt sowohl von der Kapazität des Ladekondensators C_1 als auch vom Innenwiderstand R_t des Gleichrichters ab. Dabei ist R_t festgelegt durch:

(137)
$$R_t = R_{tr} + R_i$$
R_i, R_t und R_{tr} in Ω

Dabei stellen R_i den Innenwiderstand der Röhre und R_{tr} den übertragenen Transformatorwiderstand (pro Hochspannungswicklung) dar. Wenn die magnetischen Verluste des Transformators vernachlässigbar sind, ergibt sich R_{tr} aus:

(138)
$$R_{tr} = R_s + n^2 R_p$$
$$R_p, R_s \text{ und } R_{tr} \text{ in } \Omega$$

Dabei stellen dar:

R_p Widerstand der Primärwicklung
R_s Widerstand einer Hochspannungssekundärwicklung
n das Übersetzungsverhältnis

Dieses Übersetzungsverhältnis ergibt sich aus:

(139)
$$n = \frac{N_s}{N_p} ,$$

wobei N_p die Windungszahl der Primärwicklung und N_s diejenige der Sekundärwicklung darstellt.

Um eine Zerstörung der Kathode bei auftretenden Stromspitzen zu verhüten, geben die Röhrenhersteller die maximale Kapazität des Ladekondensators C_1 und den minimalen übersetzten Widerstand R_{tr} des Transformators an.

Als Beispiel seien nachstehend die hauptsächlichsten Daten einer indirekt geheizten Gleichrichterröhre 6X4 angeführt:

$U_f = 6{,}3$ V
$I_f = 0{,}6$ A
$U_{inv} = 1250$ V
$U_{fF} = \max 450$ V

$I_b = \max 70$ mA
$C_1 = \max 40\,\mu$F
$R_{tr} = \min 150\,\Omega$

Der Spannungsabfall in der Röhre beträgt für $I_b = 70$ mA etwa 22 V; die höchstzulässige Wechselspannung zwischen Anode und Kathode beträgt 325 V.

Außer den schon erwähnten Eigenschaften einer gasgefüllten Gleichrichterröhre sind der große Strom und der geringe Spannungsabfall einer solchen Röhre (ca. 15 V) aufzuführen. Gasgefüllte Gleichrichterröhren werden also speziell verwendet wenn ein großer gleichgerichteter Strom benötigt wird. Um eine Überlastung zu verhindern, wendet man hier meistens den Filtereingang mit einer Drossel an. Die gasgefüllten Gleichrichterröhren in dieser Schaltung sind besonders geeignet zur Speisung von großen Leistungsverstärkern, bei denen der Anodenstrom starke Schwankungen aufweist.

Bei gasgefüllten Röhren führt die Ionisation oft zu Störungen im HF-Teil des Empfängers. Diese Störungen lassen sich mildern, indem parallel zu den Hochspannungswicklungen Kondensatoren von ca. 10000 pF, mit verstärkter Isolation, geschaltet werden. Außerdem ist es empfehlenswert, gasgefüllte Gleichrichter aufzuheizen, bevor die gleichzurichtende Wechselspannung angelegt wird.

94. Kennlinien einer Gleichrichterröhre

Die gebräuchlichen Kennlinien einer Gleichrichterröhre sind die U_{C1}/I_b und die I_a/U_a-Kurven. Die I_a/U_a-Kurven werden am meisten verwendet. Sie ermöglichen die Ermittlung der Spannung U_{C1} am Ladekondensator für eine gegebene Wechselspannung U_{tr} in Abhängigkeit des benötigten Gleichstroms I_b. Die Spannung U_{C1} wird für verschiedene Werte des übersetzten Widerstandes R_{tr} des Transformators angegeben (Fig. 161).

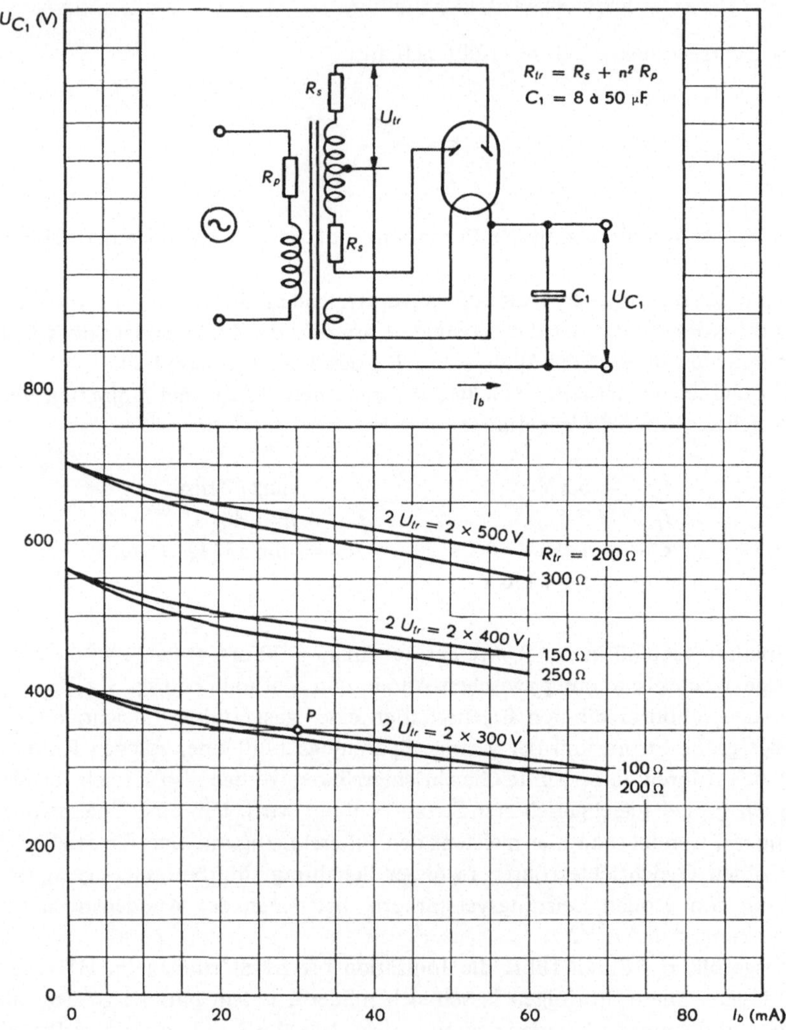

Fig. 161
U_{C1}/I_b-Kennlinien einer Gleichrichterröhre

Aus diesen Kurven ergibt sich auch, daß, wenn die Röhre keinen Strom abgibt, die Gleichspannung U_{c1} gleich der Wechselspannung $U_{tr\,max}$ ist, die an den Klemmen der Hochspannungswicklungen auftritt.
Die I_a/U_a-Kennlinie der Gleichrichterröhre (Fig. 162) dient zur Bestimmung des Innenwiderstandes R_i der Gleichrichterröhre.

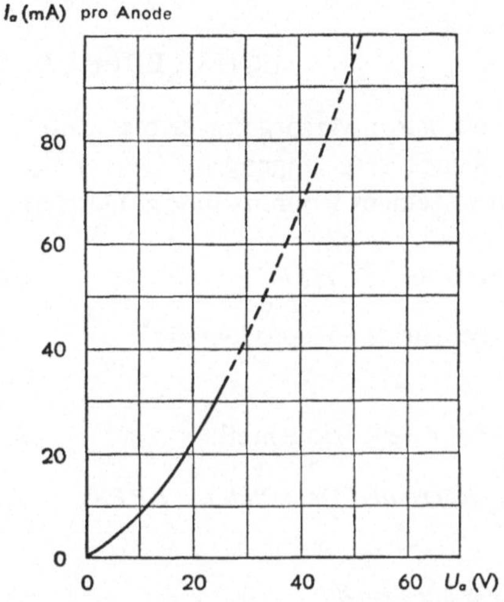

Fig. 162
I_a/U_a-Kennlinie einer Gleichrichterröhre

Wir wollen nun die Auswertung der U_{C1}/I_b-Kennlinien an einem *Berechnungsbeispiel* erproben. Dazu nehmen wir an, daß an den Klemmen des Kondensators $C_1 = 50\,\mu F$ bei Entnahme eines Stromes von 30 mA eine Gleichspannung von 350 V vorhanden sein muß.
Im Diagramm Fig. 161 errichten wir eine Senkrechte auf $I_b = 30$ mA und dazu eine Horizontale bei $U_{C1} = 350$ V. Der Schnittpunkt beider Geraden liegt im Punkt P auf der Kurve 2 $U_{tr} = 2 \times 300$ V für $R_{tr} = 100\,\Omega$. Wir müssen also jeder Anode eine Wechselspannung von 300 V_{eff} zuführen, für einen übersetzten Transformatorwiderstand $R_{tr} = 100\,\Omega$ pro Wicklungshälfte.
Würden wir eine Gleichspannung U_{C1} von nur 330 Volt anstatt von 350 V benötigen, so erfordert dies eine Wechselspannung von

$$U_{\text{eff.}} = \frac{300 \cdot 330}{350} = 283 \text{ V}$$

wiederum pro Hochspannungswicklungshälfte und für denselben Wert von I_b. Diese vereinfachte Berechnung ist erlaubt, wenn die gewünschte Gleichspannung nicht zu stark von der auf der Kurve ablesbaren Spannung abweicht. Für größere Abweichungen muß eine neue Kurve, parallel zur ursprünglichen Kurve, gezogen werden und daraus U_{C1} auf graphischem Wege ermittelt werden.

95. Berechnung eines Wechselstrom-Speiseteils

Um die Daten eines solchen Speiseteils zu ermitteln, müssen wir die Stromstärke in jeder Transformatorwicklung, sowie die zu jeder Wicklung gehörende Wechselspannung bestimmen. Daraus kann dann die Leistungsaufnahme des Empfängers berechnet werden.

Zu diesem Zweck setzen wir eine Schaltung voraus, die mit folgenden Röhren bestückt ist:

ECH 81, EBF 89, EF 86 und EL 84.

Die Anodenstromversorgung erfolgt durch einen Trockengleichrichter mit normalem Kondensatoreingang mit einem $C_1 = 32\ \mu\text{F}$. Die Daten der Röhren entnehmen wir einem Röhrenkatalog. Danach ergeben sich:

Mischröhre ECH81	$U_{f_1} = 6{,}3\ \text{V}$	$I_{f_1} = 0{,}3\ \text{A}$
wobei für den Heptodenteil:	$I_{aH} = 3{,}2\ \text{mA}$ $I_{g_2} + I_{g_4} = 6{,}4\ \text{mA}$	
und für den Triodenteil:	$I_{aT} = 4{,}5\ \text{mA}$ betragen.	
ZF-Röhre und Demodulator EBF89	$U_{f_2} = 6{,}6\ \text{V}$ $I_a = 9\ \text{mA}$	$I_{f_2} = 0{,}3\ \text{A}$ $I_{g_2} = 2{,}7\ \text{mA}$
NF-Röhre EF86	$U_{f_3} = 6{,}3\ \text{V}$ $I_a = 0{,}9\ \text{mA}$	$I_{f_3} = 0{,}2\ \text{A}$ $I_{g_2} = 0{,}2\ \text{mA}$
Endröhre EL84	$U_{f_4} = 6{,}3\ \text{V}$ $I_a = 36\ \text{mA}$	$I_{f_4} = 0{,}76\ \text{A}$ $I_{g_2} = 4{,}1\ \text{mA}$

Der gesamte Gleichstrom I_b ist gleich der Summe der Teilströme der Röhren. Das gibt in unserem Fall $I_b = 67\ \text{mA}$.

Falls in einer Schaltung die Elektroden einzelner Röhren über Spannungsteiler versorgt werden, so ist deren Eigenverbrauch auch zu berücksichtigen.

In den Daten der Röhrenfabrikanten beziehen sich die Gleichstromangaben meistens auf eine Gleichspannung von 250 V zwischen Plus- und Minus-Pol. Wir wollen jedoch eine Gleichspannung von 250 V zwischen Anode und Kathode der Endröhre. Um daher die Spannung U_{C1} zu erhalten, müssen wir nicht nur den Spannungsverlust an der Siebdrossel und an der Primärwicklung des Ausgangsübertragers berücksichtigen, sondern im Falle einer automatischen Vorspannungserzeugung im Kathodenwiderstand, auch dessen Spannungsabfall miteinbeziehen. In unserem vorliegenden Berechnungsbeispiel habe die Drossel eine Selbstinduktion $L = 4\ \text{H}$ und einen ohmschen Widerstand $R = 200\,\Omega$. Das ergibt bei 67 mA einen Spannungsverlust von

$$U = I\,R = 0{,}067 \cdot 200 = 13{,}4\ \text{V}.$$

Die Primärwicklung des Ausgangsübertragers hat einen Widerstand von 515Ω. Das ergibt einen Spannungsabfall von 18,6 V. Die notwendige Vorspannung am Kathodenwiderstand sei 8 V. Daraus ergibt sich unsere Spannung U_{C1} als

$$U_{C1} = 250 + 13{,}4 + 18{,}6 + 8 = 290 \text{ V}.$$

Wir müssen also aus den U_{C1}/I_b-Kurven die Wechselspannung bestimmen, die uns eine Hochspannungswicklung abgeben muß.
Damit können wir nun die sekundärseitig verbrauchte Leistung P_2 ermitteln. Es ist:

$$P_2 = P_{\text{HT.}} + P_{\text{Ch.}} \qquad (140)$$

$P_{\text{cH.}}$, P_{HT} und P_2 in W

wobei $P_{\text{cH.}}$ die Heizleistung und P_{HT} diejenige der Anodenstromkreise darstellen.

96 Berechnung eines Netztransformators.

Die von einem idealen Transformator verbrauchte Scheinleistung P_1 ergibt sich aus der Beziehung:
wobei U_1 die Primärspannung und I_1 den Primärstrom darstellen.
Anderseits ergibt sich die Primärspannung in Abhängigkeit des Eisenquerschnitts S_{Fe} und der Primärwindungszahl N_1 als:

$$U_1 = 4{,}44\, f\, N_1\, S_{\text{Fe}}\, B\, 10^{-8} \qquad (142)$$

B in Gs, f in Hz, S_{Fe} in cm², U_1 in V

wobei B die magnetische Induktion und f die Frequenz darstellen.
Wir wollen nun den Kernquerschnitt des Transformators für eine gegebene Leistung P_1 berechnen, indem wir vom Gewicht des Eisenblechs und vom Gewicht des benötigten Kupferdrahtes ausgehen.
Indem wir in Formel (141) die Primärspannung U_1 durch ihren Wert aus der Formel (142) ersetzen, wird die Scheinleistung P_1:

$$P_1 = 4{,}44\, f\, N_1\, S_{\text{Fe}}\, B\, 10^{-8}\, I_1, \qquad (143)$$

Weil aber

$$I_1 = S_{Cu1} \cdot \sigma$$

ist, wobei S_{Cu1} den Drahtquerschnitt der Primärwicklung in mm² und σ die Stromdichte in A/mm² darstellen, erhalten wir:

$$P_1 = 4{,}44\, f\, N_1\, S_{\text{Fe}}\, B\, 10^{-8}\, S_{\text{Cu}_1}\, \sigma. \qquad (144)$$

Nunmehr müssen wir das Gewicht der Eisenbleche G_{Fe} und das Gewicht des Kupferdrahtes G_{Cu} bestimmen. Das Eisengewicht (es kann auch zur Bestimmung der Eisenverluste verwendet werden) ergibt sich aus:

(145)
$$G_{Fe} = S_{Fe}\, l_{Fe}\, \gamma_{Fe}\, 10^{-3}$$
G_{Fe} in kg, l_{Fe} in cm, S_{Fe} in cm²

wobei l_{Fe} den mittleren Weg darstellt, den der magnetische Kraftfluß im Eisen zurücklegt (Fig. 155) und $\gamma_{Fe} = 7{,}8$ g/cm³ das spezifische Gewicht des Eisens darstellt. Das Gewicht des Kupfers G_{Cu1} der Primärwicklung (es dient auch zur Bestimmung der Kupferverluste) ist gegeben durch:

(146)
$$G_{Cu_1} = N_1\, S_{Cu_1}\, l_{m_1}\, \gamma_{Cu}\, 10^{-5}$$
G_{Cu1} in kg, l_{m1} in cm, S_{Cu1} in mm²

wobei l_{m1} die mittlere Länge einer Windung der Primärwicklung darstellt. Ferner stellen S_{Cu1} den Drahtquerschnitt dieser Wicklung und $\gamma_{Cu} = 8{,}9$ g/cm³ das spezifische Gewicht des Kupfers dar.
Bei mehreren Wicklungen ergibt sich das totale Kupfergewicht G_{Cu}:

(147)
$$G_{Cu} = G_{Cu_1} + G_{Cu_2} + G_{Cu_3} + \ldots$$

wobei G_{Cu1}, G_{Cu2} usw. die Gewichte der einzelnen Wicklungen darstellen. Mit einiger Annäherung kann man das Gewicht des Kupfers der Primärseite dem Gewicht des Kupfers der Sekundärseite gleichsetzen. Damit wird das totale Kupfergewicht:

(148)
$$G_{Cu} = 2\,(N_1\, S_{Cu_1}\, l_{m_1}\, \gamma_{Cu}\, 10^{-5}).$$

Wir bilden weiter das Verhältnis des Eisen- zum Kupfergewicht, weil sich daraus die Primärwindungszahl N_1 ergibt:

(149)
$$\frac{G_{Fe}}{G_{Cu}} = \frac{S_{Fe}\, l_{Fe}\, \gamma_{Fe}\, 10^{-3}}{2\, N_1\, S_{Cu_1}\, l_{m_1}\, \gamma_{Cu}\, 10^{-5}},$$

woraus folgt:

(150)
$$N_1 = \frac{S_{Fe}\, l_{Fe}\, \gamma_{Fe}\, 10^{2}\, G_{Cu}}{2\, S_{Cu_1}\, l_{m_1}\, \gamma_{Cu}\, G_{Fe}}.$$

Ersetzen wir in dieser Beziehung N_1 durch den Ausdruck aus Formel (144), so erhalten wir:

(151) $$P_1 = 4{,}44 f S_{Fe} B\, 10^{-8} S_{Cu_1} \sigma \cdot \frac{S_{Fe} l_{Fe} \gamma_{Fe} 10^2 G_{Cu}}{2 S_{Cu_1} l_{m_1} \gamma_{Cu} G_{Fe}},$$

somit ist:

(152) $$P_1 = \frac{4{,}44 f S_{Fe}^2 l_{Fe} \gamma_{Fe} G_{Cu} B \sigma\, 10^{-6}}{2 l_{m_1} \gamma_{Cu} G_{Fe}}.$$

In der so ermittelten Formel können wir $\frac{l_{Fe}}{l_{m_1}}$ sowie die Faktoren 4,44, γ_{Fe}, 10^{-6}, 2, γ_{Cu} als konstante Größen ansehen. Wir fassen sie zur Konstanten k zusammen, die wie folgt definiert ist:

(153) $$k = \frac{4{,}44\, l_{Fe} \gamma_{Fe} 10^{-6}}{2 l_{m_1} \gamma_{Cu}}.$$

Setzen wir diesen Wert in Beziehung (152) ein, so erhalten wir:

(154) $$P_1 = \frac{k f S_{Fe}^2 G_{Cu} B \sigma}{G_{Fe}}.$$

Von dieser Formel sind alle Größen bekannt, außer dem Eisenquerschnitt S_{Fe}, der sich ergibt aus:

(155) $$S_{Fe} = \sqrt{\frac{P_1 G_{Fe}}{k f G_{Cu} B \sigma}}.$$

Um das Verhältnis $\frac{G_{Fe}}{G_{Cu}}$ ausklammern zu können, schreiben wir diese Formel um und erhalten:

(156) $$S_{Fe} = \sqrt{\frac{1}{k}} \cdot \sqrt{\frac{P_1 \frac{G_{Fe}}{G_{Cu}}}{f B \sigma}}.$$

Der Faktor $\sqrt{\frac{1}{k}}$ wird als Transformatorenkonstante bezeichnet und durch k_{tr} versinnbildlicht. (In der Praxis liegt k_{tr} etwa bei 700.) Somit erhalten wir schließlich:

(156a)
$$S_{Fe} = k_{tr} \sqrt{\frac{P_1 \dfrac{G_{Fe}}{G_{Cu}}}{f\, B\, \sigma}}$$

B in Gs, f in Hz, G_{Cu} und G_{Fe} in kg, P_1 in W, S_{Fe} in cm², σ in A/mm²

In dieser Formel stellt P_1 die primäre Scheinleistung dar. Im allgemeinen wird man aber eher die auf der Sekundärseite verbrauchte Leistung P_2 kennen. Ist der Wirkungsgrad η bekannt, so kann P_1 aus der Beziehung:

(157)
$$P_1 = \frac{P_2}{\eta}$$

P_1 und P_2 in W.

ermittelt werden. Dabei kann der Leistungsfaktor $\cos\varphi = 1$ gesetzt werden, was bei kleinen Transformatoren in der Regel zutrifft.
Die nachstehende Tabelle gibt den Wirkungsgrad η in Funktion der Sekundärleistung P_2 an:

P_2	2,5	5	9	25	50	80	150	200	500	650	VA
η	78	81,8	84,2	87,7	88,8	90,5	92,3	92,7	94,1	94,4	%

Der Quotient $\frac{G_{Fe}}{G_{Cu}}$ ermöglicht die Bestimmung der Transformatorverluste. Für die normalisierten Bleche nach DIN 6400 haben die Hersteller die nachstehende Tabelle aufgestellt. Für eine gegebene magnetische Induktion B gibt sie die Eisenverluste P_{Fe} an und ermöglicht die Wahl einer Blechtype mit Rücksicht auf $\frac{G_{Fe}}{G_{Cu}}$.
Für andere Werte von B läßt sich die Verlustleistung P_{Fe} bestimmen aus

(158)
$$P_{Fe} = 1{,}05\; P_{Fe_{10}} \left(\frac{B_x}{10\,000}\right)^2,$$

Dabei stellen P_{Fe10} die Verlustleistung im Eisen für $B = 10000$ Gs und B_x die tatsächliche magnetische Induktion dar.

Blech	Dicke	$\frac{G_{Fe}}{G_{Cu}}$	P_{Fe} ($B = 10\,000$ Gs)	P_{Fe} ($B = 12\,000$ Gs)
I	0,5 mm	0,9 bis 1,5	3,6 W/kg	4,5 W/kg
II	0,5 mm	1,5 bis 2,5	3 W/kg	3,7 W/kg
III	0,5 mm	2,5 bis 3	2,3 W/kg	2,9 W/kg
IV[1]	0,5 mm	3 bis 3,5	1,7 W/kg	2,1 W/kg
IV	0,35 mm	3 bis 3,5	1,3 W/kg	1,6 W/kg

In der Praxis setzt man allgemein $\frac{G_{Fe}}{G_{Cu}}$ gleich 1, 2,5, 3 oder 3,5 fest (E-Blech).

Dadurch läßt sich die Formel (156) noch vereinfachen.

Wenn $\frac{G_{Fe}}{G_{Cu}} = 1$ ist, wobei die Frequenz $f = 50$, die magnetische Induktion $B = 10000$ Gs und die Stromdichte $\sigma = 2{,}5$ A/mm², so wird das Blech I DIN 6400 gewählt.
Dann wird der Eisenquerschnitt S_{Fe}:

$$S_{Fe} = 0{,}62 \sqrt{P_1}\ . \tag{159}$$

Ist $\frac{G_{Fe}}{G_{Cu}} = 2{,}5$ und $B = 12000$ Gs, so wählen wir das Blech II, so daß gilt:

$$S_{Fe} = 0{,}9 \sqrt{P_1}\ . \tag{160}$$

Bei $\frac{G_{Fe}}{G_{Cu}} = 3$ und $B = 12000$ Gs, nehmen wir Blechtype III und es gilt:

$$S_{Fe} = \sqrt{P_1}\ . \tag{161}$$

Schließlich erhalten wir bei $\frac{G_{Fe}}{G_{Cu}} = 3{,}5$ und $B = 12000$ das Blech IV, wobei die Beziehung gilt:

$$S_{Fe} = 1{,}07 \sqrt{P_1}\ . \tag{162}$$

Für diese vier Typen von Blechen kann der Eisenquerschnitt S_{Fe} als Funktion P_1 direkt aus der graphischen Darstellung gemäß Fig. 163 ermittelt werden. Ist die Qualität des zu bewickelnden Bleches nicht bekannt (was in der Praxis häufig vor-

[1] Gebräuchlichstes Blech

kommt), so kann der Eisenquerschnitt S_{ke} für $B = 10000$ Gs, $f = 50$ Hz und $\sigma = 2{,}5$ A/mm² berechnet werden aus:

(163)
$$S_{Fe} = 1{,}2 \sqrt{P_1}$$
P_1 in W, S_{Fe} in cm²

Bei bekanntem Eisenquerschnitt läßt sich dann die Windungszahl N_V pro Volt für den Transformator aus der Gleichung (142) bestimmen. Wir haben dann

(164)
$$N_v = \frac{1}{4{,}44\, f\, S_{Fe}\, B\, 10^{-8}}$$
B in Gs, f in Hz, S_{Fe} in cm²

Um die Windungszahlen N für die einzelnen Wicklungen zu erhalten, müssen wir N_V mit der Leerlaufspannung U_0, die für jede Wicklung verlangt wird, multiplizieren. Wir haben also:

(165)
$$N = N_v\, U_0\,;$$

wobei gilt:

(166)
$$U_0 = U + U_{Cu}\,,$$

Dabei sind: U = Spannung der betr. Wicklung bei Belastung
U_{Cu} = Spannungsabfall in dieser Wicklung.

Dieser Spannungsabfall U_{Cu} ergibt sich aus:

(167)
$$U_{Cu} = I\,(R_s + n^2\, R_p)\,;$$

Hierin stellen dar:

I die Stromstärke
R_s ohmscher Widerstand der betreffenden Wicklung
R_p ohmscher Widerstand der Primärwicklung
n Übersetzungsverhältnis.

In der Praxis wird man, da der Spannungsverlust in der Sekundärwicklung nicht vernachlässigbar ist, einfach die Spannungswerte um 5% erhöhen. Das gibt:

(168)
$$U_0 = 1{,}05\, U\,.$$

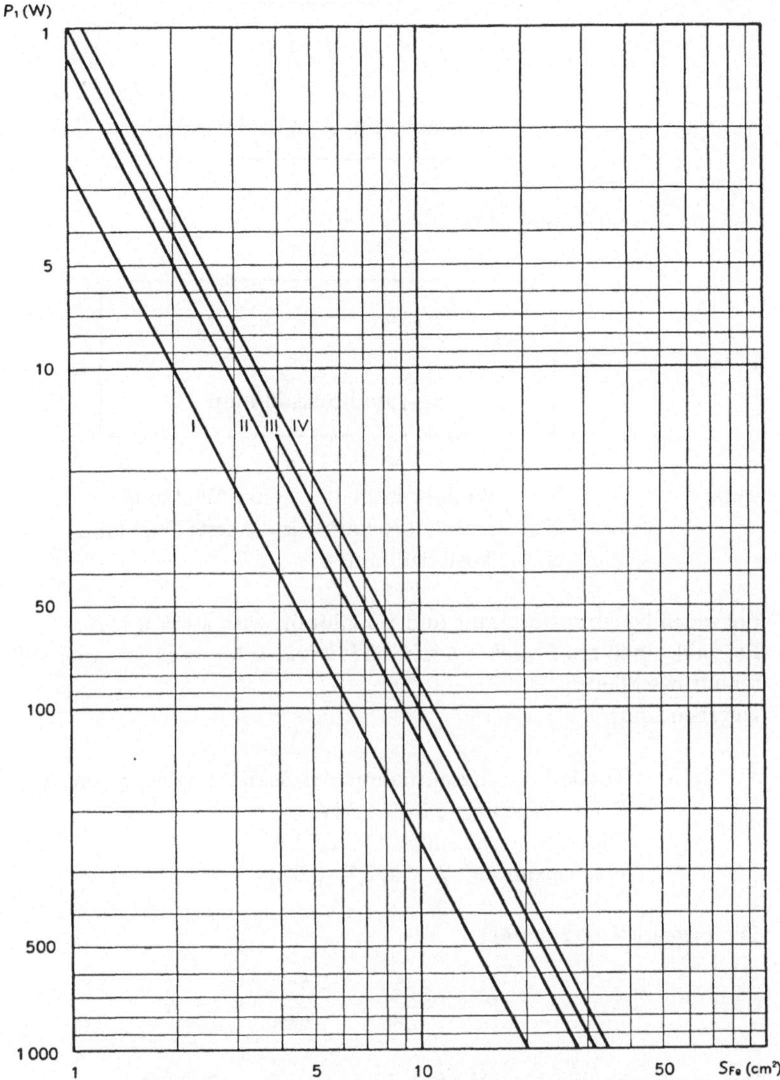

Fig. 163
Diagramm zur Bestimmung des Eisenquerschnitts S_{Fe} in Abhängigkeit der primären Scheinleistung P_1

Es bleiben noch die Bestimmung des Drahtdurchmessers d der einzelnen Wicklungen und diejenige der Fensteröffnung A für die Bleche.
Der Drahtdurchmesser ist gegeben durch:

(169)
$$d = \sqrt{\frac{4\,I}{\pi\,\sigma}}$$

d in mm, I in A, δ in A/mm²

und die Fensteröffnung A durch:

(170)
$$A = \frac{N_1\,S_{Cu_1} + N_2\,S_{Cu_2} + \ldots}{k_r}$$

S_{Cu1} und S_{Cu2} in mm²

wobei:
- N_1 Windungszahl der ersten Wicklung
- S_{Cu1} Drahtquerschnitt für die erste Wicklung
- k_r Fensterfüllfaktor

Für einen Netztransformator und Emaildraht wird $k_r = 0{,}25$.
Ein zahlenmäßiges *Berechnungsbeispiel für einen Netztransformator* soll diesen Abschnitt beschließen.
Gegeben sind:

Totale Leistungsaufnahme der Sekundärwicklungen: 32 W
Röhrenheizung: 6,3 V, 1,34 A
Gleichrichterheizung: 4 V, 0,72 A
Hochspannung: 2 × 292 V, 0,07 A

Die Primärleistung beträgt

(157)
$$P_1 = \frac{P_2}{0{,}88} = \frac{32}{0{,}88} \approx 36 \text{ W}.$$

Wir verwenden Blech DIN 6400, Type III, $B = 12000$ Gs und $\sigma = 2{,}5$ A/mm²
Somit wird:

(161)
$$S_{Fe} = \sqrt{P_1} = \sqrt{36} = 6 \text{ cm}^2.$$

Die Windungszahl pro Volt beträgt:

(164)
$$N_v = \frac{1}{4{,}44\,f\,S_{Fe}\,B\,10^{-8}} = \frac{1}{4{,}44 \cdot 50 \cdot 6 \cdot 12\,000 \cdot 10^{-8}} = 6{,}25 \text{ Windungen/Volt}$$

Für eine Netzspannung von 220 V wird die Primärwindungszahl gleich:

$$6{,}25 \cdot 220 = 1375 \text{ Windungen.}$$

Die Windungszahlen der Sekundärwicklungen betragen:

a) Röhrenheizung: $6{,}25 \cdot 6{,}3 \cdot 1{,}05 = 41$ Windungen
b) Gleichrichterheizung: $6{,}25 \cdot 4 \cdot 1{,}05 = 26$ Windungen
c) Hochspannung: $2 \cdot (6{,}25 \cdot 292 \cdot 1{,}05) = 2 \cdot 1916$ Windungen.

Nunmehr bestimmen wir den Drahtdurchmesser d:

Es beträgt der Primärstrom I:

$$I_1 = \frac{P_1}{U_1} = \frac{36}{220} = 0{,}163 \text{ A}.$$

Damit wird der Drahtdurchmesser der Primärwicklung:

$$d = \sqrt{\frac{4\,I}{\pi\,\sigma}} = \sqrt{\frac{4 \cdot 0{,}163}{3{,}14 \cdot 2{,}5}} \approx 0{,}3 \text{ mm}. \tag{169}$$

Für die Sekundärwicklungen erhalten wir analog:

a) Röhrenheizung:

$$d = \sqrt{\frac{4 \cdot 1{,}34}{3{,}14 \cdot 2{,}5}} \approx 0{,}85 \text{ mm},$$

b) Gleichrichterheizung:

$$d = \sqrt{\frac{4 \cdot 0{,}72}{3{,}14 \cdot 2{,}5}} \approx 0{,}6 \text{ mm},$$

c) Hochspannung (bei einer Brückenschaltung ist die gleichgerichtete Stromstärke mit 1,4 zu multiplizieren):

$$d = \sqrt{\frac{4 \cdot 0{,}07}{3{,}14 \cdot 2{,}5}} \approx 0{,}2 \text{ mm}.$$

Die Fensteröffnung A ist gegeben durch

$$(170) \qquad A = \frac{N_1\, S_{Cu_1} + N_2\, S_{Cu_2} + N_3\, S_{Cu_3} + N_4\, S_{Cu_4}}{k_r}\,,$$

woraus folgt:

$$A = \frac{(1\,375 \cdot 0{,}07) + (41 \cdot 0{,}56) + (26 \cdot 0{,}28) + (2 \cdot 1\,916 \cdot 0{,}031)}{0{,}25} \approx 981\ \text{mm}^2.$$

97. Speisung der Transistoren

Transistoren werden aus einer oder mehreren elektrischen Batterien gespeist. Meistens versorgt eine einzige Batterie über den Arbeitswiderstand den Kollektor und gibt dabei der Basis die Vorspannung über einen Widerstand oder über einen Spannungsteiler.

Die Stromstärke zur Basis-Polarisation wird graphisch ermittelt. Falls sie bekannt ist, ergibt sich der Basiswiderstand R_b (Fig. 164) aus:

$$(171) \qquad R_b \approx \frac{U_{\text{bat.}}}{I_b}\,.$$

Dabei wurde der Eingangswiderstand vernachlässigt.

Die Daten eines Transistors sind stark temperaturabhängig. Im besonderen kann bei Erwärmung der Kollektorstrom stark zunehmen.

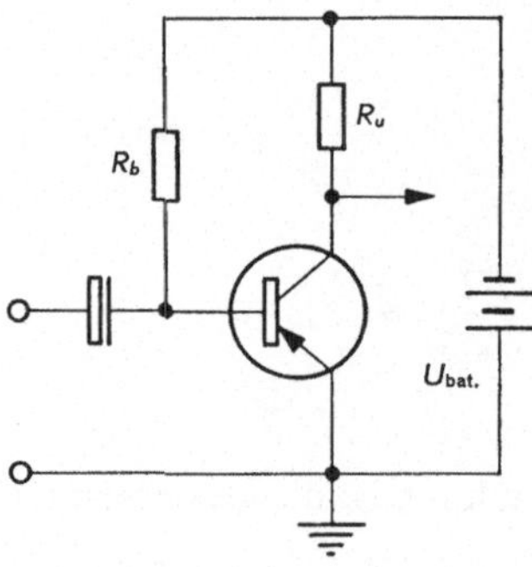

Fig. 164
Transistorspeisung mit einer einzigen Stromquelle

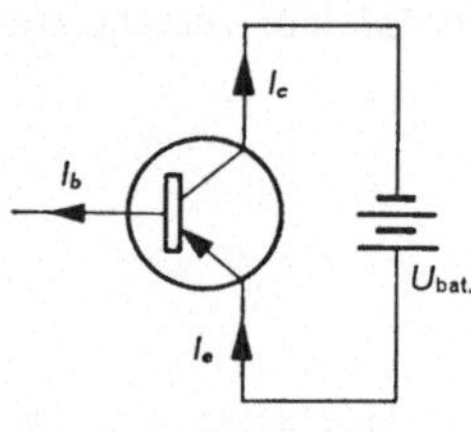

Fig. 165
Konventionelle Stromrichtung in einem p-n-p Transistor.

Wird das 1. Kirchhoffsche Gesetz auf das Schema von Fig. 165 angewendet, so erhalten wir

(172) $$I_e = I_b + I_c\,;$$

also

(173) $$I_c = a\,I_e + I_{c0}\,,$$

wobei α eine konstante Größe darstellt.
Setzen wir in Formel (173) für I_e den Wert aus (172) ein, so erhalten wir:

(174) $$I_c = a\,(I_b + I_c) + I_{c0}\,,$$

woraus wir sukkzessive gewinnen

$$I_c = \frac{a\,I_b + I_{c0}}{1 - a} = \beta\,I_b + \frac{1 - a + a}{1 - a}\,I_{c0}\,,$$

(175) $$I_c = \beta\,I_b + I_{c0}\,(1 + \beta) = \beta\,I_b + I'_{c0}\,.$$

Somit wird:

(176) $$\boxed{\begin{array}{c} I'_{c0} = I_{c0}\,(1 + \beta) \\ I_{c0} \text{ und } I'_{c0} \text{ in } \mu\mathrm{A} \end{array}}$$

Somit ist der Strom I'_{c0} ungefähr β-mal größer als I_{c0}.
Als *Beispiel* wollen wir berechnen, wie groß I'_{c0} wird, bei einem Transistor OC71, dessen mittlerer Strom I'_{c0} bei 25 °C = 8 μA ist.
Für $\beta = 50$ wird I'_{c0}:

(177) $$I'_{c0} \approx \beta \cdot I_{c0} = 50 \cdot 8 = 400\ \mu\mathrm{A}.$$

Die Stärke des Stromes I_{c0} verdoppelt sich jedesmal, wenn die Temperatur beim-Germanium-Transistor um 10 °C und beim Silizium-Transistor um 5,5 °C steigt.

98. Thermischer Widerstand

Der Hauptteil der Wärmeleistung eines Transistors tritt am Übergang Basis-Kollektor auf. Diese Wärme wird über den Kristallkörper und das Gehäuse abgeleitet. Letzteres wird meistens durch die umgebende Luft gekühlt. Die Wärmeleistung ist direkt proportional dem Temperaturunterschied zwischen Stoßstelle und Luft und umgekehrt proportional einer vom Transistor abhängigen Konstanten K. Sie wird definiert durch:

$$P = \frac{t_j - t_{amb.}}{K} = \frac{\Delta t}{K}, \tag{178}$$

wobei:

t_{amb} = Umgebungstemperatur
t_j = Temperatur des Übergangs

Die Größe P entspricht einem Wärmestrom. Δt entspricht einer Potentialdifferenz. Deshalb wird K, dem Charakter nach ein Widerstand, als thermischer Widerstand bezeichnet.
Sobald im Wärmehaushalt ein Gleichgewichtszustand eingetreten ist, ist die Wärmeleistung gleich der elektrischen Verlustleistung im Kollektor. Daraus folgt:

$$P = P_c = U_c\, I_c = U_c\,(\beta I_b + I'_{c0}), \tag{179}$$

woraus:

$$P_c = \frac{\Delta t}{K} \tag{180}$$

K in °C/mW, P_c in mW

Der thermische Widerstand hängt von der Bauart des Transistors ab. Er wird vom Hersteller angegeben. Die Kühlung des Transistors ist um so besser, je kleiner K ist. Wird ein Transistor auf eine Kühlplatte oder auf das Chassis montiert, so ergibt sich der thermische Widerstand K als Summe der partiellen thermischen Widerstände, die in Serie zueinander liegen.
Als *Beispiel* nehmen wir einen Transistor OC72 bei der Umgebungstemperatur von 25°C. Ohne Kühlplatte haben wir am Kollektor eine Maximalleistung P_c:

$$P_c = \frac{t_j - t_{amb.}}{K} = \frac{75 - 25}{0{,}4} = 125 \text{ mW};$$

Mit einer Kühlplatte erhalten wir

$$P_c = \frac{75 - 25}{0{,}3} = 166 \text{ mW}.$$

Die Kollektorleistung steigt mit der Temperatur an. Soll deshalb der Transistor nicht gefährdet werden, so muß der Kollektorstrom stabilisiert werden.

99. *Stabilisierung und Polarisation von Transistoren*

Wie wir nun wissen, hängen die Ströme in einem Transistor in starkem Maße von der Temperatur und von den Speisespannungen ab. Die Daten, welche von den Herstellern angegeben werden, sind Mittelwerte. Diese können für Transistoren derselben Art stark streuen. Deshalb kann das in einem Transistorverstärker verarbeitete Signal unzulässig verzerrt werden, wenn der Verstärker nicht in hinreichender Weise stabilisiert wird.

Im folgenden wollen wir die gebräuchlichste Schaltung, die Emitterschaltung bei ihrer Stabilisierung mit Gegenkopplung oder mit Thermistoren betrachten.

Fig. 166a zeigt das Prinzipschema einer Schaltung, die mit Stromgegenkopplung (siehe auch Kapitel 9) arbeitet und die durch zwei Stromquellen gespeist wird. Die Gegenkopplung für die Gleichstromkomponente erfolgt durch den Widerstand R. Die Gegenkopplung für die Wechselstromkomponente wird durch den Kondensator C unwirksam gemacht. Ohne diesen Kondensator würde sich dagegen die Gegenkopplung auch auf den Wechselstromanteil auswirken. Wenn die Stärke des Kollektorstroms I_c ansteigt, (langsame Änderung) so nimmt auch die Spannung an den Klemmen von R zu. Diese Spannungszunahme führt zu einer Abnahme des Basisstromes und bringt dadurch den Kollektorstrom wieder auf seinen ursprünglichen Wert zurück.

Die Speisung einer Emitterstufe und ihre gleichzeitige Polarisation lassen sich leicht durch eine einzige Stromquelle bewerkstelligen (Fig. 166b). Eine Schaltung dieser Art muß besonders sorgfältig stabilisiert werden. Dazu nimmt man außer einer Stromgegenkopplung auch noch eine Spannungsgegenkopplung (Fig. 166c und d) oder auch einen Thermistor (Fig. 166e) zu Hilfe.

In der durch Fig. 166c dargestellten Schaltung wirkt die Gegenkopplung auf die Gleichstrom- und auf die Wechselstromkomponente. In der Schaltung nach Fig. 166d dient C_1 wieder zur Begrenzung der Gegenkopplung auf die Gleichstromkomponente.

Die Schaltung mit einem temperaturabhängigen Thermistor wird vorzugsweise zur Stabilisierung von Leistungsverstärkerstufen benutzt. Die Wirksamkeit der Stabilisierung hängt zur Hauptsache vom ohmschen Widerstand des Thermistors ab. Dieser Wert sollte klein sein, was oft die Amplitude des Eingangssignals stark beeinträchtigt.

Eine große Stabilität läßt sich durch die Kombination der Gegenkopplung mit einem Thermistor (Fig. 166f) erreichen.

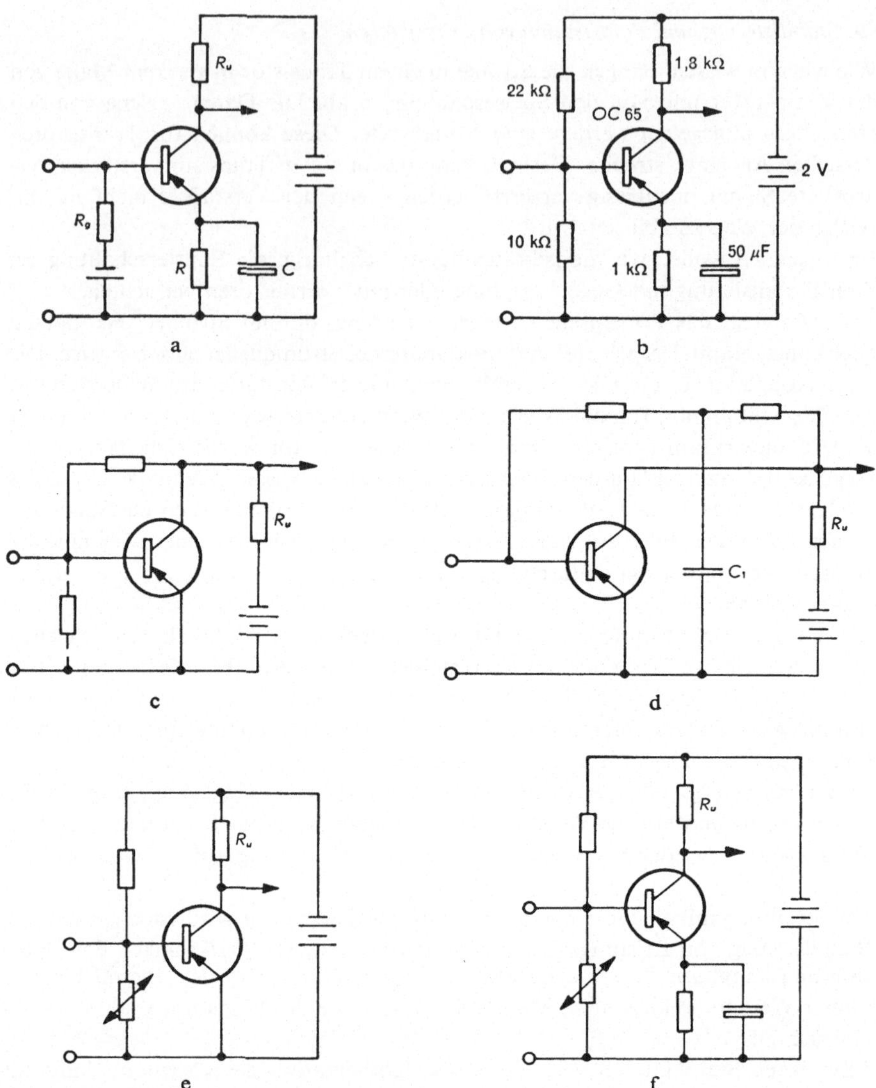

Fig. 166
Speisung und Stabilisierung von Transistoren
a) und b) Stabilisierung mit Stromgegenkopplung
c) und d) Stabilisierung mit Spannungsgegenkopplung
e) Stabilisierung mit Thermistor
f) Gemischte Schaltung

100. Spannungsverdopplerschaltungen

Wenn man eine höhere Speisespannung benötigt, als diejenige, welche die normale Gleichrichteranordnung ergibt, so muß man sie mit Hilfe einer Spannungsverdopplerschaltung, mit Röhren- oder Halbleiterdioden, erhöhen.
Die nachfolgende Fig. 167 stellte die Spannungsverdopplung nach Greinacher dar.

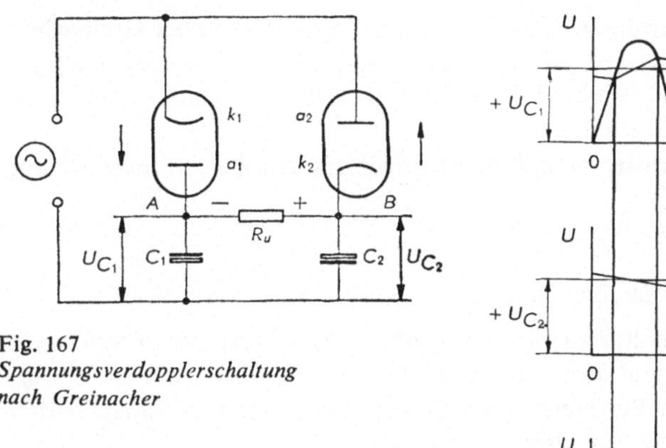

Fig. 167
Spannungsverdopplerschaltung nach Greinacher

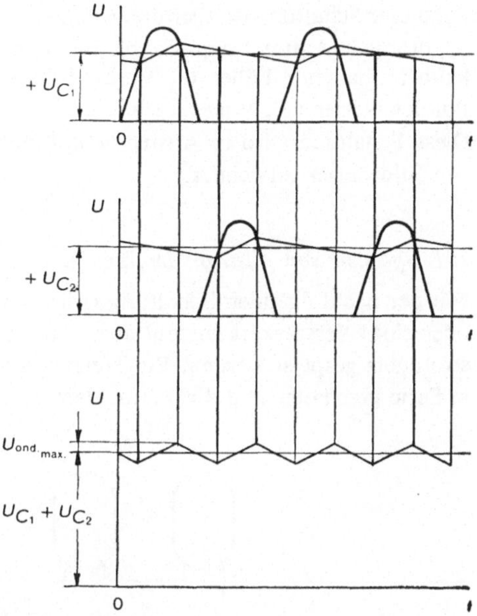

Fig. 168
Welligkeitsspannung am Verbraucherwiderstand R_u in der Greinacher-Spannungsverdopplerschaltung

In dieser Schaltung ist die Anode a_1 während der positiven Halbwelle positiv. Ein Elektronenfluß läuft von k_1 nach a_1, wodurch der Kondensator C_1 aufgeladen wird. In der darauffolgenden Halbwelle wird die Anode a_2 positiv. Der Elektronenfluß geht jetzt von k_2 zu a_2, wodurch der andere Kondensator C_2 aufgeladen wird.

Die Kondensatoren C_1 und C_2 liegen zwischen den Punkten A und B in Serie. Dadurch addieren sich die Gleichspannungen von C_1 und von C_2. Auf diese Weise ist die Spannung zwischen A und B doppelt so groß wie die Spannung an einem der beiden Kondensatoren.

Mit dieser Schaltung wird die Welligkeitsspannung geringer als bei der Einweggleichrichtung, weil die Welligkeitsfrequenz das Doppelte der Netzfrequenz beträgt (Fig. 168).

Man kann auch mit der Schaltung nach Fig. 169 eine Spannungsverdoppelung erreichen.

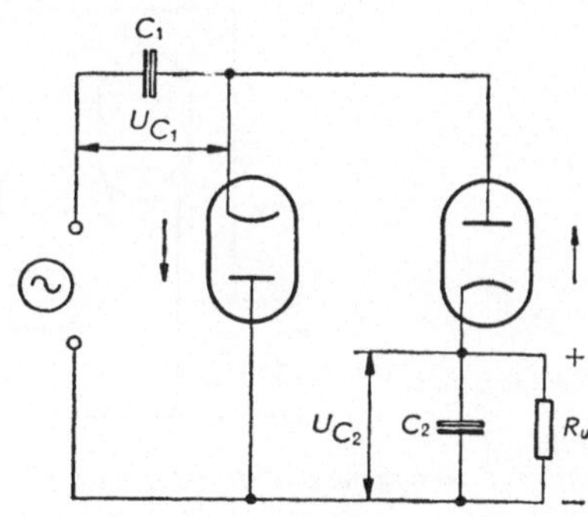

Fig. 169
Spannungsverdopplerschaltung, bei welcher der Verbraucherwiderstand R_u einpolig am Netz liegt

Bei dieser Schaltung ist aber die Welligkeitsspannung größer als in der Greinacherschaltung und ihre Frequenz bleibt dieselbe wie diejenige des Netzes. Dagegen kann in manchen Fällen die Verbindung des Verbraucherwiderstandes mit einem Pol des Netzes von Vorteil sein.
Diese Schaltung wird in Allstromempfängern sowie zur Anodenstromversorgung von Bildröhren verwendet.

101. Speisung von Allstromempfängern

Mit der nachfolgenden Schaltung (Fig. 170) kann der Heizkreis eines Empfängers oder eines Verstärkers sowohl aus dem Wechselstrom- wie auch aus dem Gleichstromnetz gespeist werden. Ein Heiztrafo fällt weg. Die Röhrenheizfäden werden in Serie geschaltet und direkt aus dem Netz gespeist.

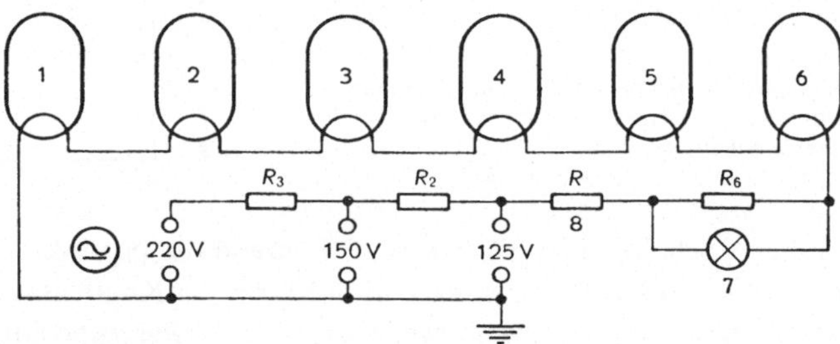

Fig. 170
Heizstromkreis eines Allstromempfängers

Wenn die Netzspannung größer ist als der Spannungsverbrauch aller in Serie geschalteten Heizfäden, so wird die überschüssige Spannung in einem Vorschaltwiderstand R vernichtet.
Damit ein solcher Empfänger an verschiedene Netzspannungen angeschlossen werden kann, werden zusätzliche Widerstände R_2, R_3 usw. vorgesehen (Fig. 170). In gepflegten Schaltungen wird anstelle eines Widerstandes ein Stromstabilisator (Eisen-Wasserstoff-Widerstand R_{Fe} Fig. 171) in Serie geschaltet. Im Einschalt-

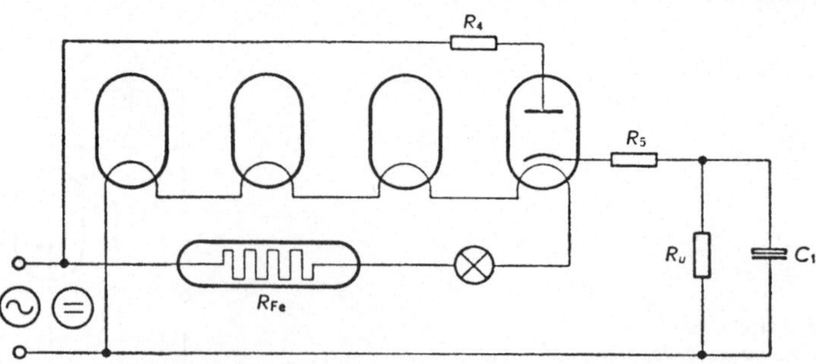

Fig. 171
Allstromversorgung mit Stromregulatorröhre R_{Fe}

moment, im kalten Zustand, haben die Heizfäden einen kleinen Widerstand. In diesem Zustand schützt sie der Regelwiderstand vor einem zu großen Einschaltstromstoß.
Der Heizstrom ist bei den für den Allstrombetrieb bestimmten Röhren im allgemeinen niedriger als derjenige für die übrigen Röhren. Dagegen weisen die Allstromröhren allgemein eine höhere Heizspannung auf. Dadurch ist es möglich, den Leistungsverlust im Vorschaltwiderstand R klein zu halten.
Die Reihenfolge der Röhren in der Serienschaltung ist nicht beliebig. In Fig. 170 liegen die Kathoden der Röhren 1–6 an einem der beiden Netzpole. Das bedingt also zwischen Kathode und Heizfaden einen Spannungsunterschied, der zu Brummstörungen führen kann. Die Gefahr eines solchen Brummens ist für die Röhren, die der Masse am nächsten liegen, am kleinsten. Daher empfehlen die Röhrenhersteller etwa folgende Reihenfolge:

Chassis – Demodulator (1) – NF-Vorröhre (2) – Mischröhre (3) – ZF-Stufe (4) – Endröhre (5) – Gleichrichterröhre (6) – Skalenlampe (7) – Vorwiderstand oder Regelröhre R_{Fe} (8)

Sind die Heizströme der einzelnen Röhren verschieden, so sind entsprechende Widerstandskombinationen (Shunt) erforderlich (Fig. 172).

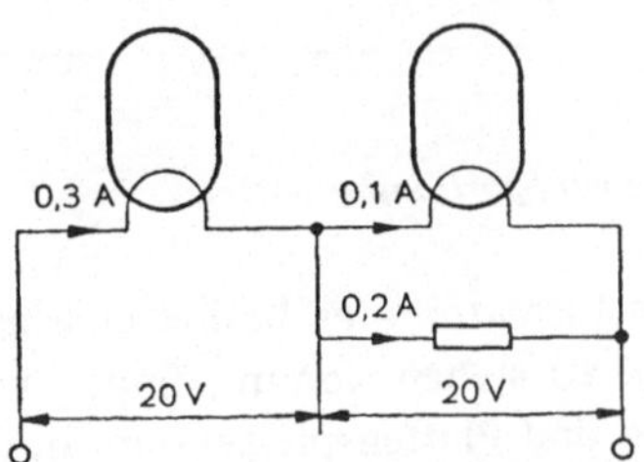

Fig. 172
Schaltung zweier Heizfäden in Serie mit verschiedenen Heizströmen

In Allstromschaltungen wird oft ein Widerstand R_5 der Filterdrossel vorgeschaltet. Auf diese Weise wird die Gleichspannung begrenzt, wenn der Empfänger am Wechselstromnetz betrieben wird, denn der Spannungsabfall in diesem Widerstand ist geringer bei Gleichstrombetrieb als beim Betrieb am Wechselstromnetz.
Der Widerstand R_4 (Fig. 171) ersetzt den Widerstand des Netztransformators. Er verhindert eine Überlastung der Gleichrichterröhre.
Der parallel zur Skalenlampe liegende Widerstand R_6 schützt diese Lampe im Einschaltmoment. Außerdem sichert er den Weiterbetrieb auch im Falle des Durchbrennens der Skalenlampe, weil er den Heizstromkreis weiterhin schließt.
Wird der Allstromempfänger am Gleichstromnetz betrieben, so muß der Plus-Pol des Gleichstromnetzes mit der Anode der Gleichrichterröhre verbunden sein, da andernfalls die Gleichrichterröhre den Gleichstromdurchgang sperrt.
In den meisten Fernsehempfängern wird die Energieversorgung in der Allstromschaltung vorgenommen.

102. Wechselstrombetrieb mit Spartransformator

Diese Schaltung stellt eine Kombination des Wechselstromempfängers mit dem Allstrombetrieb dar (Fig. 173). Sie eignet sich jedoch ausschließlich zum Betrieb an einem Wechselstromnetz. Die Heiz- und die Hochspannung werden von einem Spartransformator abgegeben. Die Heizfäden werden in Serie geschaltet und an die Primärwicklung angeschlossen. Die Skalenlampen liegen an einer Sekundärwicklung, wodurch Überlastungen beim Einschalten vermieden werden. Außerdem erlaubt der Spartransformator die Entnahme einer hohen Wechselspannung, die auch bei verschieden hohen Netzspannungen größer und stabiler ist als beim Allstromtypus.

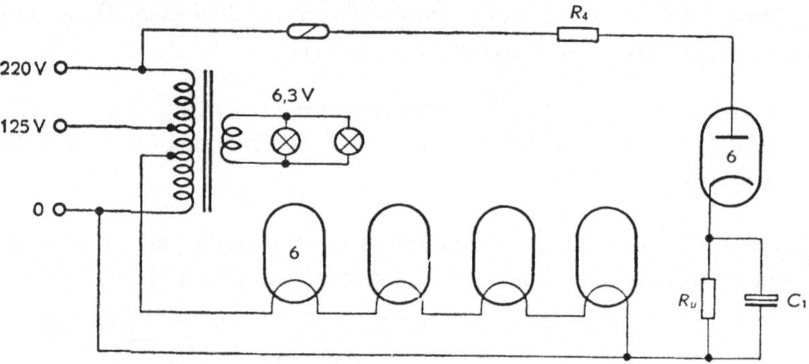

Fig. 173
Wechselstrombetrieb mit Spartransformator

Da der Spartransformator – er besitzt eine gemeinsame Primär- und Sekundärwicklung – billig zu stehen kommt, finden wir diese Ausführung bei einfachen Radio-Apparaten und Plattenspielgeräten. In dieser Schaltung liegt der Minuspol der Anodengleichspannung an einem Netzpol.

103. Speisung aus Trockenbatterien

Es ist das die übliche Versorgungsart für Transistorgeräte sowie für einige Spezialgeräte mit Elektronenröhren. In letzterem Fall umfaßt die Energieversorgung eine Heizstromquelle, eine Anodenbatterie und eine Spannungsquelle für die Gittervorspannung (Fig. 174).
Die Batterie für die Gittervorspannung kann weggelassen werden, indem die Schaltung nach Fig. 175 ausgeführt wird. Der zwischen der Anoden- und der Heizstromquelle liegende Widerstand R erzeugt den für die Gitterspannungen notwendigen Spannungsabfall. Werden verschiedene Vorspannungen benötigt, so wird anstelle von R ein entsprechender Spannungsteiler verwendet.

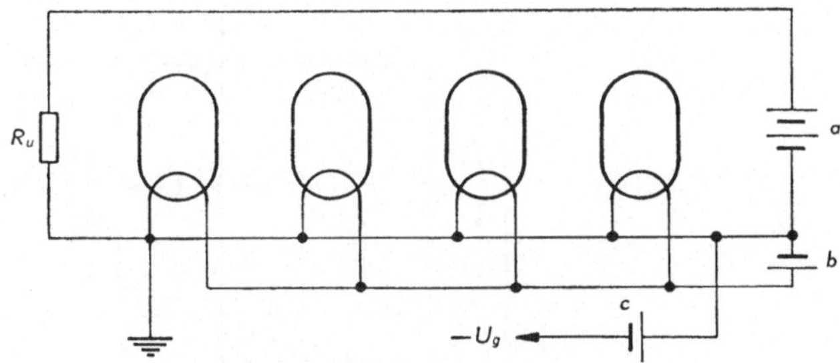

Fig. 174
Speisung aus Trockenbatterien
a Anodenspannungsquelle; b Heizbatterie; c Gittervorspannungsbatterie

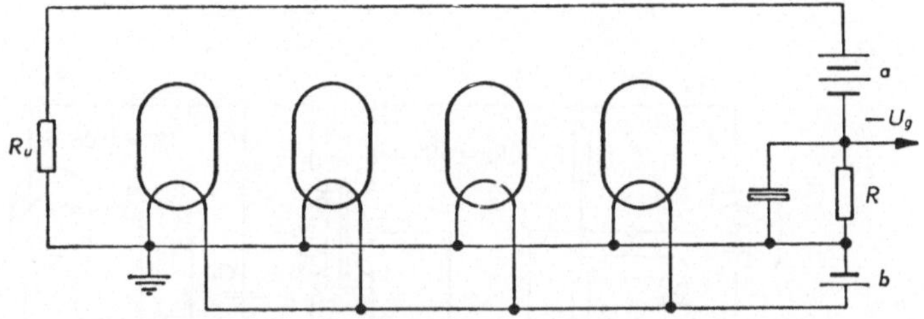

Fig. 175
Schaltung zur selbsttätigen Erzeugung der Gittervorspannung
a Anodenspannungsbatterie; *b* Heizspannungsbatterie

Um den Stromverbrauch möglichst gering zu halten, wurden besondere Röhrentypen entwickelt. Verwendet wird dabei die direkte Heizung mit Heizströmen von 25 bis 100 mA. Die Heizspannung ist ebenfalls niedrig und liegt zwischen 0,625 und 4 Volt.

104. Vibratorbetrieb

In Autoradios sowie in Apparaten für den Flugverkehr verfügt man in der Regel nur über Akkumulatoren von 6, 12 oder 24 Volt als Stromquellen. Damit können zwar die Heizfäden von Elektronenröhren direkt gespeist werden, dagegen muß die hohe Anodenspannung mit einem Vibrator erzeugt werden.
Wie aus Fig. 176 hervorgeht, wird der Stromkreis des Akkumulators periodisch durch einen sog. asynchronen Vibrator unterbrochen. Dadurch wird in der Primärwicklung des Transformators ein Wechselstrom induziert, dessen Frequenz durch die Geschwindigkeit der Schwingfeder *l* bestimmt wird. Auf diese Weise kann an der Sekundärwicklung eine hohe Wechselspannung abgenommen werden. Diese Wechselspannung wird durch einen Röhrengleichrichter oder durch Trockengleichrichter gleichgerichtet.

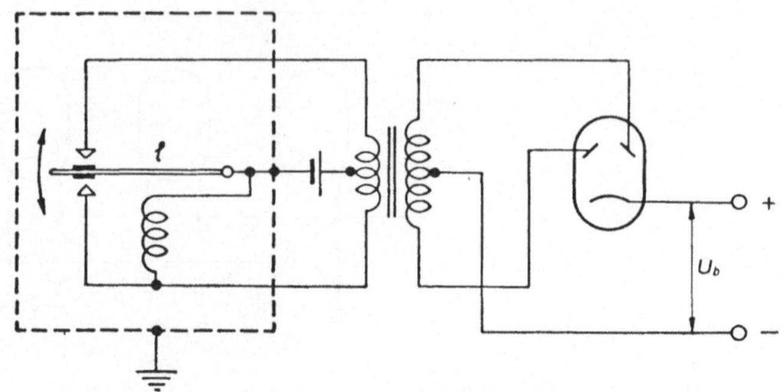

Fig. 176
Prinzipschaltung einer Anodenspannungsversorgung mit einem asynchronen Vibrator

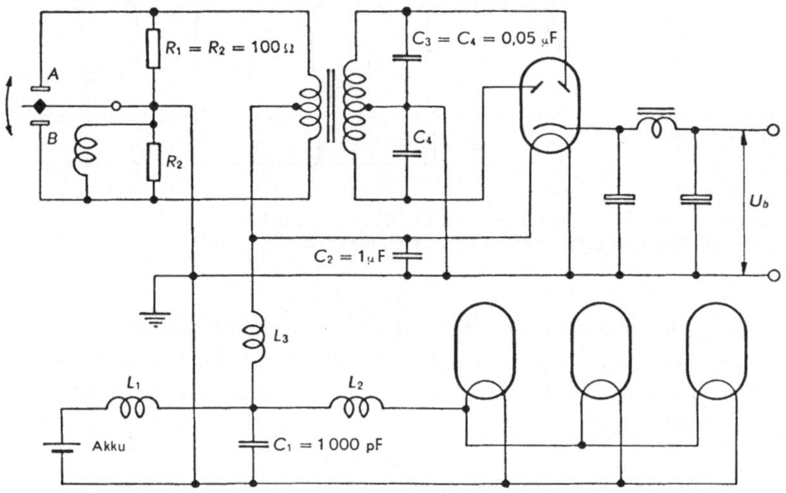

Fig. 177
Schaltung einer Vibratorspeisung

Die Fig. 177 zeigt die vollständige Schaltung einer Speisevorrichtung mit einem Asynchronvibrator. Zwischen dem Akkumulator und dem Empfänger ist ein Filter geschaltet, bestehend aus dem Kondensator C_1 und der Drossel L_1. Dieses Filter sperrt die Schaltung gegen elektrische Störungen ab, die über den Wagenbatteriekreis durch Zündung, Dynamo usw. auf den Empfänger einwirken können. Die Spulen L_2 und L_3 sperren die Störungen, die der Vibrator verursacht, ab, während die Kondensatoren C_1, C_2, C_3 und C_4 diese Störungen ableiten. Die Widerstände R_1 und R_2 dämpfen die Stromspitzen des über A und B fließenden Stroms.

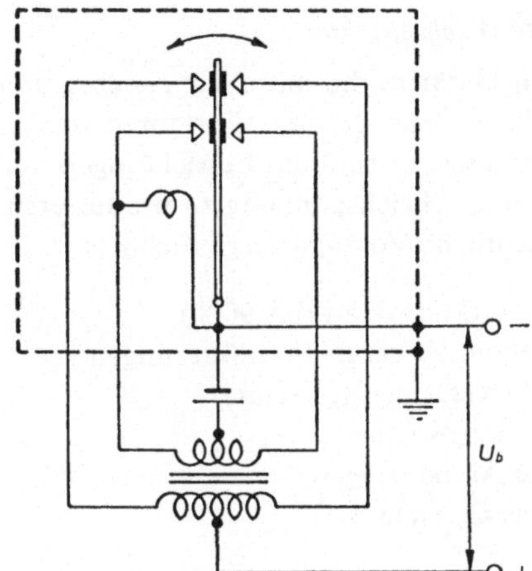

Fig. 178
Synchronvibrator

Die Gleichrichtung kann auch mit einem sog. Synchronvibrator vorgenommen werden. Ein solcher Vibrator besitzt, entsprechend Fig. 178, zwei zusätzliche Kontakte. Durch diese wird die Wechselspannung auf der Sekundärseite gleichzeitig mit dem Zerhacken des Gleichstroms auf der Primärseite gleichgerichtet.

Gewisse Empfänger können sowohl über einen Vibrator wie auch durch das Netz gespeist werden (Fig. 179).

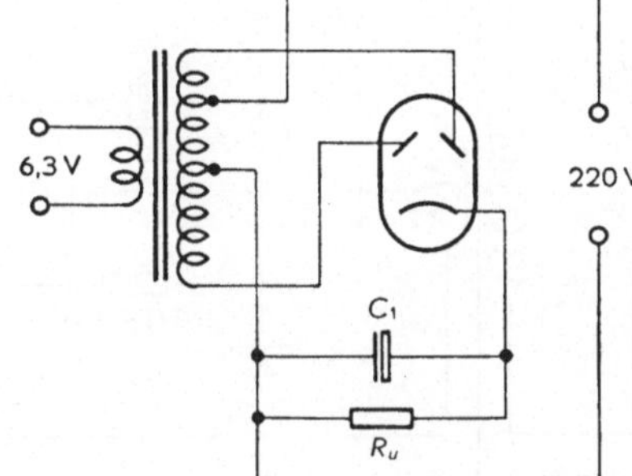

Fig. 179
Schaltung zum wahlweisen Netz- oder Vibratorbetrieb

Die Sekundärwicklung ist so eingerichtet, daß sie bei Netzbetrieb als Spartransformator wirkt, während die Primärwicklung die Heizkreise versorgt.
Empfänger und elektronische Geräte mit großer Leistungsaufnahme werden durch Umformer (Einankerumformer, Motorgeneratoren) gespeist.

105. Transistorisierte Wechselrichter

In röhrenbestückten Geräten, die mit einer Niederspannungsquelle gespeist werden, ersetzt man die Umformer und Vibratoren in zunehmendem Maße durch Transistor-Wechselrichter. Es sind das Einrichtungen, die in der Lage sind, Wechselspannungen aus einer Gleichspannung zu produzieren. Diese Apparate werden durch folgende wesentliche Vorzüge ausgezeichnet:

hoher Wirkungsgrad (bis 90%)
unempfindlich gegen Erschütterungen
keine beweglichen Kontakte
große Lebensdauer
geringe Abmessungen
geringes Gewicht.

Die Arbeitsweise entspricht im Prinzip derjenigen eines Vibrators. Je nach der benötigten Leistung arbeiten sie mit ein bis zwei Transistoren, welche die Schaltfunktionen übernehmen.

Fig. 180 zeigt einen Wechselrichter mit zwei Transistoren. Abwechslungsweise gesperrt oder leitend, arbeiten sie wie in einem Rechteckgenerator in symmetrischer Bauart mit Transformatorkopplung.

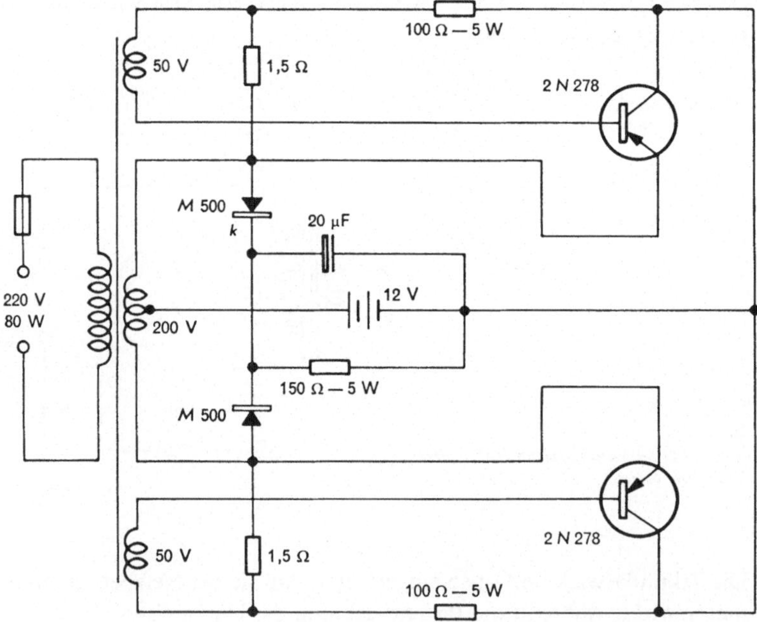

Fig. 180
Leistungswechselrichter mit Transistoren

Wir wollen den Augenblick festhalten, wo einer der beiden Transistoren sperrt. Die Basis dieses Transistors wird mehr oder weniger negativ gegenüber dem Emitter, wegen der Kopplung über den Transformator, dessen Wicklungen entsprechend angeschlossen sind. Dadurch wächst die Kollektorstromstärke an und ruft eine positive Reaktion hervor, bis der Transistor gesättigt ist. Der Arbeitspunkt gelangt dadurch in den Knick der oberen Kennlinie der I_c/U_c-Charakteristik. Seine Lage ist abhängig von der Kollektorspannung U_{c0} und von der Lastimpedanz. Dagegen ist die Lage des Arbeitspunktes unabhängig vom Basisstrom, sofern dessen Stärke größer ist als der $I_{c\,max}$ entsprechende Wert. Da der Basisstrom von der Geschwindigkeit der Flußänderung im magnetischen Kreis abhängt, ist dieser gesättigt, sobald der Sekundärstrom durch Null geht. Die Flußänderung wird schwächer als vorher. Dadurch nimmt der Basisstrom ab: der Arbeitspunkt kommt auf die untere Kennlinie der I_c/U_c-Charakteristik zurück und damit wird der zweite Transistor leitend. Alsdann beginnt der Zyklus von vorne.

Die Transistoren erhalten ihre Vorspannungen über die Widerstände 1,5 Ω und 100 Ω. Die auf die Streuinduktivität zurückzuführenden Überspannungen werden durch den Kreis ausgesiebt, der aus den Dioden M 500, dem Kondensator 20 μF und dem Widerstand 150 Ω gebildet wird. Nur die Spannungsspitzen werden abgeflacht, so daß der Wirkungsgrad der Schaltung nicht beeinflußt wird. Zur Verbesserung der Abkühlung der Transistoren kann man deren Kollektoren an Masse legen.

106. Spannungsstabilisierung mit Elektronenröhren und mit Transistoren

Die Schwankungen der Netzspannung oder des Stromes im Lastwiderstand verursachen Schwankungen der gleichgerichteten Spannung. Für gewisse Zwecke muß aber diese Gleichspannung, gleichgültig ob von hoher oder niedriger Spannung, sehr stabil sein. Wir haben bereits gesehen, daß es möglich ist, eine Spannung mit einer Stabilisatorröhre oder mit einer Zenerdiode zu stabilisieren. Wird aber eine noch größere Stabilität verlangt, wie z.B. bei großen Lastschwankungen, so muß mit Röhren oder einem verstärkenden Transistor stabilisiert werden. Wir wollen im folgenden nur die gebräuchlichsten Regeleinrichtungen betrachten, nämlich jene mit Serieschaltung.

a) Stabilisierung mit Röhren

Eine Regelung kann dadurch erzielt werden, daß man die Leitfähigkeit einer Röhre mit kleinem Innenwiderstand (Fig. 181 – Röhre 6A5G) verändert. Die Kathode einer verstärkenden Triode (EBC41) ist durch die Stabilisatorröhre (85A2) auf konstantem Potential gehalten. Die Vorspannung des Gitters wird dadurch bewerkstelligt, daß dieses Gitter auf ein positives Potential gebracht wird, das unterhalb demjenigen der Kathode liegt.

Wächst U_2, so nimmt die Spannung zwischen Gitter g und Masse zu. Dasselbe ist der Fall für den Anodenstrom der Verstärkerröhre EBC41 und für den Spannungsabfall am Widerstand R. Da dieser Widerstand fest ist, wird das Gitter der Regelröhre 6A5G negativer. Die Leitfähigkeit dieser Röhre nimmt ab. Dadurch wächst der Innenwiderstand R_i und auch der Spannungsabfall zwischen Kathode und Anode nimmt zu.

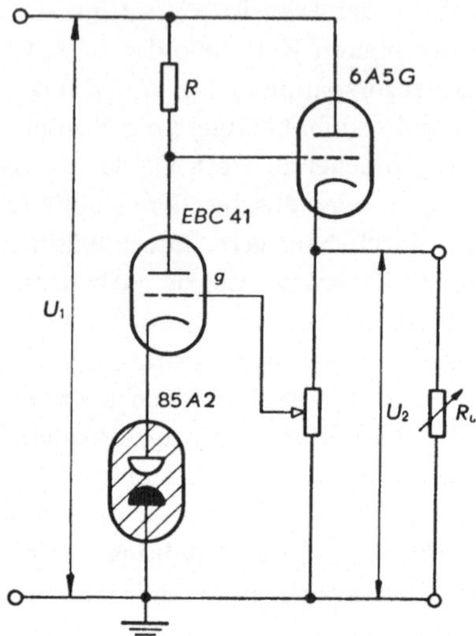

Fig. 181
Röhrenstabilisierung

Infolge dieses steigenden Spannungsabfalls nimmt der Strom im Lastwiderstand R_u wieder seinen normalen Wert an, ebenso auch die Spannung U_2. Wäre die Spannung U_2 jedoch kleiner geworden, so hätte ein umgekehrter Vorgang eingesetzt.

Mit einer solchen Einrichtung lassen sich Spannungsschwankungen unter 0,01 V pro mA halten. Außerdem wird durch diese Schaltung die Siebwirkung verbessert und der Innenwiderstand des Gleichrichters herabgesetzt.

b) Stabilisierung mit Transistoren

Das Prinzip der Arbeitsweise einer transistorisierten Stabilisierung ist ähnlich demjenigen der Röhrenstabilisierung. In dieser Schaltung ersetzen die Transistoren die Röhren und die Zenerdiode (im Sinne des Sperrstromes verwendbare Diode) die gasgefüllte Stabilisatorröhre.

Die Spannungsschwankungen wirken auf die Basis des verstärkenden Transistors T_1, dessen Emitter dank der Zenerdiode auf einem konstanten Potential liegt. Die Verbindung zwischen den Verstärker- und Regelstufen ist direkt. Der Transistor T_1 mit schwacher Leistung kann deshalb den Leistungstransistor steuern. Das Potentiometer P erlaubt die Einstellung der Ausgangsspannung von Hand. Dadurch wird die Basis-Vorspannung von T_1 festgelegt.

Stabilisierungsvorrichtungen für Laboratorien, die wechselnden Belastungen ausgesetzt sind, müssen gegen Überlastungen geschützt werden.

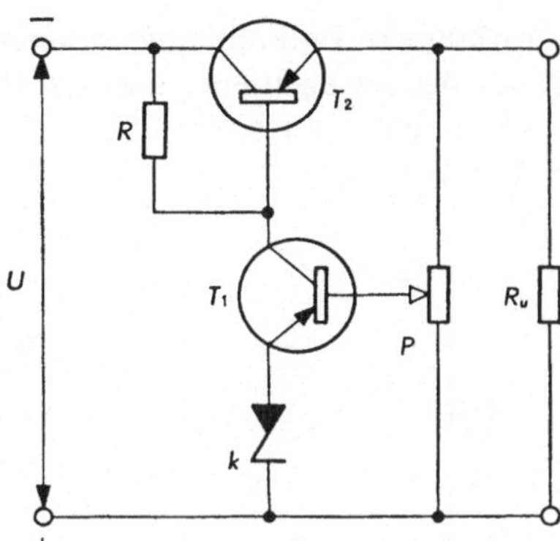

Fig. 182
Stabilisierung mit Transistoren

107. Entkopplungskondensatoren. Anoden- und Kollektorfilter

Gemeinsame Versorgungsleitungen können zu störenden Kopplungen führen, zwischen HF–NF-Kreisen und Masse, Gitterkreisen usw. Solche unerwünschten Kopplungen lassen sich vermeiden durch Entkopplungsfilter oder auch nur durch Entkopplungskondensatoren.

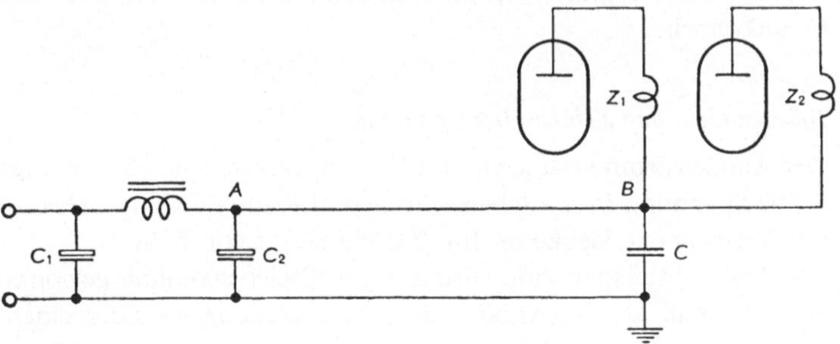

Fig. 183
Anschluß eines Entkopplungskondensators C

Das Schaltbild 183 zeigt einen häufigen Fall von unerwünschter Kopplung. Die Verbindungsstrecke *A–B* ist beiden Röhrenkreisen gemeinsam. Diese Anodenspannungsversorgung führt zu Kopplungen zwischen Z_1 und Z_2. Diese wären vernachlässigbar, wenn der Kondensator C_2 eine »reine« Kapazität darstellen würde. In Wirklichkeit ist aber C_2 ein Elektrolytkondensator, der mit einem Serie-Verlustwiderstand behaftet ist. Über diesen Widerstand erfolgt die Kopplung, da die an ihm auftretende Spannung beiden Kreisen gemeinsam ist. Um diese Kopplung zu beseitigen, schaltet man den Entkopplungskondensator *C* (Papierkondensator 0,1–0,5 μF) zwischen *B* und Masse.

Wird eine noch wirksamere Entkopplung verlangt, so schaltet man in Serie mit dem Lastwiderstand oder der Lastimpedanz jeder Röhre einen zusätzlichen Widerstand R, entkoppelt durch einen Kondensator C. Diese R/C-Kombination stellt ein Anodenfilter (Fig. 184) dar.

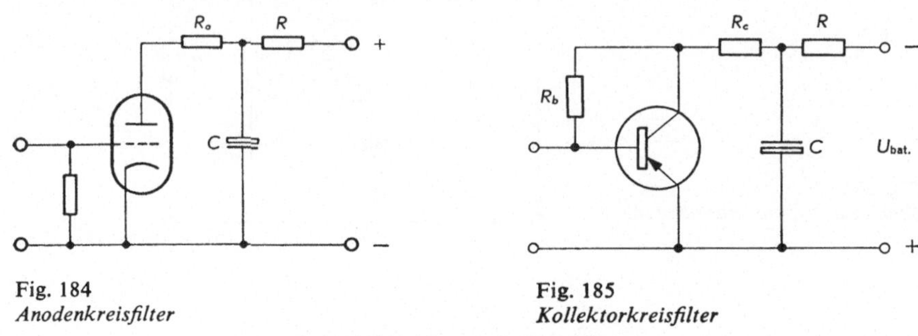

Fig. 184
Anodenkreisfilter

Fig. 185
Kollektorkreisfilter

R_a Arbeitswiderstand; RC Filter

Der Widerstand R wird etwa gleich 0,1 R_a gewählt. Die Kapazität C wird so bestimmt, daß ihr kapazitiver Widerstand kleiner als 0,1 R ist, bezogen auf die tiefste zu übertragende Frequenz.
Für die zweite Röhre wird das Anodenkreisfilter außerdem als zusätzliche Siebkette für die Welligkeitsspannung wirken.
Analoge Filter wendet man in Transistorverstärkern an, um die einzelnen Stufen zu entkoppeln.

108. Anoden- und Schirmgitterspannung

Der Anodenstrom verursacht am Widerstand R_a einen Spannungsabfall. Dadurch ist die Spannung U_a zwischen Anode und Kathode kleiner als die Gleichspannung am Ausgang der Siebkette. Ihre Größe hängt von I_a ab.
Die Schirmgitterspannung wird aus der Gleichspannung gewonnen. Falls sie kleiner sein muß als die Anodenspannung, so kann sie über einen aus R_1 und R_2 (Fig. 186a) gebildeten Spannungsteiler oder über einen Widerstand R_1 (Fig. 186b) der in Serie zum Schirmgitter gelegt wird, gewonnen werden.

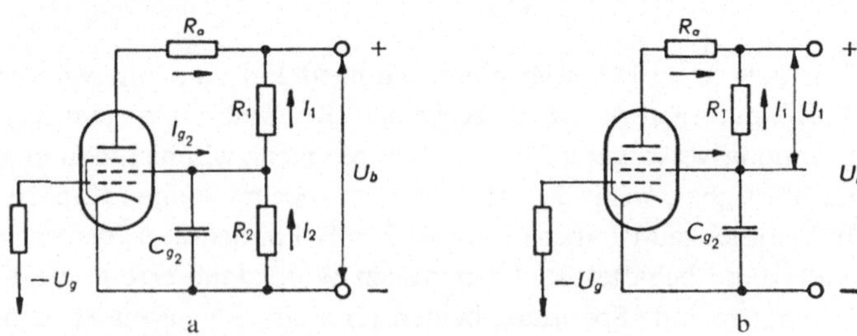

Fig. 186
Schirmgitterspannung
a) über Spannungsteiler; b) über Seriewiderstand

Das Schirmgitter g_2 muß immer über einen Kondensator C_{g2} entkoppelt werden. Andernfalls würden am Schirmgitter Wechselspannungen auftreten. Auch hier ergibt sich die Kapazität aus der Forderung, daß der kapazitive Widerstand kleiner als 0,1 R_1 sein muß, bezogen auf die tiefste Übertragungsfrequenz.
Wenn Leistungstetroden oder Leistungspentoden als Endröhren verwendet werden (siehe Kapitel 7), so wird ihr Schirmgitter meistens direkt mit dem Plus-Pol von U_b verbunden. In diesem Fall wird der Siebkondensator C_2 der Siebkette als Entkopplungskondensator benutzt.
Bei sehr steilen Endröhren schaltet man in Serie zum Schirmgitter einen Widerstand von ca. 100 Ohm. Er hat die Aufgabe, Selbsterregungen infolge der inneren Röhrenkapazitäten zu vermeiden.
Wird eine stabile Schirmgitterspannung verlangt, so verwendet man einen Spannungsteiler. In dieser Schaltung hängt die Schirmgitterspannung U_{g2} von der Speisespannung U_b, von den Widerständen R_1 und R_2 und von der Stärke des Schirmgitterstroms I_{g2} ab. Von den Röhrenherstellern werden U_b, R_1 und R_2 meistens angegeben. Der Schirmgitterstrom I_{g2} ergibt sich aus der I_{g2}/U_{g2}-Kurve der betreffenden Röhre.
Daraus läßt sich mit Hilfe des Ersatzschaltbildes Fig. 187 die Spannung U_{g2} bestimmen:

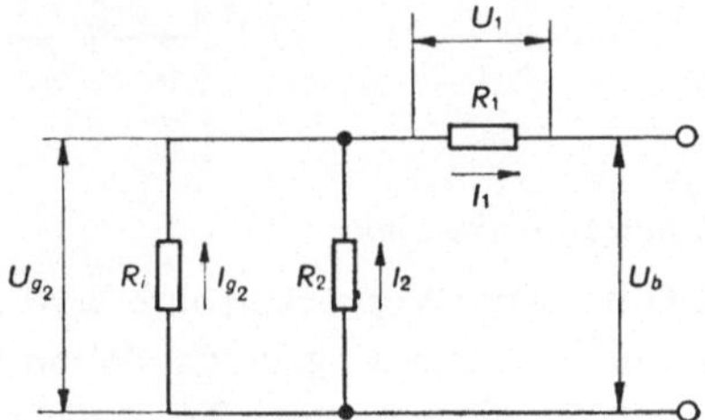

Fig. 187
Ersatzschema für eine Schirmgitterversorgung durch Spannungsteiler

Wir haben:

(181) $$U_b = U_1 + U_{g_2}\,.$$

In dieser Beziehung ist:

(182) $$U_1 = R_1\, I_1 = R_1\,(I_{g_2} + I_2)$$

und

(183) $$U_{g_2} = R_2\, I_2.$$

Indem wir in der Formel (181) U_1 und U_2 durch diese Werte ersetzen, erhalten wir:

(184) $$U_b = R_1\,(I_{g_2} + I_2) + R_2\, I_2.$$

Wir multiplizieren und klammern I_2 aus und erhalten:

$$I_2 = \frac{U_b - R_1 I_{g2}}{R_1 + R_2} . \tag{185}$$

oder, da

$$U_{g2} = R_2 I_2$$

erhalten wir, indem wir I_2 durch seinen Wert ersetzen:

$$U_{g2} = \frac{R_2 (U_b - R_1 I_{g2})}{R_1 + R_2} \tag{186}$$

I_{g2} in A, R_1 und R_2 in Ω, U_b und U_{g2} in V

In der Schaltung nach Fig. 186 b haben wir ganz einfach

$$U_{g2} = U_b - U_1 . \tag{187}$$

109. Feste Vorspannung

Das Gitter einer Verstärkerröhre wird allgemein auf ein negatives Potential, bezogen auf die Kathode, gebracht. Wenn diese Vorspannung mit einer unabhängigen Stromquelle, die aus einem Trockenelement, einer Malory-Zelle (Spezialelement) oder aus einer separaten Gleichrichtereinheit bezogen wird, spricht man von fester Vorspannung (Fig. 188).

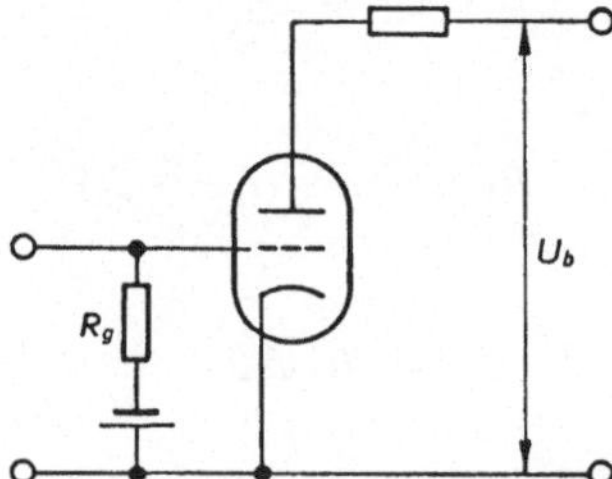

Fig. 188
Feste Vorspannung

Diese Stromquelle muß keinen Strom abgeben. Dennoch erschöpfen sich Trockenelemente durch Alterung.

110. Automatische Vorspannungserzeugung

Wir schalten einen Widerstand R_k zwischen Kathode und den Minus-Pol der Anodenspannungsquelle (Fig. 189). Dabei erzeugt der Kathodenstrom I_k an R_k einen Spannungsabfall. Dieser ist gleich der Vorspannung der Röhre; er ergibt sich aus:

(188)
$$U_k = I_k\ R_k$$
I_k in A, R_k in Ω und U_k in V

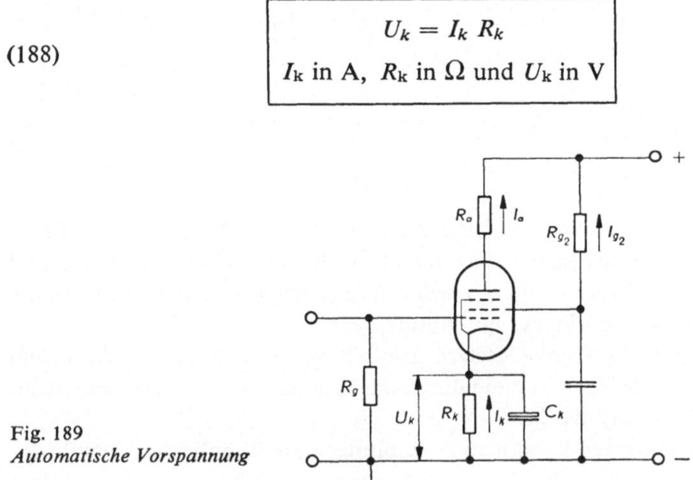

Fig. 189
Automatische Vorspannung

Der Kathodenstrom I_F ergibt sich als Summe aller Elektrodenströme:

(189)
$$I_k = I_a + I_{g2}\,.$$

Der Kathodenstrom fließt als konventioneller Strom von der Masse zur Kathode. Da der Gitterableitwiderstand R_g an Masse liegt, ist daher das Gitter negativ im Bezug auf die Kathode. Es wird also automatisch vorgespannt.

Parallel zu R_k liegt ein Kondensator C_k. Auch hier muß der kapazitive Widerstand unter 0,1 R_k liegen, wiederum bezogen auf die tiefste zu übertragende Frequenz. Dieser Kondensator soll den NF-Wechselstrom möglichst ungehindert durchlassen. Sein Wert liegt bei 10 bis 250 μF. Wird er weggelassen, so tritt eine Stromgegenkopplung auf (vgl. Kapitel 11).

111. Halbautomatische Vorspannungsgewinnung

Die Fig. 190 zeigt eine Schaltung zur halbautomatischen Vorspannungsgewinnung Dazu wird in die gemeinsame Anodenrückführung zum Minus-Pol ein Widerstand R_1 zwischengeschaltet. An diesem Widerstand tritt ein Spannungsabfall auf. Der Punkt A ist negativ in bezug auf den Punkt D, welcher an Masse liegt.

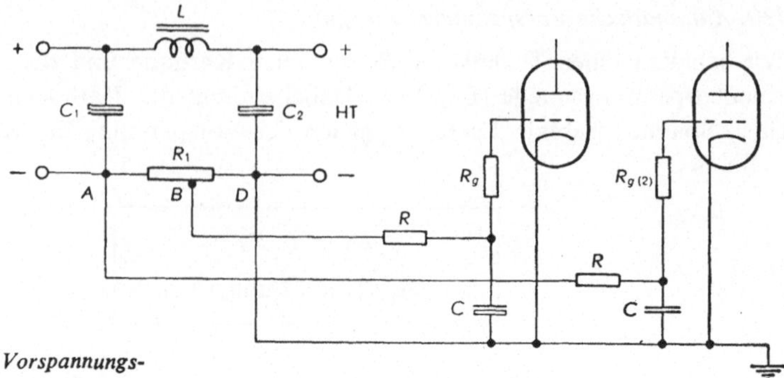

Fig. 190
Halbautomatische Vorspannungserzeugung

Das Gitter, das die größte Vorspannung braucht, wird an *A* über ein *RC*-Filter angeschlossen. Dieses Filter sperrt die Welligkeit ab, die auf das Gitter störend wirken würde. *R* und *C* dieses Filters werden in gleicher Weise bestimmt wie die Elemente eines Anodenkreisfilters (vgl. Absatz 107).

R_1 kann mit Hilfe des Ohmschen Gesetzes ermittelt werden. Man erhält R_1, indem man die benötigte größte Vorspannung durch die Summe aller Gleichströme (Röhren, Spannungsteiler usw.) dividiert.

Für kleinere Vorspannungen kann man Anzapfungen an R_1 anbringen (Punkt *B*).

112. Vorspannung durch den Gitterstrom

Wenn eine Röhre keine Vorspannung erhält, tritt ein Gitterstrom auf. Bei kleinem Eingangssignal (z. B. 0,1 V) kann die Röhre vorgespannt werden, indem ein Gitterwiderstand R_g von mehreren Megohm eingesetzt wird. Der durch R_g abfließende Gitterstrom ruft dann einen kleinen, als Vorspannung dienenden Spannungsabfall hervor.

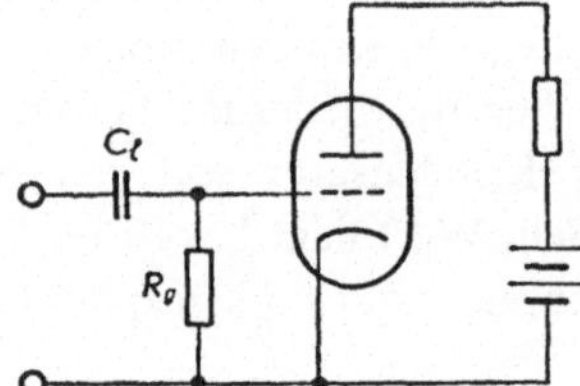

Fig. 191
Vorspannungserzeugung durch den Gitterstrom

Diese Schaltung trifft man in einfachen Empfängern, wo sie zur Vorspannung der 1. NF-Stufe verwendet wird.

5. Kapitel

Elektro-Akustik

113. Ton. Ausbreitungsgeschwindigkeit. Wellenlänge. Frequenz oder Tonhöhe

Schwankt der Luftdruck um seinen normalen Wert periodisch in einem gewissen Frequenzbereich, so empfinden wir das als Ton.

Der Ton wird durch unser Ohr wahrgenommen. Musikinstrumente, die menschliche Stimme, der Fall eines Gegenstandes auf den Boden usw., erzeugen einfache oder komplexe Töne. Eine einfache Tonschwingung kann durch eine Sinuskurve dargestellt werden. Die Schwingung besteht aus sich immer wiederholenden, regelmäßigen Intervallen. Ein solches Intervall (eine Hin- und Herschwingung) wird als Periode T bezeichnet (Fig. 192).

Die Anzahl der Perioden pro Sekunde ergibt die Tonfrequenz oder Tonhöhe; sie ist:

(190)
$$f = \frac{1}{T}$$

f in Hz und T in s.

Die Töne können tief oder hoch sein, je nach der Frequenz der Grundschwingung. Der Schall pflanzt sich in der Luft mit einer Geschwindigkeit von ca. 335 m/s (genau 331,8 m/s bei 0 °C) fort. Diese Geschwindigkeit ist unabhängig vom atmosphärischen Luftdruck. Sie ist für alle hörbaren Frequenzen gleichgroß, ändert sich aber mit der Temperatur. In Flüssigkeiten und in festen Körpern ist die Fortpflanzungsgeschwindigkeit größer; z. B. im Wasser etwa 1500 m/s und in Stahl 5000 m/s. Im luftleeren Raum können sich Töne nicht fortpflanzen.

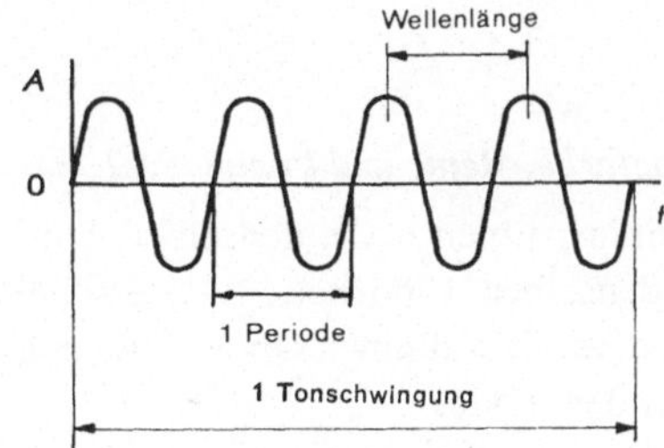

Fig. 192
Periode und Wellenlänge

Die Wellenlänge λ eines Tones ist die Strecke, welche die Schwingung während einer Periode zurücklegt (Fig. 192).

Sie ist:

(191)
$$\lambda = \frac{c}{f}$$
f in Hz und λ in m,

wobei c die Geschwindigkeit und f die Frequenz des Tones bedeuten.

114. Hörbarer Frequenzbereich

Der hörbare Frequenzbereich erstreckt sich von 16–16000 Hz. Er ist nicht bei allen Menschen gleich. Töne unter 16 Hz nennt man Infraschall und solche über 16000 Hz Ultraschall.
Um die menschliche Sprache einwandfrei zu übertragen, genügt der Frequenzbereich 400–2000 Hz.
Die größte Schallenergie wird durch die tiefen Töne erzeugt, während die hohen Frequenzen die Klangfarbe ergeben. Die Kurve Fig. 193 zeigt die Abhängigkeit der Leistung in Funktion der Tonfrequenz.

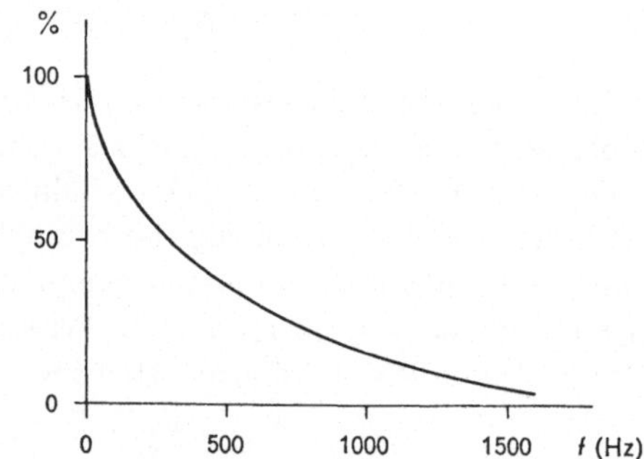

Fig. 193
Prozentuale Leistung in Funktion der Tonfrequenz

115. Harmonische. Klangfarbe. Reine und komplexe Töne

Zwei verschiedene Musikinstrumente, die denselben Ton spielen, erzeugen in unserem Ohr nicht genau denselben Eindruck; z.B. erscheint uns derselbe Ton auf einem Cello gespielt anders als auf einer Oboe. Dieser Unterschied besteht in der Klangfarbe des betreffenden Tones.

Die Sinuskurve der Fig. 194a zeigt einen reinen Ton. Die meisten, durch unser Ohr wahrgenommenen Töne sind jedoch komplexer Art.

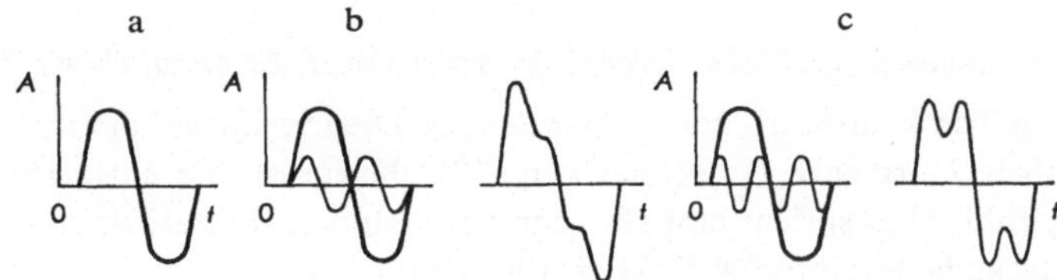

Fig. 194
Graphische Darstellung von Tönen
a) Reiner Ton (Grundton); b) Grundton mit 2. Harmonischer; c) Grundton mit 3. Harmonischer

Wenn ein Ton aus einer Grundschwingung (reiner Ton) und aus Oberschwingungen, genannt Harmonische, besteht, hat er einen ganz bestimmten musikalischen Charakter (Fig. 194, b oder c). Die Harmonischen sind Schwingungen mit der Frequenz eines ganzzahligen Vielfachen der Grundfrequenz. Wenn z. B. die Frequenz eines Tones 1000 Hz beträgt, so entspricht die Frequenz 2000 der zweiten und die Frequenz 3000 der dritten Harmonischen usw., also

f = Grundfrequenz
$2f$ = Frequenz der 2. Harmonischen
$3f$ = Frequenz der 3. Harmonischen
$4f$ = Frequenz der 4. Harmonischen usw.

Wenn die Frequenzen der Oberschwingungen nicht einem ganzzahligen Vielfachen der Grundfrequenz entsprechen, so nennt man das Geräusche (nichtperiodische Schwingungen).

116. An- und abklingende Töne

Gewisse Töne sind gleichmäßig. Ein Flötenton z.B. ist ein gleichmäßiger Ton. Meistens erreicht ein Ton nicht sofort seine volle Amplitude. Ein unmittelbar beginnender oder seine Lautstärke wechselnder Ton enthält den Zustand des An- oder Abklingens (Fig. 195).

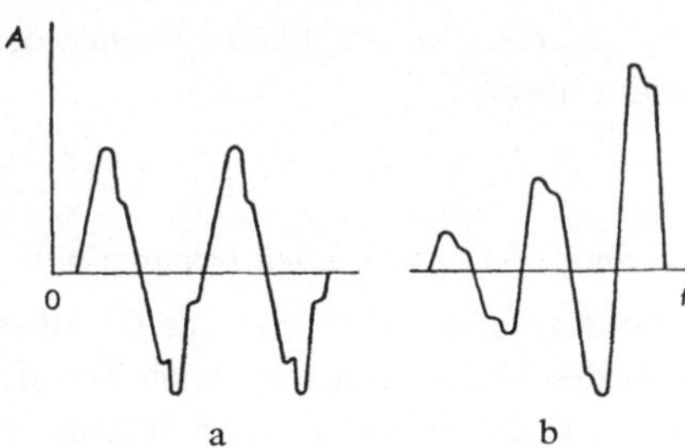

Fig. 195
Komplexer Ton (a)
und anklingender Ton (b)

Die Töne gewisser Instrumente, wie Klavier, Schlagzeug und sogar die Töne der menschlichen Stimme gehören zur Gruppe *b*.

117. Schwelle und obere Grenze der Hörbarkeit. Empfindlichkeit des Ohrs

Ein Ton kann stark oder schwach sein. Die maximale hörbare Tonstärke wird als obere Hörgrenze bezeichnet (Fig. 196, Kurve *a*). Sie entspricht einem Schmerzgefühl. Man spricht deshalb auch von Schmerzgrenze. Die minimal hörbare Tonstärke heißt Hörschwelle (Fig. 196, Kurve *b*).

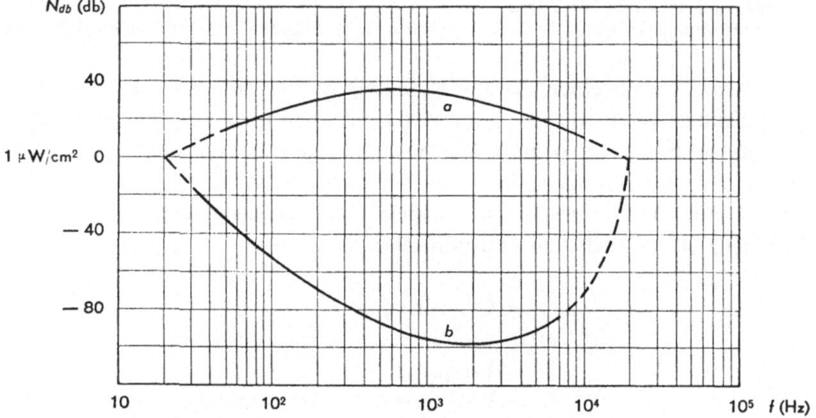

Fig. 196
Empfindlichkeitskurven des Ohrs
a Obere Hörgrenze; *b* Hörschwelle

Die Stärke der Tonschwingungen entspricht nicht der vom Ohr aufgenommenen Empfindung. Die Ohrempfindlichkeit ist frequenzabhängig. Für den Durchschnitt der Menschen ist diese Empfindlichkeit zwischen 800 und 3000 Hz am größten. Für höhere oder tiefere Tonfrequenzen nimmt die Ohrempfindlichkeit stark ab. Z.B. muß bei 50 Hz die Tonstärke um eine Million mal kräftiger sein als bei 2000 Hz, um im Ohr die gleiche Empfindung zu erzeugen. Bei der letztgenannten Frequenz genügt eine minimale Schalldruckänderung (in der Größenordnung von 10^{-9} dyn/cm²) um vom Ohr bemerkt zu werden. Der ungefähre atmosphärische Druck beträgt 10^6 dyn/cm². Nur die Töne zwischen den Kurven *a* und *b* der Darstellung Fig. 196 sind hörbar.

118. Gesetz von Fechner. Bel und Dezibel. Neper. Phon

Steigert man die Tonstärke, so empfindet das Ohr diese Steigerung nicht proportional der Intensität des Tones. Um z.B. einen Ton doppelt so laut zu hören, bedarf es der zehnfachen Schalleistung. Zehn Instrumente empfinden wir also nur

doppelt so laut, wie ein Instrument und für eine dreifach empfundene Lautstärke wären gar 1000 Instrumente nötig.
Diese Beobachtungen zeigen, daß die Gehörempfindlichkeit logarithmisch mit der Lautstärke variiert. Das ist das Gesetz von Fechner.
Die Schallquelle erzeugt eine gewisse Leistung pro cm². In der Luft beträgt sie:

(192)
$$P = \frac{p^2}{415}$$
p in dyn/cm² und P in µW

wobei P die Schalleistung und p den Druck bedeuten.
Zwischen der Hörschwelle und der oberen Hörgrenze besteht ein beträchtlicher Leistungsunterschied, und zwar in der Größenordnung von 10^{14}. Um diese beiden Leistungen zu vergleichen, benützt man den Logarithmus des Leistungsverhältnisses. Er heißt Niveau N_b und ist:

(193)
$$N_b = \lg \frac{P_2}{P_1}$$
N_b in Bel, P_1 und P_2 in W.

Dabei bedeutet P_1 die Referenzleistung und P_2 die zu vergleichende Leistung.
In der Akustik benützt man in der Regel als Referenzleistung die Hörschwelle in der Zone der maximalen Hörempfindlichkeit, welche etwa einer akustischen Leistung von 10^{-10} µW/cm² ($2 \cdot 10^{-4}$ dyn/cm²) entspricht. Die Hörschwelle hat dann ein Niveau von 0 Bel. Über diesem Niveau ist das Leistungsverhältnis positiv, die Niveaudifferenz ist eine Verstärkung. Unter diesem Niveau ist das Verhältnis negativ (negative Bel); der Niveauunterschied entspricht einer Abschwächung.
Eine Schalleistung, die sich unter der Hörschwelle bewegt, kann mit Hilfe eines Mikrophons mit Verstärker hörbar gemacht werden.
Die Einheit Bel ist sehr groß. Praktisch verwendet man deshalb den zehnten Teil, das Dezibel (db). Für eine Verstärkung ist das Verhältnis N_{db} in Dezibel:

(194)
$$N_{db} = 10 \lg \frac{P_2}{P_1}$$
N_{db} in db; P_1 und P_2 in W

Für eine Abschwächung ergibt sich:

(194 bis)
$$-N_{db} = 10 \lg \frac{P_1}{P_2}$$

N_{db} in db, P_1 und P_2 in W.

Diese Formeln sind auch für modulierte Leistungen gültig. Um z. B. die Leistungsverstärkung eines Verstärkers auszudrücken, vergleicht man die Eingangsleistung P_1 mit der Ausgangsleistung P_2. Ebenso, wenn man den Frequenzgang aufnehmen will, vergleicht man die Leistung bei verschiedenen Frequenzen mit derjenigen der Referenzfrequenz.

Wenn Eingangsimpedanz Z_1 und Ausgangsimpedanz Z_2 denselben Wert haben, oder wenn die Leistungen P_1 und P_2 an der gleichen Impedanz (oder am gleichen Widerstand) verbraucht werden, kann das Verhältnis N_{db} durch die Spannungen U_1 und U_2 oder die Ströme I_1 und I_2 gebildet werden.

Wenn die Spannungen U_1 und U_2 bekannt sind, so haben wir:

$$N_{db} = 10 \lg \frac{\frac{U_2^2}{Z_2}}{\frac{U_1^2}{Z_1}},$$

jedoch

$$Z_1 = Z_2,$$

woraus:

$$N_{db} = 10 \lg \frac{U_2^2}{U_1^2},$$

und endlich:

(195)
$$N_{db} = 20 \lg \frac{U_2}{U_1}$$

N_{db} in db, U_1 und U_2 in V.

Wenn die Ströme I_1 und I_2 bekannt sind, ergibt sich:

(196)
$$N_{db} = 20 \lg \frac{I_2}{I_1}$$

N_{db} in db, I_1 und I_2 in A.

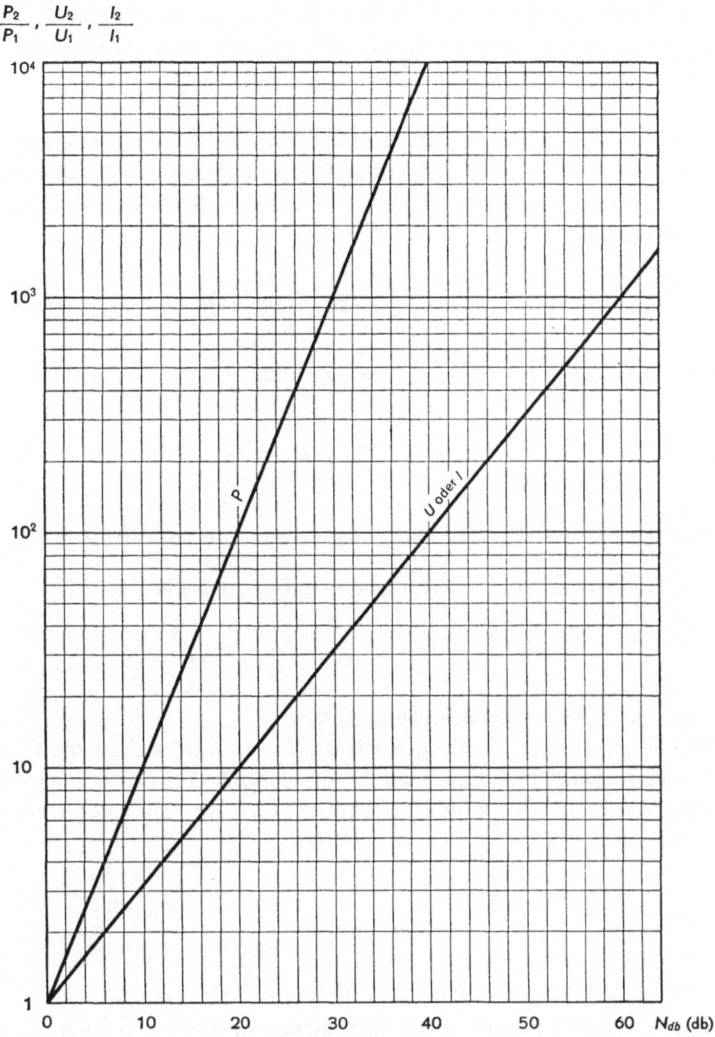

Fig. 197
Kurven zur Bestimmung der Dezibels in Funktion der Verhältnisse
$\frac{P_2}{P_1}, \frac{U_2}{U_1}, \frac{I_2}{I_1}$,

Hat man das Verhältnis der beiden Leistungen, Spannungen oder Ströme berechnet, so kann die Anzahl Dezibel mit Hilfe des Diagramms Fig. 197 ermittelt werden.

Um akustische oder elektrische Größen zu vergleichen, kann irgend eine Referenzleistung-, Spannung- oder Stromstärke gewählt werden. Es ist jedoch nötig, diese Größe festzulegen. Beim Radio wählt man oft als Nullniveau die Leistung von 1 mW (für eine Impedanz von 600 Ohm).
Das Neper ist gleich definiert wie das Bel, nur daß man anstelle des Zehnerlogarithmus den Neperschen Logarithmus mit der Basis $e = 2{,}718$ anwendet. Das Verhältnis N_{neper} zweier Leistungen, Spannungen oder Ströme ergibt sich dann aus den Formeln:

(197) $$N_{neper} = \tfrac{1}{2} \ln \frac{P_2}{P_1} ,$$

(198) $$N_{neper} = \ln \frac{U_2}{U_1} ,$$

(199) $$N_{neper} = \ln \frac{I_2}{I_1} .$$

Selten wird auch das Dezineper, der zehnte Teil eines Nepers, verwendet.

Um Dezibels in Neper umzurechen benützt man die Formel:

$$N_{\text{neper}} = 0{,}1151\, N_{db}.$$

oder 1 Neper entspricht 8,686 Dezibel.
Das Phon ist eine Maßeinheit für die Lautstärke, welche die Ohrempfindlichkeit bei verschiedenen Frequenzen berücksichtigt. Der Zehnerlogarithmus des Leistungsverhältnisses bei der Frequenz 1000 Hz bei einer Referenzleistung von $10^{-10}\ \mu\text{W/cm}^2$ wird in Phon ausgedrückt.

119. Interferenzen. Schwebungen. Stehende Wellen

Die Überlagerung von zwei oder mehreren Wellen erzeugt Interferenzen. Man unterscheidet dabei zwei besondere Fälle, je nachdem die beiden Wellen die gleichen oder leicht verschiedene Frequenzen haben.
Fig. 198 zeigt die Interferenz zweier Wellen gleicher Frequenz und Amplitude.

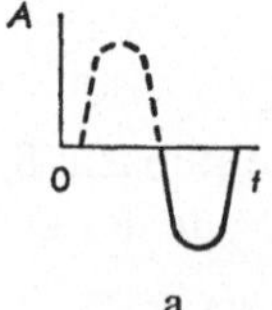

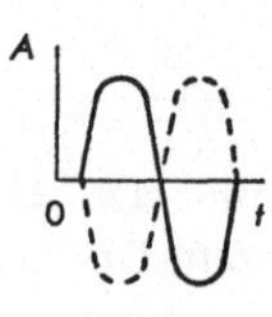

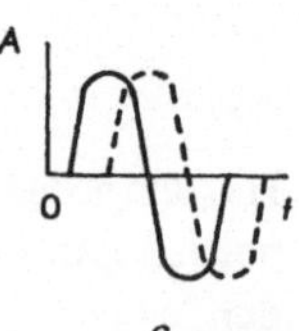

Fig. 198
Schwingungen in Phase (a)
Schwingungen in Gegenphase (b)
Phasenverschobene Schwingungen (c)

Es sind folgende Fälle möglich:

a) Die Wellen sind in Phase. Beide Tonschwingungen sind am gleichen Punkt zur selben Zeit entstanden. Ihr Zusammenwirken ergibt eine dauernde Verstärkung der Lautstärke.

b) Die Wellen sind in Gegenphase. Sie sind am gleichen Punkt entstanden, wobei die Welle 2 um eine halbe Wellenlänge (halbe Periode) nacheilt. Diese Interferenz hebt den Ton auf.

c) Phasenverschobene Wellen. Beide Schwingungen entstehen am gleichen Punkt. Die Welle 2 eilt um einen gewissen Winkel (z. B. eine Viertelperiode) nach. Die so entstehende Interferenz kann sowohl Verstärkung als auch Abschwächung ergeben.

Wir haben die Interferenzen zweier Wellen gleicher Amplitude betrachtet. Bei ungleichen Amplituden haben wir für den Fall a ebenfalls eine Verstärkung, im Fall b hingegen, eine Abschwächung.

Wenn also zwei Wellen der Frequenz f_1 und f_2 interferieren, erzeugen sie eine Folge von verstärkten und abgeschwächten Tönen, Schwebungen genannt. Die Frequenz dieser Schwebungen entspricht der Differenz f_1–f_2:

(201)
$$\text{Schwebungsfrequenz} = f_1 - f_2$$
f_1 und f_2 in Hz oder kHz

wobei f_1 die höhere und f_2 die tiefere Frequenz bedeutet.

Die Fig. 199 zeigt die Interferenz zweier Schwingungen leicht unterschiedlicher Frequenz und ungleicher Amplituden. Die Schwebungsfrequenz ist diejenige der Umhüllungskurve.

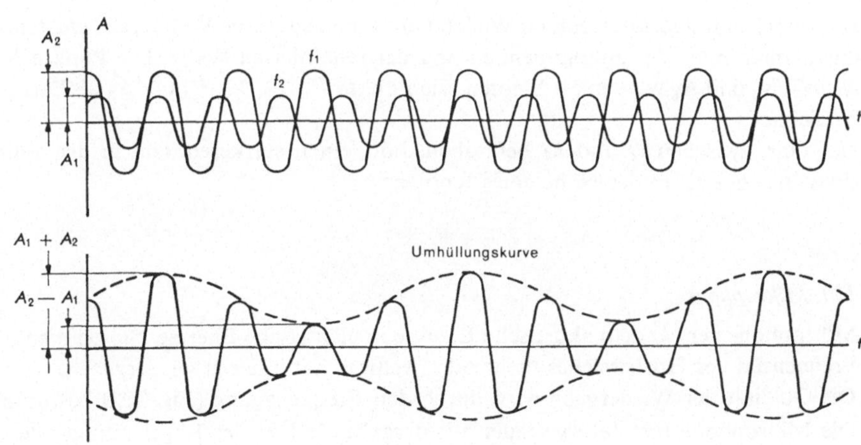

Fig. 199
Durch zwei Schwingungen mit kleinem Frequenzunterschied und ungleicher Amplitude erzeugte Schwebung

Wenn die Schwingungen dieselbe Amplitude haben, erhält die Umhüllungskurve die in Fig. 200 dargestellte Form. Ist die Differenz f_1–f_2 groß, dann werden die Schwebungen weniger stark und ihre Frequenz nähert sich der höheren Frequenz f_1.

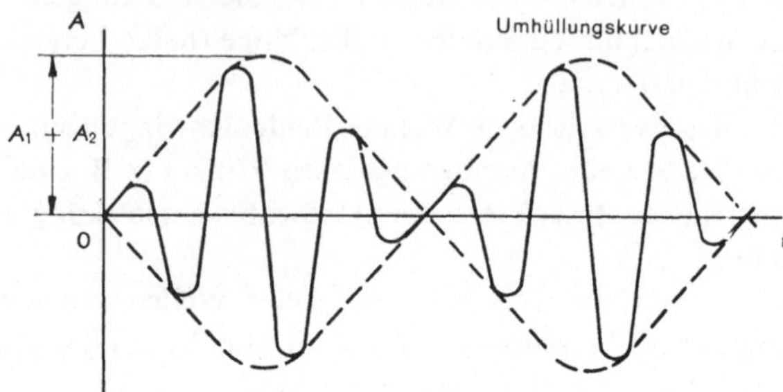

Fig. 200
Durch zwei Schwingungen gleicher Amplitude und leicht verschiedener Frequenz erzeugte Schwebung

Wenn eine vom Punkt 0 ausgehende Welle auf ein Hindernis trifft, wird sie dort reflektiert und läuft im entgegengesetzten Sinne zurück (Fig. 201).

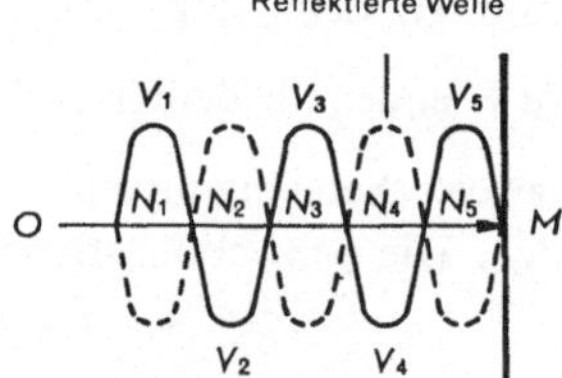

Fig. 201
Stehende Wellen

Die zwischen 0 und M erzeugten Wellen nennt man stehende Wellen. Sie entstehen durch Interferenz der ankommenden und der reflektierten Welle. Die Punkte N_1, N_2, N_3, N_4 und N_5 werden als Knoten, die Punkte V_1, V_2, V_3, V_4 und V_5 als Bäuche bezeichnet.
Das Ohr, zwischen O und M befindlich, hört einen stärkeren Ton in der Nähe eines Bauches als in der Nähe eines Knotens.

120. Mikrophone

Mikrophone verwandeln akustische Energie in elektrische Energie. Sie können die Frequenzen des Hörbereiches mehr oder weniger naturgetreu wiedergeben.
Die Qualität der Wiedergabe wird durch den Frequenzgang (Fig. 202) bestimmt. Die Mikrophone mit naturgetreuer Wiedergabe sind in der Regel weniger empfindlich. Die Empfindlichkeit wird durch die Ausgangsspannung in mV/μb angegeben. Sie kann auch in Dezibel ausgedrückt werden und zeigt dann das Verhältnis zwischen Mikrophon- und Referenzleistung.

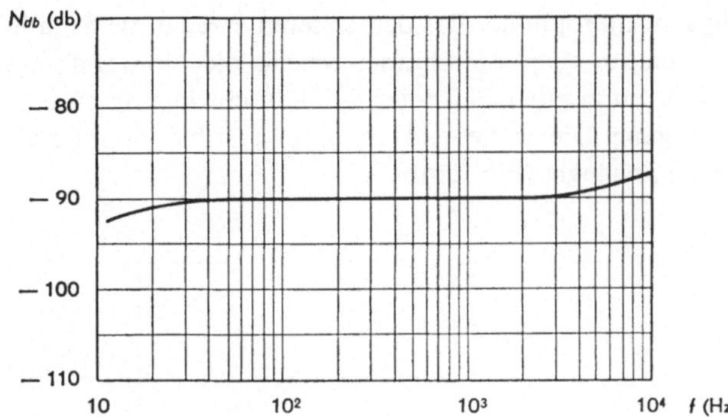

Fig. 202
Wiedergabekurve eines Bändchen-Mikrophons

Die Ausgangsspannung variiert auch mit der Richtung, aus welcher die Töne kommen. Man unterscheidet nicht richtungsempfindliche und richtungsempfindliche, einseitig und zweiseitig empfindliche Mikrophone.

Die Fig. 203a zeigt das Richtdiagramm eines einseitig empfindlichen und Fig. 203b dasjenige eines zweiseitig empfindlichen Mikrophons.

Um ein Mikrophon an einen Verstärker anpassen zu können, muß man seine Ausgangsimpedanz kennen. Diese kann hoch- oder niederohmig sein. Ihr Wert wird gewöhnlich für eine Frequenz von 400, 800 oder 1000 Hz angegeben.

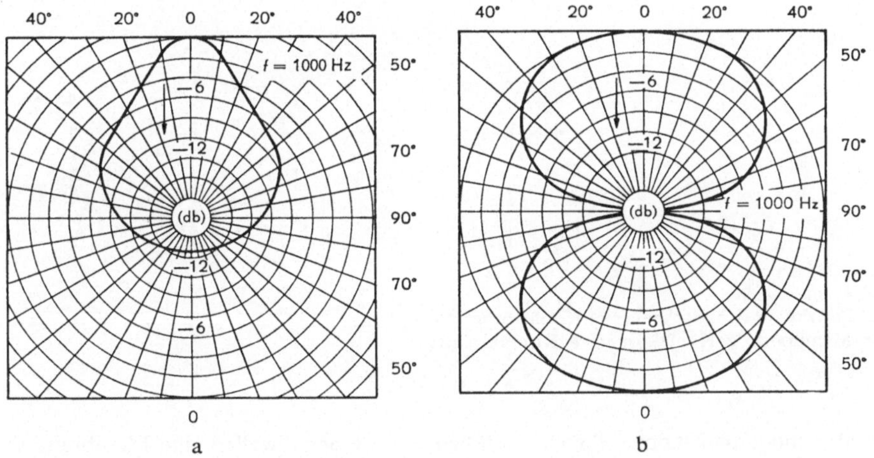

Fig. 203
Richtdiagramme
a) Einseitig empfindliches Mikrophon; b) Zweiseitig empfindliches Mikrophon

Es gibt verschiedene Arten von Mikrophonen. Die bekanntesten sind Kohle-, Kondensator-, Bändchen-, dynamisches und Kristallmikrophon. Sie können in zwei Kategorien eingeteilt werden, nämlich in Druckmikrophone und Geschwindigkeitsmikrophone. Bei den ersteren erzeugt die Schallwelle einen Druck auf die Vorderseite einer Membrane, welche die Umwandlungseinrichtung steuert (Fig. 204a). Im zweiten Fall setzt die Tonschwingung eine ganz leichte Membrane in Bewegung. Die entstehende Spannung ist hier von der Geschwindigkeit der Membrane abhängig (Fig. 204b).

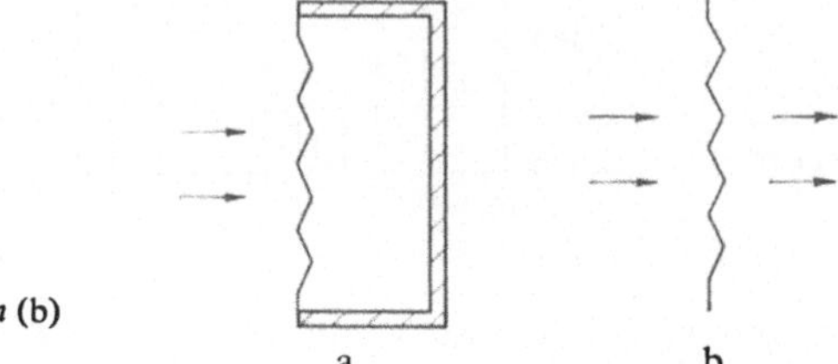

Fig. 204
Druckmikrophon (a)
Geschwindigkeitsmikrophon (b)

121. Kohle-Mikrophon

Die Arbeitsweise des Kohlemikrophons beruht auf der Widerstandsänderung eines Materials (Hornkohle, Holzkohle) bei Druckänderung (Fig. 205).
Das Mikrophon wird in einen aus Stromquelle und Transformator bestehenden Stromkreis eingeschaltet (Fig. 205b).

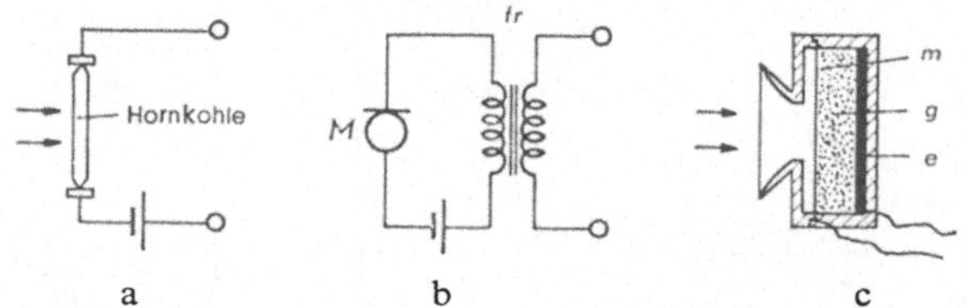

Fig. 205
Kohlemikrophon
a) Prinzip; b) Schaltschema; c) Kohlekörnermikrophon;
m Membrane; *g* Kohlekörner; *e* Kontaktplatte

In den modernen Kohlemikrophonen bringen die Schallwellen eine Membrane *m* zum Schwingen, wobei die Kohlekörner mehr oder weniger zusammengedrückt werden (Fig. 205c). Der Übergangswiderstand variiert dabei im Takt der Tonschwingungen. Die Widerstandsänderungen erzeugen entsprechende Stromschwankungen und auf der Sekundärseite des Transformators entsprechende Spannungsvariationen.
Die Primärwicklung des Transformators ist somit vom Batteriegleichstrom I_b und von einem mit der Tonhöhe wechselnden Wechselstrom durchflossen (Fig. 206).

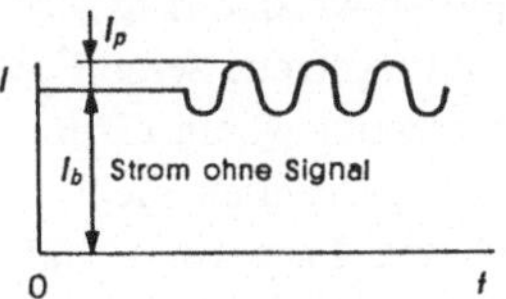

Fig. 206
Modulierter Strom

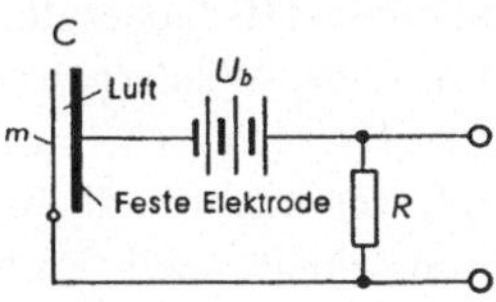

Fig. 207
Prinzip des Kondensatormikrophons

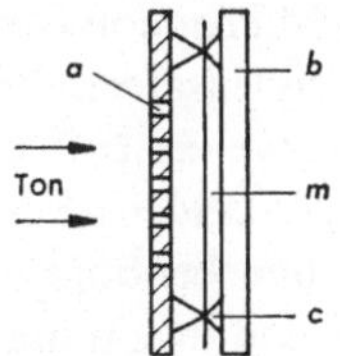

Fig. 208
Aufbau des Kondensatormikrophons
a Öffnungen
b Feste Armatur
c Isolator
m Membrane

Das Kohlemikrophon ist einfach und billig, erlaubt jedoch keine hochwertige Tonwiedergabe. Sein Frequenzgang ist ungleichmäßig und sein Frequenzbereich klein. Es erzeugt ein Grundgeräusch und ist stoßempfindlich. Es ist richtempfindlich und hat einen guten Wirkungsgrad. Hauptanwendung: Telephon.

122. Kondensatormikrophon

Verändert man die Kapazität *C* in der Darstellung Fig. 207, so ändert sich auch der Ladestrom. Es resultiert daraus ein variabler Spannungsabfall an den Klemmen des Widerstandes *R*. Die Kapazitätsänderungen können durch Schallwellen erzeugt werden. Das ist das Prinzip des Kondensatormikrophons. Es besteht in der Regel aus einer dünnen Metallmembrane (aus Duraluminium 30–50 µm dick), welche im Abstand von 10–30 µm von einer festen Platte angebracht ist (Fig. 208). Zwischen Membrane und Platte wird eine Gleichspannung angelegt.
Im Ruhezustand beträgt die Kapazität des Kondensators 200–500 pF. Um die Streukapazitäten, welche besonders bei hohen Frequenzen schädlich wären, klein zu halten, müssen die Verbindungen zwischen Kondensator und Verstärker möglichst kurz sein. Somit muß die erste Verstärkerstufe und ihr Transformator, dargestellt in Fig. 209, möglichst nahe beieinander liegen.

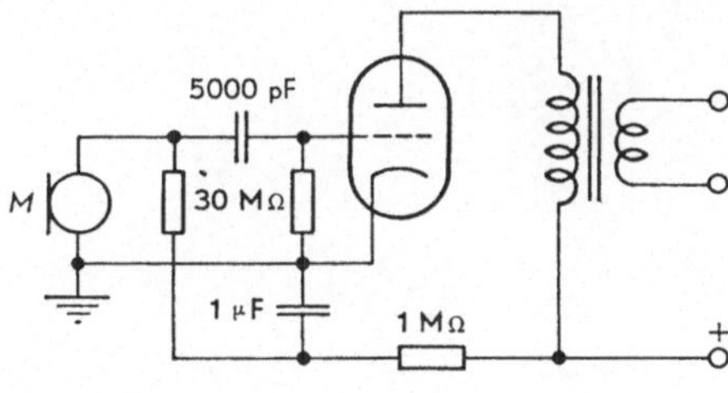

Fig. 209
Vorverstärker für Kondensatormikrophon

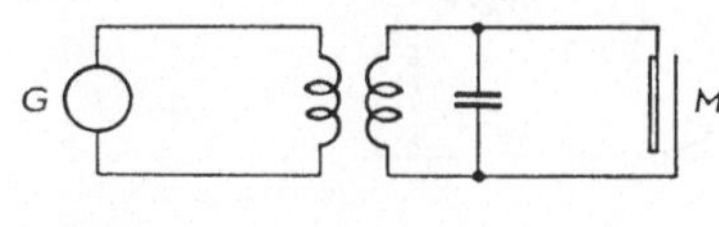

Fig. 210
Speisung mit HF-Generator
G Generator; *M* Mikrophon

Dieses Mikrophon kann auch mit einem HF-Generator gespiesen werden (Fig 210). Das Kondensatormikrophon ist in seiner Wiedergabe sehr naturgetreu. Seine Frequenzkurve verläuft von 30–12000 Hz praktisch linear. Es erzeugt wenig Grundgeräusch. Leider ist es sehr heikel, wenig empfindlich, kann Feuchtigkeit nicht ertragen und benötigt eine Spannungsquelle. Sein Preis ist hoch. Es wird deshalb vorwiegend in Laboratorien und Sendestudios angewendet.

123. Dynamisches Mikrophon

Ein Leiter, welcher sich in einem Magnetfeld bewegt, wird von einem sog. Induktionsstrom durchflossen. Dieser Strom erzeugt an den Enden des Leiters eine EMK. Hierauf beruht das dynamische oder elektrodynamische Mikrophon.

Das dynamische Druckmikrophon hat eine mit einer Membrane verbundene Schwingspule. Das System folgt jeder Luftbewegung. Die Spule bewegt sich dabei in einem permanenten Magnetfeld (Fig. 211). Sie besteht aus wenigen Windungen und hat daher eine kleine Impedanz von etwa 5 bis 50 Ohm, ist also niederohmig. Die angeschlossene, niederohmige Leitung kann 100–200 m lang sein.

Um ein dynamisches Mikrophon an einen Verstärker anzupassen, muß ein Übertrager (Transformator) verwendet werden. Die Spannung an den Klemmen der Sekundärwicklung variiert je nach Mikrophon zwischen 10 und 50 mV.

Das dynamische Mikrophon ist naturgetreu und hat bei guter Ausführung einen Frequenzbereich von 40–10000 Hz.

Es benötigt keine Spannungsquelle und wird sowohl im Studio, als auch bei Freilichtübertragungen verwendet.

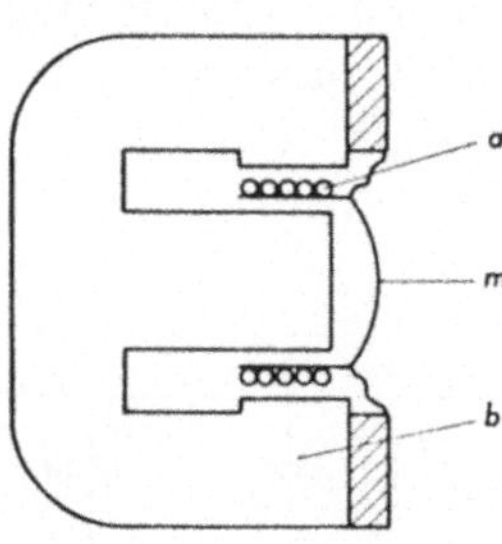

Fig. 211
Dynamisches Mikrophon
a Schwingspule; *b* Permanentmagnet
m Membrane

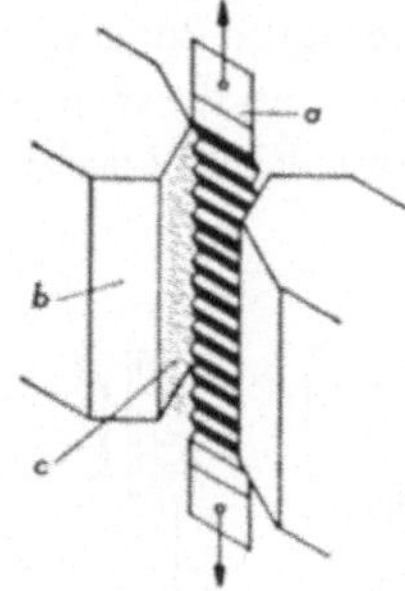

Fig. 212
Bändchen-Mikrophon
a Bändchen; *b* Magnet;
c Magnetfeld

124. Bändchen-Mikrophon

Dieses stellt eine besondere Art des dynamischen Mikrophons dar. Anstelle einer Schwingspule enthält es ein ganz leichtes Metallbändchen (Duraluminium), welches sich in einem Magnetfeld befindet. Die Dicke des Bändchens variiert zwischen 3 und 30 μm (Fig. 212).
Dieses Mikrophon kann sowohl als Druckmikrophon, als auch als Geschwindigkeitsmikrophon ausgeführt werden. Im ersten Fall ist der Magnet auf der Rückseite geschlossen und die Tonschwingungen kommen nur von einer Seite her auf das Bändchen. Wir erhalten dadurch eine ausgesprochen einseitige Richtempfindlichkeit etwa nach Fig. 203a. Im zweiten Fall ist der Magnet auf beiden Seiten offen, was einem zweiseitigen Richtdiagramm nach Fig. 203b entspricht.
Die Impedanz des Bändchens ist sehr gering, etwa 0,01 Ohm. Im Mikrophongehäuse ist ein Übertrager eingebaut. Die niederohmige Anschlußleitung kann 100 bis 200 m lang sein.
Das Bändchenmikrophon gestattet eine sehr naturgetreue Wiedergabe, ist jedoch wenig empfindlich und teuer. Es dient bei Innenaufnahmen für Grammo- und Tonbandaufzeichnungen.

125. Piezoelektrisches- oder Kristallmikrophon

Bestimmte Kristalle (Seignettesalz, Quarz) erzeugen bei der Einwirkung von Druck- oder Biegungskräften elektrische Spannungen. Man nennt dieses Phänomen Piezoelektrizität.
Fig. 213 zeigt ein Kristallmikrophon mit Membrane *m*. Diese vibriert unter dem Einfluß der Tonschwingungen. Diese Vibrationen deformieren den Kristall, welcher in einer ganz bestimmten Art geschnitten ist. Zwischen den beiden Flächen des Kristalls entstehen Spannungen, welche mit Kontaktelektroden aus Silber oder Aluminium abgenommen werden. Diese, astatisch genannte Ausführung ist billig.

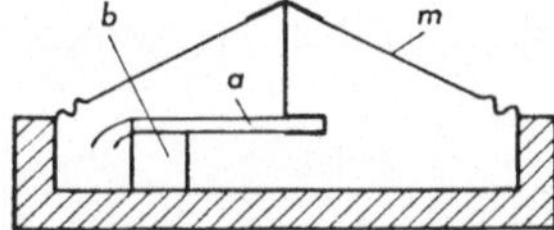

Fig. 213
Kristallmikrophon
a Kristall; *b* Träger; *m* Membrane

Das piezoelektrische Zellenmikrophon enthält mehrere einfache Kristalle, welche meistens in Serie-Parallelschaltung zusammengefügt sind. So erhält man ein Mikrophon ohne Richtwirkung mit ausgezeichnetemFrequenzgang. Es gibt besonders die hohen Frequenzen besser wieder, als das einfache Modell mit Membrane.
Die Kristallmikrophone sind hochohmig. Ihre Ausgangsspannung liegt bei 50 mV. Das Verbindungskabel zum Verstärker soll kurz sein (im Maximum 20 m). Es ist keine Stromquelle nötig. Verwendung im Studio oder im Freien, besonders für Sprachübertragungen.

126. Kehlkopfmikrophon

Normalerweise werden die Mikrophone für die Sprachübertragung vor dem Mund des Sprechers aufgestellt.
Wenn es sich jedoch um Reportagen in lärmiger Umgebung handelt, könnte das Störgeräusch stärker sein, als die Stimme des Reporters und dessen Worte unverständlich machen.
Man verwendet in solchen Fällen sog. Kehlkopfmikrophone, die direkt an der Kehle des Sprechers befestigt werden und die auf Luftschwingungen nicht reagieren.
Die Mikrophone sind meistens Kristallmikrophone. Anwendung in Flugzeugen, Lokomotiven, Werkhallen, Bauplätzen und bei der Armee.

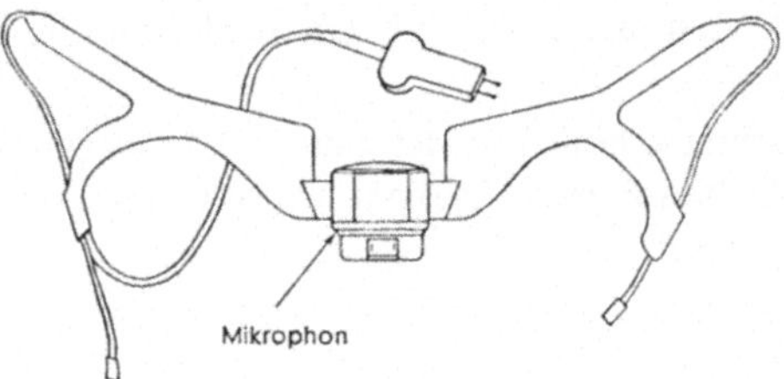

Fig. 214
Kehlkopfmikrophon

127. Larsen-Effekt

Die Tonschwingungen werden von einem Mikrophon aufgenommen, durch einen Verstärker verstärkt und durch Lautsprecher wieder als Tonschwingungen ausgestrahlt.
Befindet sich das Mikrophon im Bereich der Lautsprecher, so kann eine akustische Rückkopplung entstehen, indem der Lautsprecherton auf das Mikrophon zurückwirkt und noch einmal verstärkt wird usw., was zu einem unangenehmen Heulton führt. Man nennt diesen Vorgang Larsen-Effekt. Bei jeder Lautsprecheranlage muß deshalb der Aufstellungsort von Mikrophon und Lautsprechern sehr sorgfältig ausgewählt werden, um diesen Effekt zu vermeiden.

128. Stereophonie

Wir hören die Töne mit beiden Ohren. Töne, die nicht direkt von vorne oder hinten kommen, erreichen das linke und das rechte Ohr nicht gleichzeitig, wodurch wir in der Lage sind, die Richtung der Tonquelle festzustellen. Hört man ein Konzert mit einem gewöhnlichen Radioempfänger, so kommen alle Töne vom selben Ort, d.h. aus dem Lautsprecher. Eine Richtwirkung ist also hier nicht vorhanden.
Um eine Stereowirkung zu erzielen, müssen die Töne mit zwei Mikrophonen aufgenommen, auf zwei separaten Wegen übertragen und von zwei entsprechend aufgestellten Lautsprechern wiedergegeben werden.

Wenn bisher die stereophonische Radioübertragung, wegen ihres großen Aufwandes, nur versuchsweise betrieben wird, so anders die Musikdarbietungen ab Tonband oder Schallplatte, bei denen heute die stereophonische Wiedergabe dem Normalfall entspricht.

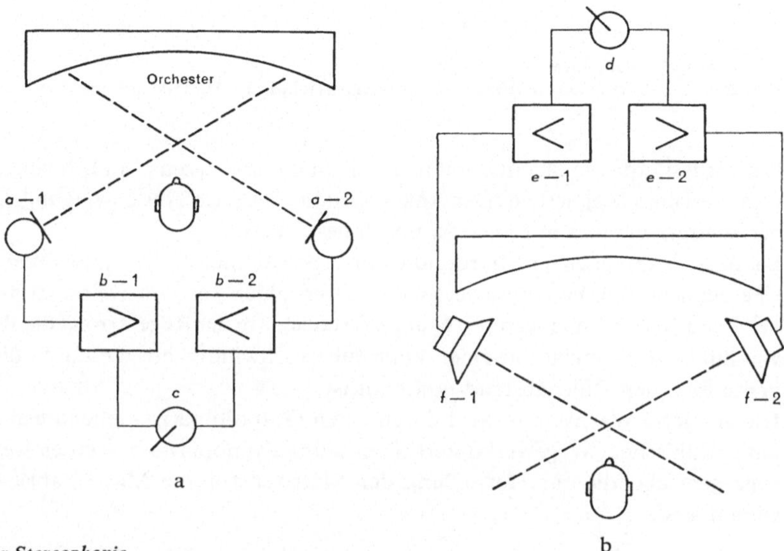

Fig. 215
Prinzip der Stereophonie
a Aufzeichnung; *b* Wiedergabe

Fig. 215 zeigt schematisch Aufnahme und Wiedergabe einer stereophonischen Übertragung. In der Darstellung 215a werden die Töne von den Mikrophonen *a*–1 und *a*–2 empfangen und in entsprechende elektrische Schwingungen umgesetzt. Nach Verstärkung bei *b*–1 und *b*–2 werden sie auf ein Stereoregistriergerät *c* geleitet und aufgezeichnet. Im Schema 215b werden die Signale durch einen Stereotonkopf oder durch einen Stereotonabnehmer abgenommen, in *e*–1 und *e*–2 verstärkt und den Lautsprechern *f*–1 und *f*–2 zugeführt.

129. Aufnahme auf Schallplatten

Die elektrische Tonaufzeichnung auf Schallplatten besteht darin, die Töne mit einem oder mehreren Mikrophonen aufzufangen, zu verstärken und die so gewonnenen Ströme einer Graviervorrichtung zuzuführen (Fig. 216).
Die Graviervorrichtung ist meistens elektromagnetischer Art. Ein Hufeisenmagnet trägt zwei Paar Magnetpole, zwischen denen ein Schwinganker angebracht ist. Dieser wird durch einen Gummipuffer oder mit einer Ölbremse gedämpft. Der Anker befindet sich in einer Spule *f* (Fig. 217).

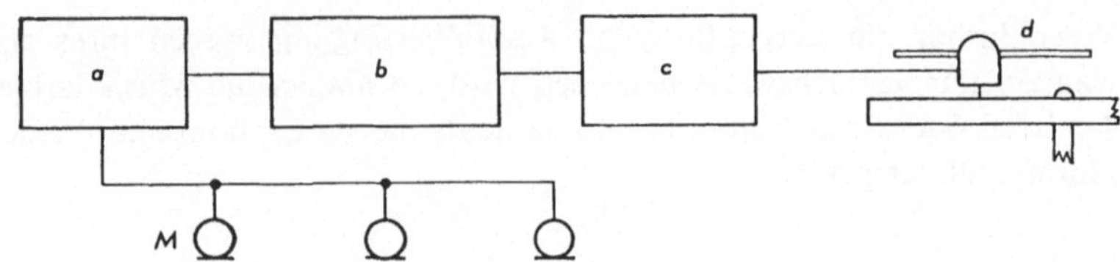

Fig. 216
Aufnahme auf Schallplatte
a Mischer; *b* Verstärker; *c* Filter; *d* Graviervorrichtung; *M* Mikrophone

Der niederfrequente Strom durchfließt die Spule und erzeugt im Schwinganker ein veränderliches Magnetfeld. Der Anker wird im Takt der Tonschwingungen hin und her bewegt, wie dies in Fig. 218a und b gezeigt ist.
Bei nicht besprochenem Mikrophon würde der Stichel in der Platte (Wachsplatte) eine einfache Spirale eingravieren. Die Drehzahlen sind international auf 78, 45, $33^1/_3$ und 16 Umdrehungen pro Minute festgelegt. In der Regel erfolgt die Bewegung von außen nach innen mit einer Vorschubsgeschwindigkeit, die durch die Rillenbreite bzw. den Rillenabstand bestimmt ist.
Die gravierte Wachsplatte wird durch einen Graphitüberzug leitend gemacht und auf galvanischem Wege verkupfert. Ebenfalls galvanoplastisch werden weitere Abzüge gemacht, die zur Herstellung der Matrizen für die Massenfabrikation bestimmt sind.

Für die Herstellung nur einer einzigen Schallplatte gibt es Platten aus Plastikmaterial, die direkt eingeschnitten werden und nachher sofort abspielbar sind.
Man unterscheidet zwei Aufzeichnungsarten, die europäische und die amerikanische Art.

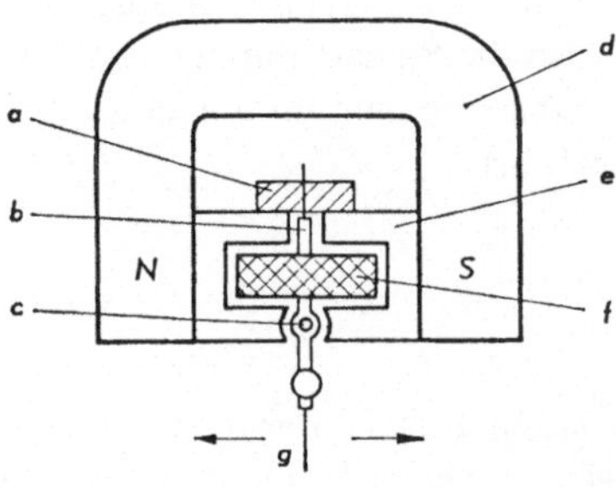

Fig. 217
Elektromagnetische Graviervorrichtung
a Dämpfung; *b* Schwinganker; *c* Achse; *d* Magnet; *e* Polschuh; *f* Spule; *g* Gravierstichel

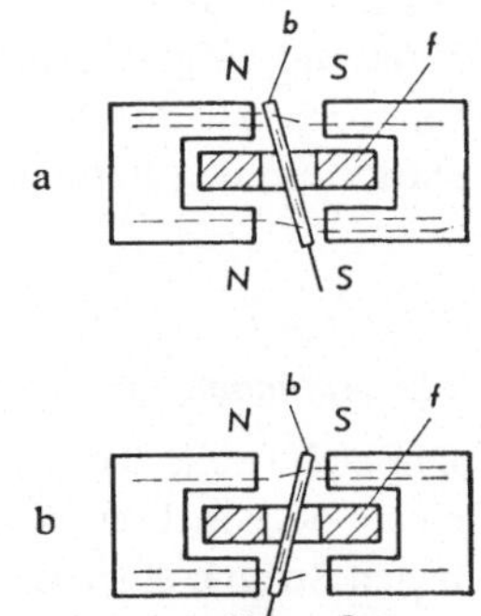

Fig. 218
Endstellungen des Schwingankers

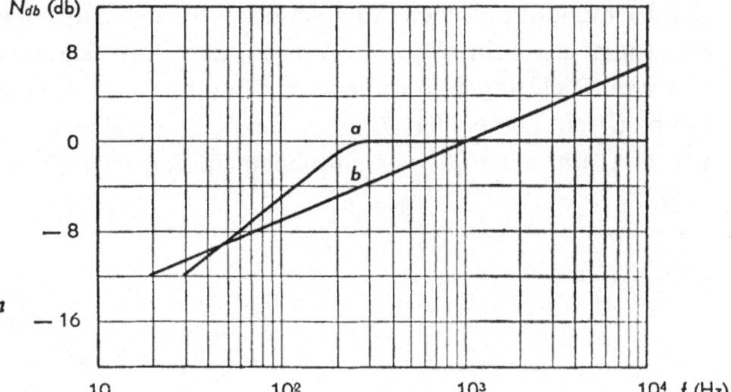

Fig. 219
Aufzeichnungskurven für Schallplatten mit Standardrillen
a Europäische Norm
b Amerikanische Norm

Bei der europäischen Norm sind die Ausschläge des Stichels zwischen 30 und 250 Hz konstant und von 250 bis 10000 Hz variabel. Für Frequenzen unter 250 Hz wird der Ausschlag so begrenzt, daß ein Überlaufen auf die Nachbarrille ausgeschlossen ist. Um die gleiche akustische Leistung zu erhalten, müßte bei den tiefen Frequenzen der Ausschlag wesentlich vergrößert werden. Um jedoch eine genügend lange Spielzeit zu erreichen, darf die Amplitude des Ausschlags 0,12 mm nicht übersteigen.

Bei der amerikanischen Norm (Fig. 219, Kurve *b*) bleibt der Ausschlag des Stichels absolut konstant und das Grundgeräusch ist geringer als beim europäischen System. Die Frequenzkurven der Schallplatten mit 78, 45, 33$^1/_3$ oder 16 Umdrehungen pro Minute sind nicht identisch. Fig. 220 zeigt die Kurven der Langspielplatten.

Die nach dem sog. Rhein-Verfahren hergestellten Platten mit variabler Rillenbreite bedeuten einen weiteren Fortschritt in der Qualitätswiedergabe.

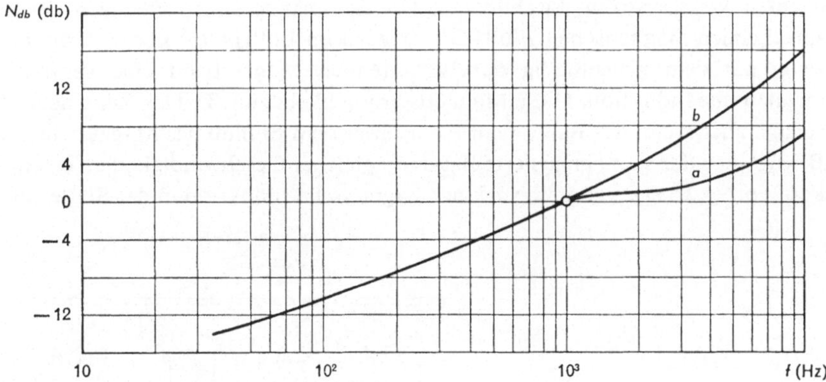

Fig. 220
Frequenzkurven der Langspielplatten
a Europäische Norm; *b* Amerikanische Norm

Bei der monophonischen Aufzeichnung werden die Töne, ohne Rücksicht auf ihre Richtung, gemischt. Die stereophonische Aufzeichnung graviert gleichzeitig die von zwei Richtungen kommenden Töne in die Rille. Das Graviersystem ist meist symmetrisch. Die beiden Flanken der Rille werden von einem einzigen Stichel, der von zwei um etwa 90° verschobenen Spulen beeinflußt wird, aufgezeichnet (Fig. 221).

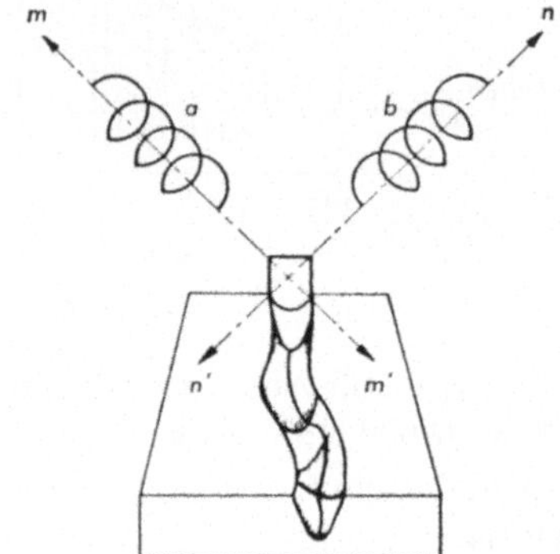

Fig. 221
Stereophonische Aufzeichnung

Der Durchgang eines NF-Stromes durch die Spule *a* erzeugt eine Ablenkung des Stichels gemäß der Achse *m–m'*; während ein NF-Strom durch die Spule *b* den Stichel gemäß der Achse *n–n'* ablenkt.

130. Aufzeichnung auf Magnettonband

In Fig. 222 sind Aufzeichnung und Wiedergabe mittels Magnettonband dargestellt. Der Elektromagnet *a* dient als Aufnahmetonkopf. Seine Spule ist vom tonfrequenten Wechselstrom durchflossen. Die Stromänderungen erzeugen einen entsprechenden magnetischen Fluß. Dieser wird im Luftspalt δ konzentriert und erzeugt auf dem gleichmäßig darüberlaufenden Magnetband eine veränderliche magnetische Induktion. Diese Magnetisierung bleibt zum Teil als Remanenz B_r bestehen, auch wenn das Band nicht mehr unter dem Einfluß des Magnetfeldes steht. Bewegt man das so magnetisierte Band mit gleicher Geschwindigkeit an einem Tonkopf vorbei, so erzeugt diese variable magnetische Induktion in der Spule eine ent-

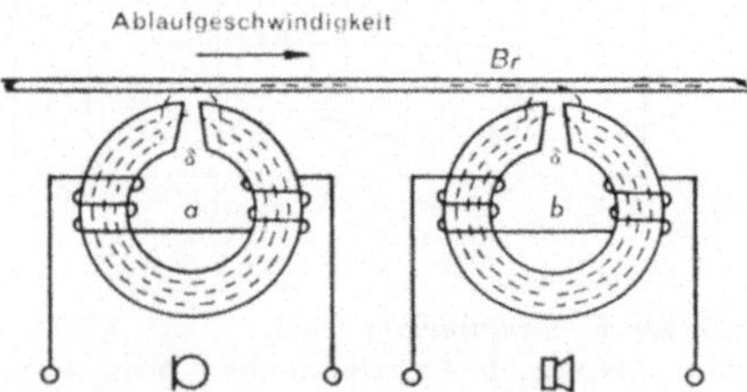

Fig. 222
Aufzeichnung auf Magnettonband
a Aufnahme; *b* Wiedergabe

sprechende Spannung, die durch Röhren- oder Transistorenverstärker verstärkt wird.
Die Kurve, welche die Änderung der remanenten magnetischen Induktion B_r in Funktion der magnetischen Feldstärke H angibt, ist eine dynamische Kennlinie (Fig. 224). Sie zeigt, daß ein Signal mit kleiner Amplitude nicht registriert werden kann, während ein Signal mit großer Amplitude erhebliche Verzerrungen erfährt. Um diese zu vermeiden, müßten die Änderungen der magnetischen Induktion den niederfrequenten Stromänderungen proportional sein. Es ist deshalb nötig, dem Tonband eine Vormagnetisierung zu geben.
Diese Vormagnetisierung kann sowohl durch ein mit Gleichstrom als auch durch ein mit Wechselstrom erzeugtes Magnetfeld entstehen.

a) Vormagnetisierung durch Gleichstromfeld

Vor dem Tonkopf durchläuft das Band das Feld eines Permanent- oder Elektromagneten und wird magnetisch gesättigt. Bei der Aufzeichnung überlagert man dem verstärkten NF-Signal einen Gleichstrom. Das dadurch erzeugte magnetische Feld ist demjenigen der Vormagnetisierung entgegengesetzt. Es bestimmt den Arbeitspunkt auf der dynamischen Kennlinie (Fig. 224a) oder auf der Hysteresisschleife (Fig. 223).
Diese Methode erzeugt ein erhebliches Grundgeräusch und dient nur für einige industrielle Zwecke (Steuerung von Maschinen).

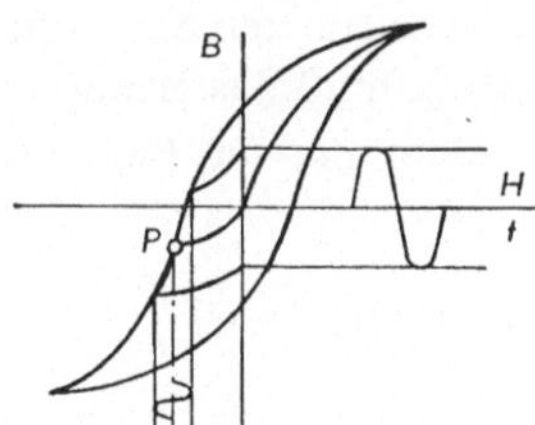

Fig. 223
Arbeitspunkt auf der Hysteresisschleife festgelegt

b) Vormagnetisierung mit einem Hochfrequenzfeld

Diese durch Carpentier und Carlson im Jahre 1927 entwickelte Methode besteht darin, das Tonsignal auf ein vorher mit HF-Feld entmagnetisiertes Magnetband aufzuzeichnen. Mit der Vormagnetisierung durch ein Gleichstromfeld wäre nur der schräge Teil der B_r/H-Kurve benützbar.
Mit einem HF-Feld vormagnetisiert hingegen, können beide schrägen Teile, der positive und der negative ausgenützt werden (Fig. 224b). Die Frequenz des Stromes für die Vormagnetisierung hat die Größenordnung 50–100 kHz. Der Strom wird von einem separaten Oszillator geliefert (Fig. 225), (siehe auch Band II, Oszillator für Tonbandgeräte).
Im Aufzeichnungskopf wird der HF-Strom so eingestellt, daß das Magnetfeld im Ruhezustand H_1 und H_2 (Fig. 224b) entspricht. Sobald man ein NF-Signal an-

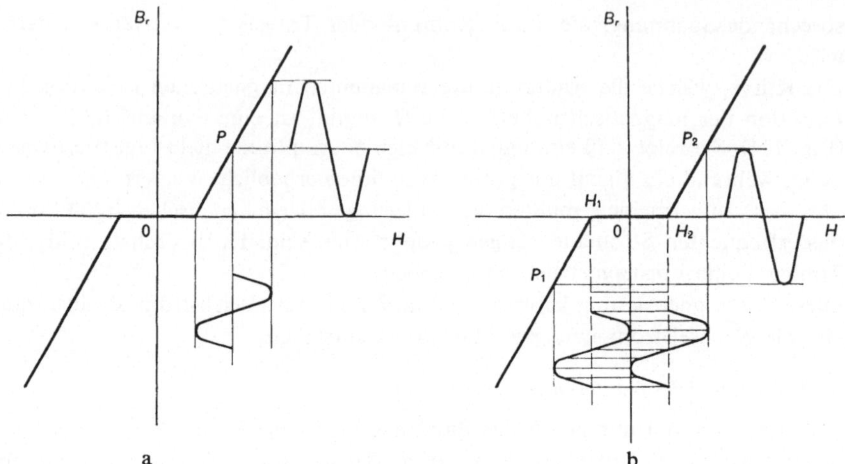

Fig. 224
Dynamische B_r/H-Kennlinien
a) Vormagnetisierung durch Gleichstromfeld
b) Vormagnetisierung durch Wechselstromfeld

legt, so verschieben sich die Arbeitspunkte H_1 und H_2 nach P_1 und P_2 auf dem geradlinigen Teil der Kennlinie und die Schwankungen der remanenten magnetischen Induktion sind dem aufgezeichneten Signal proportional.
Für diese Art Vormagnetisierung muß das Band vollständig entmagnetisiert sein. Die Löschung wird erreicht, indem man das Band durch ein HF-Feld führt, dessen

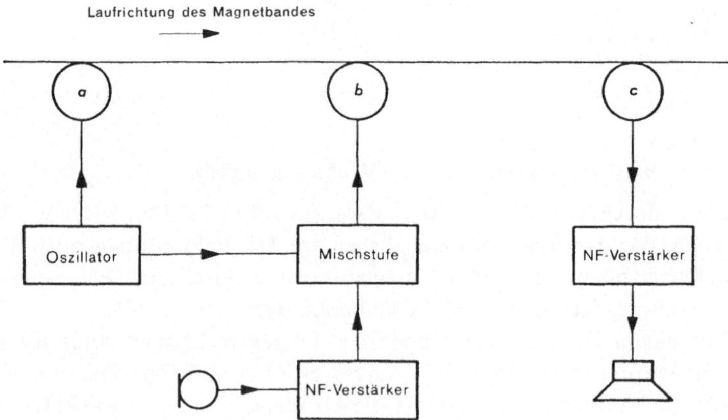

Fig. 225
Prinzipschema eines Tonbandgerätes mit Wechselstromvormagnetisierung
a Löschkopf; *b* Aufzeichnungskopf; *c* Abhörkopf

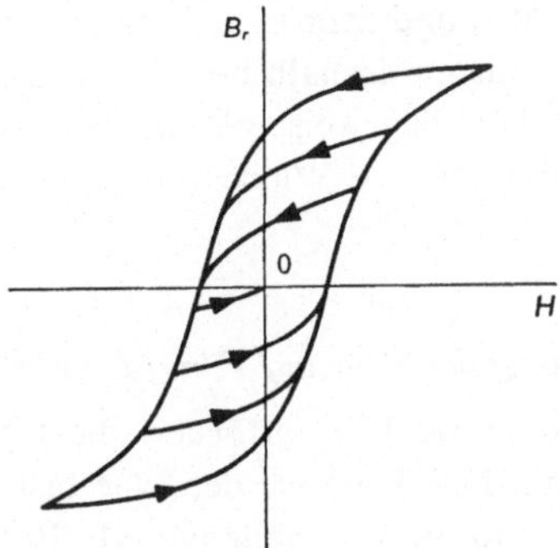

Fig. 226
Zu- und abnehmendes Feld im Löschkopf

Maximum der Sättigung entspricht und welches gleichmäßig bis auf Null abnimmt (Fig. 226). Der Ablauf des Bandes steuert automatisch diese Zu- und Abnahme des Magnetfeldes.

Die Magnetbänder bestehen meistens aus Plastikmaterial, auf welchem die magnetische Schicht pulverförmig aufgetragen ist. Bei gewissen Bändern verschmelzen Magnetschicht und Träger.

Die Anwendung der Magnetbänder geht weit über ihre Verwendung als Tonband hinaus.

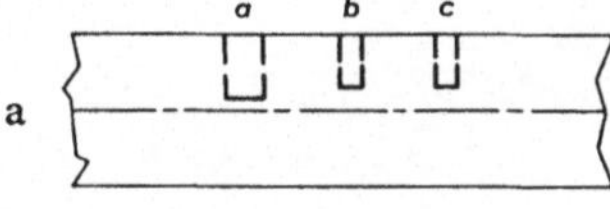

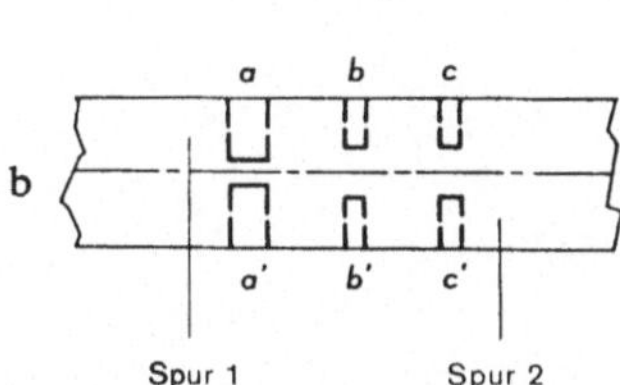

Fig. 227
Anordnung der Spuren
a) Monophonische Aufzeichnung
Löschkopf (*a*)
Aufnahmekopf (*b*)
Abnahmekopf (*c*)
b) Stereophonische Aufzeichnung
Löschköpfe (*a–a'*)
Aufnahmeköpfe (*b–b'*)
Abnahmeköpfe (*c–c'*)

131. Aufzeichnung auf mehreren Spuren

Die Hälfte der normalen Tonbandbreite (6,25 mm) genügt, um eine qualitativ hochstehende Aufzeichnung zu machen. Die meisten Tonbandgeräte sind daher für zwei Tonspuren eingerichtet (Fig. 227a). Am Ende der ersten Spur wird die Spule umgekehrt und die zweite Spur geschrieben. Auf diese Art verdoppelt man die Spieldauer. Beim Zweispurenbetrieb wird das Grundgeräusch hauptsächlich durch den Aufnahmekopf hervorgerufen (Einfluß der magnetischen Streufelder

von Transformator und Motor), und es ist etwas stärker als beim Einspurenbetrieb. Die Tonköpfe müssen deshalb besonders sorgfältig abgeschirmt sein.
Wenn die Tonköpfe paarweise vorhanden sind, so eignet sich das Gerät für stereophonische Aufnahme und Wiedergabe (Fig. 227b).

132. Aufzeichnung der Töne auf Film (Tonfilm)

Die Aufzeichnung auf Film erfordert die Umwandlung der Tonschwingungen in Helligkeitswerte. Die Töne werden, wie bisher, durch ein Mikrophon aufgenommen, verstärkt und die so erhaltenen NF-Ströme auf eine trägheitslose Lichtquelle geleitet, welche den vorbeilaufenden Film belichtet. Der für diesen Zweck benützte Teil des Films heißt Tonspur.
Es gibt zwei Aufzeichnungsverfahren. Das erste besteht darin, die Belichtung der Tonspur verschieden breit, jedoch mit gleichbleibender Lichtstärke zu machen (Fig. 228a). Die zweite Art benützt immer die ganze Tonspurbreite, erfolgt jedoch mit veränderlicher Helligkeit (Fig. 228b). Der Frequenzbereich beim Tonfilm erstreckt sich etwa von 30 bis 12000 Hz.

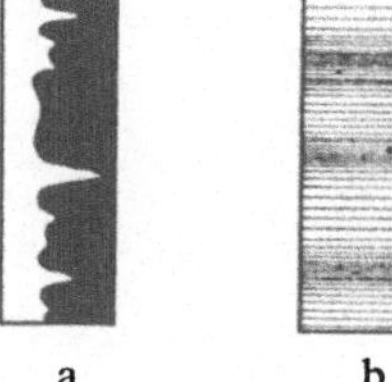

Fig. 228
Aufzeichnung mit konstanter (a) *und variabler Dichte* (b).

133. Tonabnehmer

Die auf Schallplatten, Magnetbänder und Filme aufgezeichneten Töne werden durch Tonabnehmer in elektrische Ströme umgewandelt.
Ein Pick-up verwandelt die mechanischen Schwingungen, welche durch die Plattenrillen dem Abtastsystem übertragen werden, in elektrische Energie. Ebenso verwandelt der Tonkopf die Änderungen der magnetischen Induktion des Tonbandes in elektrische Energie und schließlich werden die Helligkeitsschwankungen eines Tonfilmes durch Photozellen in elektrische Ströme umgesetzt.
Die monophonischen und stereophonischen Tonabnehmer beruhen auf demselben Prinzip (magnetische, dynamisch, piezoelektrisch usw.).
Der Frequenzgang der Tonabnehmer muß dem Frequenzgang des Aufnahmegerätes angepaßt sein.

134. Magnetische Tonabnehmer hoher und niedriger Impedanz; Pick-up mit veränderlicher Reluktanz

Das Prinzip des magnetischen Pick-ups ist demjenigen der magnetischen Graviervorrichtung (Abschnitt 129, Fig. 217) ähnlich.
Die Bewegungen des Ankers *b* verändern den magnetischen Fluß und erzeugen in der Spule *f* einen Induktionsstrom, aus welchem an den Spulenanschlüssen eine Spannung von 0,5 bis 1 V resultiert.

Diese NF-Spannung wird nachher verstärkt. Je nach der Windungszahl der Spule ist das Pick-up hoch- oder niederohmig. Im ersten Fall beträgt seine Impedanz 5000–50000 Ohm und im zweiten Fall etwa 200 Ohm.
Zwecks Anpassung an den nachfolgenden Verstärker benötigt das niederohmige Pick-up einen Transformator, welcher von hoher Qualität sein muß. Man erhält dann eine sehr naturgetreue Wiedergabe.
Das magnetische Pick-up mit beweglicher Armatur, Reluktanz-Pick-up genannt, besitzt einen Hufeisenmagneten mit zwei Polschuhen, zwei Wicklungen und einer beweglichen Armatur aus weichem Eisen (Fig. 229). Durch die Bewegungen der Armatur wird der Luftspalt im magnetischen Kreis verändert und damit seine Reluktanz. Dadurch entstehen an den Spulen entsprechende Spannungen.
Fig. 230 zeigt die Ausführung für stereophonische Wiedergabe.

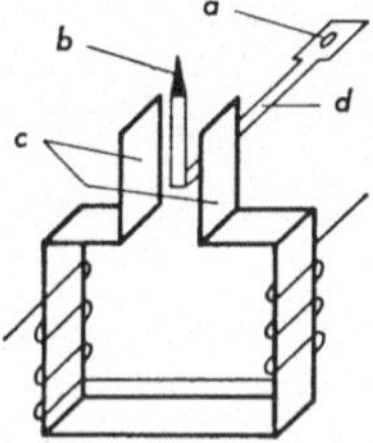

Fig. 229
Pick-up mit variabler Reluktanz
a Armatur und Saphirträger; *b* Saphir; *c* Polschuhe; *d* Anker

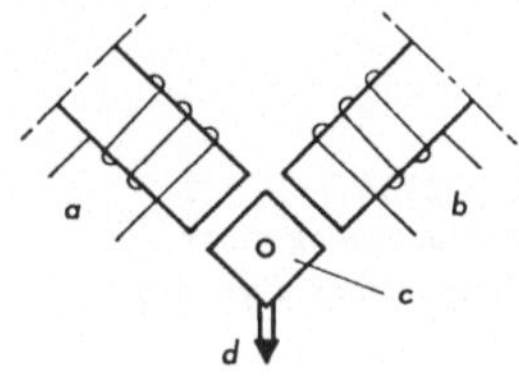

Fig. 230
Magnetisches Pick-up für stereophonische Wiedergabe
a Erster Ausgang; *b* Zweiter Ausgang; *c* Magnetanker; *d* Saphir

135. Dynamisches Pick-up

Dieses Pick-up enthält eine bewegliche Spule, welche sich im Feld eines kräftigen Permanentmagnetes befindet. Fig. 231 zeigt dessen Prinzip.
Die Bewegungsfreiheit der Nadel ist hier größer als bei den Pick-ups anderer Bauart. Das bedeutet eine naturgetreue, verzerrungsfreie Wiedergabe. Die Frequenzkurve verläuft zwischen 20 und 16000 Hz praktisch gerade (Fig. 232).
Die Impedanz der Schwingspule ist klein (2,5 Ohm). Die Ausgangsspannung beträgt einige mV bei einer Ablenkgeschwindigkeit von etwa 10 cm/s. Um dieses

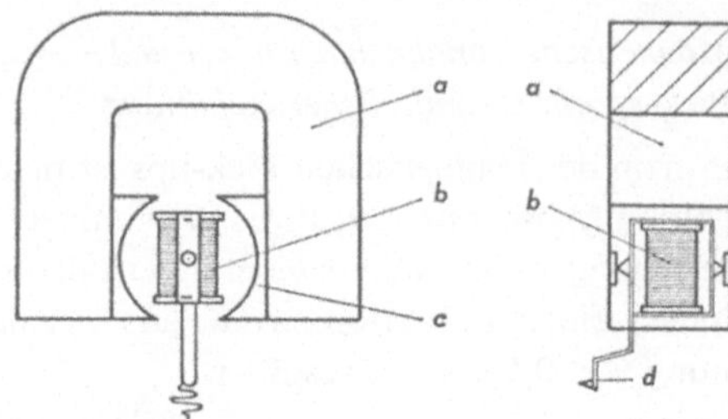

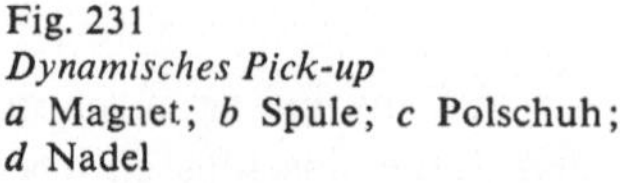

Fig. 231
Dynamisches Pick-up
a Magnet; *b* Spule; *c* Polschuh; *d* Nadel

Pick-up an den Verstärker anzupassen, verwendet man einen Qualitätstransformator.

Die dynamischen Pick-ups für monophone und stereophonische Wiedergabe werden hauptsächlich in den Radiostudios verwendet. Sie sind mit einem Filter zur Anhebung der tiefen Töne ausgerüstet.

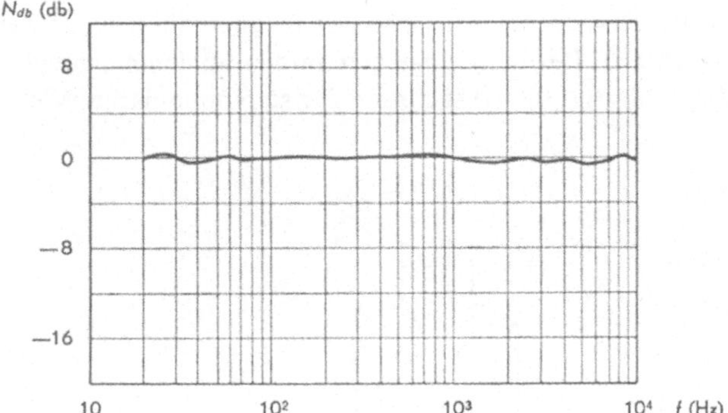

Fig. 232
Frequenzgang eines dynamischen Pick-ups

136. Kristall-Pick-up

Die Arbeitsweise eines Kristall-Pick-ups entspricht derjenigen eines Kristallmikrophons. Ein oder mehrere Kristallplättchen werden an einem Ende in einem Support festgehalten (Fig. 233). Am anderen Ende ist der Nadelträger festgemacht. Die Bewegungen der Nadel deformieren den Kristall und erzeugen so Spannungen zwischen den beiden Kristallflächen. Diese Spannungen werden durch zwei dünne Silber-, Aluminium- oder Zinnelektroden abgenommen. Für eine Referenzfrequenz von 1000 Hz erhält man eine Ausgangsspannung von 1 bis 2 V. Diese Tonabnehmer sind hochohmig (100–500 kΩ).

Die Kristalltonabnehmer sind leicht, erzeugen einen sehr geringen Nadeldruck und schonen die Schallplatten. Leider sind sie empfindlich gegenüber Stößen, Wärme und Feuchtigkeit.

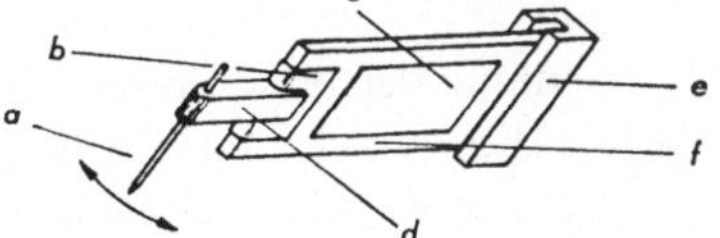

Fig. 233
Kristall-Pick-up
a: Nadel; *b:* Gummi; *c:* Kontaktelektrode; *d:* Nadelhalter; *e:* Support; *f:* Kristall

Die Kapazität eines Kristall-Pick-ups bewegt sich zwischen 300–1000 pF. Seine Impedanz variiert mit der Frequenz und es bevorzugt die tiefen Töne. Die Fig. 234 zeigt den Frequenzgang eines solchen Pick-ups.
Die stärkere Wiedergabe der tiefen Töne kompensiert zum Teil deren Beeinträchtigung bei der Aufzeichnung.

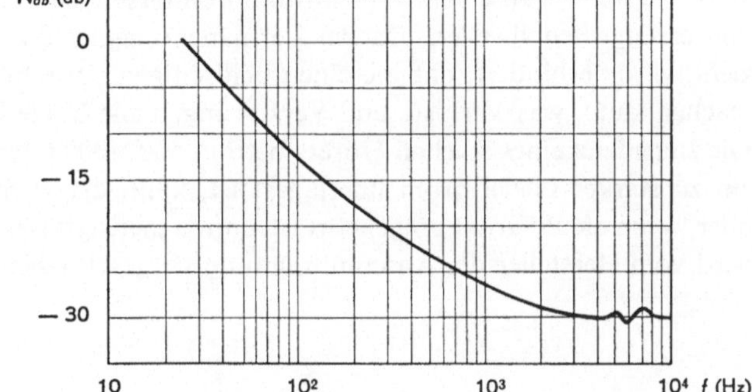

Fig. 234
Frequenzgang eines monophonischen Kristall-Pick-ups

Die stereophonischen Pick-ups sind mit piezoelektrischen Keramikplättchen ausgerüstet (Fig. 235).
Die Schwingungen der Nadel werden durch Druck mit einem speziell geformten Kautschukstück übertragen. Die piezoelektrischen Keramikelemente reagieren auf Biegung, nicht aber auf Torsion. Man vermeidet dadurch weitgehend die Diaphonie.

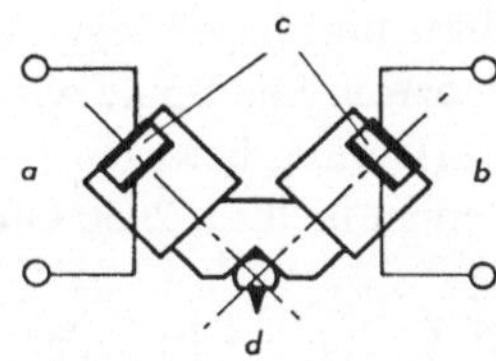

Fig. 235
Stereophonisches Pick-up mit piezoelektrischen Keramikplättchen
a Erster Ausgang; *b* Zweiter Ausgang; *c* Piezoelektrisches Keramikelement; *d* Saphir

137. Tonwiedergabe

Die Umwandlung der NF-Ströme in Tonschwingungen erfolgt durch Schallerzeuger, wie Kopfhörer und Lautsprecher.
Die vom Verstärker gelieferte elektrische Energie wird vorerst durch den Motor des Kopfhörers oder Lautsprechers in mechanische Energie umgewandelt, wodurch die Membrane in Bewegung gesetzt wird. Damit ist die Umwandlung von elektrischer in Schallenergie bewerkstelligt.

138. Telephonhörer und Kopfhörer

Die Hörmuscheln enthalten einen polarisierten Elektromagneten und eine Stahlmembrane. Der Elektromagnet hat gewöhnlich zwei Spulen, die mit einem Weicheisenkern auf dem Permanentmagneten *a* montiert sind (Fig. 236).
Wird die Spule von einem NF-Strom durchflossen, so bewegt sich die Membrane und erzeugt Schallwellen. Da der Permanentmagnet die Membrane dauernd anzieht, wird verhindert, daß sie einen beidseitigen Ausschlag aus der Ruhestellung machen kann, was Verluste und Verzerrungen zur Folge hätte.
Die Impedanz eines solchen Hörers beträgt 500–4000 Ohm. Wenn dem NF-Strom ein zu starker Gleichstrom überlagert ist, kann der Permanentmagnet gesättigt, oder, wenn die Polarität umgekehrt ist, entmagnetisiert werden. Aus diesem Grunde wird vom Hersteller die Anschlußrichtung vorgeschrieben.

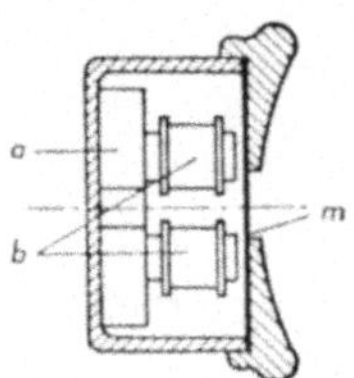

Fig. 236
Telephonhörer
a Magnet; *b* Spulen;
m Membrane

139. Dynamischer Lautsprecher

Fig. 237 zeigt den Schnitt durch einen modernen dynamischen Lautsprecher mit Permanentmagnet. Er funktioniert gleich, wie das dynamische Mikrophon.
Die Schwingspule, vom NF-Strom durchflossen, befindet sich in einem starken Magnetfeld. Sie wird deshalb hin- und herbewegt. An der Spule befestigt ist der Lautsprecherkonus aus Spezialkarton. Die Spule wird durch den sog. Spider zentriert und kann sich nur in Achsrichtung bewegen (Fig. 237).
Die Impedanz der Schwingspulen ist niedrig, 2–50 Ohm für eine Referenzfrequenz von 400 oder 1000 Hz.
Die Kurve Fig. 238 zeigt die Änderung der Impedanz einer Schwingspule bei verschiedenen Frequenzen. Sie zeigt, daß bei 45 Hz eine Spitze entsteht, die auf die mechanische Resonanz der Membrane zurückzuführen ist. Ab 400 Hz steigt die Impedanz gleichmäßig an.

In Fig. 239 ist der Frequenzgang eines dynamischen Lautsprechers dargestellt. Um die Schwingspule an den Anodenkreis der Endröhre oder des Endtransistors anzupassen, ist ein sog. Ausgangstransformator oder Ausgangsübertrager nötig.

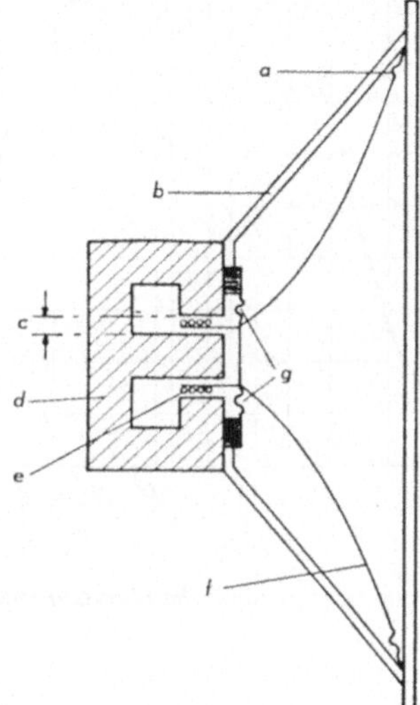

Fig. 237
Dynamischer Lautsprecher mit Permanentmagnet
a Elastische Aufhängung
b Gehäuse
c Luftspalt
d Permanentmagnet
e Schwingspule
f Exponentialmembrane
g Spider oder Spinne

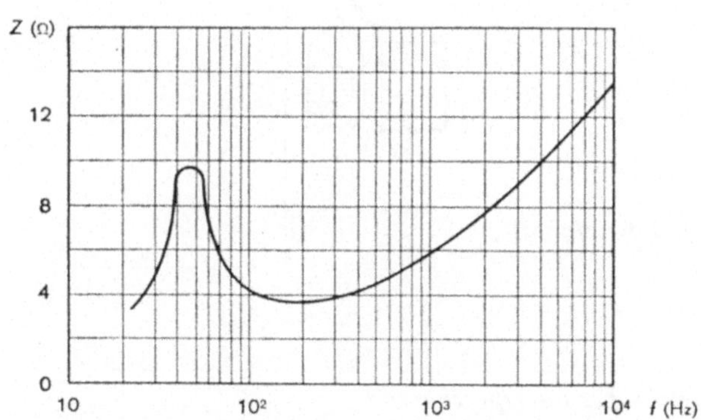

Fig. 238
Impedanz der Schwingspule in Funktion der Frequenz

Die verschiedenen Töne werden vom Lautsprecher nicht gleichmäßig abgestrahlt. Die hohen Frequenzen konzentrieren sich um die Achse, haben also eine Richtwirkung. Diesen unerwünschten Richteffekt kann man mit einem kleinen Diffusorkonus aus Plastikmaterial verringern (Fig. 240).

Der Permanentmagnet kann auch durch einen Elektromagneten ersetzt werden. Es ist dann ein Erregergleichstrom nötig.

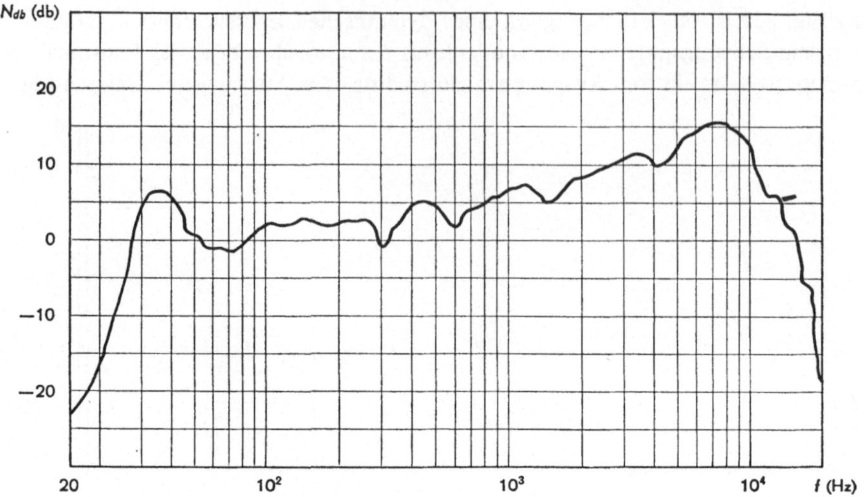

Fig. 239
Frequenzgang eines dynamischen Lautsprechers

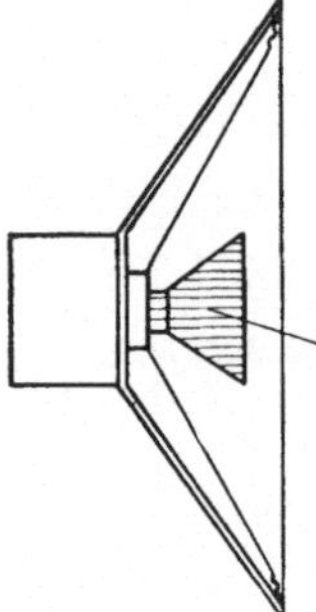

Fig. 240
Lautsprecher mit Diffusorkonus

140. Piezoelektrischer Lautsprecher

Das piezoelektrische Phänomen ist umkehrbar. Legt man eine Spannung an die Elektroden eines Kristalls, so wird dieser deformiert (gebogen). Diese Eigenschaft wird in den piezoelektrischen Lautsprechern ausgenützt.

Zwei oder mehrere rechteckige Kristall-Lamellen sind an drei Ecken befestigt. Die vierte Ecke hat einen Zapfen. Wird eine NF-Spannung an den Kristall gelegt, so deformiert er sich und der Zapfen bewegt über einen Hebel die Membran aus Duraluminium (Fig. 241).

Diese Lautsprecher sind ausschließlich für die Wiedergabe hoher Töne bestimmt, für welche sie sich besonders gut eignen. Manchmal werden sie, unter Anwendung von Filtern, mit dynamischen Lautsprechern kombiniert.

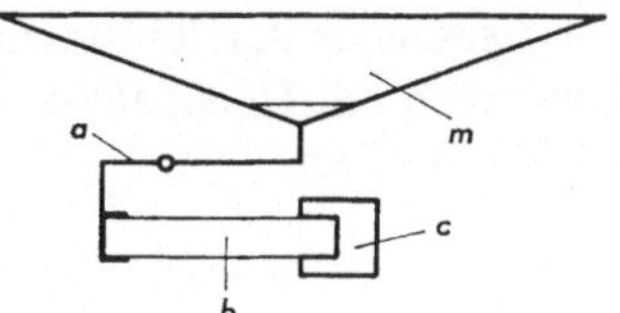

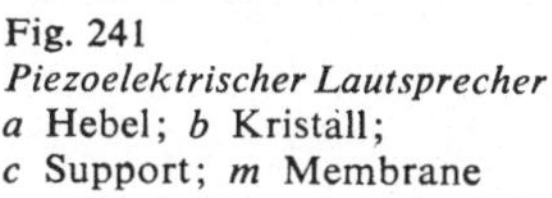
Fig. 241
Piezoelektrischer Lautsprecher
a Hebel; *b* Kristall;
c Support; *m* Membrane

141. Statischer Lautsprecher

Auch die Eigenschaften des statischen (Kondensator-)Mikrophons sind umkehrbar. Über einen Widerstand *R* (Fig. 242) wird eine Gleichspannung an den Kondensator, dessen eine Platte beweglich ist, angelegt.

Wird eine NF-Spannung auf den Lautsprecher geleitet, so wird die sehr dünne bewegliche Platte verformt und erzeugt einen Ton. Um eine genügend kräftige Wirkung zu erhalten, müssen die beiden Kondensatorplatten einen sehr kleinen Abstand haben. Der Ausgangstransformator erhöht die gewonnene Spannung. Dieser Lautsprecher eignet sich hauptsächlich für die Wiedergabe hoher Töne.

Einige Fabrikanten stellen statische Lautsprecher großer Dimensionen her. Diese sind in der Lage, den ganzen Hörbereich wiederzugeben. Die Konstruktion ist von der besprochenen verschieden. Der Kondensator wird von einer Hochspannungsquelle über einen Widerstand von mehreren hundert Megohm geladen. Die Ladung bleibt praktisch konstant. Die Membrane bewegt sich unter dem Einfluß der am Kondensator angelegten NF-Spannung.

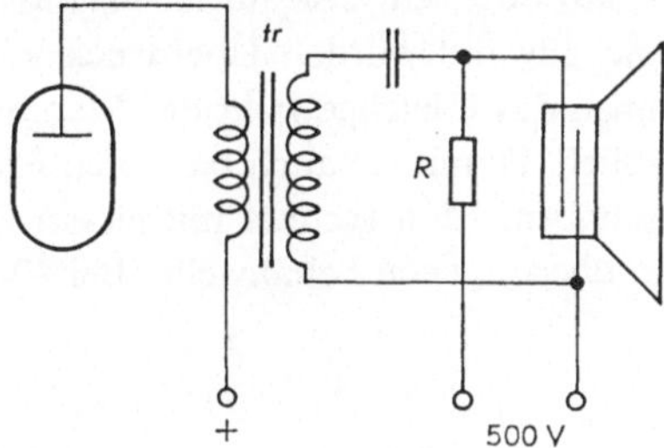

Fig. 242
Statischer Lautsprecher mit Schaltschema

142. Lautsprecher mit Kompressionskammer

Der Lautsprecher mit Kompressionskammer ist mit einem großen Schalltrichter zusammengebaut. Das Schwingsystem besteht aus der Schwingspule und einer dünnen Aluminiummembrane (Fig. 243a). Es ist daher sehr leicht und kann auch hohen Frequenzen folgen.

Das Anwendungsgebiet dieser Lautsprecher sind Großveranstaltungen in Sälen und im Freien. Ihr Wirkungsgrad ist höher als derjenige der dynamischen Lautsprecher. Sie sollen nur mit Schalltrichtern benützt werden.

Fig. 243b zeigt eine platzsparende Ausführung mit umgestülptem Trichter. Diese Lautsprecher sind gewöhnlich mit Hochpaßfiltern zusammengebaut, deren untere Grenzfrequenz bei 200–300 Hz liegt.

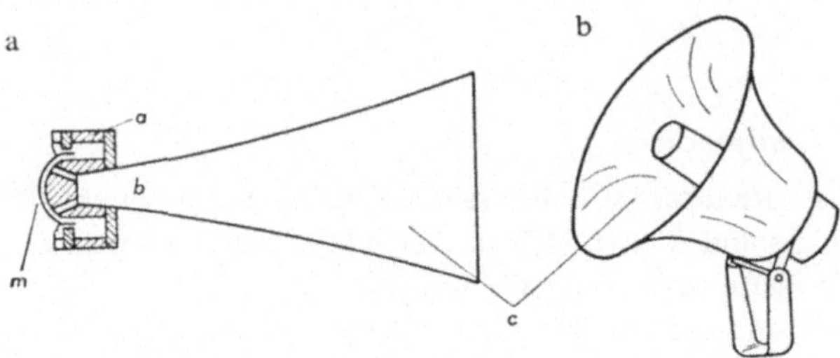

Fig. 243
Lautsprecher mit Kompressionskammer
a) Gerader Trichter; b) Umgestülpter Trichter
a Magnet; *b* Trichtereingang; *c* Trichter; *m* Membrane

143. Wirkung der Schallwand

Die von der Rückseite der Lautsprechermembrane abgestrahlten Schallwellen befinden sich in Gegenphase gegenüber den von der Vorderseite abgestrahlten (Fig. 244a). Es ist die Aufgabe der Schallwand, zu verhüten, daß sich die beiden Schallwellen ganz oder teilweise aufheben (Fig. 244b).

Ohne Schallwand würden Überdruck vor und Unterdruck hinter der Membrane zusammen das Gleichgewicht der Membrane anstreben. Die Schallwand ist somit unerläßlich. Damit sie auch bei tiefen Frequenzen noch wirkt, muß sie eine große Fläche haben. Man rechnet mit einem Durchmesser der halben Wellenlänge der tiefsten übertragenen Schallwelle. Bei 40 Hz ergibt das:

(202) $$d = \frac{\lambda}{2} = \frac{c}{2f} = \frac{340}{80} = 4{,}25 \text{ m},$$

Um nicht zu große Abmessungen zu erhalten, bildet man die Schallwand oft als Gehäuse aus (Fig. 244c) oder auch ganz geschlossen, wodurch eine besonders gute Wiedergabe entsteht.

Fig. 244
Membrane und Schallwand
a Komprimierung und Entspannung der Luft
b Wirkung der Schallwand
c Gefaltete Schallwand

144. Schallzeilen

Eine Schallzeile ist ein Gehäuse, in dem eine Anzahl Lautsprecher in einer Reihe angebracht sind (Fig. 245). Diese Anordnung gestattet, die Töne auf bestimmte Art zu konzentrieren und zu leiten. Es ist damit möglich, einen Saal gleichmäßig akustisch zu versorgen, so daß an allen Plätzen, nahe und fern der Lautsprecher, die Darbietungen gleich gut gehört werden. Durch die Richtwirkung dieser Schallzeilen wird auch die akustische Rückkopplung, der Larseneffekt, weitgehend vermieden.

Die in Fig. 245 angegebenen Maße sind durch praktische Versuche ermittelt worden. Sie passen für alle normalen Lautsprecherausführungen. Die Schallzeilen werden vertikal aufgestellt und bilden auch in architektonischer Hinsicht keine Probleme. Sie sind ein ausgezeichnetes Mittel für die Tonversorgung von Sälen, besonders für die Wiedergabe der Sprache.

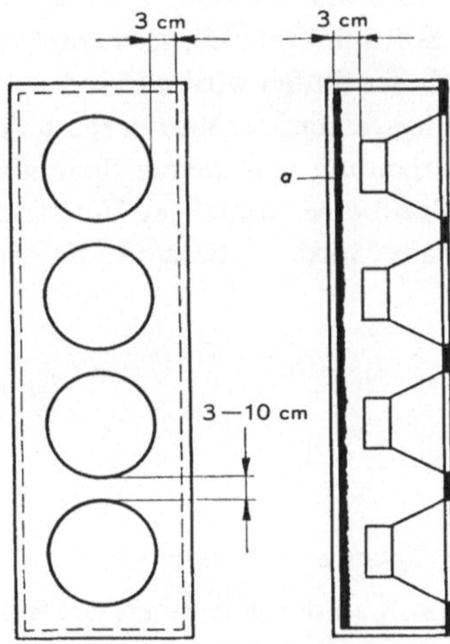

Fig. 245
Schallzeile
a Schallisolator

6. Kapitel

Die Spannungsverstärkung mit Elektronenröhren

145. Allgemeine Bemerkungen

Die elektrische Energie, welche ein Tonabnehmer, ein Detektor oder ein Mikrophon abgibt, ist im allgemeinen zu schwach, um direkt einen Lautsprecher oder ein sonstiges mechanisches System zu betätigen. Sie kann nur zum Betrieb eines Kopfhörers genügen. Um aber einem Lautsprecher die notwendige modulierte Leistung abgeben zu können, braucht es einen Niederfrequenzverstärker.
Der Niederfrequenzteil eines Radio- oder Fernsehempfängers umfaßt im allgemeinen zwei Stufen. Die erste dieser Stufen wird durch die Spannungsverstärkerröhre, die zweite durch die Leistungsverstärkerröhre dargestellt.
Ein Verstärker für die Verarbeitung sehr kleiner Spannungen (Mikrophon, photoelektronische Röhre) enthält oft eine zusätzliche Verstärkerstufe, die vor die Spannungsverstärkerröhre geschaltet wird. In diesem Fall spricht man von einem Spannungsvorverstärker.

146. Spannungsverstärkung, Spannungsgewinn

Die Spannungsverstärkung soll an den Klemmen des Arbeitswiderstandes für eine gegebene Gitterwechselspannung die größtmögliche Spannung abgeben. Die Oszillogramme, welche diese beiden Spannungen darstellen, sollen denselben Kurvenverlauf zeigen.
Die Schaltung nach Fig. 246 stellt eine Triode als Spannungsverstärker dar. Der Arbeitswiderstand wird durch R_a gebildet, der auch als Anodenlastwiderstand bezeichnet wird. Das Steuergitter erhält mittels der Vorspannungsbatterie p eine negative Vorspannung. Die Anode wird durch die Anodenstromquelle b auf ein positives Potential gebracht.
Wird zwischen Steuergitter und Kathode eine sinusförmige Spannung U_1 angelegt, so erzeugt sie einen Anodenwechselstrom I_a. Dieser Strom durchläuft den Widerstand R_a und erzeugt an den Klemmen dieses Widerstandes die Wechselspannung U_2. Das Verhältnis zwischen dieser Ausgangswechselspannung U_2 und der Eingangswechselspannung U_1 stellt die Verstärkung oder den Spannungsgewinn g der Verstärkerstufe dar.

Absolut genommen ist

(203)
$$g = \frac{U_2}{U_1}$$
U_1 und U_2 in V.

Als *Beispiel* setzen wir die Gittervorspannung $= -5$ V. Am Gitter sei eine Eingangsspannung $U_{1\,max} = 1$ Volt wirksam. Bei den positiven Halbwellen haben wir dann zwischen Gitter und Kathode eine Spannung von -4 V. Die Stärke des Anodenstroms nimmt zu; ebenso wächst der Spannungsabfall am Widerstand R_a. Dagegen nimmt die Anodenspannung U_a (Fig. 246) ab.

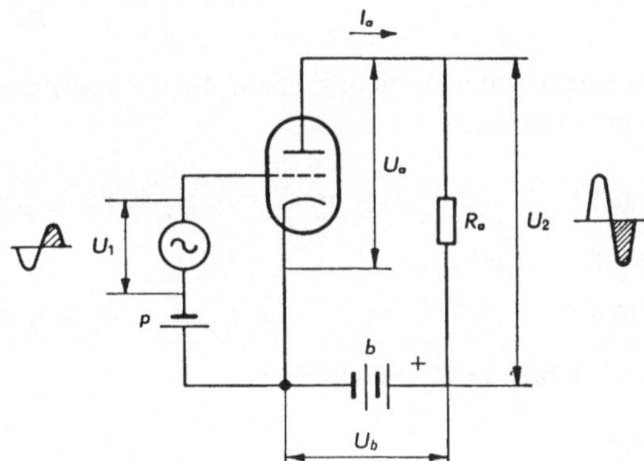

Fig. 246
Spannungsverstärkung mit einer Triode

Umgekehrt haben wir in den negativen Halbwellen von U_1 eine Spannung von -6 Volt zwischen Gitter und Kathode. Dadurch nimmt I_a ab und die Spannung U_a an der Anode steigt. So entspricht:

einer Erhöhung von U_g eine Abnahme von U_a
einer Verringerung von U_g eine Zunahme von U_a

Somit entsteht zwischen U_2 und U_1 eine Phasenverschiebung um 180°.
Es sei hier darauf hingewiesen, daß im Falle eines großen Unterschiedes zwischen dem Lastwiderstand und dem ohmschen Widerstand von R_a – beispielsweise bei einem Transformatorausgang – der mittlere Anodenstrom I_{am} vom Anodenruhestrom I_{ar} (Fig. 247) verschieden ist.
In der Praxis ist der Unterschied zwischen beiden Werten meistens vernachlässigbar, so daß wir in der Folge $I_{ar} = I_{am}$ setzen werden.

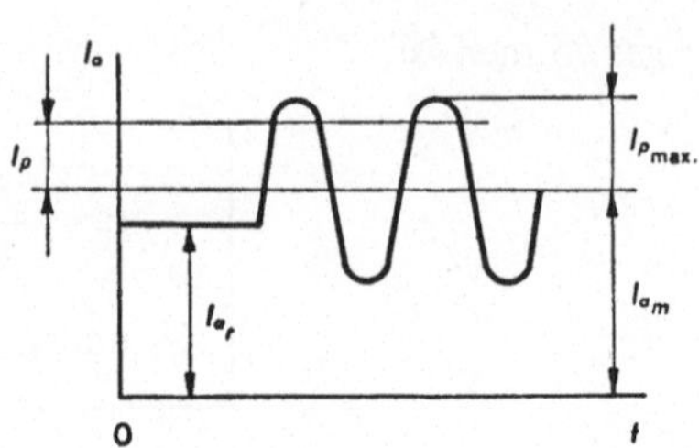

Fig. 247
Die Form des modulierten Anodenstroms

147. Ersatzschaltung einer Verstärkerstufe

Wenn wir in der Beziehung (10) des 1. Kapitels die Werte von ΔI_a, ΔU_g und ΔU_a durch I_p, U_1 und $-U_2$ ersetzen (dabei stellt das Minuszeichen die Phasenverschiebung dar), so erhalten wir:

$$I_p = S\,U_1 - \frac{U_2}{R_i}\,. \tag{204}$$

Diese Gleichung bezieht sich auf die Wechselstromkomponente. Sie läßt sich in die Form kleiden:

$$I_p\,R_i = S\,R_i\,U_1 - U_2 = \mu\,U_1 - I_p\,R_a\,, \tag{205}$$

so daß wir erhalten

$$\mu\,U_1 = I_p\,R_i + I_p\,R_a\,, \tag{206}$$

und daraus folgt schließlich:

$$I_p = \frac{\mu\,U_1}{R_i + R_a}\,. \tag{207}$$

Daraus ergibt sich, daß eine Röhrenverstärkerstufe dem Ersatzschaltbild nach Fig. 248 entspricht.

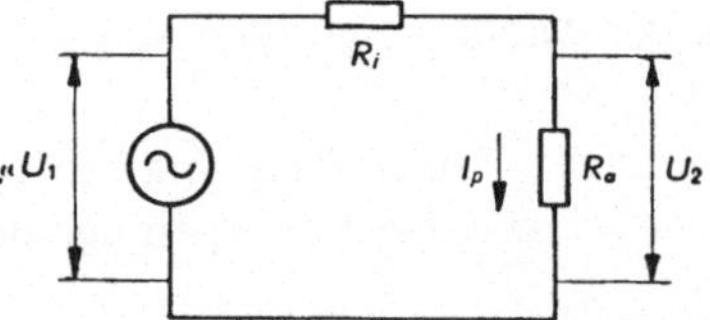

Fig. 248
Ersatzschaltbild einer Röhrenverstärkerstufe
Die Röhre wird als Spannungsgenerator angesehen

Dabei kann die Röhre als ein Spannungsgenerator mit der EMK $\mu \cdot U_1$ und dem Innenwiderstand R_i angesehen werden, der den Lastwiderstand R_a speist. Ist R_a konstant, so hängt die Ausgangsspannung U_2 von der Stärke des Stromes I_p ab, der sich ergibt aus:

$$I_p = \frac{U_2}{R_a}\,. \tag{208}$$

Ersetzt man in der Gleichung (207) den Strom I_p durch seinen Wert aus der Gleichung (208), so erhält man:

(209)
$$\frac{U_2}{R_a} = \frac{\mu\, U_1}{R_i + R_a}\,,$$

woraus

(210)
$$g = \frac{\mu\, R_a}{R_i + R_a}$$

R_a und R_i in Ω.

Dabei stellen dar:

R_a den Lastwiderstand
R_i den Innenwiderstand der Röhre
μ den Verstärkungsfaktor

Aus obiger Beziehung erkennen wir, daß die Spannungsverstärkung um so größer ist, je größer R_a wird. Dennoch läßt sich R_a nicht unbegrenzt vergrößern, weil sonst die wirksame Anodenspannung U_a zu stark abnimmt. Es ist also R_a so zu bestimmen, daß sich sowohl eine genügende Spannungsverstärkung ergibt, als auch eine für den normalen Betrieb der Röhre ausreichende Anodenspannung U_a. Theoretisch wird bei sehr großem R_a der Spannungsgewinn der Stufe gleich dem Verstärkungsfaktor der Röhre.
Die Beziehung (210) läßt sich auch so auslegen, daß R_a und R_i miteinander in Serie liegen. Wenn man dann μ durch den gleichwertigen Ausdruck $S \cdot R_i$ ersetzt (Barkhausensche Formel), kann man annehmen, daß R_i und R_a parallel liegen. Dadurch ergibt sich der Spannungsgewinn der Stufe zu:

(211)
$$g = S\,\frac{R_a\, R_i}{R_a + R_i}$$

R_a und R_i in Ω, S in A/V.

Gemäß dieser Auslegung ist die verstärkende Röhre als Stromgenerator anzusehen (Fig. 249).

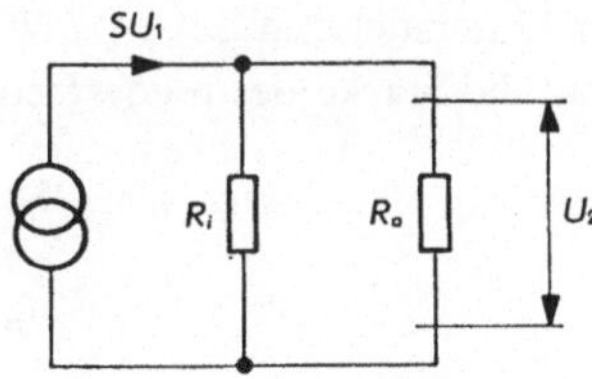

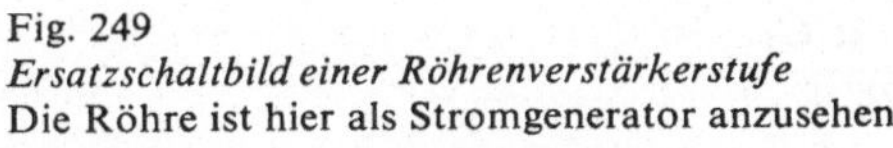
Fig. 249
Ersatzschaltbild einer Röhrenverstärkerstufe
Die Röhre ist hier als Stromgenerator anzusehen

148. Die Arbeitskennlinie im I_a/U_g-Kennlinienfeld. Die Arbeitssteilheit

Die Röhrenkurven im I_a/U_g-Kennlinienfeld, welche wir im 1. Kapitel untersuchten, sind sog. statische Kurven. In ihnen ist der Einfluß des Belastungswiderstandes oder der Belastungsimpedanz nicht berücksichtigt.
Wir wollen nunmehr einen ohmschen Widerstand R_a in Serie zur Anode einer Röhre schalten, deren statische Kennlinien in der Fig. 250 dargestellt sind.

Wir gehen dabei von der Annahme aus, daß $R_a = 20000\,\Omega$ sei. Zunächst legen wir den Arbeitspunkt fest. Im vorliegenden Fall entspricht dieser Arbeitspunkt P einer Gittervorspannung von -5 Volt. Wenn wir an das Gitter ein NF-Signal $U_{1\,max} = 1$ V legen, so wird, ohne Arbeitswiderstand bei einer positiven Halbwelle, der Anodenstrom um 2,5 mA zunehmen (Fig. 250). Mit dem Arbeitswiderstand läßt sich dieselbe Stromveränderung durch eine Erhöhung der NF-Spannung am Eingang erreichen. Der Spannungsabfall im Arbeitswiderstand ist dann:

$$20000 \cdot 0{,}0025 = 50 \text{ V}$$

Die an der Röhrenanode wirksame Anodenspannung U_a nimmt dabei ab und wird

$$U_a = 200 - 50 = 150 \text{ Volt.}$$

Dadurch wird sich der Arbeitspunkt nicht mehr auf der Kennlinie für $U_a = 200$ V bewegen, sondern nach B, auf der 150-V-Kennlinie, hin wandern.
Im Falle einer negativen Halbwelle aber, nimmt wieder nach Fig. 250, der Anodenstrom um 2,5 mA ab. Dadurch nimmt die Anodenspannung U_a um 50 V zu und erreicht den Wert:

$$U_a = 200 + 50 = 250 \text{ V.}$$

Dadurch verschiebt sich jetzt der Arbeitspunkt auf der 250-V-Kennlinie nach A. Die Verbindungslinie A-P-B stellt die dynamische Kennlinie oder die Arbeitskennlinie für $R_a = 20000\ \Omega$ und $U_b = 300$ V dar.
In der Fig. 250 sehen wir, daß die Steilheit der Arbeitskennlinie geringer ist als diejenige der statischen Kennlinien. Die Arbeitskennlinie weicht um so mehr von der statischen Kennlinie ab, je größer der Arbeitswiderstand ist. Die Arbeitskennlinie hat dabei die Tendenz, sich horizontal auszurichten. Die Steilheit nimmt also ab. Ist dagegen, wie bei einer Pentode, R_a klein im Vergleich zu R_i, so gleicht sich die Arbeitskennlinie A-P-B an die statische Kennlinie an.
Bei der Untersuchung des Ersatzschaltbildes der Verstärkerröhre haben wir gesehen, daß die Stärke des niederfrequenten Stromes gegeben war durch

$$I_p = \frac{\mu\, U_1}{R_i + R_a}\,. \tag{207}$$

Nun ist aber anderseits gemäß Formel (16) die Steilheit einer Röhre gegeben durch das Verhältnis der Anodenstromänderung zur Gitterspannungsänderung. Die Steilheit der Arbeitskennlinie – als Arbeitssteilheit bzw. dynamische Steilheit bezeichnet – ist daher:

(212) $$S_d = \frac{I_p}{U_1}\,.$$

Ersetzen wir I_p durch den Ausdruck nach (207), so ergibt sich:

(213) $$S_d = \frac{\mu}{R_i + R_a}$$

R_a und R_i in Ω, S_d in A/V.

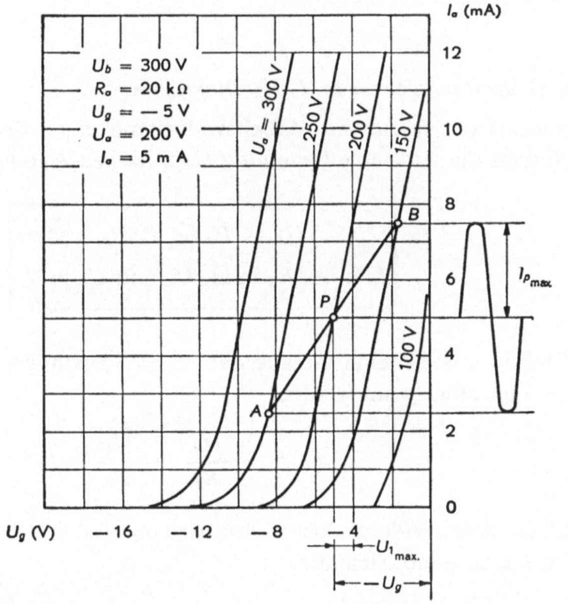

Fig. 250
Arbeitskennlinie im I_a/U_g-Kennlinienfeld

In der Praxis wird die dynamische Steilheit S_d mehr verwendet als der Verstärkungsfaktor μ. Es ist deshalb interessant, S_d aus der statischen Steilheit S abzuleiten. Dazu teilen wir in Formel (213) Zähler und Nenner durch R_i, und wir erhalten:

$$S_d = \frac{\dfrac{\mu}{R_i}}{\dfrac{R_i}{R_i} + \dfrac{R_a}{R_i}}\,;$$

Anderseits ist

$$S = \frac{\mu}{R_i},$$

so daß wir erhalten:

(214)
$$S_d = \frac{S}{1 + \dfrac{R_a}{R_i}}$$

R_a und R_i in Ω, S und S_d in A/V.

Es ist noch zu bemerken, daß für eine Penthode die Arbeitskennlinie die Gestalt eines langgezogenen S (kubische Form) aufweist, wobei die obigen Formeln ebenfalls anwendbar sind. (Vgl. auch Abschnitt 150.) Für eine Triode dagegen wird die Arbeitskennlinie parabolisch.

149. Die Widerstandsgerade im I_a/U_a-Diagramm

Der Anodenstrom I_a ruft am Arbeitswiderstand einen Spannungsabfall hervor. Dadurch wird die wirksame Spannung U_a zwischen Anode und Kathode:

(215)
$$U_a = U_b - I_a R_a$$

I_a in A, R_a in Ω, U_a und U_b in V.

Diese Gleichung stellt eine Gerade dar, die Widerstandsgerade. Die Gleichung kann wie folgt umgeformt werden:

(216)
$$I_a = -\frac{U_a}{R_a} + \frac{U_b}{R_a}.$$

Die Steilheit dieser Widerstandsgeraden wird durch den Winkelkoeffizienten a ausgedrückt. Dieser ergibt sich aus:

(217)
$$a = -\frac{1}{R_a}.$$

Um die so bestimmte Gerade im I_a/U_a- Diagramm eintragen zu können, brauchen wir die Schnittpunkte dieser Geraden mit den Koordinaten U_a und I_a.
Ist $I_a = 0$, so wird die Spannung U_a:

(218)
$$U_a = U_b.$$

Die Widerstandsgerade schneidet also die Spannungsachse im Punkt $U_a = U_b$.

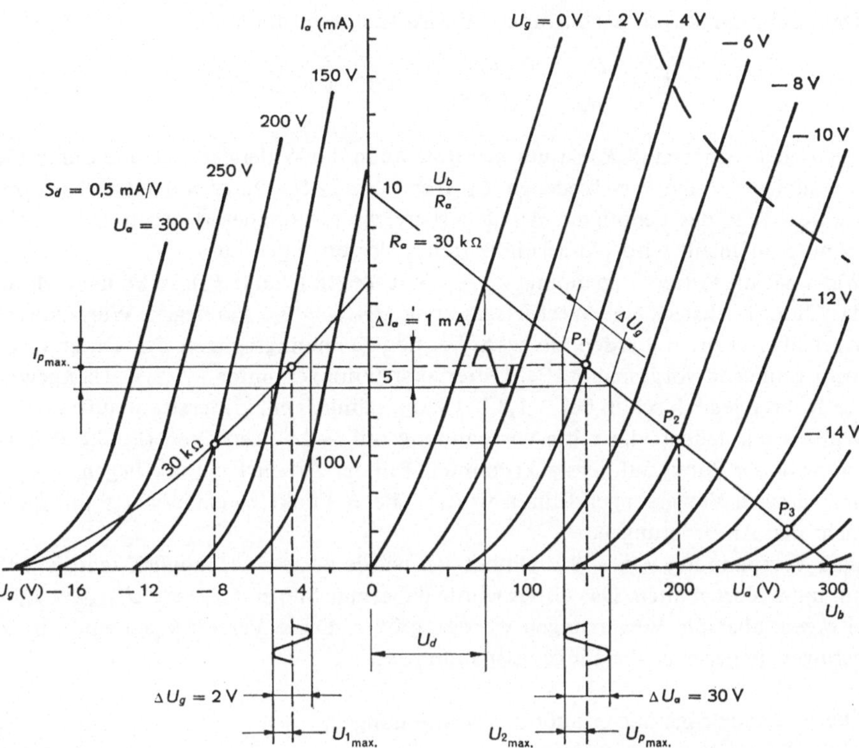

Fig. 251
Arbeitskennlinie und Widerstandsgerade im I_a/U_g- und im I_a/U_a-Diagramm

Um den Punkt zu erhalten, bei dem die Widerstandsgerade die I_a-Achse schneidet, setzen wir in Gleichung (215) oder (216) $U_a = 0$ ein. Damit erhalten wir:

(219)
$$I_a = \frac{U_b}{R_a} \,.$$

Die Widerstandsgerade schneidet also die Stromachse im Punkt

$$I_a = \frac{U_b}{R_a} \,.$$

Für den Fall einer nicht rein ohmschen Anodenkreisbelastung verwandelt sich die Widerstandsgerade in eine Ellipse.

Als *Beispiel* ist in Fig. 251 eine Widerstandsgerade für einen Arbeitswiderstand $R_a = 30000\,\Omega$ und für eine Speisespannung $U_b = 300$ V eingezeichnet. Der Schnittpunkt der Geraden mit der Spannungsachse ist gegeben durch

$$U_a = U_b = 300 \text{ V}.$$

Der Schnittpunkt mit der Stromachse wird bestimmt durch

$$I_a = \frac{U_b}{R_a} = \frac{300}{30\,000} = 0{,}01 \text{ A} = 10 \text{ mA}.$$

Der Arbeitswiderstand R_a ist gut gewählt, wenn die Widerstandsgerade durch die Kennlinien für die verschiedenen U_g-Werte im I_a/U_g-Diagramm, innerhalb des größten Teils des benötigten Aussteuerbereichs in annähernd gleichmäßige Abschnitte aufgeteilt wird. Andernfalls treten Verzerrungen auf.
Wenn wir die Gittervorspannung zu -4 V festlegen (Punkt P_1), so können wir an das Gitter höchstens eine Wechselspannung $U_{1\,\max} = 3{,}5$ V anlegen. Würde dieser Wert überschritten werden, so wäre bei den Spannungsspitzen das Gitter nicht mehr genügend vorgespannt. Bei Gittervorspannungen unter $-0{,}5$ V – bei gewissen Röhren jedoch schon bei $-1{,}3$ V – kann nämlich ein Gitterstrom auftreten.
Würden wir jedoch die Gittervorspannung auf -14 V erhöhen (Punkt P_3), so würde dieser Punkt auf dem gekrümmten Teil der Arbeitskennlinie liegen, was zu unzulässigen Verzerrungen führen würde. Dieser Punkt P_3 entspricht somit nicht mehr den Anforderungen.
Eine Vorspannung von -8 V (Punkt P_2) würde zwar noch möglich sein, jedoch nur unter Vorbehalten. Das Gitter würde dabei eine Steuerspannung $U_{1\,\max} = 7{,}5$ V ertragen, aber die Verzerrungen würden größer. Diese Verzerrungen sind um so geringer, je geringer die Eingangsspannung ist.

Die Widerstandsgerade erlaubt die Bestimmung:
a) der Verstärkung der Röhre
b) der Stärke des Anodenstromes I_a für eine gegebene Gittervorspannung $-U_g$
c) der Arbeitskennlinie
d) der Verzerrungen (siehe hierzu Abschn. 180).

Als *Beispiel* nehmen wir:
für eine Spannung $U_{1\,\max} = 1$ V zwischen Gitter und Kathode ($\Delta U_g = 2$ V) wird die Spannung $U_{2\,\max} = 15$ V ($\Delta U_a = 30$ V).
Damit wird die Spannungsverstärkung:

$$g = \frac{U_{2\max.}}{U_{1\max.}} = \frac{15}{1} = 15.$$

Ist ferner $U_g = -4$ V, so wird die Stärke des Anodenstromes

$$I_a = 5{,}3 \text{ mA}.$$

In diesem Fall ist die Arbeitssteilheit gegeben durch

$$S_d = \frac{I_{p\max.}}{U_{1\max.}} = \frac{0{,}5}{1} = 0{,}5 \text{ mA/V}.$$

In Fig. 251 wurden die Schnittpunkte der Widerstandsgeraden mit den U_g-Kennlinien punktweise aus dem I_a/U_a-Diagramm in das I_a/U_g-Diagramm übertragen. Dabei ergibt sich, übereinstimmend mit der Berechnung, die Arbeitssteilheit wieder zu

$$S_d = 0{,}5 \text{ mA/V}.$$

Für eine Pentode wird die Widerstandsgerade in gleicher Weise wie vorhin in das $I_a U_a$-Diagramm eingezeichnet.

Erhält eine Triode eine automatische Vorspannung oder liegt in ihrem Anodenkreis ein zusätzlicher Filterkreis, so ist die Widerstandsgerade für die Gleichstromkomponente nicht mehr identisch mit derjenigen für die Wechselstromkomponente. Denn in Wirklichkeit stellt für die Gleichstromkomponente R'_a die Summe der Widerstände im Anoden- und im Kathodenkreis dar, während für die Wechselstromkomponente R_a der Widerstand ist, der die Ausgangsspannung erzeugt (Fig. 252).

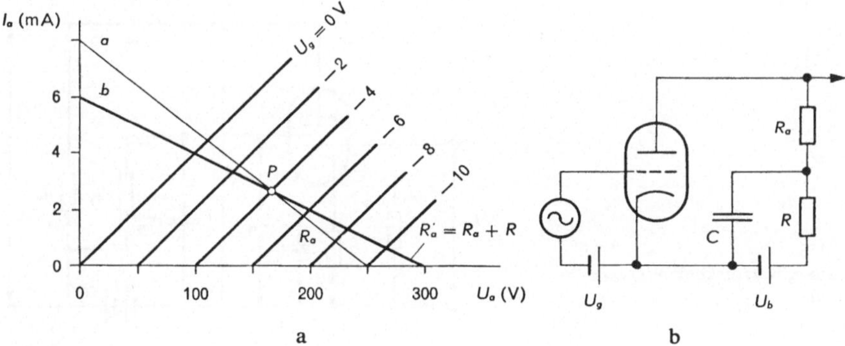

Fig. 252

Widerstandsgeraden bei Verwendung eines Belastungswiderstandes R_a und eines Anodenkreisfilters R/C

a) Widerstandsgeraden für die Wechselstromkomponente (Gerade *a*) und für die Gleichstromkomponente (Gerade *b*)

b) Schaltbild mit den beiden Widerständen im Anodenkreis

150. Spannungsverstärkung mit Pentoden

Die Fig. 253 stellt eine Spannungsverstärkerstufe mit Pentode dar.

Die Spannungsverstärkung der Stufe berechnet sich auf dieselbe Weise wie für die Triode, nach der Beziehung

$$g = \frac{\mu R_a}{R_i + R_a}.$$

oder auch aus:

$$g = S_d R_a.$$

Weil der Innenwiderstand einer Pentode im allgemeinen sehr hoch ist (in der Größenordnung von Megohm), läßt sich R_a gegenüber R_i vernachlässigen. Damit wird die Spannungsverstärkung

$$g \approx \frac{\mu R_a}{R_i}.$$

Da aber $\frac{\mu}{R_i} = S$ ist, d.h. der statischen Steilheit entspricht, so erhalten wir:

(220)
$$g \approx S R_a$$
R_a in Ω, S in A/V.

Man kann also bei Pentoden mit hohem Innenwiderstand die statische und die dynamische Steilheit einander gleichsetzen. Der dabei entstehende Fehler ist vernachlässigbar. Die Verstärkung einer Pentode hängt also hauptsächlich von der Steilheit S ab. Sie ist praktisch unabhängig vom Verstärkungsfaktor μ.

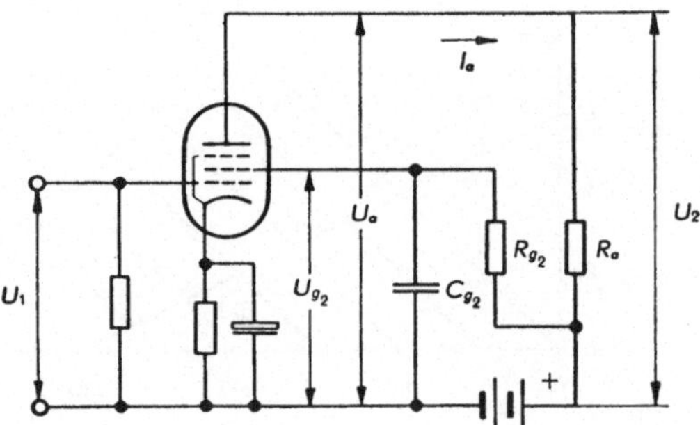

Fig. 253
Spannungsverstärkung mit einer Pentode

Zur Erzielung einer großen Verstärkung könnte man auf den Gedanken kommen, einen großen Arbeitswiderstand zu verwenden. Bei einer Pentode ist aber der Anodenstrom I_a praktisch unabhängig von der Anodenspannung U_a und hauptsächlich von der Schirmgitterspannung U_{g2} beeinflußt. Wenn man infolgedessen R_a vergrößert, ist es notwendig, die Schirmgitterspannung zu verringern, um damit den Anodenstrom I_a herabzusetzen. Ohne diese Maßnahme würde die Anodenspannung auf Null reduziert, und die Röhre würde nicht mehr verstärken.

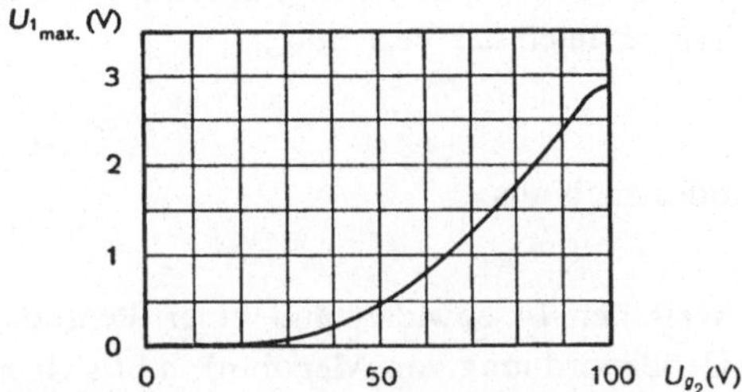

Fig. 254
Zulässige Gitterspannung in Abhängigkeit der Schirmgitterspannung U_{g2}

Die Kurve in Fig. 254 zeigt für eine gegebene Schirmgitterspannung U_{g2}, wie groß die Eingangsspannung $U_{1\,max}$ bei einer bestimmten zugelassenen Verzerrung sein darf. Je kleiner die Schirmgitterspannung wird, um so niedriger muß auch die Gitterwechselspannung $U_{1\,max}$ werden.
Im Ruhezustand darf U_{g2} die Anodenspannung U_a nicht überschreiten.
Die für die Spannungsverstärkung geeigneten Pentoden können auch zur Vorverstärkung (Mikrophon, Photozelle) und als Eingangsröhren verwendet werden. Wegen des geringen Aussteuerbereichs eignen sie sich jedoch nicht für die nachfolgenden Stufen, da sie zu schnell gesättigt würden.

151. Anodenverlustleistung. Leistungshyperbel

Die Röhrenhersteller geben in ihren Datenblättern die maximale Leistung P_a an, welche die Anode der Röhre verarbeiten kann. Diese Leistung entspricht:

$$P_a = U_a I_a \qquad (221)$$

I in A, P_a in W, U_a in V.

Ein und dieselbe Leistung P_a kann mit verschiedenen Werten von U_a erreicht werden, wobei entsprechend U_a der Anodenstrom I_a variiert. So beträgt für die Röhre 6J5 die höchstzulässige Leistung für die Anode $P_a = 2{,}5$ W. Diese Leistung wird bei nachstehenden Wertepaaren aus U_a und I_a erreicht:

U_a [V]	I_a [mA]
400	6,25
350	7,15
300	8,35
250	10,00
200	12,5
150	16,6

Trägt man diese Werte im Diagramm der Fig. 255 ab, so erhält man eine Kurve: die sog. Leistungshyperbel.
Für alle Punkte, die außerhalb der durch diese Hyperbel begrenzten Fläche liegen, arbeitet die Röhre unter abnormalen Betriebsbedingungen. Dieses Gebiet sollte deshalb im Betrieb nicht verwendet werden.
Für Pentoden gibt man außerdem die Leistung an, welche das Schirmgitter verarbeiten kann.

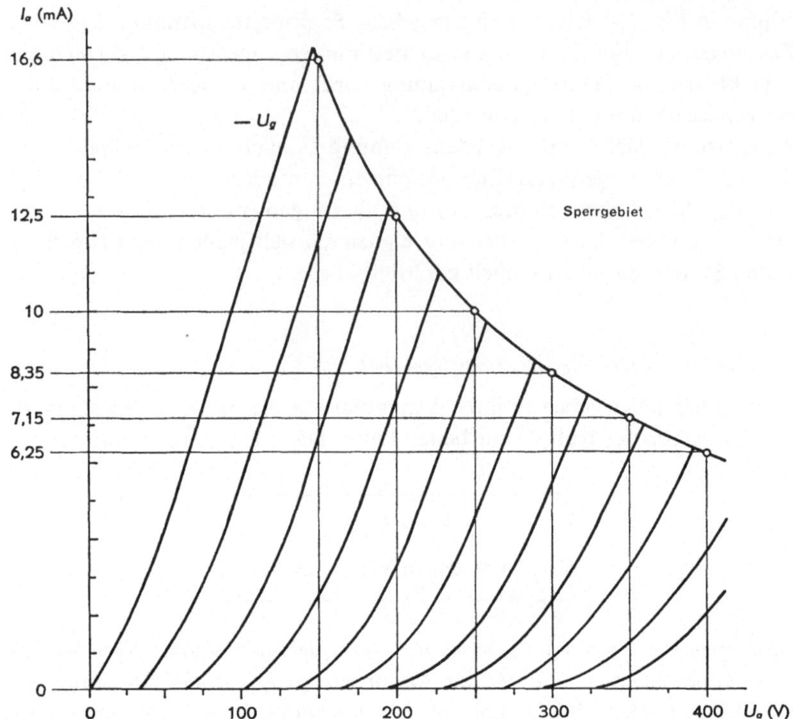

Fig. 255
Leistungshyperbel für $P_a = 2{,}5$ W

152. R-C-Kopplung

Die Fig. 256 zeigt eine *R-C*-gekoppelte Verstärkerstufe.

Wird an das Gitter der ersten Röhre eine Signal angelegt, so treten an R_a entsprechend verstärkte Wechselspannungen auf. Diese Wechselspannungen werden über den Kopplungskondensator C_1 an das Gitter der nachfolgenden Röhre übertragen. Das Ersatzschaltbild einer solchen Verstärkeranordnung ist in Fig. 257 dargestellt.

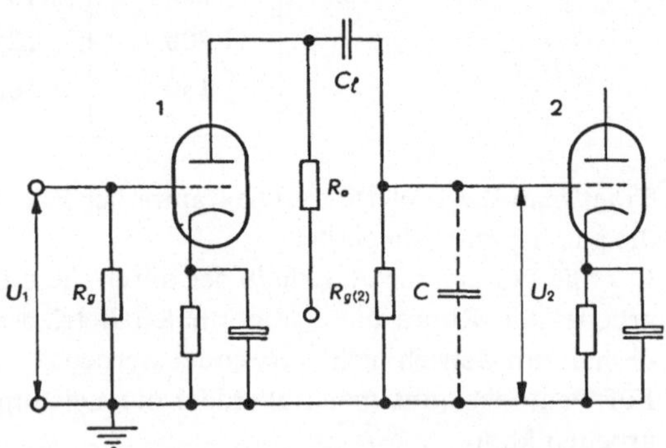

Fig. 256
Verstärkerstufe mit R–C-Kopplung

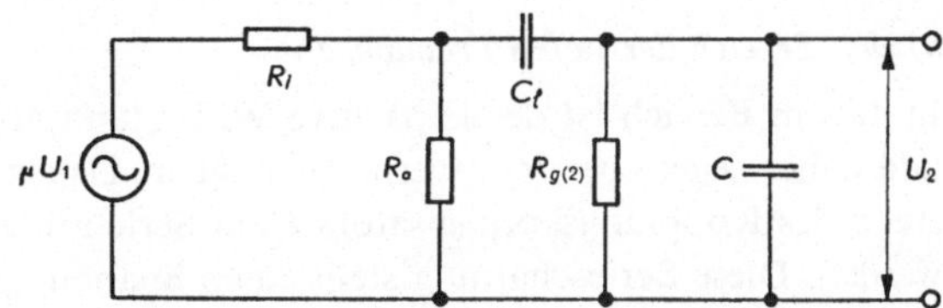

Fig. 257
Ersatzschaltbild einer R–C-gekoppelten Verstärkerstufe

Wir erkennen in diesem Ersatzschaltbild, daß die Belastung nicht nur durch den Widerstand R_a gebildet wird, sondern aus der Kombination dieses Widerstandes mit dem Gitterableitwiderstand $R_{g(2)}$ der nachfolgenden Röhre, mit den Verlustkapazitäten, die in C zusammengefaßt sind, sowie mit dem Kopplungskondensator C_l. Die Verlustkapazitäten umfassen die Kapazität C_{ka} und die Kapazität C_{ga} der 1. Röhre, ferner die Kapazität C_{kg} der 2. Röhre und die Verdrahtungskapazität der Leitungen, des Schaltungsaufbaus usw. Streng genommen müßten auch die Vorspannungserzeugung, die Rückwirkung der 2. Stufe auf die 1. Stufe über den Kopplungskondensator usw. berücksichtigt werden.
Wegen der Kapazitäten C_l und C ist die Spannungsverstärkung frequenzabhängig. Um diese Abhängigkeit zu untersuchen, unterscheiden wir je nach dem Frequenzgebiet:

a) den Bereich der mittleren Frequenzen

Bei diesen mittleren Frequenzen können die kapazitiven Widerstände von C_l, der klein bleibt und derjenige von C, der groß ist, vernachlässigt werden. Dadurch gelangen wir zum vereinfachten Ersatzschaltbild der Fig. 258.

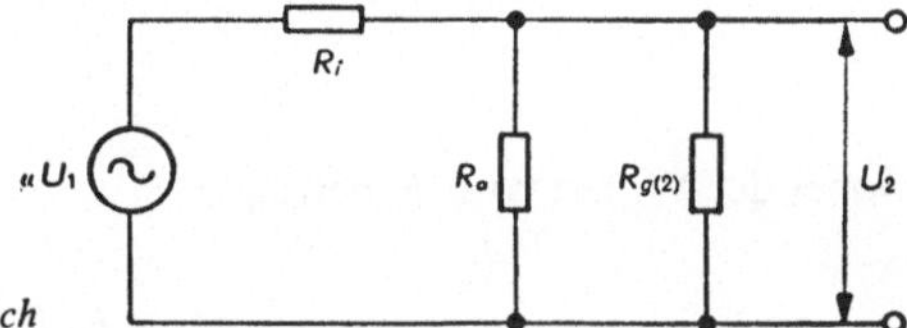

Fig. 258
Ersatzschaltbild der R–C-gekoppelten Verstärkerstufe für den mittleren Frequenzbereich

Die effektive Belastung R'_a ergibt sich aus der Parallelschaltung von R_a und $R_{g(2)}$ zu

$$R'_a = \frac{R_a\, R_{g(2)}}{R_a + R_{g(2)}}\,,$$

woraus wir die Spannungsverstärkung g_m für die mittleren Frequenzen erhalten:

(222)
$$g_m = \frac{\mu\, R'_a}{R'_a + R_i}$$

R'_a et R_i en Ω.

b) den Bereich der tiefen Frequenzen

In diesem Bereich ist der kapazitive Widerstand von C (Verlustkapazitäten) groß und daher gegenüber $R_{g(2)}$ vernachlässigbar. Dagegen kann der kapazitive Widerstand des Kopplungskondensators C_l in Serie mit $R_{g(2)}$ nicht mehr vernachlässigt werden. Diese Serieschaltung stellt einen Spannungsteiler dar. Für die tiefen Frequenzen gilt deshalb das Ersatzschaltbild gemäß Fig. 259.

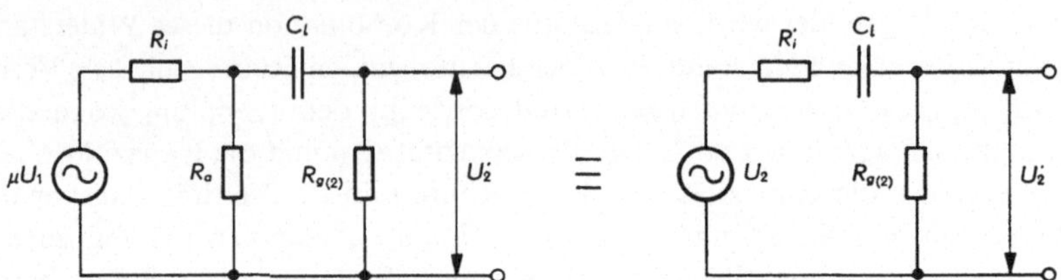

Fig. 259
Ersatzschaltbild einer R–C-Verstärkerstufe im Bereich der tiefen Frequenzen

Der Zusammenhang zwischen den Spannungen U'_2 und U_2 ist gegeben durch

(223)
$$\frac{U_2'}{U_2} = \frac{R_{g(2)}}{\sqrt{R^2 + \left(\frac{1}{\omega\, C_l}\right)^2}},$$

wobei der Widerstand R beträgt:

(224)
$$R = R_{g(2)} + \frac{R_i\, R_a}{R_i + R_a} = R_{g(2)} + R_i'.$$

Die niederfrequente Wechselspannung U_2 an den Klemmen von R_a beträgt

$$U_2 = g \cdot U_1;$$

Ersetzt man U_2 durch diesen Betrag in Gleichung (223), so erhält man

$$\frac{U_2'}{g\, U_1} = \frac{R_{g(2)}}{\sqrt{R^2 + \left(\frac{1}{\omega\, C_l}\right)^2}},$$

daraus folgt die Spannungsverstärkung g_l für die tiefen Frequenzen:

(225)
$$g_l = \frac{g\, R_{g(2)}}{\sqrt{R^2 + \left(\dfrac{1}{\omega\, C_l}\right)^2}}$$

C_l in F, $R_{g(2)}$ in Ω, ω in rad/s.

Damit also eine gleichmäßige Verstärkung der tiefen Frequenzen erfolgt, muß der kapazitive Widerstand von C_l klein und der Widerstand $R_{g(2)}$ groß sein.

c) den Bereich der hohen Frequenzen

In diesem Frequenzgebiet kann der kapazitive Widerstand des Kopplungskondensators C_l vernachlässigt werden. Dagegen ist das nicht der Fall mit dem kapazitiven Widerstand von C (Verlustkapazitäten), da diese Kapazität der Belastung parallelgeschaltet ist. Für die hohen Frequenzen ergibt sich deshalb eine Ersatzschaltung gemäß Fig. 260:

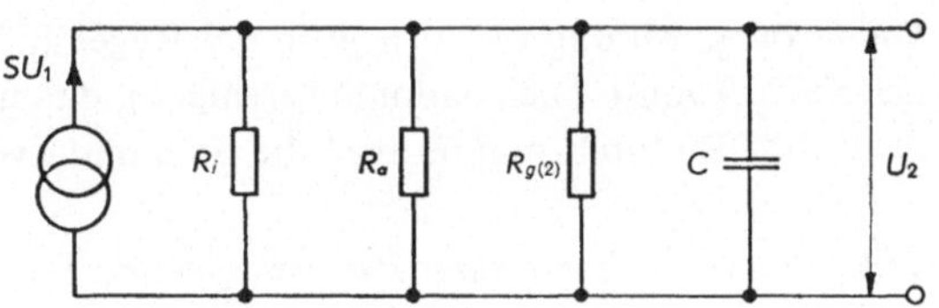

Fig. 260
Ersatzschaltbild einer R–C-Verstärkerstufe im Bereich der hohen Frequenzen

Der Spannungsgewinn g_s der Stufe beträgt in diesem Fall:

(226)
$$g_s = S \frac{R}{\sqrt{1 + \omega^2 C^2 R^2}} ;$$

wobei R in dieser Formel dargestellt wird durch:

(227)
$$R = \frac{1}{\dfrac{1}{R_a} + \dfrac{1}{R_i} + \dfrac{1}{R_{g(2)}}} .$$

Der Zähler in Formel (226) stellt die Spannungsverstärkung g_m im mittleren Frequenzbereich dar. Bei diesem Bereich kann bekanntlich der Einfluß von C vernachlässigt werden. Daher läßt sich die Beziehung (226) auch wie folgt anschreiben:

(228)
$$g_s = \frac{g_m}{\sqrt{1 + \omega^2 C^2 R^2}}$$

C in F, R in Ω, ω in rad/s.

Um also bei hohen Frequenzen im Niederfrequenzbereich eine gleichmäßige Verstärkung zu erzielen, müssen die Verlustkapazitäten auf ein Minimum reduziert werden. Sie sind in der Kapazität C zusammengefaßt. Dabei ist:

(229)
$$C = C_c + C_{k_1 a} + C_{a_1 g} + C_{k_2 g} + C_d,$$

Darin stellen dar:

C_c die Kapazität der Verdrahtung
C_{k1a} die Kapazität zwischen Kathode und Anode der 1. Röhre
C_{a1g} die Kapazität zwischen Anode und Gitter der 1. Röhre
C_{k2g} die Kapazität zwischen Kathode und Gitter der 2. Röhre
C_d die dynamische Kapazität der 2. Röhre (vgl. dazu Abschn. 169).

Die Größenordnung von C liegt in der Regel zwischen 20 und 200 pF. Man kann den Einfluß von C auch dadurch verringern, daß man einen kleinen Lastwiderstand R_a wählt. Dadurch nimmt aber die Spannungsverstärkung in starkem Maße ab.

153. Wiedergabekurve eines R-C-gekoppelten Verstärkers

Die Wiedergabekurve einer R-C-gekoppelten Verstärkerstufe hängt vor allem von C_l und von C ab. Je größer der Kopplungskondensator C_l ist, um so besser ist die Wiedergabe der tiefen Frequenzen. Im Gegensatz dazu ist die Wiedergabe der hohen Frequenzen um so besser, je kleiner die in C zusammengefaßten Verlustkapazitäten sind. Jedoch kann man sich bei einer allgemeinen Beurteilung nicht auf C_l und C beschränken; es müssen vielmehr auch R_a, $R_{g(2)}$ und R_i in Betracht gezogen werden.

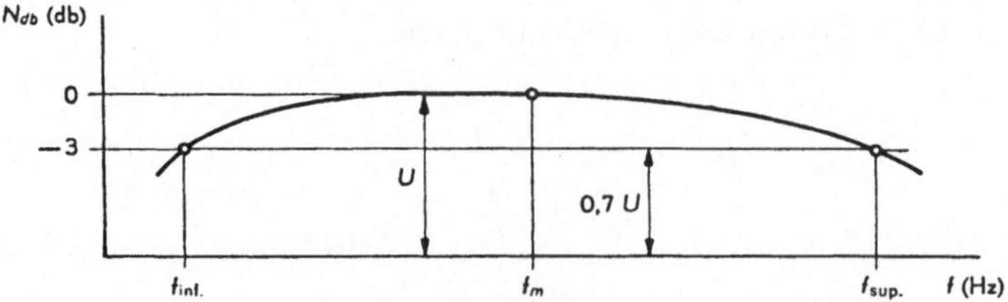

Fig. 261
Wiedergabekurve mit befriedigendem Verlauf zwischen f_{inf} *(untere Grenzfrequenz) und* f_{sup} *(obere Grenzfrequenz)*

In der Praxis gilt eine Wiedergabekurve als befriedigend, wenn für die tiefste und die höchste zu übertragende Frequenz die Dämpfung 3 db (Fig. 261) nicht übersteigt.

Das bedeutet, daß für beide Frequenzen, die als Grenzfrequenzen bezeichnet werden, die Ausgangsspannung nicht unter 70% der Spannung liegen soll, die sich bei den mittleren Frequenzen f_m ergibt.

Die in Fig. 262 dargestellten Wiedergabekurven beziehen sich auf einen Widerstand $R_{g(2)} = 1\ \mathrm{M\Omega}$ und einen Arbeitswiderstand $R_a = 100000\ \Omega$. Würde $R_{g(2)}$ auf $500000\ \Omega$ herabgesetzt, so müßte C_l verdoppelt werden, um wieder dieselben Kurven zu erhalten.

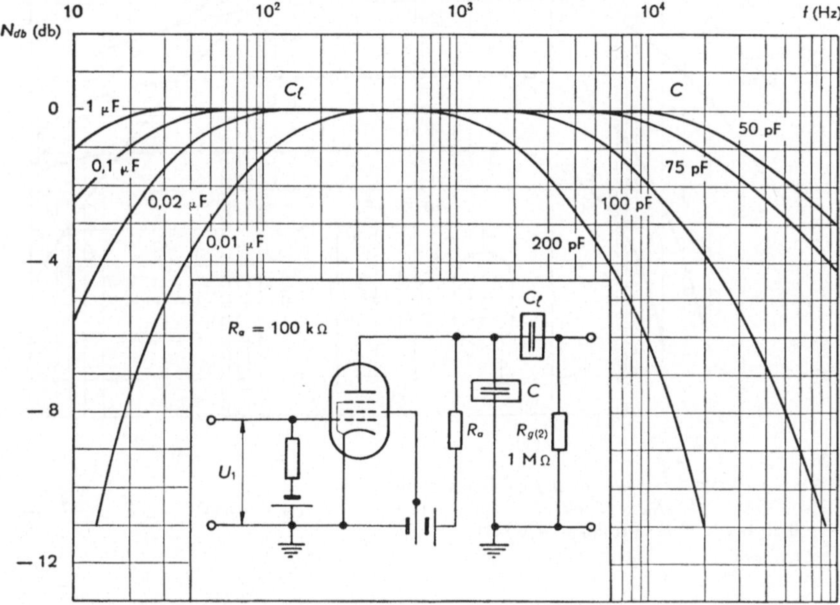

Fig. 262
Einfluß der Kopplungskapazität C_l und der Verlustkapazität C auf die Wiedergabekurve

154. Der Arbeitswiderstand

Im NF-Verstärker wird als Arbeitswiderstand in der Regel ein Kohlewiderstand (agglomerierte oder Schichttype) verwendet. Der Gleichstrom, der diesen Widerstand durchläuft, verursacht winzigste Fünkchen, welche Anlaß zum Widerstandsrauschen geben. Dieser Mangel kann gemildert werden durch die Verwendung von leistungsmäßig genügend dimensionierten Widerständen bester Qualität. Rauschfrei sind drahtgewickelte Widerstände.

Der Wert des Arbeitswiderstandes liegt zwischen 10 und 300 kΩ.

Die Kurven von Fig. 263 zeigen den Einfluß von R_a auf die Wiedergabe hoher Frequenzen. Das Absinken der Verstärkung bei den tiefen Frequenzen ist darauf zurückzuführen, daß der kapazitive Widerstand des 2. Filterkondensators bei sinkender Frequenz zunimmt.

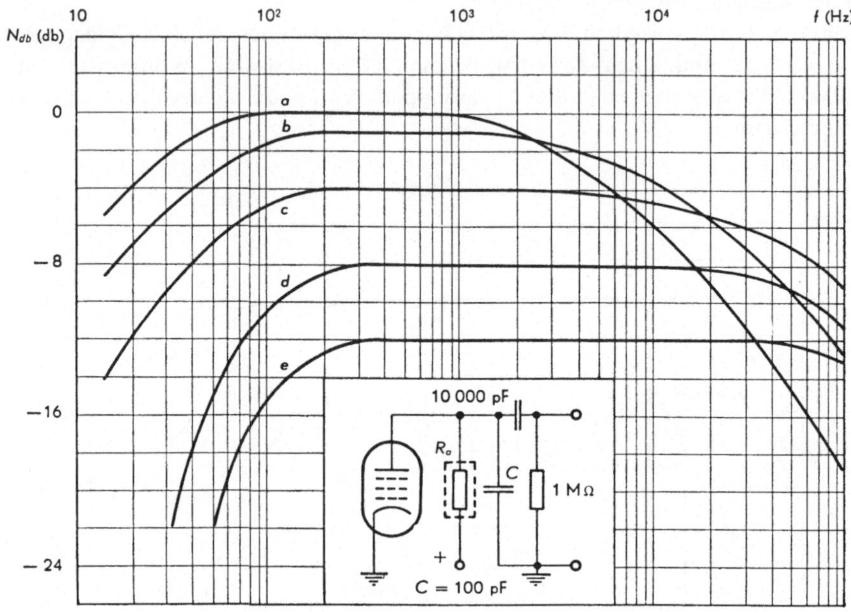

Fig. 263
Einfluß des Arbeitswiderstandes R_a auf die Wiedergabekurve
a: $R_a = 470\,k\Omega$; *b*: $R_a = 270\,k\Omega$; *c*: $R_a = 100\,k\Omega$; *d*: $R_a = 47\,k\Omega$; *e*: $R_a = 27\,k\Omega$;
($N_{db} = 0$ db bei 1000 Hz für $R_a = 470\,k\Omega$)

155. Der Kopplungskondensator

Der Kopplungskondensator läßt den niederfrequenten Wechselstrom durchlaufen und sperrt den Übertritt der Gleichspannung auf das Gitter der nachfolgenden Röhre. Die Isolation dieses Kondensators muß deshalb hohen Anforderungen genügen. Bekanntlich kann ein Kondensator allgemein ersetzt werden durch einen sog. »reinen« Kondensator, dem ein Verlustwiderstand R parallelgeschaltet ist (Fig. 264).

Der Kondensator und der Verlustwiderstand liegen parallel. Ist nun dieser Verlustwiderstand klein – was einem großen Verlust entspricht – so wird er von einem großen Gleichstrom durchflossen, der einen Spannungsabfall

$$U = I\, R_{g(2)}\,. \tag{230}$$

zur Folge hat. In Fig. 265 ist deshalb der Punkt A positiv gegenüber der Masse. Die Spannung U wirkt der Vorspannung der 2. Röhre entgegen. Ist diese Spannung U groß, so erhält die Röhre 2 nicht mehr die genügende Vorspannung und die richtige Arbeitsweise dieser Röhre wird in Frage gestellt.

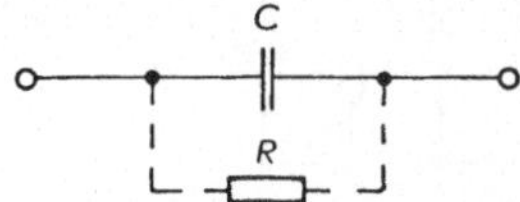

Fig. 264
Verlustwiderstand eines Kondensators

Die Größe des Verlustwiderstandes hängt von der Kapazität des Kopplungskondensators C_l und auch von seiner Qualität ab. Deshalb soll C_l nicht zu große Werte annehmen, um so mehr, als der Platzbedarf großer Kondensatorenblöcke auch die Verlustkapazität C vergrößert.

In der Praxis beschränkt man sich auf Kopplungskondensatoren zwischen 0,01 und 0,25 μF. Der parallel zu denkende Verlustwiderstand soll mindestens 100 MΩ betragen.

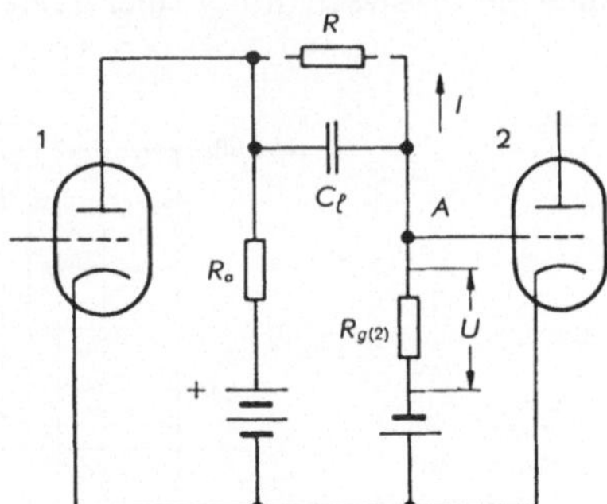

Fig. 265
Einfluß des Kopplungskondensators C_l auf die Gittervorspannung der Röhre 2

156. Der Gitterableitwiderstand

Dieser Widerstand soll möglichst hochohmig sein. Jedoch darf er die von den Röhrenherstellern vorgeschriebenen Grenzen nicht überschreiten.

Wird R_g zu groß, so speichern sich die Ladungen von C_l auf dem Gitter von Röhre 2. Die Entladung von C_l über $R_{g(2)}$ erfolgt dann zu langsam. Die Zeit, die benötigt wird, damit sich C_l auf ca. ein Drittel seiner ursprünglichen Ladung entlädt, ist durch die Zeitkonstante τ gegeben.

$$\tau = C_l \; R_{g(2)} \; ; \tag{231}$$

Größenmäßig liegt $R_{g(2)}$ im allgemeinen zwischen 100 kΩ und 3 MΩ.

157. Die Transformatorkopplung

Diese Schaltungsart verwendet einen Transformator oder Übertrager, der zwischen die beiden Röhren geschaltet wird (Fig. 266). Diese Schaltung wird heute fast nur noch in Leistungsverstärkern (Gegentakt-Klasse B und AB_2) verwendet.

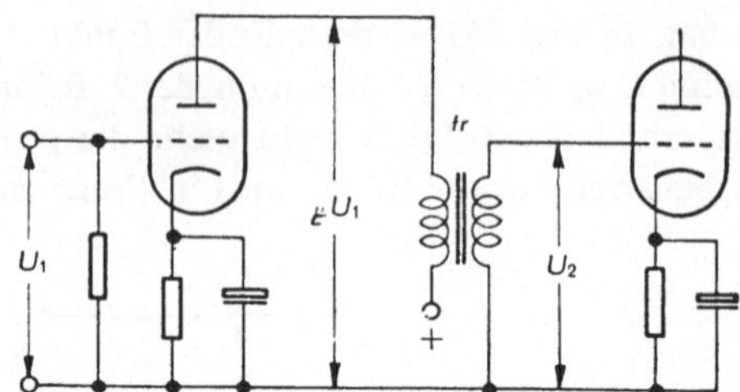

Fig. 266
Kopplung durch Transformator

Der Spannungsgewinn ist klein. Er ist im allgemeinen nicht größer als die Spannungsverstärkung, die mit einer *R-C*-Kopplung und einer modernen Röhre, mit großem Verstärkungsfaktor erreicht wird.
Um eine befriedigende Wiedergabekurve (Fig. 267, Kurve *a*) zu erhalten, muß man einen qualitativ hochstehenden Transformator verwenden, dessen Übersetzungsverhältnis niedrig sein soll und im Maximum etwa 1 : 3 betragen darf. Würde das Übersetzungsverhältnis größer gewählt, so könnten leicht Verzerrungen auftreten. Die vereinfachte Ersatzschaltung einer Transformatorkopplung ist in Fig. 268 dargestellt.

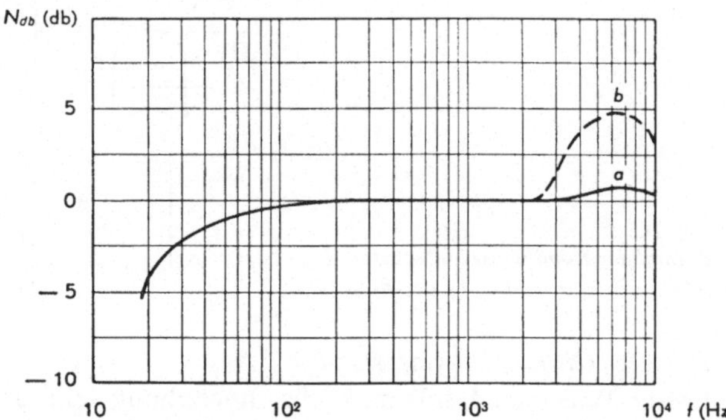

Fig. 267
Wiedergabekurven bei Transformatorkopplung
a Kurve bei hochstehender Qualität
b Kurve eines handelsüblichen Transformators

Darin stellen dar:

μ den Verstärkungsfaktor der Röhre
R_i den Innenwiderstand der Röhre
n das Übersetzungsverhältnis
U_1 die Eingangsspannung
R_p den Primärwiderstand
L_p die Primärinduktivität
$L\sigma$ die Streu-Induktivität
R_s den Sekundärwiderstand
C die Verlustkapazität (Wicklungskapazität der Sekundärwicklung)

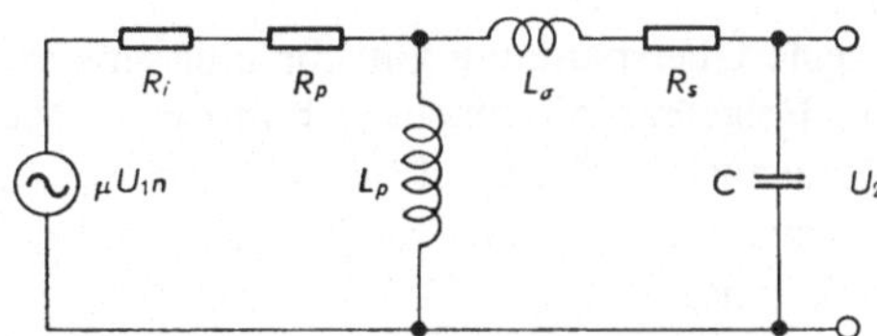

Fig. 268
Ersatzschaltbild der Transformatorkopplung

Zur Untersuchung der Verstärkung in Abhängigkeit der Frequenz unterscheiden wir:

a) den Bereich der mittleren Frequenzen

In diesem Frequenzbereich ist die Primärinduktivität L_p sehr groß. Der über L_p abfließende Strom kann daher vernachlässigt werden. Das trifft auch für die Streuinduktivität $L\sigma$ und den kapazitiven Widerstand von C zu. Die Spannungsverstärkung der Stufe hängt somit von dem Verstärkungsfaktor μ der Röhre und vom Übersetzungsverhältnis n des Transformators ab. Sie ist gegeben durch:

(232) $$g_m = \mu n \,,$$

wobei g_m die Spannungsverstärkung im Bereich der mittleren Frequenzen darstellt.

b) den Bereich der tiefen Frequenzen

Hier ist der induktive Widerstand ωL_p klein. Die Verstärkung nimmt ab. Aus dem Ersatzschaltbild geht hervor, daß es erforderlich ist, dabei eine Röhre mit geringem Innenwiderstand R_i d.h. eine Triode zu verwenden.
Aus dem gleichen Grund ist es angezeigt, für die Primärwicklung eine möglichst große Selbstinduktion zu erreichen. Jedoch sind auch hier wieder Grenzen gesetzt, indem eine Vergrößerung von L_p auch eine solche von $L\sigma$ und C bedingt, was für die hohen Frequenzen nachteilig ist.
Es ist auch zu beachten, daß der induktive Widerstand auf der Primärseite ωL_p durch den Luftspalt im Eisenkern verringert wird. Dieser Luftspalt ist aber erforderlich, um die Sättigung des Eisens durch den Anodengleichstrom zu verhindern.
Man kann den Gleichstromdurchfluß durch die Primärwicklung durch die Schaltungen nach Fig. 269a und 269b verhindern. Diese Schaltungen sind unerläßlich bei der Verwendung von Transformatorblechen mit hoher Permeabilität.

c) den Bereich der hohen Frequenzen

Im Gebiet der hohen Frequenzen ist der Einfluß von L_p vernachlässigbar. Dagegen können $L\sigma$ und C nicht unberücksichtigt bleiben. Diese beiden Schaltelemente bilden nämlich einen Resonanzkreis. Kommt dieser Kreis in Resonanz, so tritt an

C eine Überspannung auf, die eine entsprechende Vergrößerung der Verstärkung zur Folge hat. Sie macht sich in der Kurve b der Fig. 267 bemerkbar.
Es sei auch noch darauf hingewiesen, daß auf den Anschluß der Sekundärwicklung geachtet werden muß, weil je nach dem Wicklungssinn die Kapazität C verschieden sein kann.

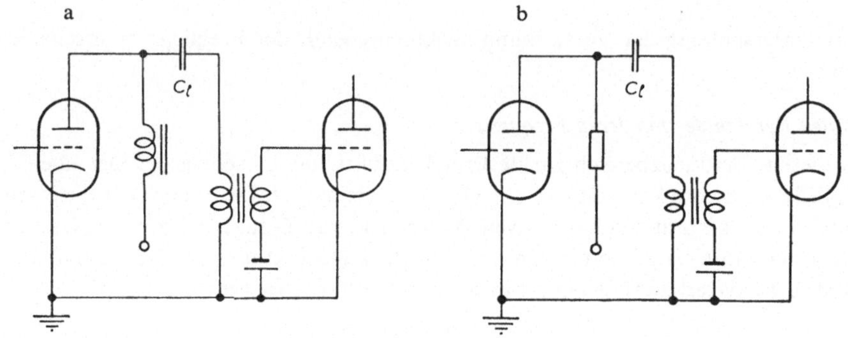

Fig. 269
Absperrung der Gleichstromkomponente durch den Sperrkondensator C_l

158. Galvanische Kopplung. Einfache Kaskadenschaltung

Zur Verstärkung von Gleichspannungen oder von NF-Spannungen sehr niedriger Frequenz muß zwischen der Anode der 1. Röhre und dem Gitter der 2. Röhre eine direkte leitende Verbindung bestehen. Der Kopplungskondensator fällt somit weg. Die Verstärkung der tiefen Frequenzen bleibt konstant.

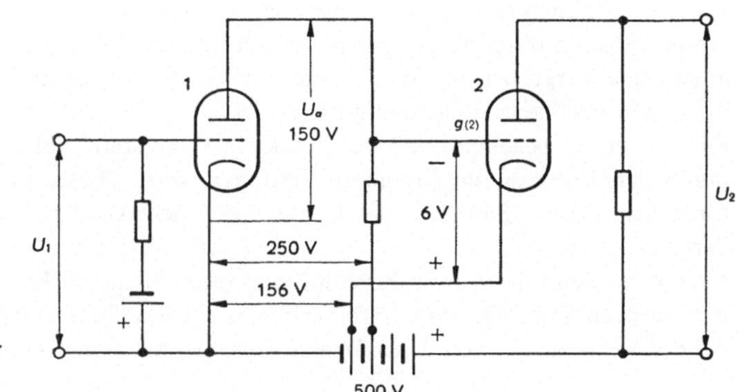

Fig. 270
Verstärker mit galvanischer Kopplung

Damit die Anodenspannung das Gitter $g_{(2)}$ nicht positiv macht, muß die Kathode der 2. Röhre auf ein höheres Potential gebracht werden als U_a. Dadurch wird die richtige negative Vorspannung von Gitter $g_{(2)}$ gesichert.

Man kann die Speisestromquellen auch durch einen Spannungsteilerwiderstand ersetzen (Loftin-White-Schaltung nach Fig. 271). Bei der Verstärkung von Wechselspannungen müssen die Punkte *A*, *B* und *C* durch Kondensatoren entkoppelt werden.

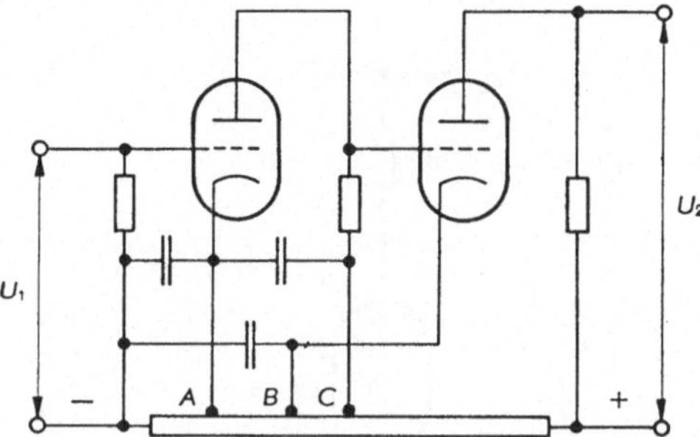

Fig. 271
Einfache Kaskadenschaltung
(Loftin-White-Schaltung)

Die galvanische oder direkte Kopplung wird besonders in Meßgeräten (Verstärker für Kathodenstrahloszillographen, Röhrenvoltmeter) verwendet. Bei dieser Schaltungsart tritt bei tiefen Frequenzen keine Phasenverschiebung auf.

Allerdings weisen diese Schaltungen zwei Mängel auf: Es sind das die Notwendigkeit hoher Betriebsspannungen und die Instabilität. Diese Instabilität ist auf Veränderungen der Speisespannungen zurückzuführen. Man kann sie vermeiden durch Anwendung von symmetrischen Schaltungen oder durch Stabilisierung der Speisespannungen. Außerdem ist zu beachten, daß die Röhre 2 eine besondere Heizung erfordert, da der Heizfaden dasselbe Potential besitzen muß wie die Kathode.

159. Verstärker mit abgeglichener Brückenschaltung

Der galvanisch gekoppelte Verstärker mit symmetrischer oder Brückenschaltung ermöglicht es, die Schwankungen der Ausgangsspannung zu beseitigen, die auf die Alterung der Elektronenröhren oder auf geringfügige Veränderungen der Speisespannungen zurückzuführen sind.

a) Brückenverstärker mit Parallelabgleich

Diese Schaltung kann sowohl mit Anoden- wie auch mit Kathodenausgang ausgeführt werden. Das Schaltungsprinzip bleibt dabei unverändert. Im ersten Fall (Anodenausgang) wird die Ausgangsspannung an den beiden Anoden abgenommen. Im zweiten Fall (Kathodenausgang) liegt die Abnahmestelle zwischen den beiden Kathoden (Fig. 272).

Im Ruhezustand haben die Gitter beider Röhren dieselbe Vorspannung. Wird nun an das Gitter von Röhre 1 ein Signal angelegt, so wird der Anodenstrom dieser Röhre verändert. Dadurch fällt die Brückenschaltung, die aus den beiden Röhren und den gleichen Arbeitswiderständen besteht, aus dem abgeglichenen Zustand heraus. Dagegen bleibt die Brücke bei Schwankungen der Speisespannungen, die sich in beiden Zweigen gleich auswirken, im Gleichgewichtszustand.

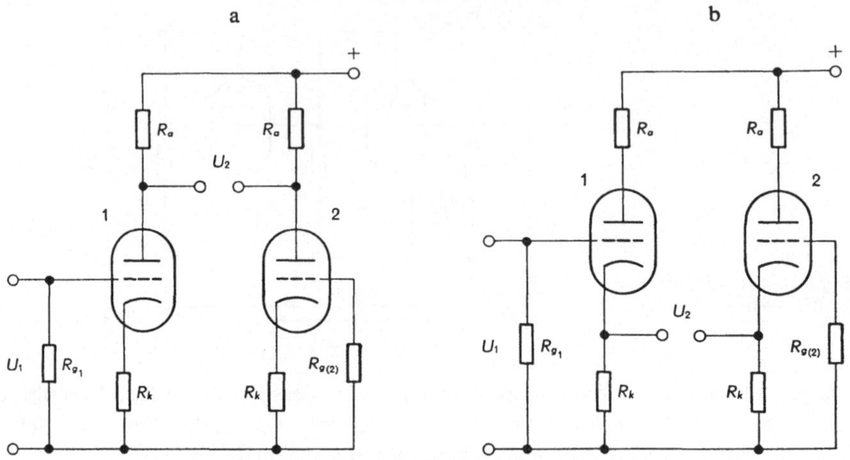

Fig. 272
Verstärker in Brückenschaltung mit Parallelabgleich
a) Ausgang anodenseitig; b) Ausgang kathodenseitig

Die in obigen Schaltungen erzielbare Spannungsverstärkung errechnet sich aus

$$g = \frac{\mu R_a}{R_i + R_a + R_k (1 + \mu)} . \tag{233}$$

Diese Schaltung, welche die Kaskadenkopplung nicht zuläßt, wird in Meßgeräten (siehe Band III) verwendet.

b) Brückenverstärker mit Serie-Abgleich

Diese Schaltung läßt sich mit einer anderen Verstärkerstufe koppeln (Fig. 273). Das tatsächlich verstärkte Signal wird zwischen Gitter und Kathode der Röhre 1 angelegt. Die Röhre 2 bildet den Arbeitswiderstand von Röhre 1. Die Widerstände $R_1 = R_k$ haben denselben Wert.

Die Brücke wird durch die Veränderung eines der Widerstände R_k abgeglichen. Die Spannungsverstärkung der Schaltung nach Fig. 273 erreicht:

$$g = \frac{\mu R}{R_i + R_a + 2 R} , \tag{234}$$

wobei $R_a = 2 R_k$ ist.

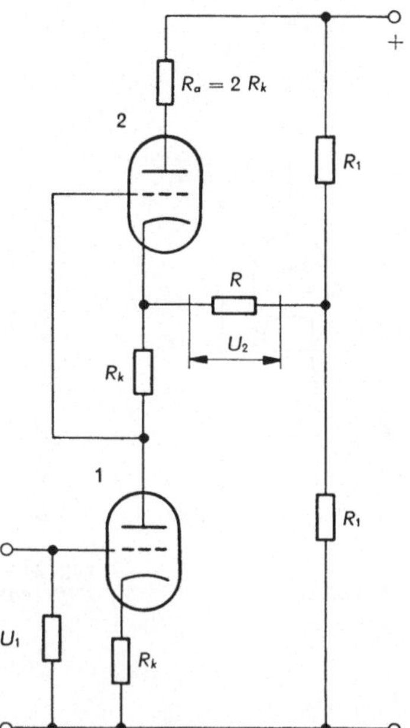

Fig. 273
Verstärker in Brückenschaltung mit Serie-Abgleich

Bei schwachem Arbeitswiderstand ist der Spannungsgewinn einer solchen Schaltung größer als derjenige einer sog. klassischen Verstärkerstufe. Auch diese Schaltung wird vorwiegend in Meßgeräten (Meßverstärker zu Kathodenstrahloszillographen) verwendet.

160. Verstärker mit Kathodenkopplung

Indem man eine Verstärkerstufe, deren Arbeitswiderstand im Kathodenkreis liegt, mit einer Stufe koppelt, deren Gitter an Masse liegt, erhält man eine Verstärkerschaltung mit Kathodenkopplung (Fig. 274).
Diese Schaltung hat einen hohen Eingangswiderstand. Sie wird deshalb oft als Vorverstärkerschaltung mit direkter Kopplung verwendet. Die Spannungsverstärkung beträgt:

$$g = \frac{\mu\,R_a}{\dfrac{R_i\,(R_i + R_a)}{R_k\,(1 + \mu)} + 2\,R_i + R_a}\,. \tag{235}$$

Die kathodengekoppelten Verstärker sind sehr stabil. Sie lassen sich leicht in Kaskade schalten. Die Anodenspannung muß nicht höher sein als bei einer klassischen Verstärkerschaltung.

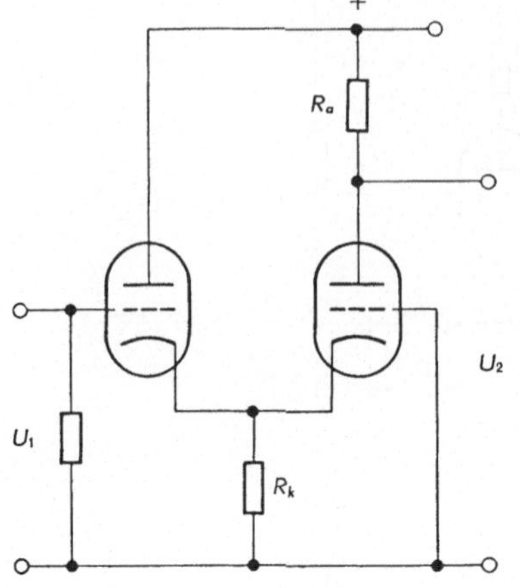

Fig. 274
Verstärker mit Kathodenkopplung

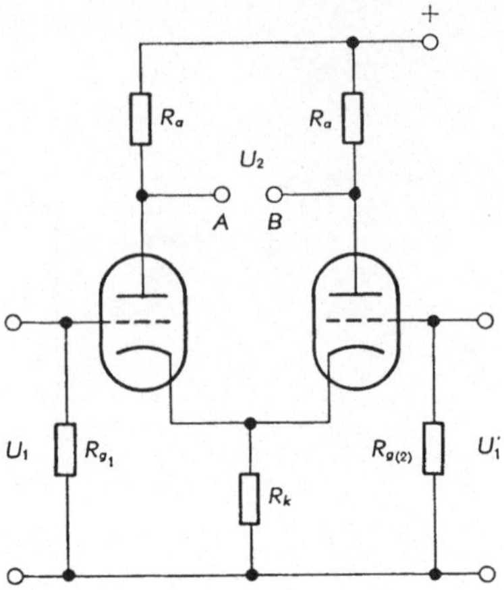

Fig. 275
Differentialverstärker

161. Differentialverstärker

Zwei Punkte M und N liegen, relativ zu einem dritten Punkt C, der durch die Masse gebildet werden kann, auf einem erhöhten Potential. Die Spannungsvariationen zwischen diesen Punkten M und N lassen sich in diesem Fall durch einen Differentialverstärker verstärken (Fig. 275).

Es ist das ein Verstärker mit zwei Eingängen, die mit gleichen Röhren und gleichen Arbeitswiderständen ausgerüstet sind.

Wird am Eingang jeder Röhre eine Gleichspannung von gleichem Wert und gleicher Polung angelegt, so wechselt das Potential der Punkte M und N in gleichem Maße, aber zwischen diesen beiden Punkten tritt keine Spannung auf. Erhält aber ein Gitter eine größere Signalspannung als das andere, so entsteht zwischen den Punkten A und B am Ausgang ein Potentialunterschied. Diese Ausgangsspannung entspricht der Differenz der beiden Eingangsspannungen.

162. Direkt gekoppelter Verstärker mit elektronischer Ladung

In einem Penthodenverstärker mit direkter Kopplung kann man den Arbeitswiderstand R_a ersetzen durch die Strecke Kathode–Anode einer zweiten Röhre (Fig. 276). Diese Schaltung erlaubt die Verwendung eines hohen Arbeitswiderstandes bei gleichzeitig geringem Spannungsabfall zwischen Kathode und Anode der 2. Röhre. Wenn wir beispielsweise annehmen, daß beide Röhren identisch sind, also

$$R_a = R_i,$$

ist, und daß $\mu = 4500$ und $R_i = 2{,}5\ \mathrm{M\Omega}$ sei, so beträgt die Spannungsverstärkung:

$$g = \frac{\mu\, R_a}{R_a + R_i} = \frac{45 \cdot 25 \cdot 10^7}{5 \cdot 10^6} = 2\,250\,.$$

Diese Verstärkung ist wesentlich größer als diejenige, die mit einer *R-C*-gekoppelten Stufe erreicht wird. Jedoch ist wegen der parallel zur Belastung liegenden Verlustkapazitäten die Verstärkung auf hohen Frequenzen sehr gering. Die Schaltung eignet sich deshalb nur zur Verstärkung von Gleichspannungen und von Wechselspannungen niedriger Frequenz. Dazu muß das Schirmgitter der 2. Röhre durch eine zusätzliche Spannungsquelle versorgt werden und der Heizfaden dieser Röhre muß auch separat gespeist werden.

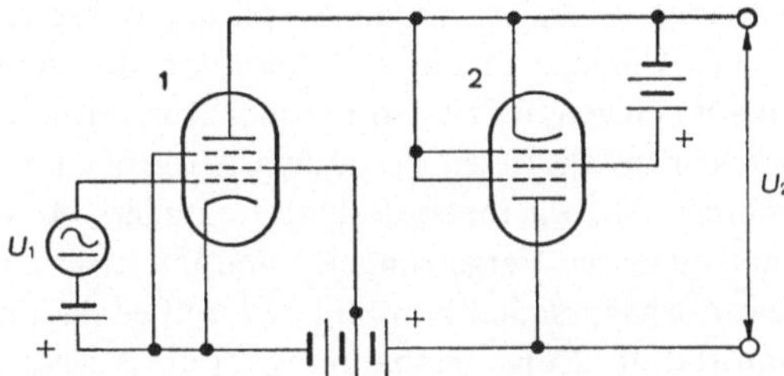

Fig. 276
Direkt gekoppelter Verstärker mit elektronischer Ladung

163. Lineare Verzerrungen (Frequenzgangverzerrungen)

Man spricht von linearen Verzerrungen, wenn die Verstärkung einer Schaltung frequenzabhängig ist.

Ein guter Verstärker hat eine horizontale Wiedergabekurve (gerade Linie) zwischen 30 und 12000 Hz. Frequenzgang- oder lineare Verzerrungen treten nur außerhalb dieses Frequenzbandes auf.

Die Kurve *b* von Fig. 277 zeigt wesentlich stärkere Verzerrungen als Kurve *a*. In diesem Fall werden die höchsten und die tiefsten Frequenzen gedämpft. Gewisse tiefe Töne erscheinen nur über ihre Oberwellen; anderseits sind die Oberwellen

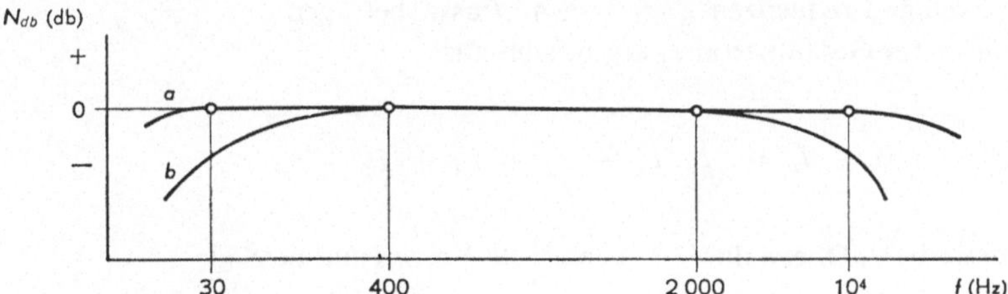

Fig. 277
Lineare oder Frequenzgangverzerrungen
a schwache Verzerrungen; *b* starke Verzerrungen

(Formanten) gewisser mittlerer Frequenzen ausgeschieden. Daraus ergeben sich Änderungen der Klangfarbe verschiedener Instrumente.
Lineare Verzerrungen werden in % oder in db, bezogen auf eine Bezugsfrequenz, ausgedrückt. Als Bezugsfrequenzen werden 400, 800 oder 1000 Hz genommen.
Lineare Verzerrungen entstehen durch Tonabnehmer, durch Lautsprecher, durch Kopplungsglieder und NF-Übertrager. Es sei daran erinnert, daß die Ursachen von solchen Verzerrungen im Fall der *R-C*-Kopplung (Abschn. 152) untersucht worden sind. Schließlich sei auch erwähnt, daß sog. Breitbandverstärker (siehe Abschn. 170) eine geradlinigen Frequenzgang zwischen einigen Hz und mehreren MHz aufweisen.

164. Nichtlineare Verzerrungen (Amplitudenverzerrungen)

Wenn sich die Spannungsverstärkung mit der Amplitude der am Eingang angelegten Spannung verändert, treten Amplitudenverzerrungen auf. Diese Verzerrungen haben ihre Ursache in einer Krümmung der Arbeitskennlinie (Fig. 278a) und werden – im Gegensatz zu den Frequenzverzerrungen – als nichtlineare Verzerrungen bezeichnet. Sie treten besonders bei großen Eingangssignalen U_1 auf. Es ist verständlich, daß wir ihnen deshalb besonders bei Leistungs-Endstufen begegnen.
Diese nichtlinearen Verzerrungen rufen unerwünschte Oberwellen hervor, die sich mit dem Ausgangssignal kombinieren und es dadurch verzerren. So wird für eine rein sinusförmige Eingangsspannung U_1 die Ausgangsspannung U_2 nicht mehr rein sinusförmig sein. Sie wird sich aus einer Grundwelle und aus einigen oder mehreren Oberwellen zusammensetzen, wobei die 2. und die 3. Oberwelle am wichtigsten sind.
Anderseits können sich nichtlineare Verzerrungen auch stark bemerkbar machen, wenn die Arbeitsbedingungen einer Röhre nicht genau eingehalten werden. Es ist das besonders der Fall bei einer großen Gittervorspannung, die eine Verflachung der negativen Halbwellen verursacht (Fig. 278b). Umgekehrt führt eine zu geringe Gittervorspannung zu einer Abflachung der positiven Halbwelle (Fig. 278c) und schließlich verursacht eine zu hohe Eingangsspannung eine beidseitige Abflachung der verstärkten Sinuskurve (Fig. 278d).

Im Verzerrungsfall wird der NF-Strom I_p gebildet aus dem Wechselstrom I_f mit der Grundfrequenz f und aus einer Anzahl von Wechselströmen I_2, I_3, I_4 usw. deren jeweilige Frequenzen $2 \cdot f$, $3 \cdot f$, $4 \cdot f$ usw. betragen.
Die Stärke des Gesamtstromes ergibt sich aus:

$$I_p = \sqrt{I_1^2 + I_2^2 + I_3^2 + I_4^2 + \ldots} \quad . \tag{236}$$

Die durch die 2. Oberwelle $(2 \cdot f)$ gebildete Verzerrung beträgt:

$$d_2 = \frac{I_2}{I_1} ; \tag{237}$$

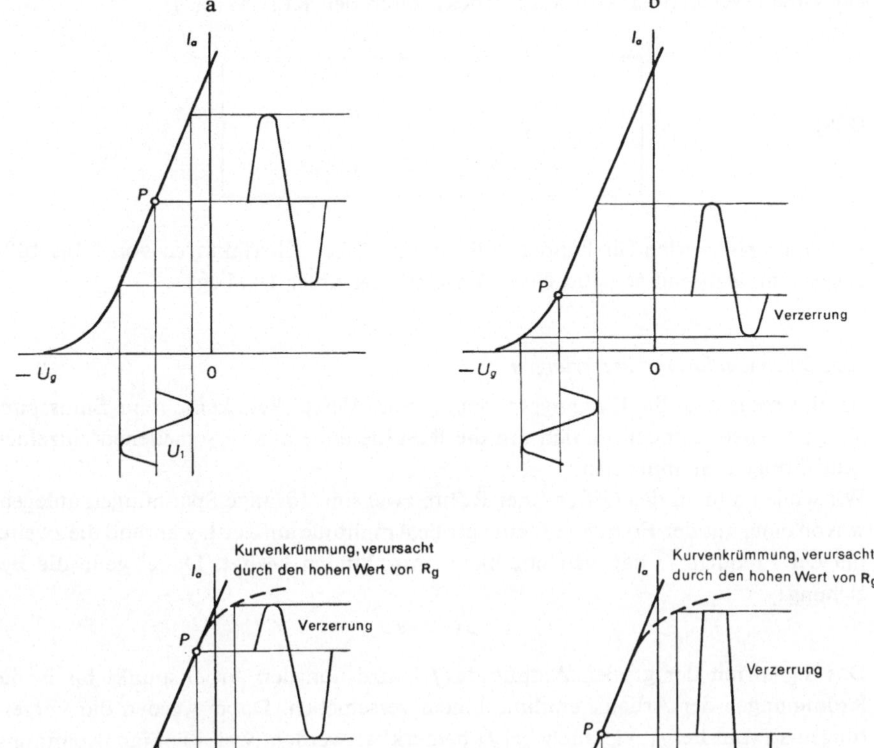

Fig. 278
Nichtlineare Verzerrungen
a) korrekte Gittervorspannung; b) zu stark negative Gittervorspannung; c) zu wenig negative Gittervorspannung; d) zu hohe Eingangsspannung

und diejenige der 3. Oberwelle (3.f) beträgt:

(238) $$d_3 = \frac{I_3}{I_1} .$$

Die Gesamtverzerrung wird ausgedrückt durch den Klirrfaktor d:

(239)
$$d_{\text{tot.}} = \sqrt{d_2^2 + d_3^2 + d_4^2 + \ldots}$$

d_{tot}, d_2, d_3 und d_4 in %.

In der Praxis werden für handelsübliche Verstärker Klirrfaktoren von 5 bis 10% zugelassen, während er beim Qualitätsverstärker unter 1% liegt.

165. Intermodulationsverzerrungen

Im allgemeinen ist die Eingangsspannung eines Verstärkers keine reine Sinusspannung; meistens handelt es sich um die Resultierende aus verschiedenen einzelnen sinusförmigen Spannungen.
Wir wollen nun an das Gitter einer Röhre zwei sinusförmige Spannungen anlegen, wovon eine, mit der Frequenz f_1 eine große Amplitude aufweist, während die zweite, mit der Frequenz f_2 dagegen nur kleine Amplituden besitzt. Dabei gelte die Beziehung:

$$f_1 > f_2$$

Das Signal mit der großen Amplitude (f_1) wird nun den Arbeitspunkt bis in die Krümmungen der Arbeitskennlinie hinein verschieben. Dabei werden die Verzerrungen sowohl bei f_1 wie auch bei f_2 bemerkbar werden, weil die Signalspannung mit f_2 durch die Spannung mit f_1 moduliert wird. Die Ausgangsspannung wird dadurch nicht nur unerwünschte Oberwellen enthalten, sondern auch Intermodulationsschwingungen, d.h. Teilschwingungen mit den Frequenzen

$$f_1 + f_2,\ f_2 - f_1,\ f_1 + 2 \cdot f_2 \text{ usw.}$$

Die Frequenzen dieser Teilschwingungen haben keinen direkten Zusammenhang mit der Grundwelle. In NF-Verstärkern führen sie deshalb zu dissonanten Akkorden, die für das Ohr unangenehm tönen.

166. Kontrastverzerrungen

Beim Abhören gewisser Musikstücke hat man oft den Eindruck, daß der Kontrast zwischen den lautesten und den leisesten Partien nicht ausgeprägt genug sei. Das kommt daher, daß bei der Aufnahme oder bei der Sendung die lautesten Stellen komprimiert werden. Eine Abhilfe ist hier schwierig, weil die Unterschiede bei den aufzunehmenden oder wiederzugebenden Schwingungen zwischen 1 und 100 und sogar darüber hinaus betragen können.
Die Frequenzmodulation (siehe Band II und Band III) mildert die Kontrastverzerrungen in einem gewissen Maß.

167. Phasenverzerrungen

Solche Verzerrungen liegen vor, wenn die Phasenlage der Ausgangsspannung U_2 nicht mehr mit derjenigen der Eingangsspannung U_1 übereinstimmt.
Wir legen beispielsweise an das Gitter der Röhre eine Eingangsspannung U_1 gemäß Fig. 279a an. Nach der Verstärkung weist die verstärkte Spannung die Form U_2 gemäß Fig. 279b auf. Dabei besitzt U_2 denselben Prozentsatz Oberwellen, wie U_1, aber bei U_2 hat die zweite Oberwelle eine Phasenverschiebung um 180°erfahren.

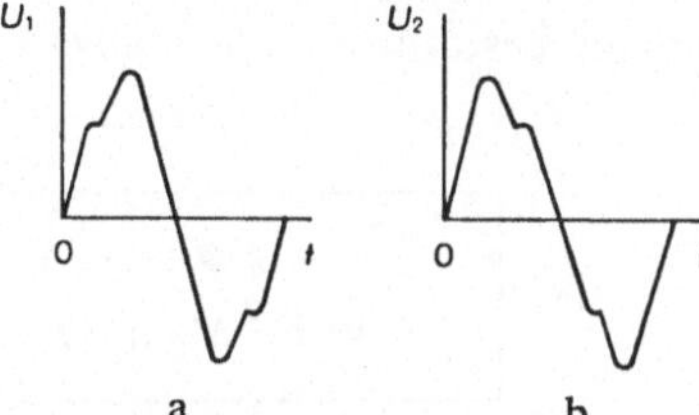

Fig. 279
Eingangs- (a) *und Ausgangssignal* (b)

Phasenverzerrungen werden hauptsächlich durch die Kopplungselemente gebildet (Kopplungskondensator, Kathodenkondensator usw.). Sie fallen gehörmäßig nicht besonders stark auf, so daß sie in einfachen NF-Verstärkern vernachlässigbar sind. Dagegen können sie in gegengekoppelten Verstärkern und in Breitbandverstärkern unangenehm auffallen, so daß hier Maßnahmen zu ihrer Unterdrückung notwendig werden können.

168. Korrektur von Phasenverzerrungen

Wir betrachten dazu die Phasenverhältnisse in einer *R–C*-gekoppelten Verstärkerstufe etwas genauer. Für das ganze zu übertragende Frequenzband müßte U_2 gegenüber U_1 um 180° phasenverschoben sein. Das ist im allgemeinen jedoch nur der Fall für die mittleren Frequenzen. Für die tiefen und die hohen Frequenzen ist der Phasenwinkel φ nicht mehr 180°. Es liegt also eine Phasenverzerrung vor. Sie ist hauptsächlich auf C_l und die Verlustkapazität C (vgl. Absatz 152) zurückzuführen.
Betrachten wir die drei folgenden periodischen Funktionen:

(240) $$u = U_{\text{max.}} \sin \omega t,$$

(241) $$u_1 = U_{\text{max.}} \sin (\omega t + \varphi),$$

(242) $$u_2 = U_{\text{max.}} \sin (\omega t - \varphi).$$

Die Größen u_1 und u_2 sind gegenüber u phasenverschoben. u_1 liegt phasenmäßig vor u; dagegen liegt u_2 hinter u.
Im Fall der tiefen Frequenzen bewirkt C_l ein Voreilen. Der Winkel φ ergibt sich aus:

(243) $$tg\ \varphi = \frac{1}{\omega\ C_l\ R_{g(2)}}$$

(C_l in F, $R_{g(2)}$ in Ω, ω in rad/s.

Daraus erkennen wir:

Je größer C_l und $R_{g(2)}$ sind, um so geringer wird die Phasenverzerrung. Es muß also die Zeitkonstante τ_1, bestimmt durch die Beziehung

$$\tau_1 = C_l \, R_{g(2)} \, ,$$

sehr groß sein.

Bei hohen Frequenzen bedingen die in C zusammengefaßten Verlustkapazitäten ein Nacheilen der Phasenlage.

Der die Phasenlage bestimmende Winkel φ kann ermittelt werden aus der Beziehung:

(244)
$$\operatorname{tg} \varphi = \omega \, C \, R'_a$$
C in F, R'_a in Ω, ω in rad/s

Dabei stellt R'_a die tatsächlich wirksame Belastung dar.

Wir ersehen daraus, daß, wenn R'_a und C klein sind, dann auch die Phasenverschiebung klein ist. Die Zeitkonstante τ_2 die sich anschreiben läßt als

$$\tau_2 = C \, R'_a \, ,$$

muß also auch klein sein.

In einem NF-Verstärker sind die Phasenverzerrungen im allgemeinen bei den tiefen Frequenzen größer als bei den hohen Frequenzen. Das ist auf die kleine Kapazität des Kopplungskondensators C_l zurückzuführen, der leider – siehe Abschn. 155 – nicht größer gewählt werden kann. Um die Verstärkung der tiefen Frequenzen zu verbessern und um damit die Phasenverzerrungen zu vermindern, können wir die Schaltung nach Fig. 280 verwenden.

Für die tiefen Frequenzen nähert sich die Belastung dem Wert $R_a + R$, während für die hohen Frequenzen die Belastung nur noch durch R dargestellt wird. Auch müssen zu einer wirksamen Verbesserung die Zeitkonstanten τ_1 und $\tau = C' \cdot R_a$ gleich groß sein. Dazu muß auch R mindestens zehnmal größer sein als der kapazitive Widerstand von C'.

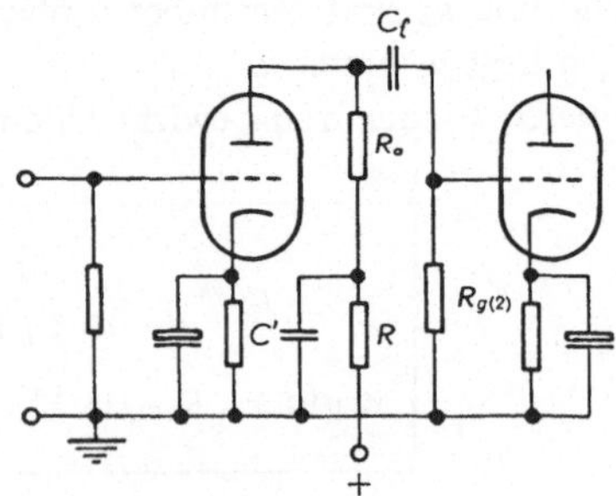

Fig. 280
Verbesserung der Wiedergabekurve und Korrektur der Phasenverzerrung

169. Bemerkungen zur Gitter–Anodenkapazität der Triode. Miller-Effekt

In einer Triode führt die Gitter–Anodenkapazität C_{ga} – siehe Abschn. 26 – zu einer Kopplung zwischen Anode und Gitter. Wird in den Anodenkreis ein Arbeitswiderstand R_a geschaltet, so führt die Kapazität C_{ga} zu einer neuen scheinbaren Kapazität, der sog. dynamischen Kapazität C_d. Diese variiert mit der Spannungsverstärkung (Miller-Effekt).

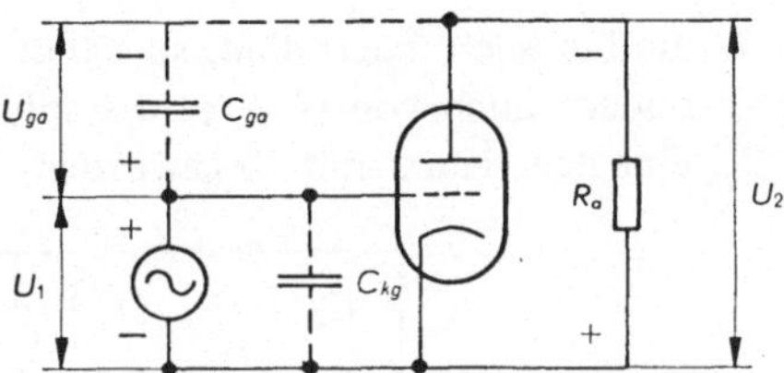

Fig. 281
Schaltbild zur Veranschaulichung der Kopplung durch C_{ga}

Betrachten wir dazu das Schaltbild von Fig. 281. Die gleichstrommäßige Versorgung ist dabei weggelassen, da ihre Impedanz wechselstrommäßig vernachlässigbar ist.

U_1 sei die Eingangs-, U_2 die Ausgangswechselspannung. Ferner seien U_{ga} die Wechselspannung an den Klemmen von C_{ga} und g die Spannungsverstärkung der Röhre bei der betrachteten Arbeitsfrequenz.

Die Ausgangsspannung U_2 steht in Phasenopposition zu U_1. Der Stufengewinn ist:

(245) $$g = \frac{-U_2}{U_1} .$$

Dabei drückt das Minuszeichen die Phasenverschiebung um 180° aus. Die Ausgangsspannung wird also

$$U_2 = -g\, U_1 .$$

Wir bestimmen nun die in Phasenopposition zu U_1 stehende Wechselspannung U_{ga} aus:

$$U_1 - U_{ga} = U_2 ,$$

also

$$U_{ga} = U_1 - U_2 .$$

Ersetzen wir U_2 durch den Wert aus Gleichung (245) so, erhalten wir

$$U_{ga} = U_1 - (-g\, U_1) ,$$

woraus sich ergibt:

(246) $$U_{ga} = U_1 (1 + g) .$$

Da U_{ga} bekannt ist, können wir den Strom durch C_{ga} bestimmen. Es ist

$$I_{C_{ga}} = \frac{U_{ga}}{\dfrac{1}{\omega\, C_{ga}}},$$

woraus:

$$I_{C_{ga}} = U_1\,(1+g)\,\omega\, C_{ga}\,.$$

Wenn nun U_1 und ω auch fixiert sind, so hängt $I_{C_{ga}}$ nicht allein von der Kapazität C_{ga} ab, sondern auch von $(1+g)$. Es spielt sich alles so ab, als wäre die Kapazität C_{ga} eine neue Kapazität C_d geworden, deren Größe festgelegt ist durch:

(247)
$$C_d = C_{ga}\,(1+g)$$
C_d und C_{ga} in pF.

In dieser Beziehung bezeichnen:

C_d die dynamische Kapazität
C_{ga} die statische Kapazität
g den Verstärkungsfaktor der Röhre.

Diese dynamische Kapazität C_d kann als eine zusätzliche scheinbare Kapazität zwischen Kathode und Gitter angesehen werden. Die Eingangsspannung U_1 ruft nicht nur einen Strom in C_{kg}, sondern auch in C_d hervor. Somit liegt C_d tatsächlich parallel zu C_{kg}.
Als *Beispiel* berechnen wir die dynamische Kapazität C_d einer Triode ECC83. Ihre statische Kapazität sei $C_{ga} = 1{,}5$ pF. Der Verstärkungsfaktor sei $g = 60$. Damit erhalten wir eine dynamische Kapazität:

$$C_d = C_{ga}(1+g) = 1{,}5(1+60) = 91{,}5 \text{ pF}.$$

Es ist dies ein Wert, der nicht mehr vernachlässigbar ist.

170. Breitbandverstärker

Verschiedene Kompensationssysteme ermöglichen die Verbreiterung der Wiedergabekurve einer R–C-gekoppelten Verstärkerschaltung. Die Verstärkung der tiefen Frequenzen läßt sich vergrößern durch Einführung eines Widerstandes und eines Kompensationskondensators im Anodenkreis der Röhre (siehe Abs. 168). Die Verstärkung der hohen Frequenzen wird durch eine oder zwei Kompensationsspulen erreicht.

a) Parallelkompensation

In dieser Schaltung wird eine Spule in Serie zum Arbeitswiderstand R_a geschaltet. Diese Spule bildet mit C_p einen Parallelschwingkreis (Fig. 282). Für einen bestimmten Wert des Gütefaktors Q (Spannungsüberhöhungsfaktor) ist die Spannungsverstärkung für die hohen Frequenzen größer als für die mittleren Frequenzen. In der Praxis wählt man $Q = 0{,}5$. Der Selbstinduktionskoeffizient der Spule wird dann

$$L_p = \frac{8 \cdot 10^{-2} \cdot R_a}{f_2}, \tag{248}$$

Dabei stellt f_2 die obere Grenzfrequenz dar, bei welcher ohne Kompensation eine Schwächung von 3 db auftritt. In diesem Fall zeigt die Wiedergabekurve ein leichtes Maximum, durch welches die Schwächung von f_2 kompensiert wird.

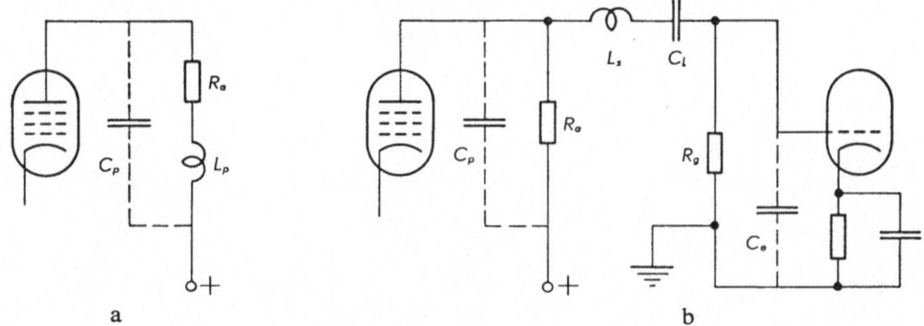

Fig. 282
Verstärkungskompensation auf dem Gebiet der hohen Frequenzen
a) Parallelkompensation; b) Seriekompensation

b) Seriekompensation

Wenn eine größere Zahl von Verstärkerstufen vorhanden ist, zieht man die Seriekompensation der Parallelkompensation vor. Bei dieser Schaltart sind die Streu- oder Verlustkapazitäten C_p und C_e durch die Spule L_s getrennt (Fig. 282b). Sofern die Wicklungskapazität klein gehalten ist, wächst die Impedanz von L_s mit der Frequenz. Dadurch wird der Einfluß von C_e auf die Ladung reduziert und diese Kapazität bildet mit L_s einen Schwingkreis. Die Resonanzfrequenz dieses Kreises liegt etwas über der obersten, ohne Abschwächung zu übertragenden Frequenz.

Auf diese Weise kompensiert die Überspannung an den Klemmen von C den in den Ausgangskreisen auftretenden Verlust.

Für ein Verhältnis $\frac{C_e}{C_p} \approx 2$ beträgt der Selbstinduktionskoeffizient L_s der Spule:

$$L_s = \frac{0{,}46\ C}{R_a^2}, \tag{249}$$

wobei

$$C = C_e + C_p. \tag{250}$$

c) Gemischte Kompensation

Durch die Kombination der Parallel- mit der Serieschaltungskompensation gelangt man zu einer gemischten Kompensation. Eine solche wird häufig in den Verstärkern für die Videofrequenzen und in der Bilddemodulation (siehe Band III) in Fernsehempfängern verwendet.

7. Kapitel

Der Röhren-Leistungsverstärker

171. Leistungsverstärkung. Gewinn

Die Endstufe eines Verstärkers liefert die nötige Leistung zum Betrieb der Lautsprecher oder anderer Geräte (Fig. 283).

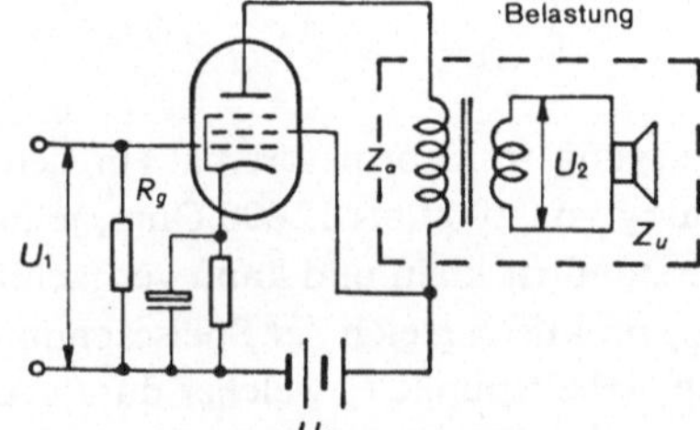

Fig. 283
Leistungsverstärker

Der Leistungsgewinn g_p ist der Quotient der vom Verstärker an den Belastungswiderstand oder an die Belastungsimpedanz Z_u abgegebenen Leistung P_m zur Leistung P_1 an der Impedanz Z_u, wenn diese direkt an den Eingang mit der Spannung U_1 und dem Innenwiderstand R_{i_1} angeschlossen wäre. Es ergibt sich:

(251)
$$g_p = \frac{P_m}{P_1}$$

P_m und P_1 in W

oder

(252)
$$P_m = Z_u I_p^2 = Z_u \left(\frac{\mu\, U_1}{R_i + Z_u}\right)^2$$

und

(253)
$$P_1 = Z_u I_1^2 = Z_u \left(\frac{U_1}{R_{i_1} + Z_u}\right)^2.$$

Die Leistungsverstärkerröhren führen einen größeren Anodenstrom als die Spannungsverstärkerröhren. Sie haben auch einen größeren Gitterraum (Aussteuerbereich).

Der Transformator, welcher den Lautsprecher an die Endstufe anpaßt, heißt Ausgangstransformator oder Ausgangsübertrager (siehe Abschnitte 182 und 183).

172. Arbeitsgerade im I_a/U_a-Kennlinienfeld einer Leistungsverstärkerröhre

Die Arbeitsimpedanz einer Endröhre setzt sich aus den Belastungen des Ausgangstransformators und des Lautsprechers zusammen. Sie ist also kein ohmscher Widerstand und die Arbeitsgerade nimmt die Form einer Ellipse an.

Wenn man jedoch einen idealen Transformator, welcher durch einen ohmschen Widerstand belastet ist, voraussetzt (Fig. 284), so ist die Arbeitskennlinie praktisch eine Gerade.

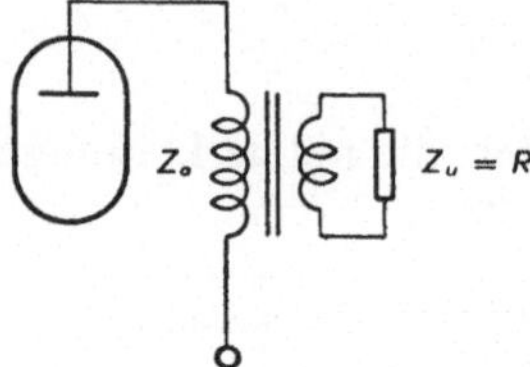

Fig. 284
Ohmsche Belastung der Sekundärseite

Die Primärwicklung des Ausgangstransformators hat für den NF-Strom eine Impedanz in der Größenordnung von 1000 bis 12000 Ohm, je nach der verwendeten Röhre. Ihr ohmscher Widerstand ist klein und kann vernachlässigt werden. Somit ist die Anodenspannung U_{a_r} praktisch gleich der Speisespannung U_b. Die Arbeitsgerade geht dann durch den Arbeitspunkt P, welcher durch Anodenspannung und Gittervorspannung festgelegt ist (Fig. 285 und 286). Die Neigung der Arbeitsgeraden hängt von der gewählten Belastung (optimale Impedanz) und von der verwendeten Röhre (Pentode, Tetrode mit gebündeltem Elektronenstrahl, Triode) ab.

Wenn bei einer Penthode (oder Tetrode mit gebündelten Elektronen) die Eingangsspannung U_1 gleich der Gittervorspannung U_g ist, so wird die NF-Wechselspannung U_p an den Klemmen von Z_a praktisch gleich U_b. Der Wechselstrom I_p ist dann gleich dem Anodenruhestrom I_{a_r} und wir erhalten:

$$I_p = I_{a_r} = \frac{U_p}{Z_a} = \frac{U_b}{Z_a}\,.$$

Um den Strom I_{a_r} und die ihn erzeugende Spannung $U_{a_r} = U_b$ mit einem Lastwiderstand R_a gleich der Impedanz Z_a zu erhalten, benötigt man die doppelte Speisespannung, d.h. $2\,U_b$. Die Arbeitsgerade schneidet die I_a-Achse im Punkt

(254)
$$I_a = \frac{2\,U_b}{R_a}$$

I_a in A, R_a in Ω, U_b in V.

(siehe auch Fig. 285).

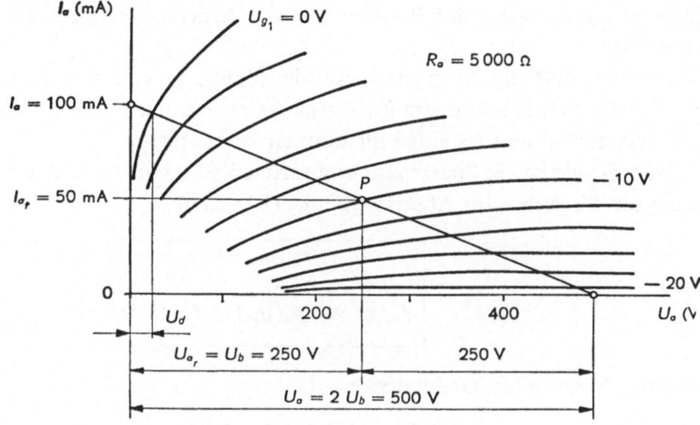

Fig. 285
Arbeitsgerade im I_a/U_a-Kennlinienfeld einer Endpentode

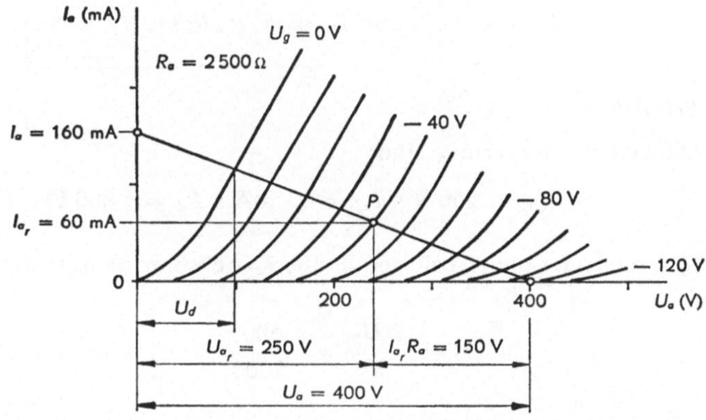

Fig. 286
Arbeitsgerade im I_a/U_a-Kennlinienfeld einer Endtriode

Es handelt sich nun darum, den Schnittpunkt der Arbeitsgeraden mit der U_a-Achse zu bestimmen. Für eine Pentode kann man den Einfluß der Sperrspannung vernachlässigen (siehe Abschn. 149). Dann ist für die positive Halbwelle des Anodenstroms

$$U_a = 0\,,$$

während für die die negative Halbwelle

(255)
$$\boxed{\begin{array}{c} U_a = 2\ U_b \\ U_a \text{ und } U_b \text{ in V.} \end{array}}$$

beträgt.

Dies ist die Abszisse des Punktes, wo die Arbeitsgerade die U_a-Achse schneidet (Fig. 285).
Man sieht, daß die Momentan-Anodenspannung von $0 - 2\ U_b$ variieren kann. Um Überschläge, besonders im Ausgangstransformator, zu vermeiden, kann man der Speisespannung U_b keine allzuhohen Werte geben.
Bei der Triode ist die Sperrspannung vernachlässigbar. Die Arbeitsgerade schneidet dann die U_a-Achse im Abszissenpunkt (Fig. 286).

(256)
$$U_a = U_{a_r} + I_{a_r} R_a$$
I_{a_r} in A, R_a in Ω, U_a in V

und die I_a-Achse im Ordinatenpunkt.

(257)
$$I_a = \frac{U_{a_r} + I_{a_r} R_a}{R_a}$$
I_a und I_{a_r} in A, R_a in Ω, U_{a_r} in V.

Beispiele

Die Daten einer Triode sind:

$$U_b = U_{a_r} = 250\ \text{V}\ ;\ I_{a_r} = 50\ \text{mA}\ ;\ R_a = 5\,000\ \Omega\ ;\ U_g = -10\ \text{V}.$$

Nun schneidet die Arbeitsgerade die I_a-Achse im Punkt (Fig. 285)

$$I_a = \frac{2\ U_b}{R_a} = \frac{500}{5\,000} = 0{,}1\ \text{A} = 100\ \text{mA}$$

und die U_a-Achse im Punkt

$$U_a = 2\ U_b = 2 \cdot 250 = 500\ \text{V}\ .$$

Die Daten einer Triode sind:

$$U_b = U_{a_r} = 250\ \text{V}\ ;\ I_{a_r} = 60\ \text{mA}\ ;\ R_a = 2\,500\ \Omega\ ;\ U_g = -40\ \text{V}.$$

Die Arbeitsgerade schneidet die I_a-Achse im Punkt (Fig. 286).

$$I_a = \frac{U_{a_r} + I_{a_r} R_a}{R_a} = \frac{250 + (0{,}06 \cdot 2\,500)}{2\,500} = 0{,}16\ \text{A} = 160\ \text{mA}$$

und die U_a-Achse im Punkt

$$U_{a_r} = U_{a_r} + I_{a_r} R_a = 250 + (0{,}06 \cdot 2\,500) = 400\ \text{V}.$$

173. Anodenverlustleistung und modulierte Leistung

Betrachten wir die I_a/U_a-Kennlinie einer mit einem Außenwiderstand von 7000 Ω (Fig. 287) belasteten Leistungspentode. Der Anodengleichstrom I_{a_r} beträgt 36 mA bei einer Gittervorspannung von −10 V und einer Anodenspannung U_{a_r} von 250 V. Der Strom I_{a_r} und die Spannung U_{a_r} ergeben eine Leistung von

$$P_{a_r} = I_{a_r} U_{a_r} = 0{,}036 \cdot 250 = 9 \text{ W}.$$

Das ist die Anodenverlustleistung. Sie wird in der Röhre in Wärme umgesetzt. In Fig. 287 ist die Fläche des Rechtecks *MPQO* ein Maß für diese Leistung. Sie entspricht der von der Anodenstromquelle gelieferten Leistung P_c.

Gibt man ein Signal auf das Steuergitter g_1 der Röhre, so variiert der Anodenstrom, wobei jedoch sein Mittelwert konstant bleibt. In unserem Beispiel sind das immer 36 mA. Die Stromstärke des Gleichstroms kann somit als konstant angenommen werden, was bedeutet, daß die Kennlinien gerade sind. Die Anodenleistung beträgt immer 9 W.

Die Eingangsspannung U_1 läßt jedoch an der Primärwicklung des Ausgangstransformators eine Wechselspannung U_p erscheinen. Wenn die Sekundärwicklung durch einen Widerstand R abgeschlossen wird, so fließt darin ein Wechselstrom und erwärmt den Widerstand (Fig. 284). Die dabei verbrauchte Leistung ist die modulierte oder Sprechleistung, welche die Schwingspule des Lautsprechers antreibt. Sie ist ein Teil der von der Stromquelle gelieferten Leistung und beträgt:

$$P_m = P_c - P_a, \tag{258}$$

wobei P_a die Anodenverlustleistung bedeutet.

An den Klemmen der Sekundärwicklung ist die modulierte Leistung:

$$P_m = \frac{U_2^2}{R}; \tag{259}$$

und an den Klemmen der Primärwicklung beträgt sie:

$$P_m = \frac{U_p^2}{R_a}. \tag{260}$$

Berechnen wir nun die modulierte Leistung aus der Spannung $U_{p\,\max}$ und dem Strom $I_{p\,\max}$ des NF-Stromes, so erhalten wir:

$$P_m = \frac{U_{p\max.}}{\sqrt{2}} \cdot \frac{I_{p\max.}}{\sqrt{2}} = \frac{U_{p\max.}\ I_{p\max.}}{2}$$

oder (Fig. 287), sofern die Verzerrungen klein sind:

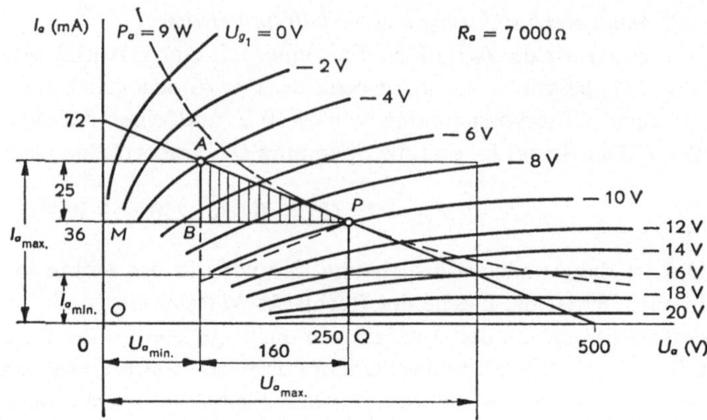

Fig. 287
Graphische Bestimmung der Anodenverlustleistung und der modulierten Leistung

(261)
$$P_m = \frac{(I_{a_{max.}} - I_{a_{min.}})\,(U_{a_{max.}} - U_{a_{min.}})}{8}$$

$I_{a\,max}$ und $I_{a\,min}$ in A, P_m in W, $U_{a\,max}$ und $U_{a\,min}$ in V.

Diese Formeln gelten auch für Trioden. Beachten wir, daß die maximale modulierte Leistung einer Pentode

(262)
$$P_m = \frac{I_{a_r}\,U_{a_r}}{2}\;;$$

ist, während sie für eine Triode

(263)
$$P_m = \frac{I_{a_r}\,U_{a_r}}{4}\,.$$

beträgt.

In beiden Fällen haben wir eine große Verzerrung, weil die Eingangsspannung $U_{1\,max}$ der Gittervorspannung entspricht.

In Fig. 287 haben wir ein Beispiel für die graphische Bestimmung der modulierten Leistung.

Eingangsspannung $U_{1\,max} = 6$ V; die Änderung des Anodenstromes I_a ist $I_{p\,max} = 25$ mA, diejenige von U_a, $U_{p\,max} = 160$ V. Unter diesen Bedingungen beträgt die modulierte Ausgangsleistung

$$P_m = \frac{AB \cdot BP}{2} = \frac{0{,}025 \cdot 160}{2} = 2\ \text{W}\,;$$

Sie ist durch die Fläche des Dreiecks ABP dargestellt.

174. Wirkungsgrad einer Leistungsverstärkerstufe

Der Wirkungsgrad ist das Verhältnis der modulierten Leistung P_m zur aufgenommenen Leistung P_c (Fig. 288):

$$\eta = \frac{P_m}{P_c} \qquad (264)$$

P_m und P_c in W,

wobei η der Wirkungsgrad in % ist.

Der Wirkungsgrad ist von der Eingangsspannung U_1 abhängig und nimmt mit ihr zu. Die Spannung U_1 darf, mit Rücksicht auf die entstehenden Verzerrungen, nicht zu groß sein. Es ist nämlich wichtiger, eine gute Qualität als einen hohen Wirkungsgrad anzustreben. Der Wirkungsgrad wird auch durch die Art der gewählten Röhrentype und den Arbeitspunkt beeinflußt (siehe Abschn. 179). In Klasse *A*-Schaltung erreicht der Wirkungsgrad einer Triode nicht mehr als 25% und derjenige einer Pentode 50%. Bei Hochleistungsröhren spielt der Wirkungsgrad eine erhebliche Rolle.

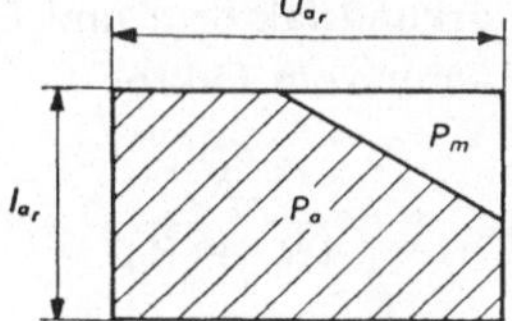

Fig. 288
Graphische Darstellung des Wirkungsgrades einer Leistungsverstärkerröhre

175. Optimale Arbeitsimpedanz

Die maximale modulierte Leistung einer Endstufe entspricht für eine minimale Verzerrung einer gewissen Größe des Arbeitswiderstandes, genannt optimale Belastung.

Für eine gegebene Röhre variiert die optimale Belastung mit der Lage des Arbeitspunktes. Diese wird vom Röhrenhersteller angegeben. Die optimale Impedanz wird bei Frequenzen von 400, 800 oder 1000 Hz gemessen.

176. Optimale Belastung einer Triode. Einfluß auf die Verzerrungen

In Fig. 289 ist das Schema einer Leistungsverstärkerstufe mit direkt geheizter Triode dargestellt.

Angenommen, die Kennlinien dieser Röhre seien Gerade, der Gleichstromwiderstand der Belastungsimpedanz sei vernachlässigbar und für die Wechselstromkomponente sei der Lastwiderstand ein reiner Widerstand R_a.

Um unter diesen Umständen die optimale Belastung zu ermitteln, unterscheidet man zwei Fälle:

1. Die Eingangsspannung U_1 sei gegeben, und wir können die Anodenspannung U_a wählen. Die im Belastungswiderstand R_a erzeugte Leistung ist:

(265) $$P_m = \frac{U_p^2}{R_a} \; ;$$

und die Spannung an R_a beträgt:

$$U_p = \frac{\mu \, U_1 \, R_a}{R_a + R_i} \; ;$$

Ersetzen wir U_p in der Formel 265 durch diesen Wert, so erhalten wir:

$$P_m = \frac{\left(\dfrac{\mu \, U_1 \, R_a}{R_a + R_i}\right)^2}{R_a} \, ,$$

somit

(266) $$P_m = \frac{(\mu \, U_1)^2 \, R_a}{(R_a + R_i)^2} \, .$$

In dieser Formel sind Verstärkungsfaktor μ und Eingangsspannung U_1 konstant. Somit hängt die Leistung P_m nur vom Faktor

$$\frac{R_a}{(R_a + R_i)^2}$$

ab.

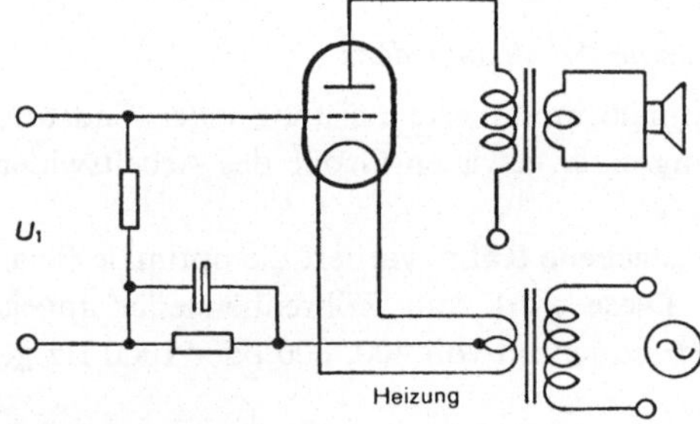

Fig. 289
Leistungsverstärkung mit direktgeheizter Triode
Heizung

Die Leistung P_m erreicht den Maximalwert, wenn

(267) $$\boxed{\begin{array}{c} R_a = R_i \\ R_a \text{ et } R_i \text{ en } \Omega. \end{array}}$$

ist.

Somit ist, bei einer gegebenen Eingangsspannung, die modulierte Leistung einer Triode ein Maximum, wenn der Lastwiderstand gleich dem Innenwiderstand der Röhre ist.

2. Meistens sind Anodenspannung U_{a_r} und die maximale Anodenleistung gegeben. In diesem Fall kann die Eingangsspannung unter folgenden Bedingungen gewählt werden:

a) Die Eingangsspannung $U_{1\,\max}$ soll nie größer sein als die Gittervorspannung $-U_g$.

b) Der Arbeitspunkt P soll nicht im unteren Teil der Kennlinie liegen, sonst würden die negativen Halbwellen des Wechselstromes I_a abgeflacht. Somit soll $I_{p\,\max}$ nicht größer sein als I_{a_r}.

Betrachten wir die idealen Kennlinien einer Triode (Fig. 290). Die Leistung am Belastungswiderstand beträgt

$$P_m = \frac{I^2_{p\max.}\, R_a}{2} \,.$$

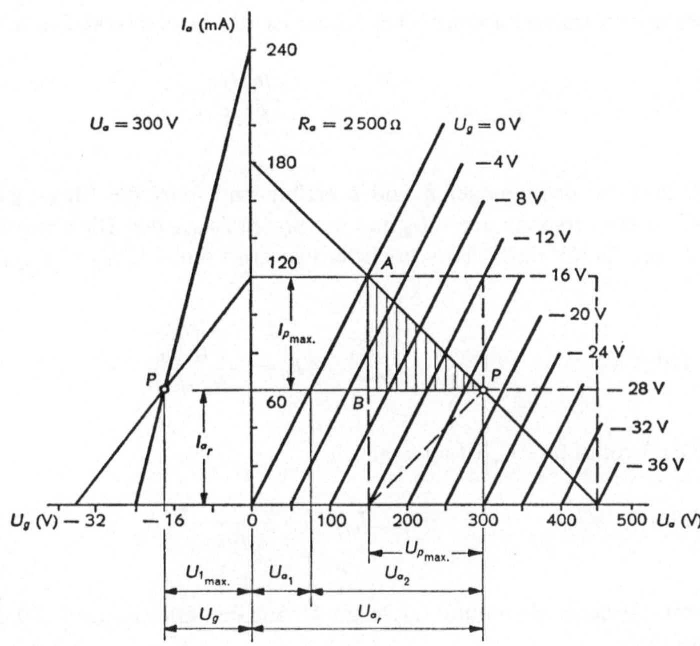

Fig. 290
Optimale Belastung einer Triode

Bei Gittervorspannung 0 und Anodenspannung U_{a_1} beträgt der Anodenruhestrom

$$I_{a_r} = \frac{U_{a_1}}{R_i} \,. \tag{268}$$

Bei einer Änderung der Gitterspannung U_g von $-$ 18 V, ist die Änderung der Anodenspannung (Fig. 290)

$$U_{a_2} = U_{a_r} - U_{a_1},$$

woraus

$$U_{a_1} = U_{a_r} - U_{a_2}.$$

in die Formel 268 eingesetzt ergibt sich

$$I_{a_r} = \frac{U_{a_r} - U_{a_2}}{R_i};$$

aber

$$U_{a_2} = \mu U_g,$$

woraus

$$I_{a_r} = \frac{U_{a_r} - \mu U_g}{R_i}.$$

Beim Ersatzschema eines Verstärkers ist die Stromstärke $I_{p\,max}$ des NF-Stromes

(269)
$$I_{p_{max.}} = \frac{\mu U_{1_{max.}}}{R_a + R_i}.$$

Damit die Bedingungen a und b erfüllt sind, darf die Eingangsspannung $U_{1\,max}$ die Gittervorspannung $- U_g$ und der Strom $I_{p\,max}$ den Gleichstrom $I_{a\,r}$ nicht übersteigen. Somit darf $U_{1\,max}$ höchstens so groß sein wie U_g und $I_{p\,max}$ wie $I_{a\,r}$, woraus

(270)
$$I_{p_{max.}} = I_{a_r} = \frac{\mu U_g}{R_a + R_i}.$$

Die Stromstärke I_{a_r} ist auch gleich

(271)
$$I_{a_r} = \frac{U_{a_r} - \mu U_g}{R_i}.$$

Bei gegebener Spannung U_{a_r} kann U_g aus den Gleichungen 270 und 271 ermittelt werden:

$$\frac{\mu U_g}{R_a + R_i} = \frac{U_{a_r} - \mu U_g}{R_i},$$

damit wird

$$U_g = \frac{U_{a_r}(R_a + R_i)}{\mu (R_a + 2 R_i)}.$$

Ersetzt man in Formel (270) U_g durch diesen Wert, so bekommt man:

$$I_{a_r} = I_{p_{\text{max.}}} = \frac{U_{a_r}}{R_a + 2\,R_i}.$$

Die modulierte Leistung im Arbeitswiderstand R_a ist

$$P_m = \frac{I^2_{p_{\text{max.}}}\,R_a}{2},$$

und, nachdem man $I_{p\,\text{max}}$ durch seinen Wert ersetzt hat

(272)
$$P_m = \frac{U^2_{a_r}\,R_a}{2\,(R_a + 2\,R_i)^2}.$$

Bei bekanntem U_{a_r} hängt P_m ausschließlich vom Faktor:

$$\frac{R_a}{(R_a + 2\,R_i)^2}.$$

ab.

Die Leistung P_m erreicht gleichzeitig mit dem obigen Ausdruck ein Maximum, d.h.

(273)
$$R_a = 2\,R_i$$

R_a und R_i in Ω.

Somit erhalten wir das Maximum der modulierten Leistung mit einem Außenwiderstand, der zweimal dem Innenwiderstand der Röhre entspricht. Ersetzt man in der Formel 272 R_a durch 2 R_i, so ergibt sich für die maximale modulierte Leistung:

$$P_m = \frac{2\,U^2_{a_r}\,R_i}{2\,(2\,R_i + 2\,R_i)^2},$$

somit

(274)
$$P_m = \frac{U^2_{a_r}}{16\,R_i}$$

P_m in W, R_i in Ω, U_{a_r} in V.

Je kleiner R_i ist, um so größer wird P_m; wogegen U_{a_r} und P_m sich proportional ändern.

In Fig. 290 ist die Fläche ABP ein Maximum. Das ist auch für die modulierte Leistung der Fall, welche einem Viertel der Anodenleistung entspricht und für den Wirkungsgrad:

$$\eta = \frac{U_{a_r} I_{a_r}}{4} = 25\,\%\,. \tag{275}$$

Der Arbeitspunkt P einer Triode soll deshalb so festgelegt werden, daß der Ruhestrom I_{a_r} ein Viertel des Anodenstromes I_a bei einer Gittervorspannung 0 V beträgt. In der Praxis ist die modulierte Leistung kleiner als $\frac{U_{ar}^2}{16 R_i}$ weil die Kennlinien der Triode keine Geraden sind und dadurch Verzerrungen entstehen. Zudem kann man $U_{1\,max}$ nicht gleich U_g wählen, weil sonst Gitterstrom entstehen würde.

Die Röhrenhersteller empfehlen oft, den Arbeitswiderstand 3 bis 4 × R_i zu wählen, wodurch die Verzerrungen niedrig gehalten werden und die höchstzulässige Anodenspannung nicht überschritten wird.

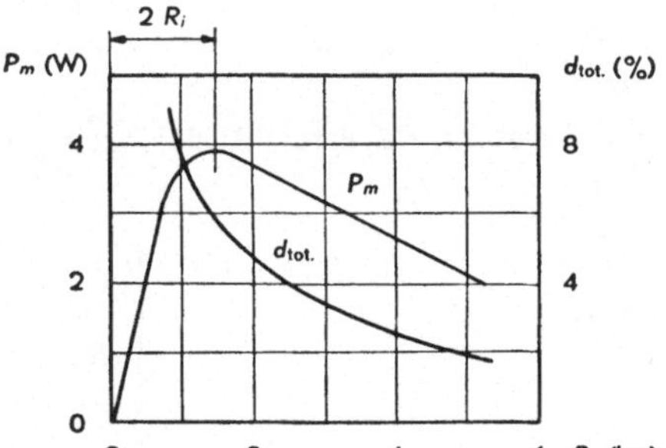

Fig. 291
Modulierte Leistung P_m und Verzerrung d_{tot} in Funktion des Arbeitswiderstandes R_a bei einer Triode

Die Kurven, welche die modulierte Leistung P_m und die Verzerrung d_{tot} in Funktion des Arbeitswiderstandes R_a darstellen, können experimentell ermittelt werden (Fig. 291).

Man erkennt daraus, daß es bei einer Triode vorteilhaft ist, trotz des Leistungsverlustes, eine große Impedanz zu wählen. Die Verzerrungen werden dann kleiner.

177. Optimale Belastung einer Pentode. Einfluß auf die Verzerrungen

Fig. 292 zeigt die ideale Kennlinie einer Pentode.

Die Schirmgitterspannung ist fest; der Innenwiderstand ist hoch, er kann vernachlässigt werden. Unter diesen Bedingungen fällt die dynamische mit der statischen Kennlinie zusammen.

Legen wir an das Steuergitter g_1 einer Pentode eine Spannung $U_{1\,max}$, gleich der Gittervorspannung U_g, an. Während der positiven Halbwelle steigt der Anodenstrom von I_{a_r} auf I_{a_2}; bei der negativen Halbwelle fällt er von I_{a_r} auf Null. Die in R_a verbrauchte Leistung ist:

$$P_m = \frac{I^2_{p\max.}\, R_a}{2}.$$

Die modulierte Leistung erreicht den Höchstwert wenn

$$I_{p\max.} = I_{a_r}$$

ist und beträgt:

(276) $$P_m = \frac{I^2_{a_r}\, R_a}{2}.$$

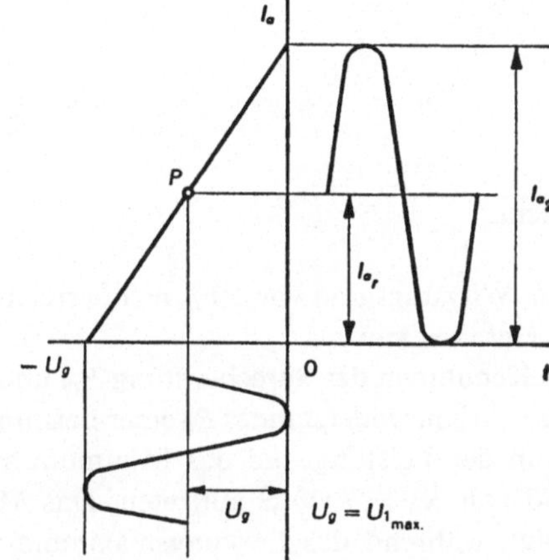

Fig. 292
Ideale Kennlinie einer Pentode

Die Restspannung (siehe U_d in Fig. 286) ist 0. Die Wechselspannung $U_{p\max}$ an R_a ist gleich der Anodenspannung U_{a_r}. Die Belastung ist optimal, wenn

$$R_a = \frac{U_{p\max.}}{I_{p\max.}}$$

und beträgt:

(277) $$R_a = \frac{U_{a_r}}{I_{a_r}}$$

I_{a_r} in A, R_a in Ω, U_{a_r} in V.

Beispiel

Die Pentode EL84 hat einen Anodenstrom I_a von 36 mA bei einer Anodenspannung U_{a_r} von 250 V. Die optimale Belastung ist dann:

$$R_a = Z_a = \frac{U_{a_r}}{I_{a_r}} = \frac{250}{0{,}036} = 7\,000\,\Omega.$$

Ersetzt man in Formel (276) R_a durch seinen Wert in Funktion von U_{a_r} und I_{a_r}, so erhält man die maximale Sprechleistung:

$$P_m = \frac{I_{a_r}^2}{2} \cdot \frac{U_{a_r}}{I_{a_r}} = \frac{I_{a_r} U_{a_r}}{2},$$

was einem maximalen Wirkungsgrad (für Klasse A) von

$$\eta = \frac{P_m}{P_c} = \frac{\dfrac{I_{a_r} U_{a_r}}{2}}{I_{a_r} U_{a_r}} = \frac{1}{2}$$

oder 50% entspricht.

Praktisch kann ein Wirkungsgrad von 50% nicht erreicht werden, weil die Röhrenkennlinien keine Geraden sind.
Fig. 293 zeigt die Kennlinien der Sprechleistung P_m und der Oberwellen d_2, d_3 und d_{tot} in Funktion des Arbeitswiderstandes R_a einer Leistungspentode. Wir sehen dort, daß das Maximum der Leistung und das Minimum an Verzerrungen bei einem Arbeitswiderstand von $R_a = 7000\,\Omega$ auftreten. Das Minimum der Verzerrungen ist sehr ausgeprägt, während das Leistungsmaximum nicht so eng begrenzt ist. Es ist somit nötig, daß bei einer Pentode der optimale Arbeitswiderstand R_a genau eingehalten wird. Im Zweifelsfalle ist es besser, eine zu kleine als eine zu große Impedanz zu wählen.

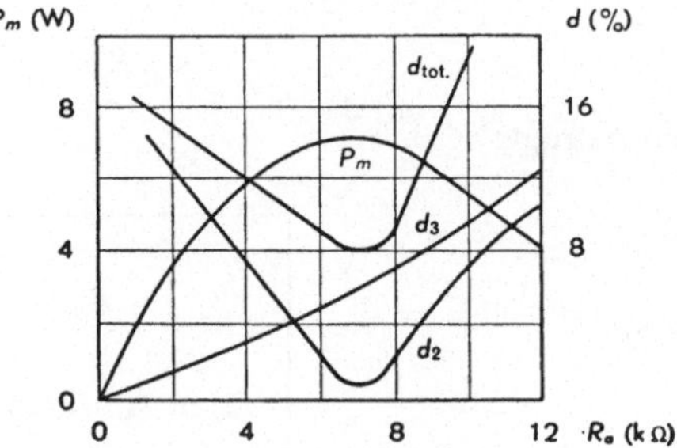

Fig. 293
Modulierte (Sprech-)Leistung P_m und Verzerrungen d_2, d_3 und d_{tot} einer Pentode in Funktion des Arbeitswiderstandes R_a

Beim Vergleich des Wirkungsgrades einer Pentode mit demjenigen einer Triode, muß bei der Pentode zur Anodenleistung auch die Schirmgitterleistung zugeschlagen werden.

178. Optimale Belastung einer Tetrode mit gebündeltem Elektronenstrahl

Hier kann man gleich vorgehen wie bei einer Pentode. Die Kennlinienform dieser Röhren ist sehr günstig.

Wie wir bereits erfahren haben, vereinigt die Tetrode mit gebündelten Elektronen gewisse Vorteile von Triode und Pentode. Wie die Triode erzeugt sie hauptsächlich 2. Harmonische (für das Ohr nicht unangenehm) und nur wenig 3. Harmonische. Dazu kommt noch die annähernd einer Pentode entsprechende Empfindlichkeit.

179. Verstärkerfunktionen verschiedener Klassen

Die NF-Verstärker können auf verschiedene Art arbeiten, je nach der Lage des Arbeitspunktes P auf der dynamischen Kennlinie und je nach der Eingangsspannung U_1 am Gitter der Endröhren.

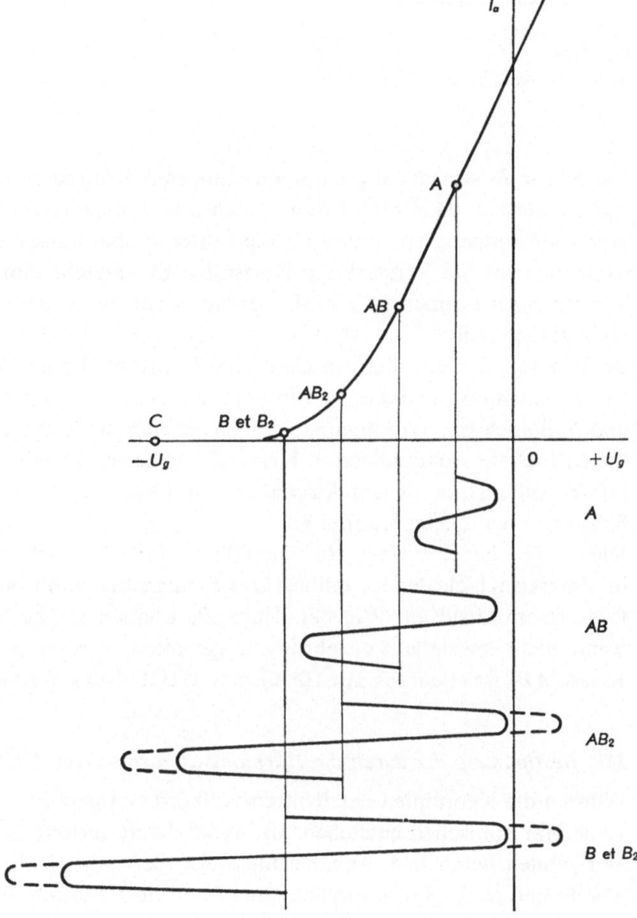

Fig. 294
Verschiedene Klassen der Verstärkung

In Klasse *A* wird nur der geradlinige Teil der Kennlinie ausgenützt. Der mittlere Anodenstrom bleibt konstant (Fig. 295). Die bisher betrachteten Fälle von Leistungsverstärkung gehörten zur Klasse *A*. Bei dieser Art ist die Verstärkung klein, jedoch sind die Verzerrungen gering.
Bei Klasse *B* liegt der Arbeitspunkt auf dem unteren Ende der dynamischen Kennlinie (im unteren Knick). Im Ruhezustand ist der Anodenstrom fast Null, er steigt nur während der positiven Halbwelle an (Fig. 296).

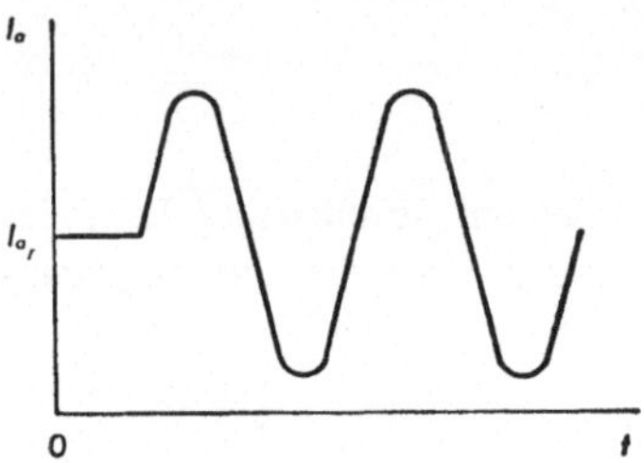

Fig. 295
Änderung von I_a bei Klasse A

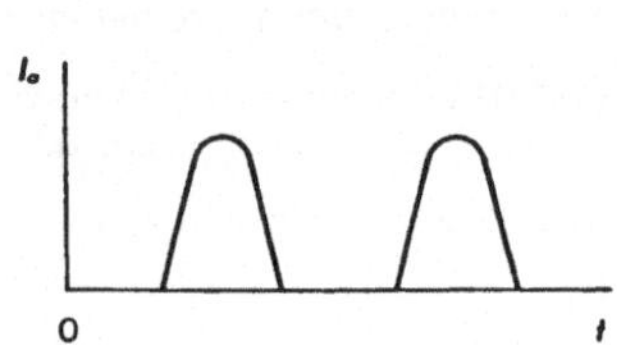

Fig. 296
Änderung von I_a bei Klasse B

Die Klasse *B*-Verstärkung kann nur mit zwei Röhren in Gegentaktschaltung betrieben werden. Man erhält dann einen sehr hohen Wirkungsgrad, bis 78,5%. Wenn die Eingangsspannung U_1 die Gittervorspannung überschreitet ($U_1 > U_g$), so nennt man die Verstärkung Klasse B_2. Es entsteht dann ein Gitterstrom. Die Verzerrungen können sehr groß werden, wenn man nicht entsprechende Gegenmaßnahmen trifft.
Bei Klasse *AB* bleibt der Anodenstrom konstant. Er ist kleiner als bei Klasse *A*. Der Arbeitspunkt befindet sich in einer Zwischenstellung zwischen den Klassen *A* und *B*. Bei schwachen Eingangssignalen arbeitet der Verstärker in Klasse *A* und bei hohen Eingangsspannungen in Klasse *B*. Angewendet wird diese Art in Qualitäts-NF-Verstärkern in Gegentaktschaltung und kann dabei Wirkungsgrade von 50 bis 60% erreichen (siehe Kapitel 8).
Klasse AB_2 ist eine Variante von Klasse *AB*. Der Arbeitspunkt *P* befindet sich im unteren Knick der Kennlinie. Das Steuergitter kann positiv werden und einen Gitterstrom auslösen. Wie bei Klasse B_2 können starke Verzerrungen auftreten, wenn nicht spezielle Vorkehrungen getroffen werden (siehe Abschn. 194). Die Klasse AB_2 ist ebenfalls nur für Gegentaktschaltung verwendbar.

180. Bestimmung der durch die Harmonischen erzeugten Verzerrungen

Würden die Kennlinien der Röhren vollkommen geradlinig verlaufen, so könnten keine Harmonischen entstehen. In Wirklichkeit verhält es sich leider nicht so.
Wir wollen versuchen, annäherungsweise den Anteil an 2. Harmonischen einer Triode und an 3. Harmonischen einer Pentode zu ermitteln. Diese spielen für die

Wiedergabequalität die größte Rolle. Das Minimum an Verzerrungen ergibt sich mit einer optimalen Belastung.
In den Fig. 297 und 299 sind die entsprechenden Arbeitsgeraden in die I_a/U_a-Kennlinienfelder einer Triode und einer Pentode eingezeichnet.

a) 2. Harmonische

Fig. 297 zeigt das I_a/U_a-Kennlinienfeld einer Triode. Diese Röhre erzeugt, wegen ihrer parabolischen dynamischen Kennlinie hauptsächlich 2. Harmonische.
Es soll der prozentuale Anteil der 2. Harmonischen, bei einer Eingangsspannung $U_{1\,max}$ ermittelt werden.

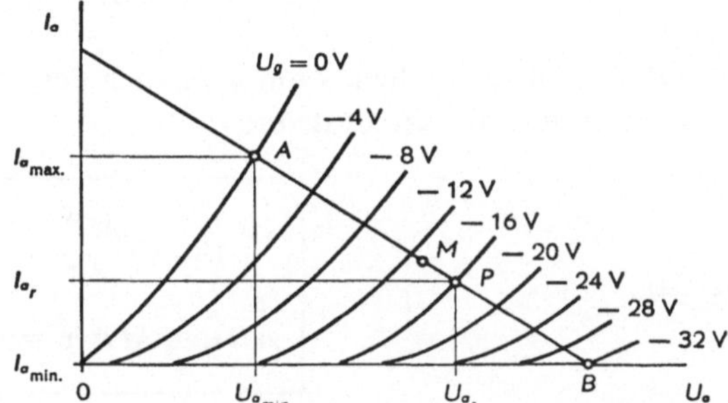

Fig. 297
Bestimmung der Verzerrungen durch die 2. Harmonische

Beim Punkt *A* (Fig. 297) ist der Anodenstrom ein Maximum; im Punkt *B* ein Minimum. Gäbe es keine Verzerrungen, so könnte der Wechselstrom $I_{p\,max}$ den gleichen Momentanwert, wie der Ruhestrom I_{a_r} haben. *AP* wäre dann gleich *PB*, was in Fig. 297 nicht der Fall ist. Im Abschnitt 164 sahen wir, daß:

$$(237) \qquad d_2 = \frac{I_2}{I_1},$$

wobei d_2 den durch die 2. Harmonische erzeugten Verzerrungsanteil und I_1 den Wechselstrom der Grundschwingung bedeuten. Damit wird der durch die 2. Harmonische hervorgerufene Wechselstrom I_2:

$$(278) \qquad I_2 = \frac{(I_{a_{max.}} - I_{a_r}) - (I_{a_r} - I_{a_{min.}})}{4};$$

und was den Wechselstrom I_1 der Grundschwingung anbetrifft, so ist:

$$(279) \qquad I_1 = \frac{(I_{a_{max.}} - I_{a_r}) + (I_{a_r} - I_{a_{min.}})}{2};$$

und der Anteil der Verzerrungen:

(280)
$$d_2 = \frac{(I_{a_{max.}} - I_{a_r}) - (I_{a_r} - I_{a_{min.}})}{2\,[(I_{a_{max.}} - I_{a_r}) + (I_{a_r} - I_{a_{min.}})]}$$

$I_{a_{max.}}$, $I_{a_{min.}}$ und I_{a_r} in A.

Um die Verzerrungen in % zu erhalten, genügt es, d_2 mit 100 zu multiplizieren. d_2 kann aber auch graphisch bestimmt werden, und zwar (Fig. 297):

$$d_2 = \frac{AP - PB}{2\,(AP + PB)} = \frac{AP - PB}{2 \cdot AB}\,.$$

Um d_2 schnell zu erhalten, kann man auch den Punkt M in der Mitte zwischen A und B festlegen und erhält dann:

(280a)
$$d_2 = \frac{MP}{AB}$$

AB und MP in mm.

b) 3. Harmonische

Diese werden von den Pentoden erzeugt. Sie entstehen wegen der oben und unten einen Knick aufweisenden Kennlinien (kubische dynamische Kennlinien). Gelegentlich können auch übersteuerte Trioden 3. Harmonische erzeugen.

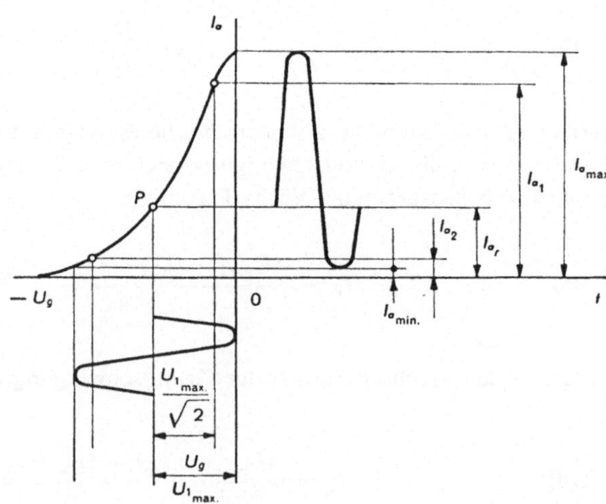

Fig. 298
Verwendete Werte für die Bestimmung der Verzerrungen

Um den prozentualen Anteil an 3. Harmonischen zu ermitteln, genügt es nicht, nur die Verzerrungen bei $U_{1\,max} = U_g$ zu betrachten. Es müssen auch die Verzerrungen bei anderen Eingangsspannungen mit einbezogen werden.
Wählen wir, wie es gewöhnlich der Fall ist, die Spannungen U_1' und U_1'' entsprechend den Effektivwerten von $U_{1\,max}$ (Fig. 298).
Es ist:

$$U_1' = \frac{U_g}{\sqrt{2}}\,, \qquad U_1'' = \frac{-U_g}{\sqrt{2}}\,.$$

Die Größe des durch die 3. Harmonische erzeugten Wechselstromes ist:

(281) $$I_3 = \frac{I_{a_{max.}} - I_{a_{min.}} - 2\,I_1}{2}\,,$$

wobei I_1, der Wechselstrom der Grundschwingung

(282) $$I_1 = \frac{1{,}41\,(I_{a_1} - I_{a_2}) + I_{a_{max.}} - I_{a_{min.}}}{4}\,.$$

beträgt.
Ersetzt man I_1 durch obigen Wert in Gleichung 281, so ergibt sich:

$$I_3 = \frac{I_{a_{max.}} - I_{a_{min.}} - \dfrac{2\,[1{,}41(I_{a_1} - I_{a_2}) + I_{a_{max.}} - I_{a_{min.}}]}{4}}{2}\,,$$

also:

(283) $$I_3 = \frac{I_{a_{max.}} - I_{a_{min.}} - 1{,}41\,(I_{a_1} - I_{a_2})}{4}\,.$$

Laut Abschn. 164 beträgt der Anteil an Verzerrungen durch die 3. Harmonische:

(238) $$d_3 = \frac{I_3}{I_1}\,,$$

und, wenn man I_1 und I_2 durch ihren Wert ersetzt:

(284) $$d_3 = \frac{I_{a_{max.}} - I_{a_{min.}} - 1{,}41\,(I_{a_1} - I_{a_2})}{I_{a_{max.}} - I_{a_{min.}} + 1{,}41\,(I_{a_1} - I_{a_2})}$$

I_{a1}, I_{a2}, $I_{a\,max}$ und $I_{a\,min}$ in A,

wobei I_{a1} die Anodenstromstärke bei einer Eingangsspannung $\frac{U_{1max.}}{\sqrt{2}}$ (positive Halbwelle); I_{a2} den Anodenstrom bei einer Eingangsspannung $-\frac{U_{1max.}}{\sqrt{2}}$ (negative Halbwelle); $I_{a\,max}$ den Anodenstrom bei einer Eingangsspannung von $U_{1\,max}$ und $I_{a\,min}$ bei einer Eingangsspannung von $-U_{1\,max}$ darstellen.
Die schnelle Ermittlung von d_3 erfolgt gewöhnlich mit der graphischen Methode.

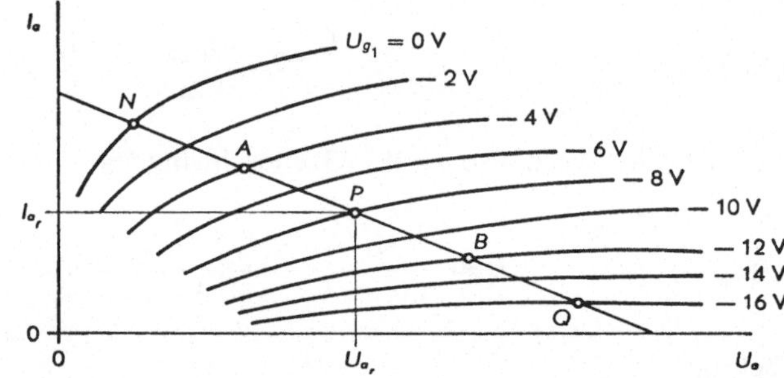

Fig. 299
Bestimmung der Verzerrungen durch die 3. Harmonische

Im Kennlinienfeld der Fig. 299 ist die Arbeitsgerade eingezeichnet. *P* ist der Arbeitspunkt. *N* und *Q* bezeichnen die Punkte bei einer Eingangsspannung $U_{1\,max} = U_g$.
Bei einer Pentode befindet sich der Arbeitspunkt meistens in der Mitte zwischen *N* und *Q*, denn diese Röhre erzeugt wenig 2. Harmonische. Legen wir nun die Punkte *A* und *B*, entsprechend der Eingangsspannung

$$U'_{1max.} = \frac{U_{1max.}}{2}.$$

fest.

Der Punkt *P* entspricht den Verhältnissen -8 V, $N = 0$ V, $Q = -16$ V, $A = -4$ V und $B = -12$ V. Wir sehen, daß diese Punkte nicht gleiche Abstände haben, es gibt Verzerrungen. Der Anteil an 3. Harmonischen beträgt:

(285)
$$d_3 = \frac{NA + BQ - AB}{2\,(NB + AQ)}$$

AB, *AQ*, *BQ*, *NA* und *NB* in mm.

Die berechnete Verzerrung ist immer etwas kleiner als die wirkliche, denn es wurde angenommen, daß die Eingangsspannung sinusförmig, daß der Gitterstrom bei $U_g > -1{,}3$ V vernachlässigbar sei und daß die Rechnung für nur eine Frequenz genüge, was praktisch nicht der Fall ist.
Die Röhrenhersteller geben oft, außer den I_a/U_a- und I_a/U_g-Kennlinien, noch die Kurve der Verzerrungen in Funktion der modulierten Leistung und die Kurve der modulierten Leistung in Funktion der Eingangsspannung U_1 für eine bestimmte Belastung an. Die Fig. 300, welche diese Kurven darstellt, zeigt besonders, daß die Gesamtverzerrung mit größerer Eingangsspannung zunimmt.

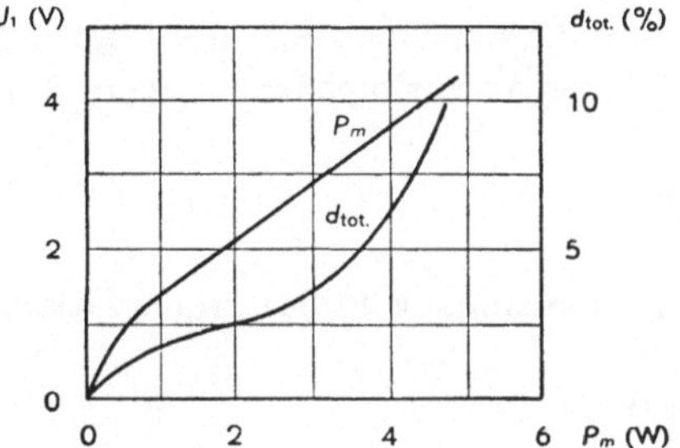

Fig. 300
Gesamtverzerrung d_{tot} in Funktion der Sprechleistung P_m und Sprechleistung P_m in Funktion der Eingangsspannung U_1

181. Eigenschaften der Leistungsverstärkerröhren

Eine ideale Leistungsverstärkerröhre soll eine große Empfindlichkeit, einen hohen Wirkungsgrad, sowie einen kleinen Innenwiderstand haben und wenig Verzerrungen erzeugen. Diese Daten dienen zum Vergleich verschiedener Röhren.
Je empfindlicher die Röhre ist, um so kleiner muß die am Steuergitter angelegte Eingangsspannung sein, um die Referenzleistung von 50 mW in der optimalen Belastungsimpedanz zu erhalten. Die Empfindlichkeitsmessung erfolgt bei den Frequenzen 400, 800 und 1000 Hz.
Unter diesen Bedingungen beträgt z.B. die Empfindlichkeit der Pentode EL84 0,3 V und diejenige der Triode AD1 3,3 V.
Im Abschn. 174 sahen wir, je größer die Spannung U_1 ist, desto größer wird der Wirkungsgrad der Röhre. Immerhin kann bei Klasse *A*-Verstärkung die Spannung U_1 nicht beliebig vergrößert werden, ohne erhebliche Verzerrungen zu verursachen.
Die Momentanspannung soll nie kleiner sein als die Restspannung, dann ist der Wirkungsgrad um so größer als die Restspannung kleiner ist.
Um die Lautsprechereigenresonanz herabzusetzen, sollen Endröhren mit kleinem Innenwiderstand verwendet werden. Dadurch wird auch der Ausgangstransformator einfacher, weil die Primärselbstinduktion kleiner gewählt werden kann. Trioden haben einen kleinen Innenwiderstand, jedoch eine geringe Empfindlichkeit.

182. Anpassung des Lautsprechers

Die Impedanz der Lautsprecherschwingspule muß der Belastungsimpedanz der Endröhre mit Hilfe eines Tranformators angepaßt werden (siehe Abschn. 171, Fig. 283). Die Belastungsimpedanz Z_a ist deshalb von der Schwingspulenimpedanz Z_u abhängig.

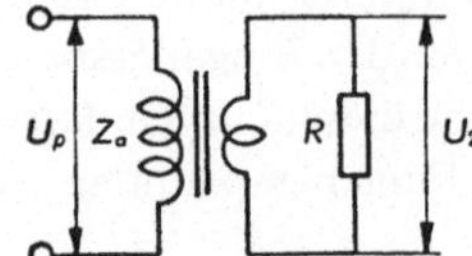

Fig. 301
Idealer Ausgangstransformator

Es soll die Impedanz Z_a eines idealen Transformators mit einem Widerstand R gleich der Arbeitsimpedanz Z_u (Fig. 301) bestimmt werden; wir haben

(286) $$Z_a = \frac{U_p}{I_p}.$$

Die NF-Spannung an der Primärwicklung beträgt:

(287) $$U_p = n\, U_2\,,$$

wobei n das Übersetzungsverhältnis und U_2 die sekundäre NF-Spannung bedeuten. Andererseits ist die Stromstärke I_p gleich

(288) $$I_p = \frac{I_s}{n}\,,$$

wo I_s den Sekundärstrom bedeutet.
Ersetzt man U_p und I_p durch ihren Wert aus Formel 286, so ergibt sich

$$Z_a = n^2 \frac{U_2}{I_s}\,;$$

jedoch

(289) $$Z_u = \frac{U_2}{I_s}\,,$$

Somit wird die Arbeitsimpedanz Z_a in Funktion von Z_u

(290) $$Z_a = n^2\, Z_u\,.$$

und daraus das Übersetzungsverhältnis

(291) $$n = \sqrt{\frac{Z_a}{Z_u}}$$

Z_a und Z_u in Ω.

Die Arbeitsimpedanz einer Leistungsröhre beträgt in der Regel 1000 bis 15000 Ω, während sich diejenige der Schwingspule des Lautsprechers zwischen 2 und 30 Ω (bei einer Frequenz von 1000 Hz) bewegt.

183. Ausgangstransformator

Die Wiedergabequalität eines Verstärkers hängt zum größten Teil von der Güte des Ausgangstransformators (auch Ausgangsübertrager genannt) ab. Seine Güte ist von folgenden Faktoren abhängig: Selbstinduktion der Primärwicklung, Streu-Selbstinduktion, Streukapazitäten der Primär- und der Sekundärwicklung (Verdrahtungs- und Windungskapazitäten).

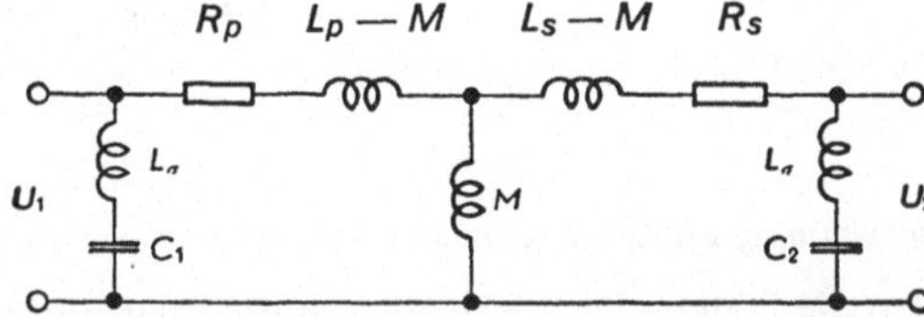

Fig. 302
Ersatzschema eines Ausgangstransformators

Fig. 302 zeigt das Ersatzschema eines Ausgangstransformators. Es gestattet, den Einfluß der verschiedenen Größen zu ermitteln. R_p bezeichnet den Widerstand der Primär-, R_s denjenigen der Sekundärwicklung, L_p und L_s die entsprechenden Selbstinduktionen. M die gegenseitige Induktion, C_1 und C_2 die Streukapazitäten und L_σ das Streufeld.

Die Selbstinduktion des Primärkreises soll hoch sein, damit die Wiedergabe der tiefen Töne naturgetreu wird, während das Streufeld im Interesse der Wiedergabe der höhen Töne klein sein soll.

Die Belastungsimpedanz, gewöhnlich für eine Frequenz von 1000 Hz angegeben, variiert mit der Frequenz. Damit sie für die tiefsten Töne noch groß genug bleibt, muß L_p groß sein.

L_p kann jedoch nicht beliebig groß gewählt werden, weil sonst die hohen Frequenzen durch die Streukapazitäten zu stark beeinträchtigt würden. Es muß deshalb ein Kompromiß getroffen werden.

Der durch die Primärwicklung fließende Anodenstrom erzeugt im Eisenkern eine magnetische Sättigung und vermindert dadurch den Selbstinduktionskoeffizienten L_p. Um das zu vermeiden, hat der Blechkern einen Luftspalt. Bei symmetrischer oder Gegentaktschaltung (Klasse A) ist das nicht nötig, weil dort die Sättigung durch den Anodenstrom nicht auftritt. Man kann dort Blechkerne ohne Luftspalt und mit geringen Verlusten verwenden. Die Streuselbstinduktion (Streufeld) ist eine fiktive Selbstinduktion. Sie stellt die magnetische Streuung des Transformators dar und sollte möglichst klein sein.

Da die Wicklungen nie ganz regelmäßig und symmetrisch ausgeführt werden können, was keinen Einfluß auf das Übersetzungsverhältnis hat, entsteht eine Streuung. Diese macht sich besonders bei hohen Frequenzen bemerkbar. Sie erhöht die Belastungsimpedanz, kann unerwünschte Resonanz und damit Verzerrungen erzeugen.

Die Streu- und Windungskapazitäten vermindern die Verstärkung hoher Frequenzen. Da sie jedoch nicht größer sind als 200–500 pF, können sie vernachlässigt werden.

Durch die in Fig. 303 dargestellte Wicklungsart erhält man besonders gute Ausgangstransformatoren.

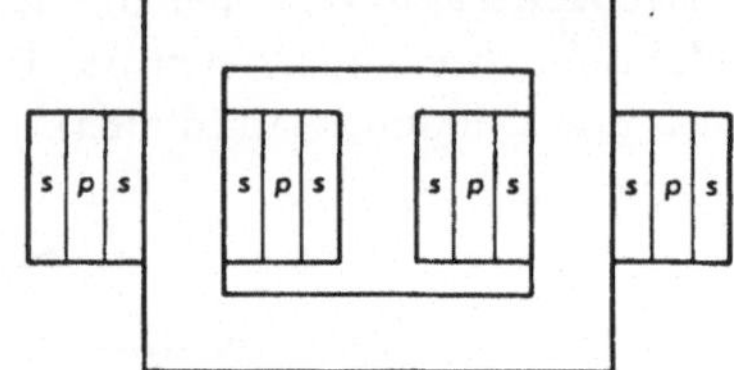

Fig. 303
Wicklung eines Ausgangstransformators guter Qualität

184. Berechnung eines Ausgangstransformators

Es sollen die Daten eines Ausgangstransformators, welcher die Endröhre mit dem Lautsprecher verbindet, berechnet werden.

Zuerst bestimmen wir den Eisenquerschnitt S_{Fe} und die Primärwindungszahl N_p, dann die Primärselbstinduktion L_p, das Streufeld L_σ, das Übersetzungsverhältnis n, die Zahl der Sekundärwindungen N_s und den Wirkungsgrad η des Transformators. Die Größen L_p und L_σ bestimmen die Güte eines Ausgangstransformators. Sie gestatten uns die Frequenzkurven aufzuzeichnen und zu prüfen, ob die errechnete Windungszahl N_p richtig ist, d.h. genügend groß, um die nötige Selbstinduktion L_p aufzuweisen, welche die Übertragung der tiefen Frequenzen gestattet, ohne daß dabei das Streufeld L_σ die Wiedergabe der hohen Frequenzen beeinträchtigt.

Wenn f_{inf} die tiefste zu übertragende Frequenz und P_m die maximale Sprechleistung der Röhre bedeuten, dann ist der Minimaleisenquerschnitt S_{Fe}

(292)
$$S_{Fe} = 12{,}5 \sqrt{\frac{2\, P_m}{f_{inf.}}}$$

f_{inf} in Hz, P_m in W, S_{Fe} in cm^2.

Um N_p zu bestimmen, müssen wir die NF-Wechselspannung U_p an der Primärwicklung und dann die induzierte Spannung U'_p kennen. Nun beträgt U_p:

(293)
$$U_p = \sqrt{P_m Z_a}$$

P_m in W, U_p in V, Z_a in Ω.

Diese Spannung setzt sich aus dem Spannungsabfall U_{tr} an den Klemmen des Widerstandes R_{tr} des Transformators und der induzierten Spannung U'_p zusammen. Diese ist

$$U'_p = U_p - U_{tr}.$$

Die Spannung U_{tr} hängt vom Scheinwiderstand der Primärwicklung ab, nämlich:

(294) $$R_{tr} = R_p + n^2 R_s .$$

Wenn dieser Widerstand klein ist, haben wir:

(295) $$U_p \approx U'_p .$$

Nun können wir die Windungszahl N_p berechnen. Die Anzahl Windungen pro Volt nennen wir N_v.

(296) $$N_p = U_p N_v ,$$

somit[1])

(297) $$N_p = \frac{U_p}{4{,}44 f_{\text{inf.}} S_{\text{Fe}} B\, 10^{-8}}$$

B in Gs, $f_{\text{inf.}}$ in Hz, S_{Fe} in cm², U_p in V,

wobei B die magnetische Induktion für die tiefste zu übertragende Frequenz bedeutet und sich zwischen 2000 und 5000 Gauß bewegt.

Versichern wir uns nun, daß mit dem berechneten Eisenquerschnitt S_{Fe} und der Primärwindungszahl N_p das gewünschte Frequenzband übertragen wird.
Bei den tiefsten Frequenzen soll die Selbstinduktion L_p sein:

(298) $$L_p = \frac{R_i Z_a}{2 \pi f_{\text{inf.}} (R_i + Z_a)}$$

f_{inf} in Hz, L_p in H, R_i und Z_a in Ω,

[1]) Um einen billigen Transformator zu bauen, kann man für die tiefste zu übertragende Frequenz die Spannung U_p auf 70% herabsetzen

R_i ist der Innenwiderstand der Röhre. Prüfen wir nun mit der Formel 131, ob die Windungszahl N_p tatsächlich die gewünschte Selbstinduktion L_p ergibt:

(299)
$$L_p = \frac{4\,\pi\,N_p^2\,S_{Fe}}{k_c\,\delta\,10^9}$$
L_p in H, S_{Fe} in cm², δ in cm,

wobei k_c den Korrekturfaktor und δ die Breite des Luftspaltes bedeuten. Diese ist vom Anodenstrom I_a abhängig (siehe Abschn. 92).
Wenn die Bedingung (299) erfüllt ist, kann die Übertragung der tiefsten Frequenzen als normal betrachtet werden.
Bestimmen wir nun die höchste übertragbare Frequenz f_{sup} :

(300)
$$f_{sup.} = \frac{R_i + Z_a}{2\,\pi\,L_\sigma}$$
$f_{sup.}$ und L_σ in H, R_i und Z_a in Ω;

In dieser Gleichung stellt L_σ die Streuselbstinduktion, gegeben durch die Formel (siehe Fig. 304) dar.

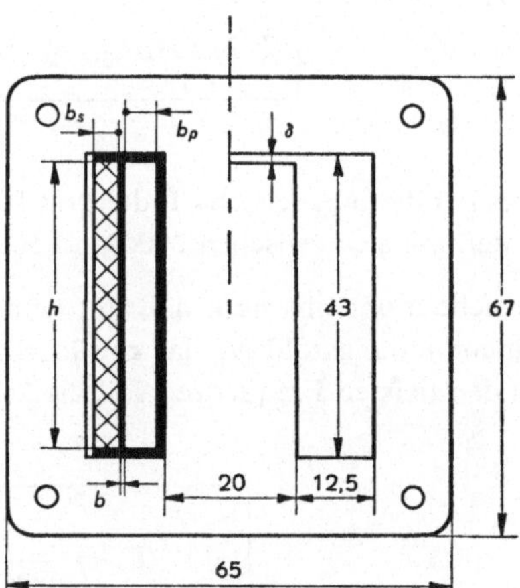

Fig. 304
Blechabmessungen im Rechnungsbeispiel eines Ausgangstransformators

(301)
$$L_\sigma = \frac{0{,}5\,N_p^2\,l_m\,(3\,b + b_p + b_s)\,10^{-8}}{h'}$$
b, b_p, b_s, h' et l_m in cm, L_σ in H,

wobei b die Dicke der Isolierschicht zwischen Primär- und Sekundärwicklung, b_p die Dicke der Primär- und b_s diejenige der Sekundärwicklung, l_m die mittlere Windungslänge und h' die reduzierte in Betracht kommende Höhe für kurze Spulen bedeuten. Die Größe h' wird nach Fig. 305 wie folgt bestimmt:

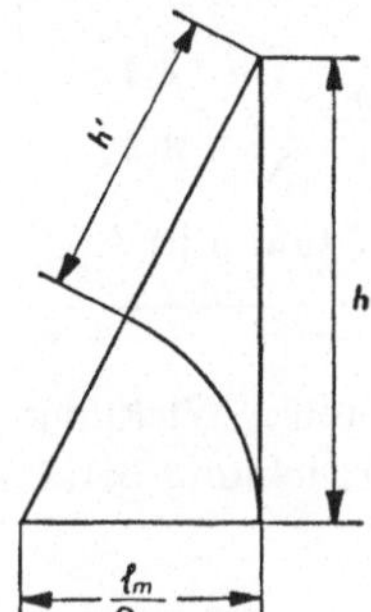

Fig. 305
Geometrische Konstruktion zur Ermittlung der Höhe h'

(302)
$$h' = \sqrt{\left(\frac{l_m}{2\pi}\right)^2 + h^2} - \frac{l_m}{2\pi}$$
h, h' und l_m in cm.

Um die Übertragungsgüte der hohen Frequenzen eines Ausgangstransformators zu beurteilen, geben die Hersteller den Streufaktor an, nämlich

(303)
$$\sigma = \frac{L_\sigma}{L_p}$$

welcher in % ausgedrückt wird.
Wenn die Werte L_p und L_σ mit den von uns ermittelten übereinstimmen, können wir die Sekundärwindungszahl und den Drahtdurchmesser bestimmen. Ist das nicht der Fall, so muß die Rechnung neu gemacht werden.
Die Sekundärwindungszahl ergibt sich aus:

(304)
$$N_s = \frac{N_p}{n},$$

wobei

(291) und (305)
$$n = \sqrt{\frac{Z_a}{Z_u}}$$
Z_a und Z_u in Ω;

In dieser Formel stellt Z_a die Impedanz an den Klemmen, an welchen die Spannung U_p auftritt und Z_u die Arbeitsimpedanz (Schwingspule des Lautsprechers) dar. Die minimalen Durchmesser für Kupferdraht in Primär- und Sekundärwicklung ergeben sich aus:

(133)
$$d = \sqrt{\frac{4\,I}{\pi\,\sigma}}$$

I und σ in A,

wobei I der Strom in der betrachteten Wicklung und σ die Stromdichte, gleich 2 A/mm², bedeuten. In der Primärwicklung beträgt die Stromstärke:

(306)
$$I_1 = \sqrt{I_p^2 + I_{a_r}^2}\,.$$

Soweit die Fensteröffnung des Blechkerns es zuläßt, wird man den größtmöglichen Drahtdurchmesser für beide Wicklungen wählen[1]), um einen möglichst hohen Wirkungsgrad zu erhalten.

Beachten wir, daß dieser hauptsächlich von den Kupferverlusten P_{Cu} abhängt, welche gewöhnlich 10–25% der maximalen Sprechleistung ausmachen und durch folgende Formeln gegeben sind:

(307)
$$P_{\mathrm{Cu}} = I_p^2\,R_p + I_s^2\,R_s\,,$$

somit

(308)
$$P_{\mathrm{Cu}} = I_p^2\,(R_p + n^2\,R_s)\,;$$

woraus der Wirkungsgrad

(309)
$$\eta = \frac{P_m - P_{\mathrm{Cu}}}{P_m}\,.$$

Als Beispiel sei die Berechnung eines Ausgangstransformators für eine Pentode EL84 und eine Schwingspule von 5Ω dargestellt. Die Daten der Röhre sind:

$U_a = 250$ V $\qquad Z_a = 7\,000\ \Omega$

$I_a = 36$ mA $\qquad P_m = 4$ W

$R_i = 40$ kΩ

[1]) Besonders die Primärwicklung, welche vom Anodenruhestrom und dem NF-Wechselstrom durchflossen wird

Setzen wir 50 Hz als tiefste zu übertragende Frequenz voraus, so wird der Eisenquerschnitt

$$S_{Fe} = 12{,}5 \sqrt{\frac{2\,P_m}{f_{inf.}}} = 12{,}5 \sqrt{\frac{2 \cdot 4}{50}} = 5\,\text{cm}^2\,.$$

Die NF-Wechselspannung U_p an der Primärwicklung ist

$$U_p = \sqrt{P_m\,Z_a} = \sqrt{4 \cdot 7\,000} = 167\,\text{V}.$$

Für eine magnetische Induktion von 4000 Gauß, wird die Windungszahl der Primärwicklung

$$N_p = \frac{U_p}{4{,}44\,f_{inf.}\,S_{Fe}\,B\,10^{-8}} = \frac{167}{4{,}44 \cdot 50 \cdot 5 \cdot 4\,000 \cdot 10^{-8}} \approx 3760\,\text{Windungen}$$

Die Selbstinduktion L_p bei 50 Hz soll sein

$$L_p = \frac{R_i\,Z_a}{2\,\pi\,f_{inf.}\,(R_i + Z_a)} = \frac{40\,000 \cdot 7\,000}{6{,}28 \cdot 50\,(40\,000 + 7\,000)} \approx 18\,\text{H}.$$

Prüfen wir, ob wir mit der Windungszahl N_p tatsächlich diesen Wert erhalten können. Nachdem der Anodenstrom bekannt ist, wählen wir den Luftspalt $\delta = 0{,}03$ cm (siehe Abschn. 92). Wir haben

$$L_p = \frac{4\,\pi\,N_p^2\,S_{Fe}}{k_c\,\delta\,10^9} = \frac{4 \cdot 3{,}14 \cdot (3\,760)^2 \cdot 5}{1{,}1 \cdot 0{,}03 \cdot 10^9} \approx 26\,\text{H}.$$

Die Primärwindungszahl ist also in Ordnung.

Nun soll die Streuselbstinduktion L_σ bestimmt werden. Wir wählen den in Fig. 304 dargestellten Blechkern. Die nötigen Daten zur Berechnung von h' und L_σ sind:
$b = 0{,}04$ cm, $b_p = 0{,}55$ cm, $b_s = 0{,}45$ cm,
$l_m = 14$ cm $h = 4$ cm.
die Höhe h' wird jetzt:

$$h' = \sqrt{\left(\frac{l_m}{2\,\pi}\right)^2 + h^2} - \frac{l_m}{2\,\pi} = \sqrt{\left(\frac{14}{6{,}28}\right)^2 + 4^2} - \frac{14}{6{,}28} \approx 2{,}35\,\text{cm}\,;$$

und die Streuselbstinduktion

$$L_\sigma = \frac{0{,}5\, N_p^2\, l_m\, (3\, b + b_p + b_s)\, 10^{-8}}{h'}$$

$$= \frac{0{,}5\, (3\,760)^2 \cdot 14\, (3 \cdot 0{,}04 + 0{,}55 + 0{,}45)\, 10^{-8}}{2{,}35} \approx 0{,}47 \text{ H},$$

und die höchste übertragene Frequenz

$$f_{\text{sup.}} = \frac{R_i + Z_a}{2\,\pi\, L_\sigma} = \frac{40\,000 + 7\,000}{6.28 \cdot 0{,}47} \approx 16\,000 \text{ Hz}.$$

Nun kann das Windungsübersetzungsverhältnis bestimmt werden.

$$n = \sqrt{\frac{Z_a}{Z_u}} = \sqrt{\frac{7\,000}{5}} \approx 37,$$

und daraus

$$N_s = \frac{N_p}{n} = \frac{3\,760}{37} \approx 100 \text{ Windungen}$$

Um die minimalen Drahtdurchmesser zu erhalten, berechnen wir zuerst

$$I_1 = \sqrt{I_{p_{\text{eff.}}}^2 + I_{a_r}^2} = \sqrt{(0{,}024)^2 + (0{,}036)^2} \approx 0{,}043 \text{ A}.$$

woraus

$$d_p = \sqrt{\frac{4\, I_1}{\pi\, \sigma}} = \sqrt{\frac{4 \cdot 0{,}043}{3{,}14 \cdot 2}} \approx 0{,}165 \text{ mm},$$

d.h. praktisch 0,18 mm.

Andererseits ist die Sekundärstromstärke

$$I_s = \sqrt{\frac{P_m}{Z_u}} = \sqrt{\frac{4}{5}} \approx 0{,}9 \text{ A}$$

und der minimale Durchmesser bei der Sekundärwicklung

$$d_s = \sqrt{\frac{4\,I_s}{\pi\,\sigma}} = \sqrt{\frac{4\cdot 0{,}9}{3{,}14\cdot 2}} \approx 0{,}75 \text{ mm},$$

d.h. praktisch $d_s = 0{,}8$ mm.
In diesem Falle ist der Widerstand der Primärwicklung

$$R_p = \frac{\rho\, l_p}{S_{\mathrm{Cu}_p}} = \frac{0{,}018\ (0{,}11\cdot 3\,760)}{0{,}025\,4} \approx 290\ \Omega,$$

und der Sekundärwicklung

$$R_s = \frac{\rho\, l_s}{S_{\mathrm{Cu}_s}} = \frac{0{,}018\cdot(0{,}17\cdot 100)}{0{,}5} \approx 0{,}6\ \Omega,$$

Die Kupferverluste betragen

$$P_{\mathrm{Cu}} = I_p^2\,(R_p + n^2\,R_s) = (0{,}024)^2\,[290 + (37)^2\cdot 0{,}6] \approx 0{,}63\ \mathrm{W},$$

und der Wirkungsgrad

$$\eta = \frac{P_m - P_{\mathrm{Cu}}}{P_m} = \frac{4 - 0{,}63}{4} \approx 0{,}84\,.$$

185. Röhren in Parallelschaltung

Um die Leistung einer Endstufe zu erhöhen, kann man Leistungsröhren verwenden. Sie können auch parallel geschaltet werden (Fig. 306). Die Röhren verhalten sich dann wie eine Röhre mit doppelter Steilheit; aber mit gleichem Verstärkungsfaktor.
Ihr Innenwiderstand und ihre Arbeitsimpedanz sind dann halb so groß wie diejenigen einer einzelnen Röhre. Die Sprechleistung ist verdoppelt. Man zieht es jedoch meistens vor, eine Gegentaktschaltung (siehe Kapitel 8) anzuwenden.

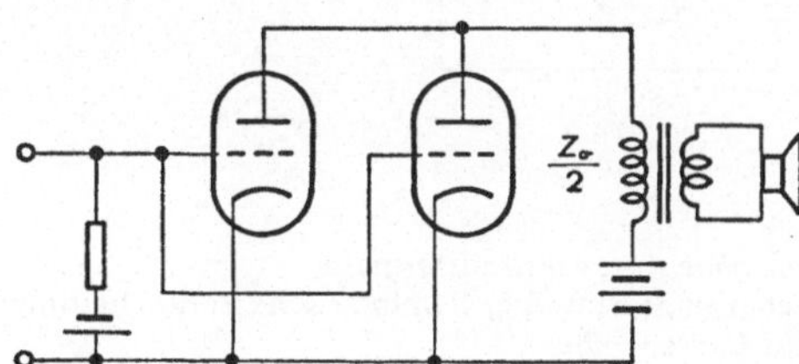

Fig. 306
Parallelgeschaltete Röhren

186. Leistungsendstufen ohne Ausgangstransformator

In einem NF-Verstärker ist der Ausgangstransformator die wesentlichste Verzerrungsquelle. Aus diesem Grunde werden viele Verstärker ohne Ausgangstransformator ausgeführt.

In diesem Falle sind Gegentaktschaltungen zu verwenden. Anstatt die Belastungsimpedanzen oder Widerstände in die Anodenkreise (Fig. 307a) einzuschalten, schaltet man sie parallel zwischen die Kathode der ersten Röhre und dem Mittelpunkt der Anodenbatterie (Fig. 307b und c). Die Röhre 1 arbeitet in Kathodyneschaltung und die Röhre 2 in normaler Kathodenbasisschaltung. Man kann deshalb die Mittelanzapfung des Belastungswiderstandes weglassen. Man erhält dann die Schaltung Fig. 307d.

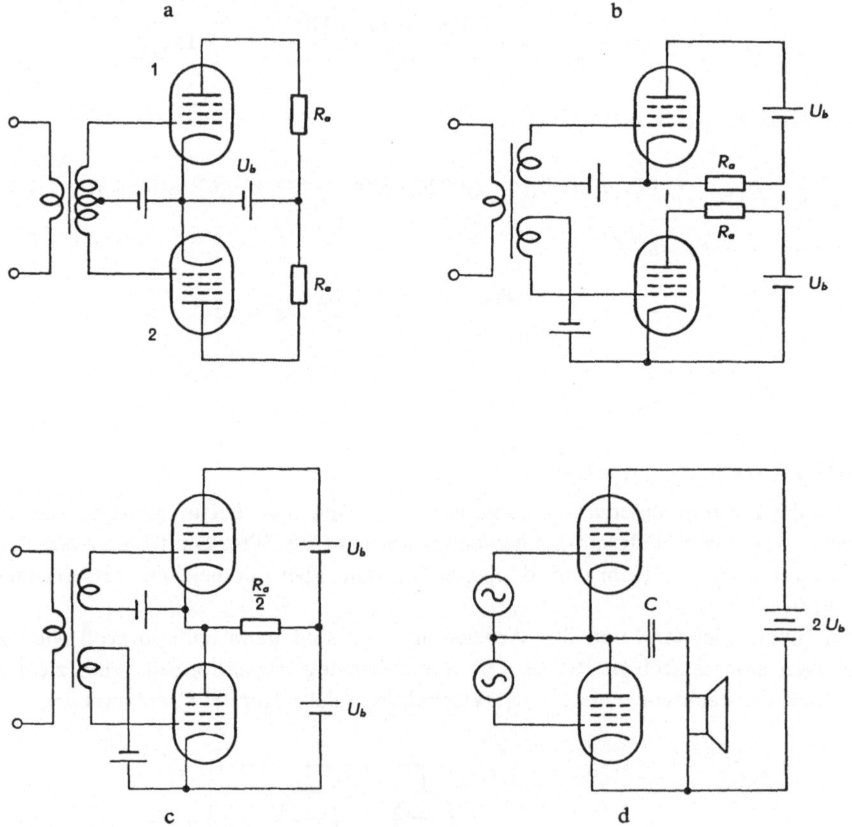

Fig. 307
Leistungsendstufe ohne Ausgangstransformator
a) Gegentaktschaltung; b) und c) Symmetrische Serieschaltungen; d) Symmetrische Schaltung in Serie mit dem Lautsprecher

Da beide Röhren in Serie geschaltet sind, hat die Kathode der einen Röhre ein höheres Potential als diejenige der zweiten Röhre. Röhre 1 wird richtig vorgespannt, indem man eine geeignete positive Spannung zwischen Steuergitter und Masse anlegt. Der Arbeitswiderstand beträgt dann ein Viertel des Widerstandes von Anode zu Anode und hat die Größenordnung 800 Ohm, was die Verwendung eines hochohmigen Lautsprechers gestattet. Der Kondensator C sperrt die Gleichstromkomponente ab. Die zweite Röhre ist also nicht durch die Lautsprecherschwingspule kurzgeschlossen.
Die Schaltung ohne Ausgangstransformator bringt etwa dieselben Vorteile, wie die Gegentaktschaltung.

8. Kapitel

Die Gegentaktschaltung und die Phasenkehrstufe

187. Die Gegentaktschaltung (Push-Pull-Schaltung)

Die Gegentaktschaltung ermöglicht die Entnahme einer größeren modulierten Leistung aus einer Endstufe bei gleichzeitiger Verringerung der Verzerrungen.

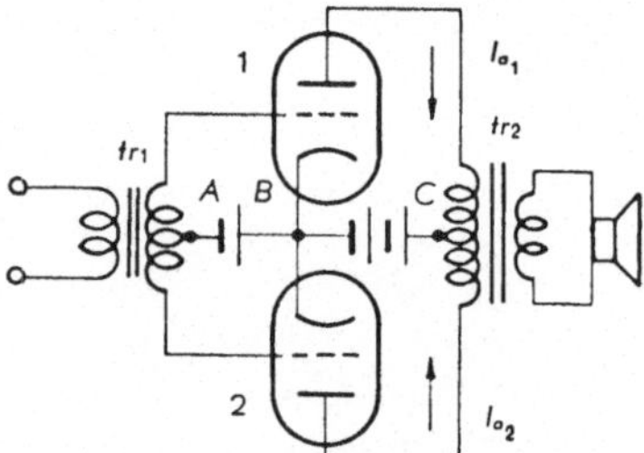

Fig. 308
Gegentaktschaltung

Die Steuergitter der Röhren 1 und 2 werden von gleich großen, aber um 180° phasenverschobenen Signalspannungen gesteuert. In unserem Schaltbeispiel erfolgt die Phasenverschiebung durch den Transformator tr_1. Die beiden Röhren haben dieselbe Vorspannung. Die Anodenströme I_{a1} und I_{a2} sind ebenfalls gleich groß, aber entgegengesetzt gerichtet.

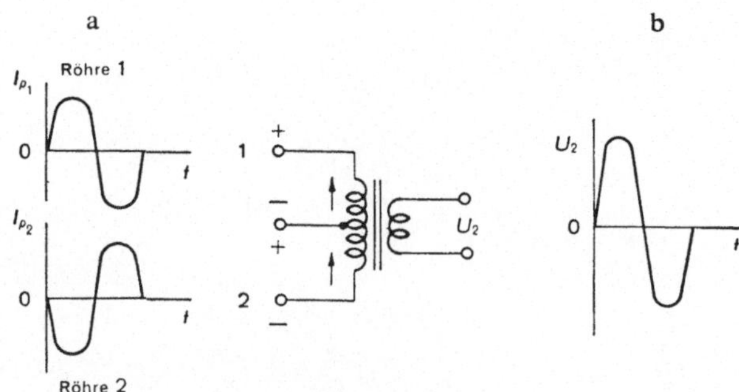

Fig. 309
Die Formen des niederfrequenten Wechselstromes in der Primärwicklung (a) *eines Gegentakt-Übertragers (Klasse A) und der Spannung an den Klemmen der Sekundärwicklung* (b)

Wird an das Gitter von Röhre 1 eine positive Halbwelle angelegt, so nimmt I_{a1} zu. Im gleichen Moment ist aber die an Röhre 2 angelegte Halbwelle negativ, so daß I_{a2} infolgedessen abnimmt.

Diese Veränderungen der Anodenströme führen zu zwei niederfrequenten Wechselströmen, die sich in der Primärwicklung des Ausgangsübertragers tr_2 summieren. Der resultierende Wechselstrom ist also doppelt so stark, wie der Strom einer einzigen Röhre. Er ruft in der Sekundärwicklung eine Wechselspannung U_2 hervor (Fig. 309).

188. Vorteile der Gegentaktschaltung

Je nach der Betriebsart weist eine solche Schaltung eine Reihe von Vorteilen auf.

a) Die Primärwicklungshälften des Ausgangsübertragers werden von Gleichströmen entgegengesetzter Richtung durchlaufen. Dadurch heben sich die von I_{a1} und I_{a2} hervorgerufenen Magnetfelder auf (Klasse A). Dadurch wird die Vormagnetisierung des Eisenkerns aufgehoben und durch den wegfallenden Luftspalt wird die Konstruktion vereinfacht. Die linearen und die nichtlinearen Verzerrungen werden verringert, woraus sich eine verbesserte Wiedergabequalität ergibt.

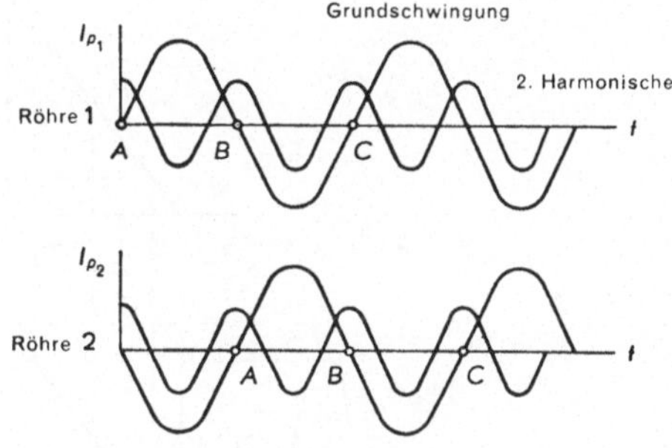

Fig. 310
Die 2. Oberwellen (geradzahlig) heben sich in der Gegentaktschaltung auf

b) Wie aus der Fig. 309 hervorgeht, sind die beiden NF-Wechselströme, deren Frequenz der Grundfrequenz entspricht, in den beiden Primärhälften um 180° phasenverschoben. Dadurch addieren sie sich in Wirklichkeit. Wenn wir jetzt die Grundwelle und die von der 1. Röhre hervorgerufene 2. Oberwelle, sowie die Grundwelle und die von der 2. Röhre erzeugte 2. Oberwelle graphisch darstellen, so erkennen wir, daß die 2 Oberwellen phasengleich sind (Fig. 310). Sie heben sich also auf. Dagegen werden die 3. Oberwellen, die um 3π phasenverschoben sind, nicht ausgeschieden.

Dadurch können Trioden und Tetroden in der Gegentaktschaltung eine größere Leistung und gleichzeitig eine geringere Verzerrung erzielen, als wenn sie einfach parallelgeschaltet würden. Das hängt damit zusammen, daß diese Röhrentypen hauptsächlich die 2. Oberwelle hervorrufen. Deshalb ist für Pentoden, welche die 3. Oberwelle produzieren, dieser Vorteil nicht mehr so ausgeprägt.

c) Welligkeitsspannungen infolge ungenügender Gleichstromsiebung sowie Eigengeräusche des Verstärkers sind in beiden Kreisen miteinander in Phase. Sie heben sich deshalb in den Primärhälften des Ausgangsübertragers auf. Dadurch ergeben sich auch Vereinfachungen in der Auslegung der Siebkreise.

d) Sowohl im Gitterkreis *AB*, wie auch im Anodenkreis *BC* (Fig. 308) ist die Resultierende aus den Wechselströmen beider Röhren gleich Null. Infolgedessen treten keine parasitären Kopplungen auf, welche auf die Impedanz der Stromquellen und des Siebkondensators im Netzteil zurückzuführen wären. Im Falle der Verwendung einer automatischen Vorspannung muß der Kathodenwiderstand nicht durch einen Kondensator entkoppelt werden. Der Verstärker ist somit stabil.

189. Gegentaktschaltung der Klasse A

Fig. 311 zeigt die I_a/U_g-Kurven zweier im Gegentakt arbeitender Röhren in der Betriebsklasse *A*.

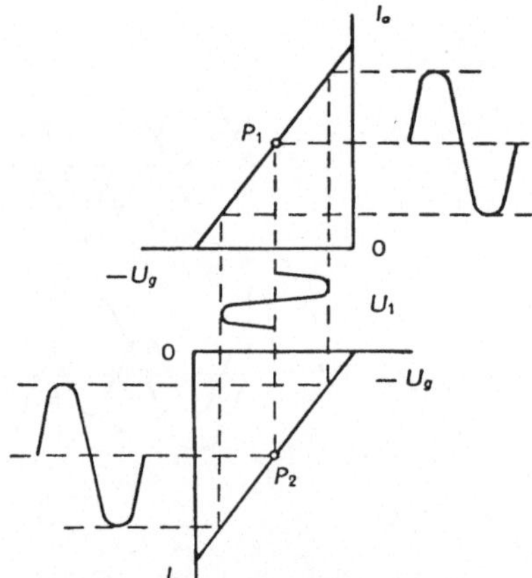

Fig. 311
Klasse-A-Betrieb

Die Arbeitskennlinie der 1. Röhre ist normal dargestellt, während diejenige der Röhre 2 – entsprechend den 180° Phasenverschiebung – umgekehrt gezeichnet ist. Die Vorspannungen der, im übrigen identischen, Röhren sind auch gleich groß. Die Arbeitspunkte P_1 und P_2 liegen in der Mitte der Arbeitskennlinien. Die Impedanz, gemessen von Anode zu Anode, entspricht dem Doppelten der optimalen Impedanz einer einzigen Röhre. Die modulierte Leistung beträgt das Doppelte der Leistung einer einzigen Röhre, wobei aber, wegen der Kompensation der Verzerrungen durch die 2. Oberwelle, die Verzerrungen geringer sind. Das Eisenblech des Ausgangstransformators wird nicht gesättigt.

Die Impedanz von Anode zu Anode beträgt:

(310)
$$Z_{aa} = 2\ Z_a$$
Z_a und Z_{aa} in Ω

wobei Z_{aa} die Belastungsimpedanz von Anode zu Anode darstellt. Es sei bei dieser Gelegenheit daran erinnert, daß R_a bei einem vollkommenen Transformator gleich Z_{aa} ist.

190. Optimale Belastung der Gegentaktschaltung im A-Betrieb. Maximale modulierte Leistung. Wirkungsgrad

Im Klasse *A*-Betrieb ist die tatsächliche Belastung jeder Röhre, sowohl für Pentoden wie auch für Trioden, gleich der Hälfte der Impedanz zwischen den beiden Anoden. Wir können infolgedessen die optimale Belastung, die maximale modulierte Leistung und den Wirkungsgrad auf dieselbe Weise ermitteln wie bei einer einzigen Röhre (siehe Abschnitte 176 und 177) und alsdann diese Werte für zwei Röhren umrechnen.

Es sei auch darauf hingewiesen, daß mit Trioden in Gegentaktschaltung der Wirkungsgrad ohne Vermehrung der Verzerrungen erhöht werden kann, indem die Lastimpedanz kleiner als $Z_a = 2 \cdot R_i$ gewählt wird.

191. Gegentaktschaltung der Klasse B

Der Wirkungsgrad einer Gegentaktschaltung läßt sich im Klasse *B*-Betrieb wesentlich steigern. Dazu wird die Vorspannung so gewählt, daß der im Ruhezustand verbrauchte Anodenstrom fast oder sogar gleich Null ist. Die Gittervorspannung entspricht also der Spannung, bei welcher die Arbeitskennlinie die U_g-Achse schneidet. Unter diesen Bedingungen kann jede Röhre nur eine Halbwelle der Signalspannung verarbeiten. Bei der entgegengesetzten Halbwelle ist sie dagegen gesperrt. Eine der beiden Röhren verstärkt jeweils die positive Halbwelle, die andere Röhre dagegen die negative Halbwelle (Fig. 312).

Im Lastwiderstand entsteht durch das Zusammenwirken beider Röhren wieder eine vollwertige Wechselspannung. Der Anodenstrom schwankt zwischen dem Ruhestrom, der annähernd gleich Null ist, und dem Maximalwert $I_{a\max}$.

Die Stromquelle muß diese unregelmäßige Stromabgabe ermöglichen und deshalb einen kleinen Innenwiderstand aufweisen. Dazu kann ein Quecksilberdampfgleichrichter mit induktivem Filtereingang verwendet werden. Außerdem muß die Gittervorspannung fest sein.

Weil die Arbeitskennlinie unten stark gekrümmt ist, sind die Verzerrungen bei kleinen Amplituden groß. Bei großen Amplituden fallen sie dagegen weniger ins Gewicht, trotz der großen, dieser Schaltung eigenen, Lastschwankungen.

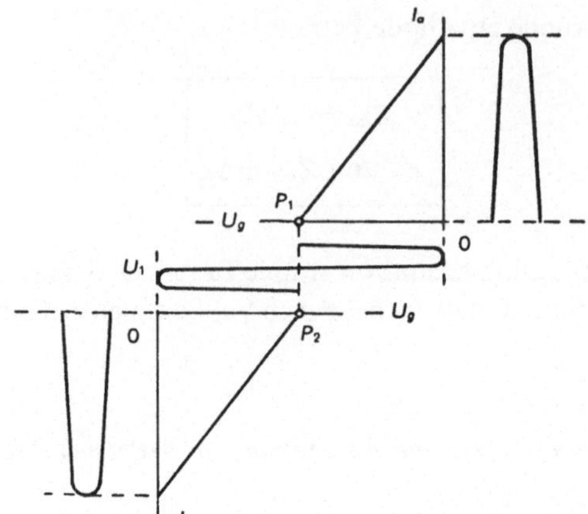

Fig. 312
Klasse-B-Betrieb

Beim Betrieb in Klasse *B* wird eine Wicklungshälfte der Primärwicklung von einem Strom durchflossen, der der negativen Halbwelle von I_a entspricht. Unter diesen Bedingungen kann das Übersetzungsverhältnis des Ausgangstransformators als doppelt angesehen werden. Wir haben somit

(311)
$$2\,n = \sqrt{\frac{Z_{aa}}{Z_u}}\,,$$

beziehungsweise

(312)
$$n^2\,Z_u = \frac{Z_{aa}}{4}\,;$$

Anderseits ist

$$Z_a = n^2\,Z_u\,.$$

Setzt man diesen Wert in (312) ein, so erhält man:

$$Z_a = \frac{Z_{aa}}{4}\,;$$

so daß die Impedanz von Anode zu Anode wird:

(313)
$$Z_{aa} = 4\,Z_a$$
Z_{aa} und Z_a in Ω

Diese Betriebsklasse *B* wird hauptsächlich in großen Verstärkern verwendet.

192. Optimale Belastung der Gegentaktschaltung im B-Betrieb. Maximale modulierte Leistung. Wirkungsgrad

Im Klasse B-Betrieb ist jede Röhre nur durch die halbe Primärwicklung belastet. Würde eine Röhre durch die ganze Primärwicklung belastet, so würde an der ganzen Primärwicklung dieselbe Wechselspannung erscheinen wie an der halben Primärwicklung.

Voraussetzung dazu ist, daß der NF-Wechselstrom in der halben Primärwicklung gleich $I_{p\,\max}$ sei und gleich $\frac{I_{p\,\max}}{2}$ in der ganzen Primärwicklung.

Dabei unterscheiden wir zwei Fälle:

a) Gegentaktbetrieb mit Pentoden

In diesem Fall tritt an den Klemmen der Impedanz Z_{aa} die maximale NF-Wechselspannung $U_{p\,\max}$ auf. Es ist:

(314) $$U_{p\max.} = \frac{I_{p\max}\, Z_{aa}}{2};$$

so daß pro Röhre, bzw. Halbwicklung eine Spannung auftritt mit dem Wert

(315) $$U'_{p\max.} = \frac{U_{p\,\max.}}{2},$$

Durch Einsetzen der Werte aus (314) ergibt sich:

$$U'_{p\,\max} = \frac{I_p\, Z_{aa}}{4}.$$

Wenn wir annehmen, daß der nicht ausnutzbare Anodenspannungsbereich (Restspannung) U_a (siehe Fig. 313) vernachlässigbar sei, so haben wir

$$U_{p\,\max} = U_a$$

und

$$I'_{p\,\max} = I_{a\,\max}$$

woraus folgt:

(316) $$U_a = \frac{I_{a\max.}\, Z_{aa}}{4},$$

bzw. für die optimale Impedanz

(317) $$Z_{aa} = \frac{4\, U_a}{I_{a\max.}}$$

$I_{a\,\max}$ in A, U_a in V, Z_{aa} in Ω;

In dieser Beziehung stellen dar:

$I_{a\,max}$ den maximalen Anodenstrom
U_a die Anodenspannung
Z_{aa} die Belastungsimpedanz von Anode zu Anode.

Sind diese Bedingungen erfüllt, so wird die maximale modulierte Leistung

(318)
$$P_m = \frac{I^2_{a\max.}\, Z_{aa}}{8}$$
$I_{a\,max}$ in A, P_m in W, Z_{aa} in Ω

Ersetzen wir in dieser Beziehung Z_{aa} durch den Ausdruck in (317), so wird

(319)
$$P_m = \frac{I_{a\max.}\, U_a}{2}$$
$I_{a\,max}$ in A, P_m in W, U_a in V .

Nunmehr können wir den Wirkungsgrad η bestimmen. Für zwei Halbwellen (d.h für zwei Röhren) ist der Mittelwert des Anodenstroms

(320)
$$I_{a_m} = \frac{2\, I_{a\max.}}{\pi};$$

Die entsprechende Leistung beträgt:

(321)
$$P_c = \frac{2\, I_{a\max.}\, U_a}{\pi};$$

Der maximale theoretische Wirkungsgrad der beiden Penthoden im Klasse *B*-Betrieb ist

(264)
$$\eta = \frac{P_m}{P_c};$$

Indem wir P_m und P_c durch ihre Werte aus (319) und (321) ersetzen, erhalten wir:

(322)
$$\eta = \frac{\pi}{4} = 0{,}785$$

oder
$$\eta = 78{,}5\,\%.$$

Ist aber der nicht ausnutzbare Anodenspannungsbereich (Restspannung) U_d nicht vernachlässigbar, so ändert sich die Impedanz der Belastung um in

(323) $$Z_{aa} = \frac{4\,(\dot{U}_a - U_d)}{I_{a_{max.}}};$$

Darin ist

(324) $$U_d = U_a - \frac{I_{p_{max.}}\,Z_{aa}}{4}.$$

Für eine einzige Röhre ist die Impedanz Z_a (Fig. 313) gleich

(325) $$Z_a = \frac{U_a - U_d}{I_{a_{max.}}},$$

wobei

$$U_b = U_a$$

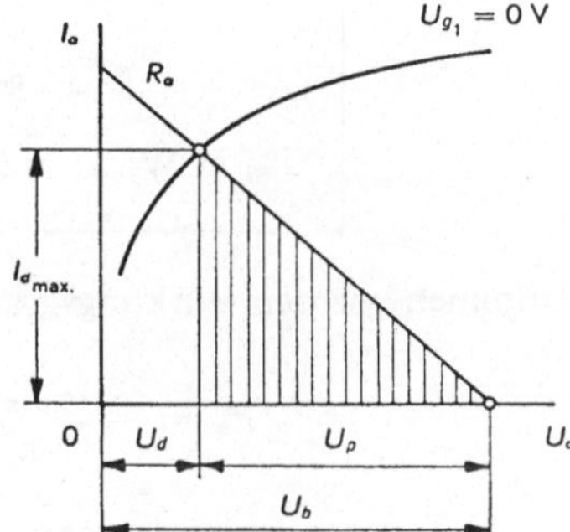

Fig. 313
Widerstandsgerade entsprechend der optimalen Belastung einer Gegentaktschaltung Klasse B mit Pentoden

b) Gegentaktbetrieb mit Trioden

Bei gegebener Eingangsspannung ist gemäß Absatz 176 die optimale Impedanz einer einzigen Röhre in Funktion der Speisespannung:

$$Z_a = R_i.$$

Für zwei Röhren in Gegentaktschaltung Klasse *B* beträgt daher die Impedanz von Anode zu Anode (siehe Absatz 191):

(326) $$\boxed{Z_{aa} = 4\,R_i \quad R_i \text{ und } Z_{aa} \text{ in } \Omega}$$

Damit wird die modulierte Leistung nach Formel (318)

$$P_m = \frac{I^2_{a_{max.}} \, 4 \, R_i}{8} \, ,$$

also:

(327) $$P_m = \frac{I^2_{a_{max.}} \, R_i}{2} \, .$$

Dabei ist zu beachten, daß

(328) $$I_{p_{max.}} = I_{a_{max.}} = \frac{2 \, U'_{p_{max.}}}{Z_{aa}} = \frac{2 \, U_a}{4 \, R_i} = \frac{U_a}{2 \, R_i} \, .$$

Setzen wir für $I_{a\,max}$ den Wert aus Formel (327) ein, so wird die maximale modulierte Leistung

$$P_m = \frac{\left(\frac{U_a}{2 \, R_i} \right)^2 R_i}{2} \, ,$$

somit ist:

(329) $$P_m = \frac{U_a^2}{8 \, R_i}$$

P_m in W, R_i in Ω, U_a in V.

Nunmehr bestimmen wir den Wirkungsgrad. Die Anodenverlustleistung beträgt:

$$P_c = \frac{2 \, I_{a_{max.}} \, U_a}{\pi} \, ;$$

Wenn wir $I_{a\,max}$ durch den Wert aus (328) ersetzen, wird

(330) $$P_c = \frac{U_a^2}{\pi \, R_i}$$

P_c in W, R_i in Ω, U_a in V.

Da sich der Wirkungsgrad ergibt aus

$$\eta = \frac{P_m}{P_c} \, ,$$

erhalten wir, indem wir P_m und P_c durch die Ausdrücke in (329) und (330) ersetzen:

(331) $$\eta = \frac{\pi}{8} = 0{,}392$$

oder

$$\eta = 39{,}2\,\%\,.$$

Wenn wir in der Praxis die Belastungsimpedanz einer einzigen Röhre benötigen, um die Widerstandsgerade (Fig. 314) zeichnen zu können, so können wir annehmen, daß

$$U_d = U_a = \frac{U_b}{2}\,;$$

so daß wir erhalten:

(332) $$Z_a = \frac{U_b}{2\,I_{a_{max.}}}\,.$$

wobei Z_a die Belastungsimpedanz einer Triode darstellt.

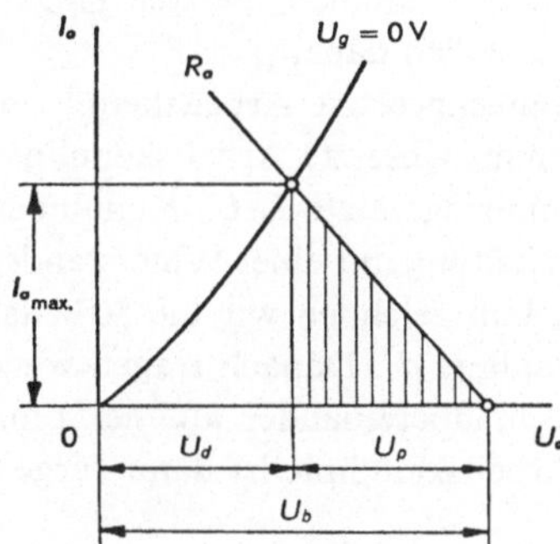

Fig. 314
Widerstandsgerade entsprechend der optimalen Belastung einer Gegentaktschaltung Klasse B mit Trioden

193. Gegentaktschaltung der Klasse AB

Eine Gegentaktschaltung der Klasse *A* hat bei kleinem Eingangssignal weniger Verzerrungen als bei großem Eingangssignal. Im Gegensatz dazu ist bei der Gegentaktschaltung in der Klasse *B* die Verzerrung bei großem Eingangssignal kleiner als bei einem kleinen Eingangssignal.

Wird der Arbeitspunkt *P* so festgelegt, daß die Schaltung für kleine Signale in der Klasse *A* und bei großen Signalen in der Klasse *B* arbeitet, so gelangt man zur Betriebsklasse *AB*. Es ist das die eigentliche Klasse für Gegentaktschaltungen. Sie wird in Tonfrequenzverstärkeranlagen für hohe musikalische Ansprüche verwendet. Die von den Herstellern angegebene Vorspannung muß genau eingehalten werden. Der Arbeitspunkt liegt etwas über dem unteren Bogen der Arbeitskennlinie.

In dieser Betriebsklasse erreicht der Wirkungsgrad für Trioden 30% und für Pentoden, sowie Tetroden mit Strahlbündelung 60%.

194. Gegentaktschaltung der Klasse AB_2

Die Klasse AB_2 ist mit der Klasse *AB* verwandt. Sie weicht jedoch in folgenden zwei Punkten davon ab:

a) Der gerade Teil der Arbeitskennlinie wird bis zu $U_g = 0$ ausgenützt. Dadurch entsteht bei den Modulationsspitzen ein Gitterstrom.
b) Der Arbeitspunkt liegt auf dem unteren Bogen der Arbeitskennlinie.
Das Auftreten eines Gitterstromes macht die Verwendung eines Treibertransformators mit kleinem Sekundärwiderstand erforderlich. Diese Klasse ist besonders für mittlere Leistungen geeignet. Der Wirkungsgrad erreicht bei Trioden 35% und bei Pentoden und bei Röhren mit Strahlbündelung 70%.

195. Zusammengesetzte Arbeitskennlinie. Die Widerstandsgerade im zusammengesetzten I_a/U_a-Diagramm

Um festzustellen, ob die Arbeitsbedingungen einer Gegentaktschaltung in Ordnung sind, benötigen wir eine zusammengesetzte Arbeitskennlinie oder eine Widerstandsgerade in den zusammengesetzten I_a/U_a-Diagrammen beider Röhren.
Wir unterscheiden dabei:

a) Zusammengesetzte Arbeitskennlinie für zwei Trioden in A-Klasse.
b) Zusammengesetzte Arbeitskennlinie für zwei Pentoden in A-Klasse
c) Zusammengesetzte I_a/U_a-Kennliniendiagramme für zwei Trioden in Gegentaktschaltung mit einer Widerstandsgerade für die Arbeitsweise in Klasse B.

Im ersten Fall zeichnen wir die Arbeitskennlinie d_1, dann, um 180° gedreht, die Arbeitskennlinie d_2. Danach tragen wir die Arbeitspunkte P_1 und P_2 so ein, daß sie senkrecht übereinander auf der Linie AB stehen (Fig. 315). Die zusammengesetzte Arbeitskennlinie ist dann dargestellt durch die Linie QRS.

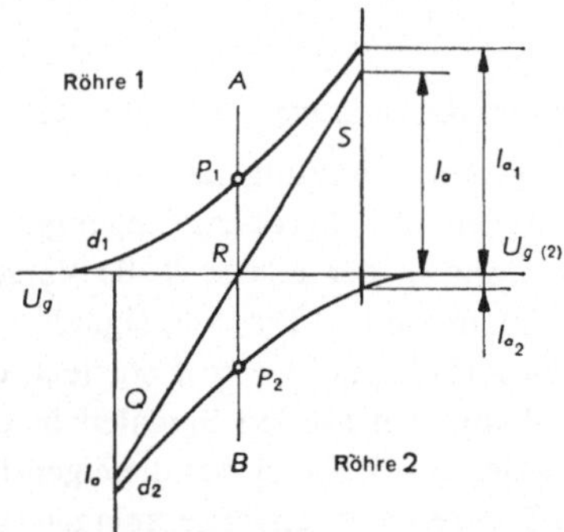

Fig. 315
Zusammengesetzte Arbeitskennlinie
Zwei Trioden in Gegentaktschaltung, Klasse A

Die Arbeitskennlinie ergibt sich aus der algebraischen Addition der Ströme I_{a_1} und I_{a_2}. Somit haben wir stets:

$$I_a = I_{a_1} - I_{a_2}\,.$$

Damit ist im Punkt R der Strom $I = 0$.

Für Trioden sowie für Röhren mit Strahlbündelung ist die Arbeitskennlinie praktisch gerade.

Um im zweiten Fall die zusammengesetzte Arbeitskennlinie zu erhalten, gehen wir in der gleichen Weise vor. Wir erhalten dadurch die Kurven der Fig. 316.

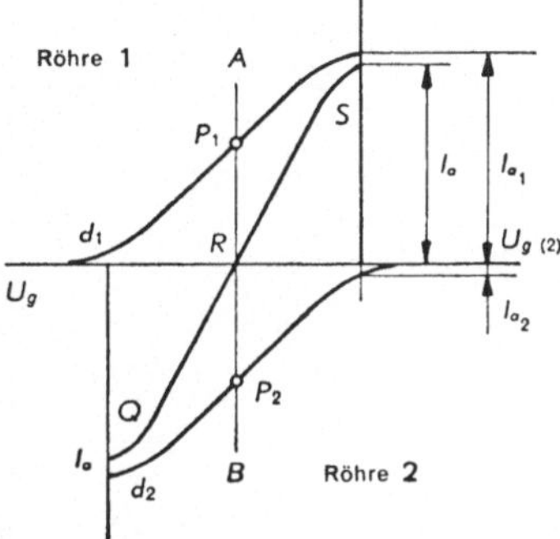

Fig. 316
Zusammengesetzte Arbeitskennlinie
Zwei Pentoden in Gegentaktschaltung, Klasse A

Die zusammengesetzte Arbeitskennlinie der Pentoden zeigt zwei Krümmungen. Diese deuten an, daß die ungeradzahligen Oberwellen nicht aufgehoben werden.

Es sei noch bemerkt, daß, wenn die Vorspannung nicht richtig gewählt wird, die zusammengesetzte Arbeitskennlinie in der Mitte des geradlinigen Teils einen Unterbruch aufweisen kann.

Als dritte Variante zeichnen wir das zusammengesetzte I_a/U_a-Diagramm (Fig. 317). Das Diagramm der Röhre 1 ist in der üblichen Weise dargestellt. Dasjenige der Röhre 2 wird dagegen derart umgedreht, daß die Speisespannungen übereinstimmen (Punkt für 250 V in Fig. 317). Die Arbeitspunkte werden in gleicher Weise wie vorhin eingetragen, so daß sie senkrecht übereinanderstehen. Die zusammengesetzte Arbeitskennlinie ist die Linie *MPQ*. Sie entspricht in allen Punkten der Beziehung:

$$I_a = I_{a_1} - I_{a_2}\,. \tag{333}$$

Ihr Aufbau entspricht der zusammengesetzten Arbeitskennlinie. Wenn wir mehrere zusammengesetzte Kennlinien aufzeichnen, so erhalten wir ein zusammengesetztes Kennliniendiagramm.

Es sei noch bemerkt, daß eine Widerstandsgerade in einem zusammengesetzten Kennliniendiagramm lastmäßig einem Viertel der Primärimpedanz, von Anode zu Anode gemessen, entspricht. So müssen wir in unserem Beispiel (für $U_a = 250$ V und $U_g = -40$ V) eine Gerade für eine Last von 1000 Ω ziehen, was einer Lastimpedanz von Anode zu Anode von 4000 Ω entspricht.

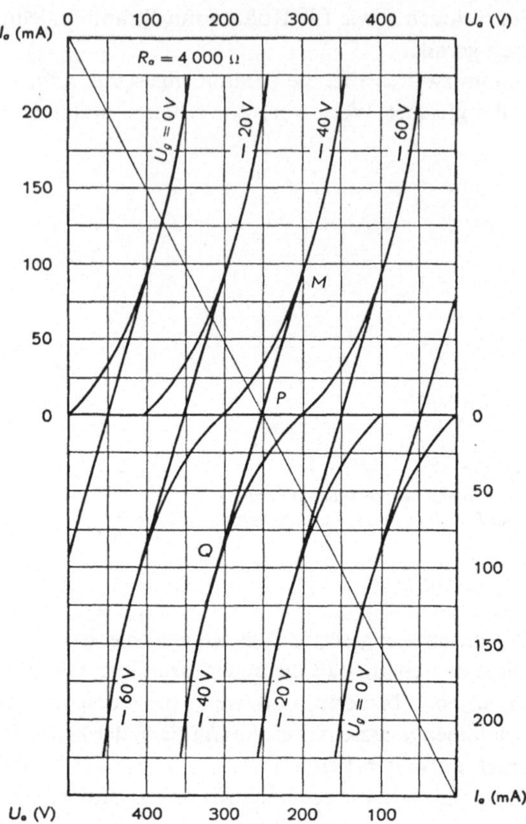

Fig. 317
Widerstandsgerade im zusammengesetzten I_a/U_a-Diagramm

196. Vergleich zwischen Trioden, Strahlbündelungsröhren und Pentoden als Leistungsröhren

Verglichen mit der Empfindlichkeit einer Pentode ist diejenige einer Triode wesentlich geringer. So braucht es 3,3 V am Gitter einer Endtriode AD 1, um eine modulierte Leistung von 50 mW zu erhalten, während 0,3 V genügen, um dasselbe Ergebnis bei einer Pentode EL 84 zu erreichen.

In der Betriebsklasse *A* ist der Wirkungsgrad einer Triode 25%. In einer Gegentaktschaltung Klasse *B* erreicht man mit Trioden 39%. Die Pentode dagegen erreicht im ersten Fall 50% und im zweiten Fall sogar 78%.

Der von den Röhrenherstellern angegebene Klirrfaktor ist bei Trioden oft höher als bei Pentoden. Das hängt damit zusammen, daß bei der Triode die Verzerrungen hauptsächlich durch die geradzahligen Harmonischen hervorgerufen werden, die dem Ohr erträglicher sind als die Verzerrungen der Pentode, die auf ungeradzahlige Harmonische zurückzuführen sind. Daher bietet die Gegentaktschaltung mit Trioden bezüglich der Verzerrungen wesentliche Vorteile. Das trifft besonders

auf die Gegentaktschaltungen der Klassen A und AB zu, bei denen sich die geradzahligen Harmonischen aufheben. Außerdem sind bei Trioden auch die Intermodulationsverzerrungen geringer als bei den Pentoden.
Da der Innenwiderstand der Triode klein ist, wird auch die Lastimpedanz weniger kritisch, wodurch Störungen infolge Lautsprecher-Resonanz verringert werden. Das bezieht sich auf eine Verstärkung ohne Gegenkopplung.
Die Röhre mit Strahlbündelung vereinigt Eigenschaften der Triode mit solchen der Pentode. Ihre Verzerrungen beruhen ausschließlich auf der 2. Harmonischen. Sie hat einen höheren Innenwiderstand als die Triode, und ihre Empfindlichkeit liegt nahe bei derjenigen der Pentode.
Zusammenfassend wird man dort, wo es auf eine hohe musikalische Qualität ankommt, eine Gegentaktschaltung mit Trioden, Strahlbündelröhren oder speziellen Pentoden (EL84) in Klasse AB anwenden. Wenn es dagegen auf einen hohen Wirkungsgrad und eine hohe Empfindlichkeit ankommt, wird man zu den klassischen Pentoden greifen.
Es sei noch erwähnt, daß die meisten Leistungsstufen mit einer einzigen Pentode in Klasse A arbeiten. Die Anwendung der NF-Gegenkopplung (siehe 11. Kapitel) erlaubt nämlich in diesem Fall ebenfalls eine wesentliche Herabsetzung der Verzerrungen.

197. Phasenkehrstufe

Die Anwendung einer Phasenkehrstufe ermöglicht es, von der Eingangsspannung ausgehend, zwei um 180° phasenverschobene gleiche Steuerspannungen zu gewinnen, die zur Aussteuerung einer Gegentakt- oder einer symmetrischen Endstufe verwendet werden können.
Dient die Phasenkehrstufe zur Aussteuerung einer symmetrischen Schaltung der Klassen A, B oder AB, so werden die Steuergitter der Endröhren nicht positiv aufgeladen, d.h. die Phasenkehrstufe muß keine Leistung abgeben. Dagegen muß die Phasenkehrstufe bei den Klassen AB_2 und B_2, bei denen die Steuergitter der Endröhren positiv werden, während eines Teils der positiven Halbwelle eine große Leistung abgeben.
Im ersten Fall lassen sich alle Arten von Phasenkehrstufen anwenden. Im 2. Fall dagegen muß zur Verringerung der durch den Gitterstrom verursachten Verzerrungen, der Gitterableitwiderstand der Endröhren möglichst klein gemacht werden ($R_g < 300\,\Omega$). Deshalb verwendet man in den Betriebsklassen AB_2 und B_2 eine Phasenkehrung mit Transformator. Die Steuerstufe, auch Treiberstufe genannt, muß in diesem Fall Leistung abgeben. Sie ist reichlich zu bemessen, um die von den Gittern verbrauchte Leistung vollumfänglich liefern zu können.

198. Phasenkehrung mit Transformator

Es ist das die einfachste Schaltungsart für die Phasenkehrung.
Diese Schaltung (Fig. 318) besteht aus einem Kopplungstransformator, dessen Sekundärwicklung mit einem Mittelabgriff versehen ist. Wenn die beiden Wick-

lungshälften genau gleich sind, so sind es auch die beiden Spannungen U_2 und U_2', die jedoch um 180° gegeneinander phasenverschoben sind.
Zur Erzielung einer guten Wiedergabekurve muß ein qualitativ hochstehender Transformator verwendet werden, der jedoch im allgemeinen teuer ist. In den Klassen A und AB wird dazu ein Übersetzungsverhältnis in der Größenordnung von 1 : 1,5 + 1,5 gewählt. Die Sekundärimpedanz entspricht etwa 2 × 50000 Ω. In den Klassen AB_2 und B_2 ist das Übersetzungsverhältnis etwa 1 : 0,5 + 0,5. Die Sekundärimpedanz wird in diesem Fall 2 × 10000 Ω. Diese beiden letzteren Betriebsklassen eignen sich besonders für die Verwendung eines Transformators zur Phasenkehrung.

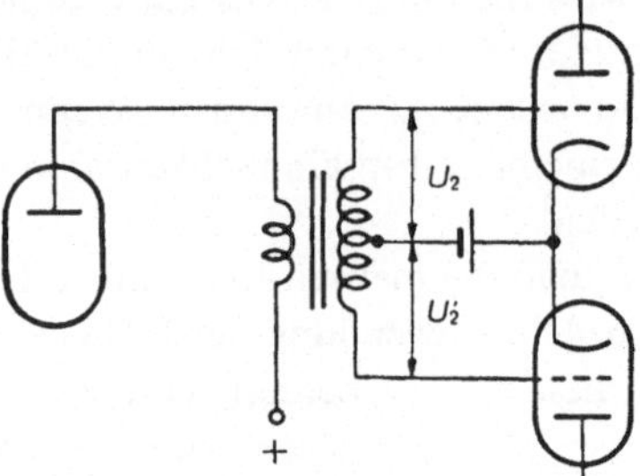

Fig. 318
Phasenkehrung mit Transformator

199. Phasenkehrstufe mit Triode und Spannungsteiler

Die Schaltung einer solchen Stufe zeigt Fig. 319. Die Spannung U_1 wird zwischen Gitter und Kathode der Eingangsröhre angelegt. Diese Spannung (im Beispiel 0,5 V) wird g-mal verstärkt (im Beispiel $g = 20$). Die erzielte Ausgangsspannung U_2 wird schließlich dem Gitter der ersten Endröhre zugeführt.

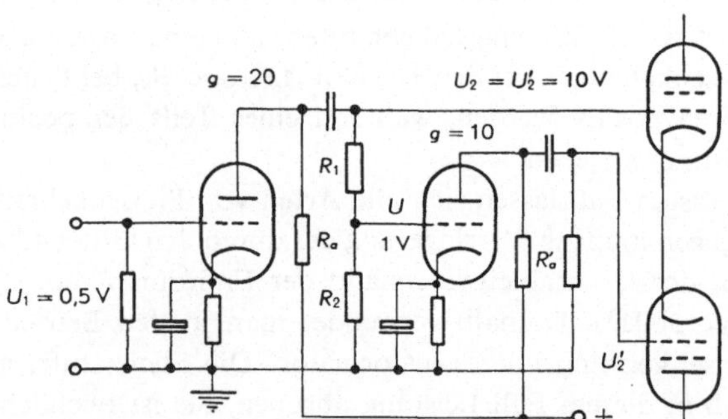

Fig. 319
Phasenkehrung mit Triode und mit Spannungsteiler

Ein Teil U (beispielsweise $^1/_{10}$) der Spannung U_2', welche der Spannungsteiler $R_1 R_2$ abgibt, gelangt an das Gitter der Phasenkehrröhre. Wenn diese Röhre beispielsweise eine Spannungsverstärkung von 10 aufweist, so wird die Spannung U_2' am Widerstand R_a' den Wert 10 V erreichen. Die Spannung U_2 ist also gleich groß wie die Spannung U_2', aber um 180° phasenverschoben.

Diese Phasenkehrung, die in mehreren Varianten existiert, verursacht leider Frequenz- und Phasenverzerrungen.
Die genaue Einstellung einer Phasenkehrstufe mit Triode und Spannungsteiler erfolgt mit einem Röhrenvoltmeter. Die Auswechslung der Phasenkerröhre bedingt jeweils einen Neuabgleich.

200. Kathodyn-Phasenkehrstufe

In der Schaltung nach Fig. 320 ist die Ausgangsspannung U_2 an R_2 um 180° phasenverschoben gegenüber der Eingangsspannung U_1. Wenn wir einen Widerstand R_1 zwischen Kathode und Masse schalten, so erhalten wir an diesem Widerstand eine Spannung U_2', welche mit U_1 in Phase ist. Sind R_1 und R_2 gleich groß, so trifft das auch für U_2 und U_2' zu, aber diese beiden Spannungen sind gegeneinander um 180° phasenverschoben.
Die Größen von R_1 und R_2 hängen von der verwendeten Röhrentype ab; sie liegen zwischen 1000 und 10000 Ω. Der Widerstand R zwischen Gitter und dem positiven Pol der Anodenspannungsquelle hebt eine zu große negative Vorspannung, die durch R_1 verursacht wird, auf.

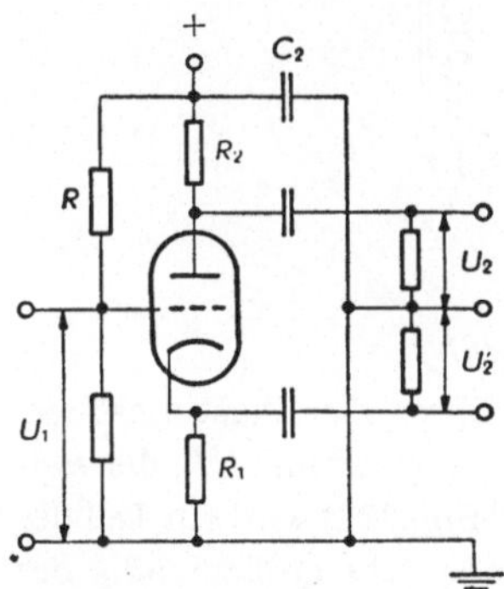

Fig. 320
Kathodyn-Phasenkehrstufe

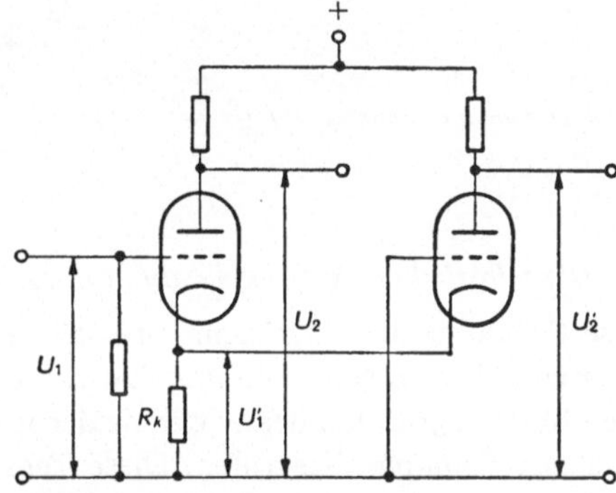

Fig. 321
Spezielle Kathodyn-Phasenkehrstufe

In dieser Schaltung kann die Spannung U_{fk} zwischen Heizfaden und Kathode einige Zehn Volt erreichen. Würde diese Spannung die zulässige Grenze überschreiten, so müßte diese Röhre durch eine separate Heizwicklung gespiesen werden. Dabei muß der Heizfaden auf ein positives Potential, entsprechend U_{fk} gebracht werden, um eine Abschwächung des Grundgeräusches zu erreichen.
Je nach der Größe von R_1 und R_2 ergibt sich ein geradliniger Frequenzgang von 10 Hz bis zu einigen MHz. Der Einfluß der Kapazität C_{fk} darf für die Tonfrequenzbereiche vernachlässigt werden, wenn R_1 und R_2 nicht zu groß gewählt wurden.
Die Kathodyn-Phasenkehrstufe entspricht einer gegengekoppelten Verstärkerstufe, deren Gegenkopplungsgrad sehr hoch ist (siehe auch 11. Kapitel).

201. Spezielle Kathodyn-Phasenkehrstufe

Die Schaltung ist in Fig. 231 enthalten. Die an den Klemmen von R_k auftretende Spannung U_1' wird zwischen Gitter und Kathode der 2. Röhre angelegt. Diese Spannung U_1' ist gegenüber U_1 phasenversoben, weil das Gitter der Röhre 2 an Masse liegt. Dasselbe gilt auch bezüglich der Ausgangsspannungen U_2 und U_2', die ebenfalls eine Phasenverschiebung von 180° aufweisen.
Durch entsprechende Dimensionierung der Widerstände ergeben sich gleich große Werte der Ausgangsspannungen.
Weil diese Schaltung auch die Verstärkung von Gleichspannungen ermöglicht, wird sie gerne in Verstärkern für Kathodenstrahloszillographen verwendet.

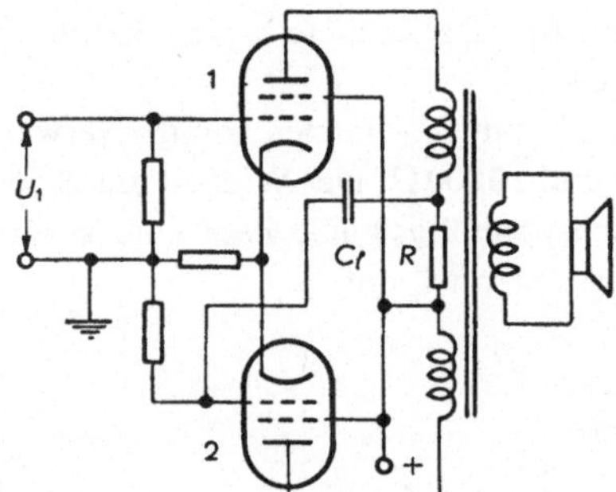

Fig. 322
Selbstkehrende Phasenumkehrstufe

202. Die selbstkehrende Umkehrstufe (Auto-Phasenkehrstufe)

Diese Schaltung benötigt keine spezielle Phasenkehrröhre. Der Ausgangsübertrager enthält zwei getrennte Primärwicklungshälften. Am Widerstand *R*, der zwischen Mittelabgriff und der Wicklung der Röhre 1 liegt (Fig. 322) wird ein Teil der Ausgangsspannung abgegriffen. Diese Teilspannung entspricht größenmäßig der Eingangsspannung U_1, sie ist jedoch ihr gegenüber um 180° phasenverschoben. Diese Teilspannung wird dem Gitter der Röhre 2 über die Kopplungskapazität C_l zugeführt. Die richtige Dimensionierung von *R* ist entscheidend. Auch muß man hier zur genauen Einstellung mit einem Röhrenvoltmeter arbeiten.

9. Kapitel

Die Verstärkung mit Transistoren

203. Verstärkung von schwachen Signalen. Arbeitsgerade

Schwache Signale werden vom Transistor linear verstärkt. In der Emitterschaltung wird die Ausgangsspannung an den Klemmen des Arbeitswiderstandes R_u abgenommen, der zwischen dem Kollektor und der Speisestromquelle liegt (Fig. 323).

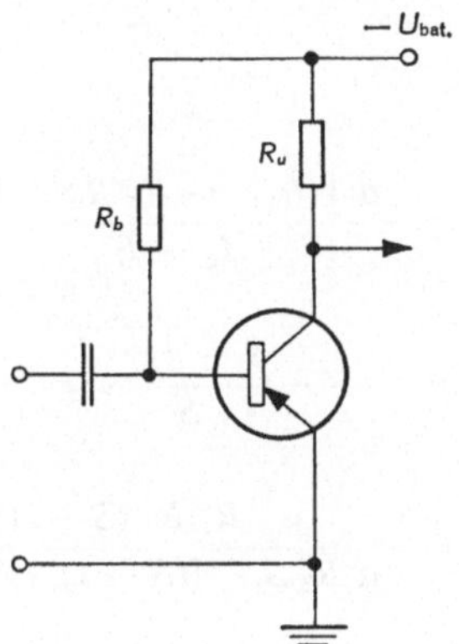

Fig. 323
Nichtstabilisierter Verstärker

Der Arbeitspunkt kann mit der Arbeitsgeraden im I_c/U_c-Diagramm des verstärkenden Transistors bestimmt werden. Diese Gerade ist festgelegt durch die Beziehung (Fig. 324, Kurve *a*):

$$U_c = U_{\text{bat.}} - R_u I_c \,. \tag{334}$$

Damit Signale mit großer Amplitude nicht verzerren, wird der Arbeitspunkt meistens in die Mitte der Arbeitsgeraden gelegt.

Wird der Verstärker gleichstrommäßig stabilisiert, so wandelt sich die Gleichung der Arbeitsgeraden (Fig. 324, Kurve *b*) um in:

$$U_c = U_{\text{bat.}} - I_c (R_u + R_1) \,. \tag{335}$$

Falls die Basisvorspannung durch einen Spannungsteiler bewerkstelligt wird, lassen sich die Widerstände für die Gegenkopplung und die Speisung unter Benutzung der Kirchhoffschen Regeln berechnen. Daraus ergeben sich: (Fig. 325)

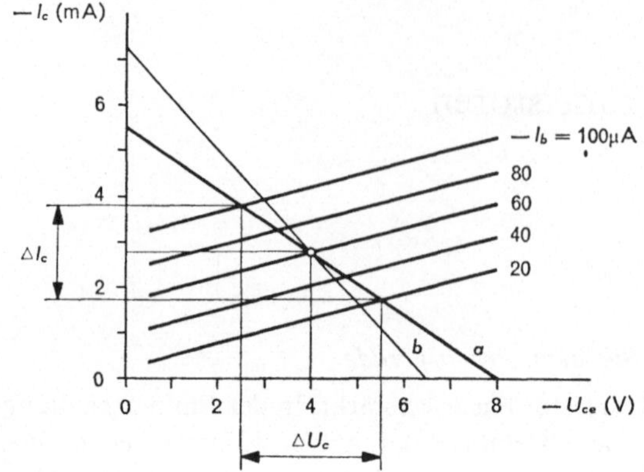

Fig. 324
Arbeitsgeraden

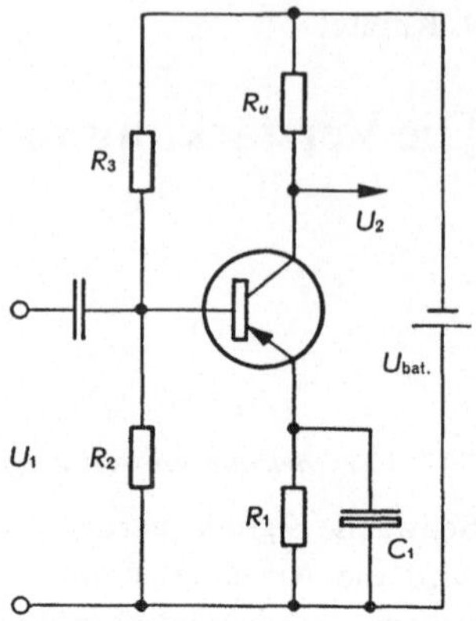

Fig. 325
Verstärkerstufe mit Vorspannung durch Spannungsteiler

$$R_1 = \frac{a\,(U_{\text{bat.}} - I_c\, R_u - U_c)}{I_c - I_{c0}}, \tag{336}$$

$$R_3 = \frac{U_{\text{bat.}}\,(S - 1)}{I_c - I_{c0}\, S}, \tag{337}$$

$$R_2 = \frac{R_1\, R_3\,(S - 1)}{a\, R_3\, S - [(S - 1)\;(R_1 + R_3)]}, \tag{338}$$

wobei S den Stabilisierungsfaktor bezeichnet, der sich ergibt aus:

$$S = \frac{\Delta I_c}{\Delta I_{c0}}\,. \tag{339}$$

Dieser Faktor wird zwischen 3 und 20 gewählt. Die Stabilität ist um so größer, je kleiner dieser Stabilisierungsfaktor ist.
Die Beziehungen für R_1, R_2 und R_3 gelten für die drei Transistorgrundschaltungen. Der Kondensator C_1 beseitigt die Gegenkopplung auf die Wechselstromkomponente.

204. Steuerung durch Strom und durch Spannung

Ein als Verstärker arbeitender Transistor kann sowohl durch Strom wie auch durch Spannung gesteuert werden. Im ersten Fall ist der Widerstand R_g in Serie mit dem Eingangsgenerator groß. Dabei ist die Stärke des Eingangsstromes unabhängig vom Eingangswiderstand R_e des Transistors ($R_e \ll R_g$). Im zweiten Fall ist R_g klein. Die Eingangsspannung kann als konstant angesehen werden (Fig. 326). Die Spannungssteuerung ist analog derjenigen einer verstärkenden Elektronenröhre.

Die Steuerung mit Strom ist die gebräuchlichste. Sie hat eine geringe Verzerrung des zu verstärkenden Signals zur Folge (Verstärkung schwacher Signale). Wenn die Temperatur des Transistors ansteigt, so ist die Zunahme des Reststromes im Kollektor wichtiger für die Stromsteuerung als für die Spannungssteuerung.

Die gemischte Steuerung kombiniert die Stromsteuerung mit der Spannungssteuerung.

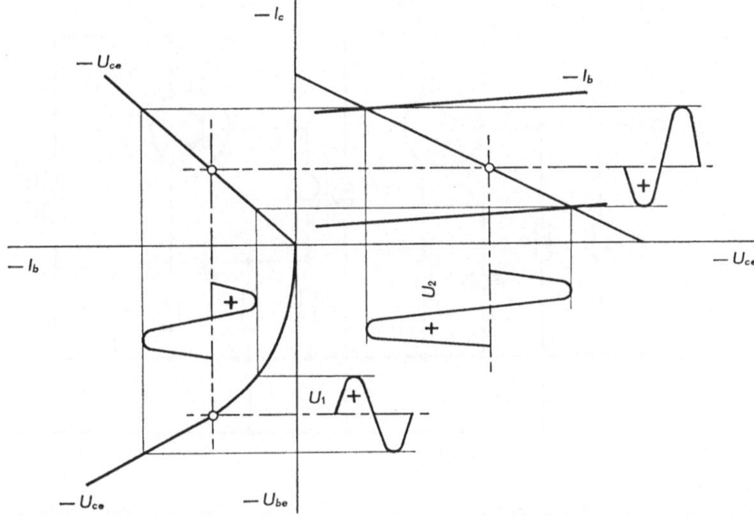

Fig. 326
Spannungssteuerung

205. Kopplung der Verstärkerstufen

Die Kopplung der Verstärkerstufen erfolgt meistens mit Hilfe von Widerstand und Kondensator (Fig. 327a) oder mit Transformator (Fig. 327b).

Im ersten Falle liegt der Arbeitswiderstand R_u des ersten Transistors parallel zum kleinen Eingangswiderstand R_e des zweiten Transistors. Liegt der Wert des Widerstandes R_u in der Größenordnung von R_e (einige kΩ), so ergibt sich ein Gewinn von 20 bis 30 db pro Stufe. Der Kondensator C_l erleichtert die Einstellung der Vorspannung; der kapazitive Widerstand dieses Kondensators soll gegenüber R_e vernachlässigbar sein.

Die erste Schaltung ist einfach, billig, sie nimmt wenig Platz in Anspruch und eignet sich zur Verstärkung hoher Frequenzen.

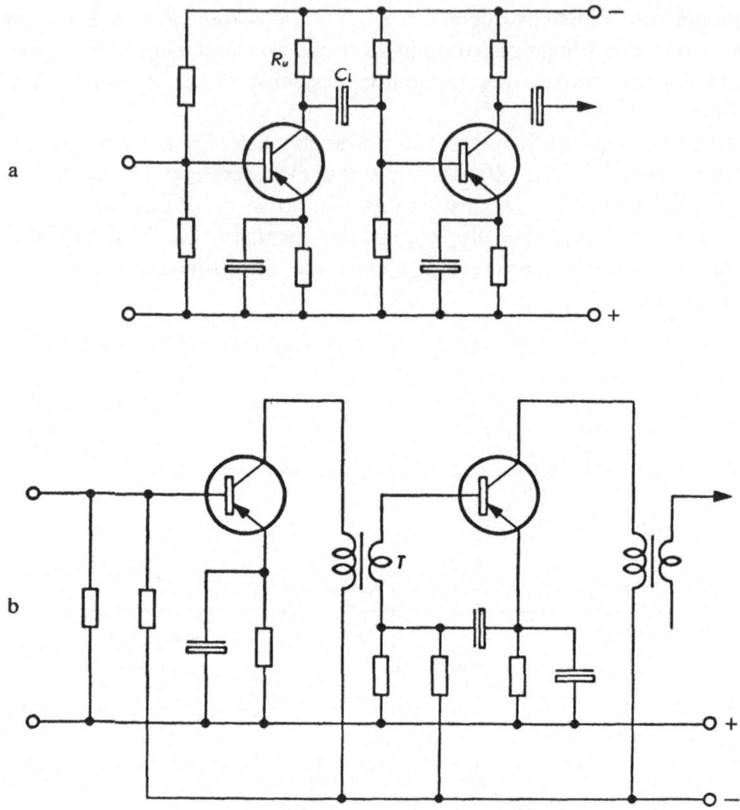

Fig. 327
Kopplungsarten
a) Kopplung durch Widerstand und durch Kondensator; b) Kopplung durch Transformator

In der zweiten Schaltung wird die Kopplung durch einen Transformator *T* (er könnte durch eine Kollektorschaltung ersetzt werden) vorgenommen, der die Impedanz am Ausgang der ersten Stufe derjenigen der zweiten Stufe anpaßt. Unter diesen Bedingungen ist die Verstärkung maximal, aber das durchgelassene Frequenzband ist schmal, und der Kostenaufwand ist größer als bei der Kopplung mit Widerstand und Kondensator. Anderseits aber erlaubt die Transformatorkopplung durch die durch den Transformator bedingte große Phasenverschiebung keine starke Gegenkopplung.

206. Direkte Kopplung. Einfache Kaskadenschaltung

Direkt gekoppelte Verstärker müssen besonders gut stabilisiert werden. Wenn nur wenige Stufen vorhanden sind, läßt sich die einfache Kaskadenschaltung nach Fig. 328a verwenden. Die Eingangsstufe umfaßt einen Transistor, der durch eine Strom- und Spannungskopplung (siehe 11. Kapitel) stabilisiert wird.

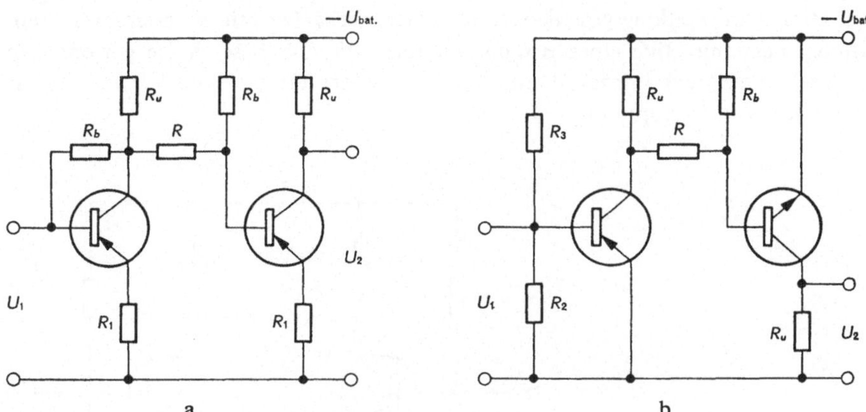

Fig. 328
Verstärker mit direkter Kopplung in einfacher Kaskade
a) Klassische Schaltung; b) Schaltung mit komplementärem Transistor

Die Kopplung zwischen den Emitterstufen wird durch den Widerstand R vorgenommen, der den zweiten Transistor entsprechend vorspannt und die Wärmestabilisierung verbessert. Das Ausgangssignal wird zwischen Masse und Kollektor des 2. Transistors abgenommen.

Der Verstärker mit komplementärem Transistor ist eine Variante der vorhergehenden Schaltung (Fig. 328b). Die Restströme $I_{c_{01}}$ und $I_{c_{02}}$ der beiden Transistoren haben entgegengesetzte Richtungen. Die Schwankungen der Kollektorströme in Funktion der Temperatur werden dadurch kompensiert. Die Stabilität läßt sich noch weiter verbessern, indem die Basis des zweiten Transistors durch ein nichtlineares Element (Diode, Thermistor usw.) polarisiert wird.

207. Verstärker mit abgeglichener Brückenschaltung. Zerhackerverstärker

Die abgeglichene Brückenschaltung arbeitet nach demselben Prinzip wie die Schaltung mit Elektronenröhren (Fig. 329). Sie läßt sich auch als Differentialverstärker verwenden.

Das Eingangssignal wird allgemein zwischen den Basen der Transistoren angelegt. Es ruft am Ausgang, zwischen den beiden Kollektoren, ein Signal hervor, das proportional zur Differenz der Spannungen an den Basen ist. Mit dem Potentiometer P kann die Brücke abgeglichen werden. Dieser Abgleich hat im Ruhezustand zu erfolgen.

Dieser Verstärker weist eine mittlere Eingangsimpedanz auf und besitzt eine gute Stabilität.

Wenn eine hohe Verstärkung erzielt werden soll, so sind die Kaskaden- und Brückenschaltungen nicht mehr genügend stabil. In diesem Fall kommt ein Zerhacker-Verstärker in Betracht. In dieser Schaltung formt eine Wandlerstufe die schwachen Gleichstromsignale in Wechselstromsignale mit konstanter Frequenz um. Diese Umwandlung geschieht durch einen Zerhacker mit ein oder zwei Transistoren oder mit Hilfe eines Ringmodulators. Die auf diese Weise gewonnenen Wechselstromsignale werden dann einem transistorisierten Verstärker mit Widerstands-Kapazitäts-Kopplung zugeführt.

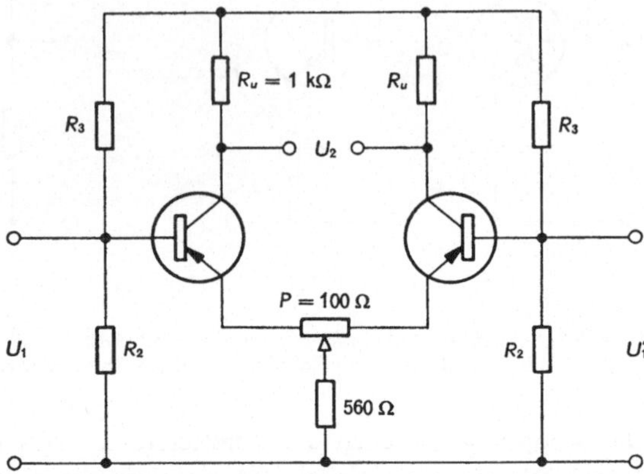

Fig. 329
Verstärker mit abgeglichener Brückenschaltung

Die am häufigsten verwendeten Zerhacker umfassen allgemein zwei abgeglichene Transistoren. Ein Rechtecksignal wird zwischen Masse und Basis eines jeden Transistors angelegt. Dieses Rechtecksignal zerhackt mit konstanter Frequenz die am Eingang der Schaltung angelegte Gleichspannung. Das Ausgangssignal ist proportional dem Eingangssignal. Beide Kollektoren sind in dieser Schaltung an Masse gelegt. Diese Anordnung erlaubt, in starkem Maß die Restspannung an den Klemmen des Arbeitswiderstandes R_u herabzusetzen.

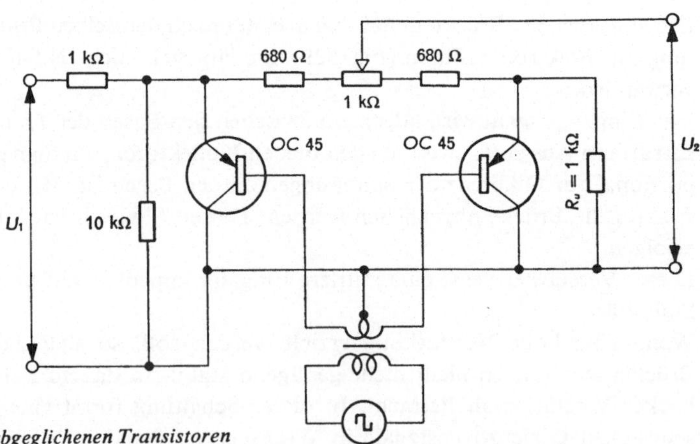

Fig. 330
Zerhacker mit zwei abgeglichenen Transistoren

Wenn als Wandlerstufe ein Ringmodulator verwendet wird, so wird ein Wechselspannungs-Modulationssignal über einen Transformator an eine Brückenschaltung angelegt, die im allgemeinen aus vier Silizium-Dioden gebildet wird. Das Eingangssignal wird an die Mittelabgriffe der Transformatoren T_1 und T_2 angelegt. Das Ausgangssignal wird an der Sekundärwicklung des Transformators T_2 (Fig. 331) abgenommen. Das Eingangssignal wird wechselweise übertragen (Umkehrung der Polarität).
Am Ausgang des Transformators T_2 wird das Signal durch einen R/C-gekoppelten Verstärker weiter verarbeitet.

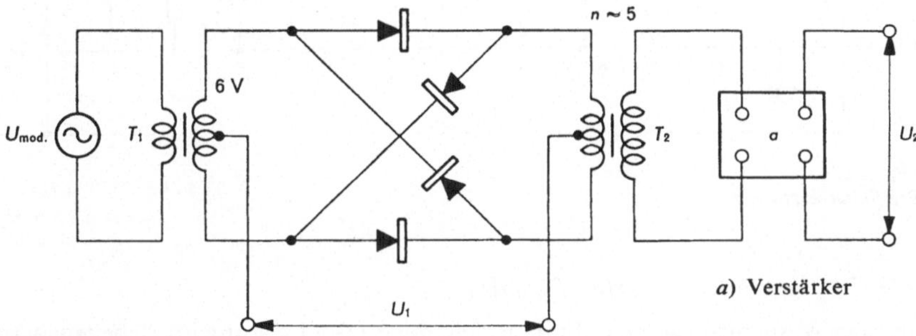

Fig. 331
Ringmodulatorschaltung

208. Breitbandverstärker

Die klassischen Breitbandverstärker werden in Emitterschaltung ausgeführt. Die Verstärkung an den Enden des zu übertragenden Frequenzbandes kann erhöht werden durch Kompensationssysteme der Parallel- oder der Serietype, oder durch solche, die eine Belastungsimpedanz mit R/C-Kreis aufweisen. Die Verstärker mit selektiver Gegenkopplung ermöglichen ebenfalls die Schaffung eines breiten Durchlaßbandes. Im allgemeinen wird diese Verbesserung erzielt durch die Parallelschaltung eines Kondensators mit geringer Kapazität zum Emitterwiderstand. Dieses Kompensationssystem ist auch oft mit dem vorhergehenden System kombiniert.
Die Figur 332 zeigt das Prinzipschaltbild eines Verstärkers, dessen Frequenzband von einigen zehn Hz bis zu mehreren MHz reicht. Die Spule L_1 gehört zum Kompensationskreis der Paralleltype und die Spule L_2 zu demjenigen der Serietype. Der Kopplungskondensator von 1 nF, parallel zu 10 μF sichert eine bessere Übertragung der Signale mit hoher Frequenz. Durch Einwirkung auf die Kapazität des Kondensators C_1 läßt sich die Verstärkung der hohen Frequenzen beeinflussen. Die verwendeten Transistoren sind spezielle HF-Typen, z.B. Mesa-Transistoren. Es gibt auch Verstärker, die mit Leitungsübertragern ausgerüstet werden. Sie können ein Frequenzband von mehreren hundert MHz umfassen.

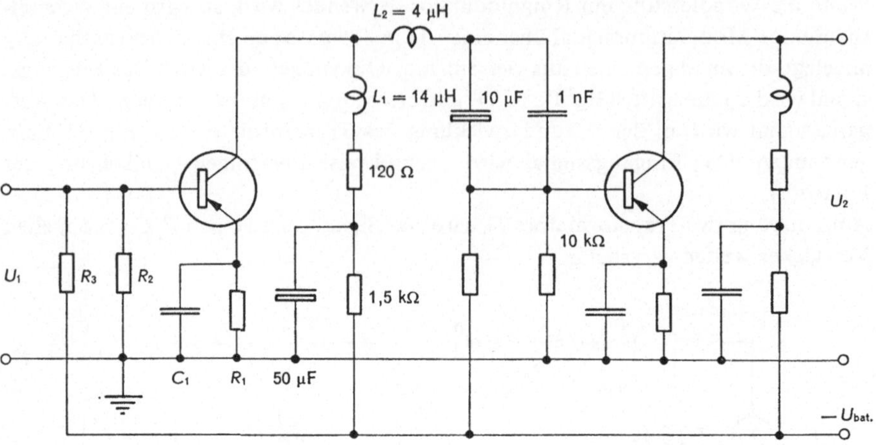

Fig. 332
Breitbandverstärker

209. Die Verstärkung starker Signale

In einer Ausgangsstufe bemüht man sich, die größte Leistung im Arbeitswiderstand oder in der Ausgangsimpedanz zu erzielen; dazu braucht es ein starkes Eingangssignal. Aus diesem Grund ist die Amplitudenverzerrung bei solchen starken Signalen wichtiger als bei der Verstärkung von schwachen Signalen. Man kann diese Verzerrungen verringern, indem man den Innenwiderstand der Eingangsstufe entsprechend anpaßt.

Dazu wird man sich der Steuerung durch Spannung nähern und bei großer Leistung vorzugsweise einen oder zwei Siliziumtransistoren verwenden. Die Temperatur am Übergang und die zulässige Spannung zwischen Kollektor und Basis sind beim Siliziumtransistor höher als beim Germaniumtransistor.

Leistungstransistoren können einzeln oder in Gegentaktschaltung der Parallel- oder Serietype in den Klassen *A*, *B* oder *AB* verwendet werden.

210. Endstufe der Klasse A

In Ausgangsstufen geringer Leistung genügt in der Regel ein einziger Transistor. Für eine ohmsche Belastung ergeben sich die besten Arbeitsbedingungen für einen Widerstand:

$$R_{\text{opt.}} = \frac{U_{c_r}^2}{P_c} = \frac{U_{c\,\text{max.}}^2}{4\,P_c}\,. \tag{340}$$

In diesem Fall beträgt die modulierte Leistung:

$$P_m = \frac{P_c}{2} \tag{341}$$

und der Wirkungsgrad:

$$\eta = 25\,\%\,.$$

Wird der Widerstand R_{opt} durch einen Ausgangsübertrager in verlustfreier Ausführung, der durch einen Widerstand belastet ist, ersetzt, so ergibt sich die optimale Belastung (Fig. 333):

$$R_{opt.} \approx \frac{U_{c_r}}{I_{c_r}}\,; \tag{342}$$

In diesem Fall beträgt der Wirkungsgrad 50%.

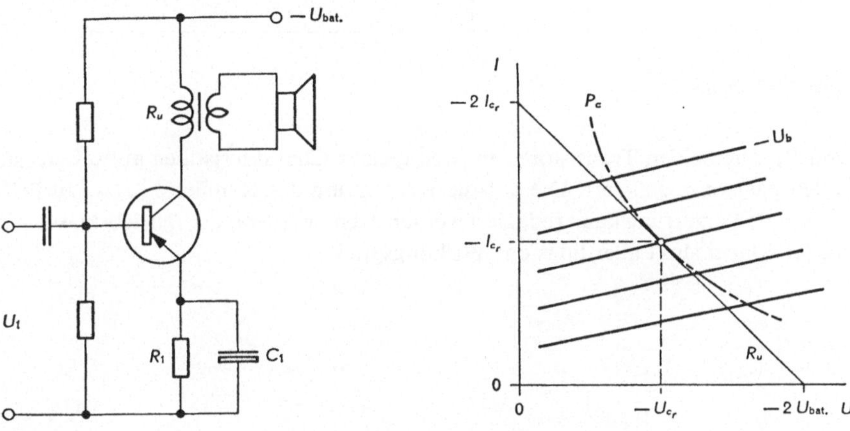

Fig. 333
Endstufe

Fig. 334
Widerstandsgerade

Die Widerstandsgerade im I_c/U_c-Kennliniendiagramm wird auf dieselbe Weise bestimmt wie bei der Elektronenröhre. Sie bildet eine Tangente zur Belastungs-Hyperbel des Kollektors.

211. Gegentaktschaltung der Klasse B

Die Gegentaktschaltung Klasse *B* hat einen höheren Wirkungsgrad als diejenige der Klasse *A* (siehe Abschnitt 191). Deshalb wird diese Schaltung häufig in Endstufen von NF-Verstärkern verwendet, um so mehr, weil die Stromversorgung der Transistoren aus Batterien erfolgt (Fig. 335). Die Veränderungen der Kenndaten infolge Temperatureinflüssen werden durch den Thermistor Θ kompensiert. In dieser Schaltung ist keine Stabilisierung durch einen Emitterwiderstand angegeben, da die Vorspannung der Basen beeinflußt würde und starke Verzerrungen auftreten könnten. Sie könnten nur durch eine schwache Gegenkopplung gemildert werden. Der Arbeitspunkt wird allgemein so gewählt, daß ohne Eingangssignal die Kollektorstromstärke annähernd Null ist. Diese Einstellung erfolgt mit dem Regelwider-

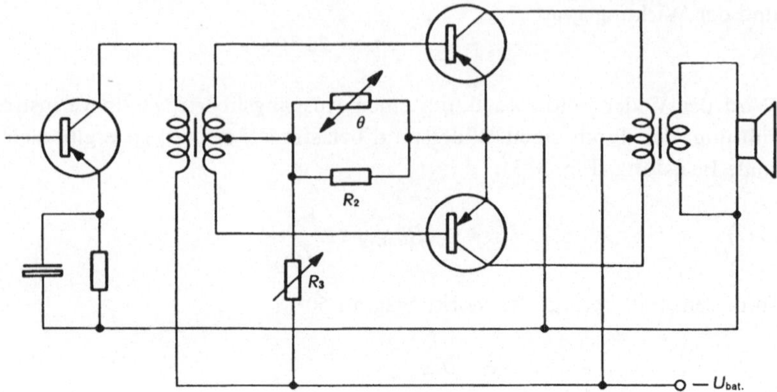

Fig. 335
Gegentaktschaltung

stand R_3. Die beiden Transistoren müssen gleiche Charakteristiken aufweisen; sie werden paarweise geliefert. Die auf die Krümmung der Kennlinie I_c/U_{be} zurückzuführende Verzerrung kann reduziert werden, wenn man mit der Betriebsklasse *AB* arbeitet. Dabei sinkt allerdings der Wirkungsgrad.

10. Kapitel

Regelkreise und Verstärker

212. Lautstärkeregler. Physiologische Lautstärkeregelung. Dämpfungsregler

Die Regelung der Lausträrke läßt sich sowohl bei einem hochohmigen wie auch bei einem niederohmigen Kreis durchführen.

a) Hochohmige Kreise

Die Lautstärkereglung erfolgt hier durch Beeinflussung der Eingangsspannung. Je nach der Stellung des Schleifers am Potentiometer P_1 ist die zwischen Gitter und Kathode der Röhre (Fig. 336) auftretende Spannung mehr oder weniger groß. Das Potentiometer besitzt einen zwischen 0,1 MΩ und 1 MΩ liegenden Widerstandswert. Der Widerstandsverlauf in Abhängigkeit des Drehwinkels ist logarithmisch. Dadurch wird die Regelkurve der menschlichen Gehörempfindung angepaßt.

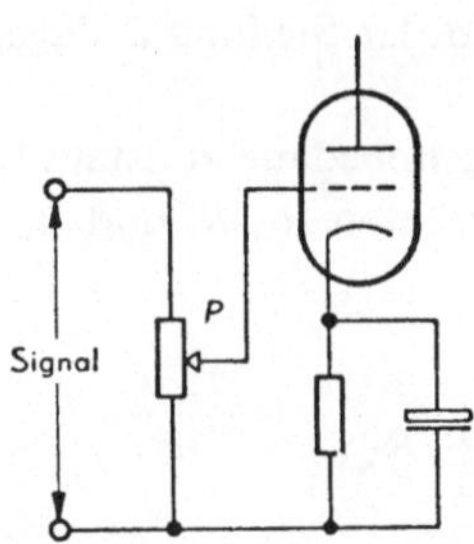

Fig. 336
Normale Lautstärkeregelung

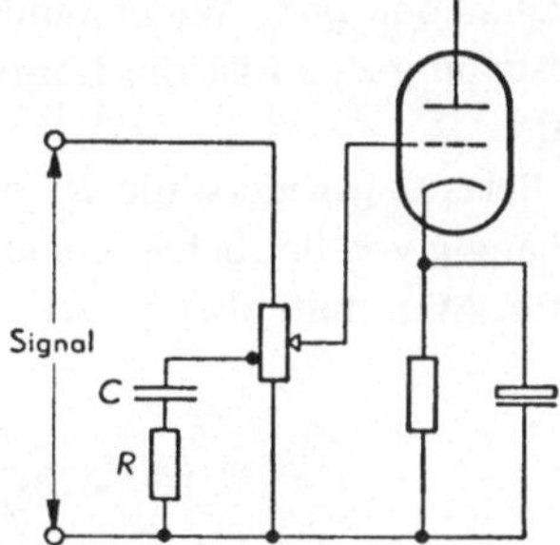

Fig. 337
Physiologische Lautstärkeregelung

Falls ein Verstärker eine Vorröhre besitzt (Mikrophon- bzw. Photozellenverstärker), wird zur Verringerung des Grundgeräusches die Regelung nicht am Gitter der Vorröhre vorgenommen, sondern am Gitter der zweiten Röhre.
Ein Potentiometer besitzt oft einen zusätzlichen festen Abgriff bei etwa ein Drittel des Gesamtwiderstandes (Fig. 337). An diesem Abgriff wird ein *R–C*-Filter angeschlossen. Sobald der Schleifer unterhalb des festen Abgriffes zu liegen kommt, d.h. bei geringer Lautstärke, findet über das *R–C*-Filter eine Ableitung der hohen Frequenzen statt. Dadurch erfolgt bei geringer werdender Lautstärke eine Anhebung der tiefen Frequenzen. Diese Einrichtung wird als »physiologische Korrektur« bezeichnet. Die Werte von *R* und *C* liegen bei einigen zehn kΩ und nF.

Die Lautstärke eines Verstärkers kann auch mit Hilfe einer Röhre mit veränderlicher Steilheit geregelt werden. Dabei wird die Vorspannung der Röhre entsprechend verändert. Eine solche Anordnung kann aber leicht zu Verzerrungen führen und ist deshalb nicht empfehlenswert. Sie läßt sich nur zur Steuerung von Spannungen in der Größenordnung von 0,1 V verwenden.

b) Niederohmige Kreise

In niederohmigen Kreisen läßt sich im allgemeinen ein gewöhnliches Potentiometer zur Regelung nicht verwenden, weil hier die Belastung in starkem Maß von der Reglerstellung abhängig ist. Daher werden hier besondere Dämpfungsregler, vorwiegend in *L*- oder in *T*-Ausführung, verwendet.

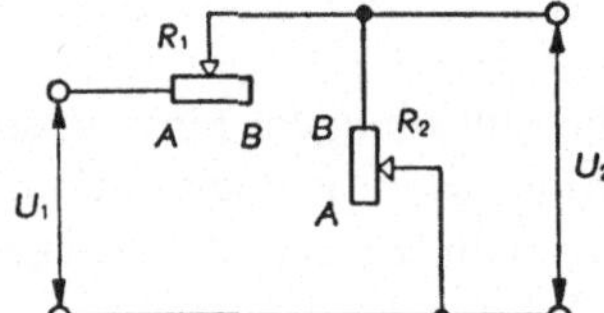

Fig. 338
L-Regler

Der *L*-Regler umfaßt zwei veränderliche, durch eine gemeinsame Achse betätigte Widerstände oder Widerstandsgruppen (Fig. 338). Stehen beide Schleifer in der Endstellung *A*, so ist die Leistung maximal. In der Stellung *B* dagegen ist sie minimal.

Damit der Belastungswiderstand *R* oder die Belastungsimpedanz konstant bleiben, muß unabhängig von der Schleiferstellung die Kombination R_1, R_2 und R_u immer gleich *R* sein. Man muß also immer erhalten:

(343) $$R = R_1 + \frac{R_2 R_u}{R_2 + R_u} = R_1 + R_3 ,$$

Hierbei stellen dar:

R_u den Verbraucherwiderstand
R_3 den Parallelwiderstand aus R_2 und R_u

Die Ausgangsspannung ergibt sich aus:

(344) $$U_2 = \frac{U_1 R_3}{R_1 + R_3} .$$

Somit erhalten wir:

(345) $$R_1 = R_3 \left(\frac{U_1}{U_2} - 1 \right) ,$$

wobei $\frac{U_1}{U_2}$ die Dämpfung darstellt.

Indem wir R in (345) einsetzen, erhalten wir

$$R_1 = R\left(1 - \frac{U_2}{U_1}\right) \tag{346}$$

R und R_1 in Ω, U_1 und U_2 in V.

Um R_2 zu bestimmen, muß man R_1 durch seinen Wert aus (346) in (343) ersetzen. Das führt zu:

$$R_2 = \frac{R}{\frac{U_1}{U_2} - \frac{R}{R_u}} \tag{347}$$

R, R_2 und R_u in Ω, U_1 und U_2 in V.

In der Praxis nimmt man bei einem aus zwei verbundenen Potentiometern R_1 und R_2 gebildeten *L*-Regler:

$$R_1 = R, \quad R_2 = 3\,R.$$

Unter diesen Verhältnissen bleibt der Ausgangswiderstand oder die Ausgangsimpedanz annähernd gleich den Eingangswerten.

Der *T*-Regler besteht aus drei veränderlichen Widerständen, die durch eine gemeinsame Achse betätigt werden (Fig. 339). Oft wird dazu auch ein 3poliger, mehrstufiger Umschalter verwendet, der mit den erforderlichen Widerständen bestückt ist. Beim *T*-Regler muß unabhängig von der Reglerstellung der resultierende Widerstand aus R_1, R_2, R_3 und R_u konstant und gleich R sein, während der resultierende Widerstand aus R_1, R_2, R_3 und R_i ebenfalls konstant und gleich R' sein muß.

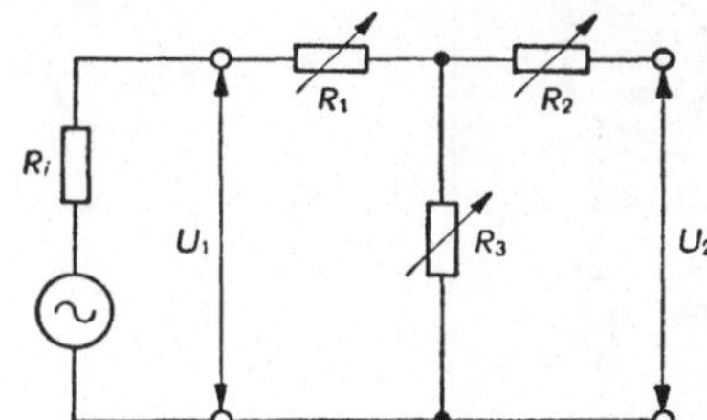

Fig. 339
T-Regler

Niederohmige Dämpfungsregler werden verwendet zur Regelung von Lautsprechern, sowie für HF- und NF-Messungen.

213. Lautstärkeregelung im Transistorverstärker

In einem Transistorverstärker wird die Lautstärkeregelung allgemein am Eingang der ersten oder der zweiten Stufe vorgenommen. Wenn die erste Stufe mit einer hochohmigen Tonquelle, z.B. einem Kristalltonabnehmer, verbunden ist, darf der niedrige Eingangswiderstand der Transistorstufe das Lautstärkepotentiometer nicht kurzschließen. Dazu wird in Serie zum Schleifer des Potentiometers P_1 ein Widerstand R geschaltet (Fig. 340). Der Kondensator C sperrt die Vorspannung gegen die Tonquelle U_1 ab.

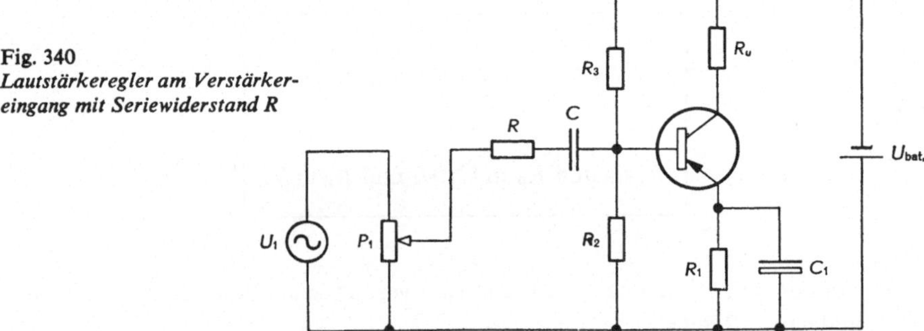

Fig. 340
Lautstärkeregler am Verstärkereingang mit Seriewiderstand R

Fig. 341 zeigt die Schaltung eines Potentiometers im Basiskreis des 2. verstärkenden Transistors. Das Potentiometer P_2 wird also von Gleichstrom durchflossen. Es muß deshalb von guter Qualität sein, um das Grundgeräusch minimal zu halten. Eine dem beschriebenen System ähnliche Lautstärkeregelung wird im Verstärker nach Schaltbild Fig. 352 verwendet.

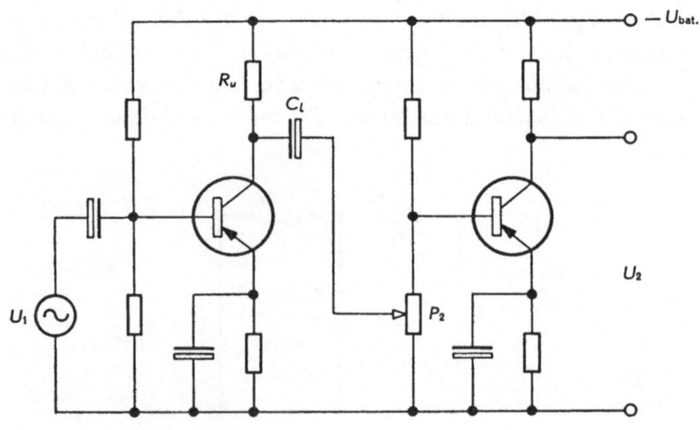

Fig. 341
Lautstärkeregler am Ausgang der ersten Verstärkerstufe

214. Klangregler

Um den Verlauf der Wiedergabekurve eines Verstärkers zu beeinflussen, werden sog. Tonfilterkreise in den Zug der Verstärkerstufen zwischengeschaltet und zur Klangregelung verwendet.

Ein Schwingkreis L–C ermöglicht, in Serie mit einem Arbeitswiderstand R_a geschaltet, die Erhöhung der Verstärkung für eine bestimmte, anzuhebende Frequenz (Fig. 342). Für die Resonanzfrequenz des L–C-Kreises ist die Impedanz des Schwingkreises maximal. In gleicher Weise sind die durch den Kreis gebildete Belastungsimpedanz und die Verstärkung für diese Resonanzfrequenz ein Maximum.

Wird dagegen der Schwingkreis als Leitkreis geschaltet (Fig. 343), so wird für die zu dämpfende Frequenz die Verstärkung auf ein Minimum herabgesetzt.

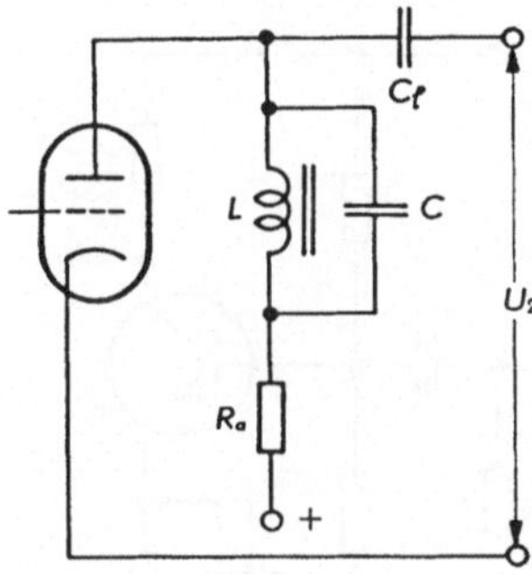

Fig. 342
Verstärkungsanhebung für die Resonanzfrequenz

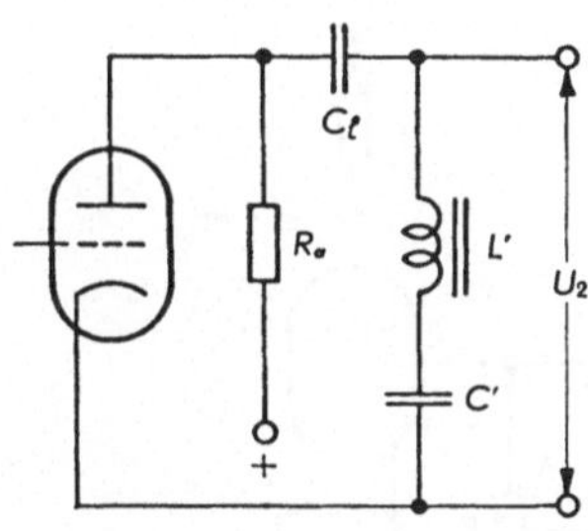

Fig. 343
Verstärkungsdämpfung für die Resonanzfrequenz

Zur Anhebung tiefer Frequenzen kann die Schaltung nach Fig. 344 oder nach Fig. 280 verwendet werden. Bei diesen Frequenzen ist der kapazitive Widerstand von C groß gegenüber dem Widerstand R, so daß sein Einfluß vernachlässigbar ist. Dagegen wirkt C bei hohen Frequenzen mit R_1 zusammen als Spannungsteiler, bei welchem die Spannung U_2 bei steigender Frequenz abnimmt.

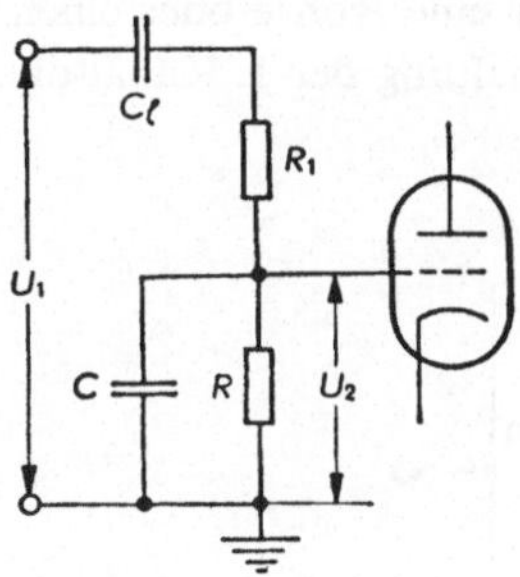

Fig. 344
Verstärkungsanhebung bei den tiefen Frequenzen

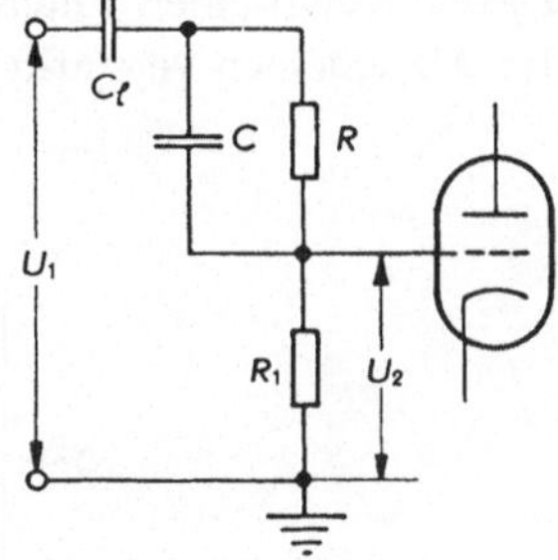

Fig. 345
Verstärkungsanhebung bei den hohen Frequenzen

Sollen dagegen die hohen Frequenzen angehoben werden, so ist eine Schaltung nach Fig. 345 zu verwenden. Für diese Frequenzen ist der kapazitive Widerstand von C klein im Vergleich zu R, so daß am Gitter der nachfolgenden Röhre für die hohen Frequenzen keine Schwächung eintritt. Dagegen bildet die Kapazität C mit dem Widerstand R_1 bei den tiefen Frequenzen einen Spannungsteiler, bei dem U_2 mit abnehmender Frequenz ebenfalls abnimmt.

Der einfachste Kreis für die Klangregelung ist durch die Schaltung in Fig. 346 dargestellt. Wenn das Potentiometer in der Endstellung A steht, so werden die hohen Töne geschwächt. In Stellung B haben wir die normale Betriebsweise. Diese Anordnung ist einfach und billig und wird daher vor allem in den einfacheren Schaltungen verwendet.

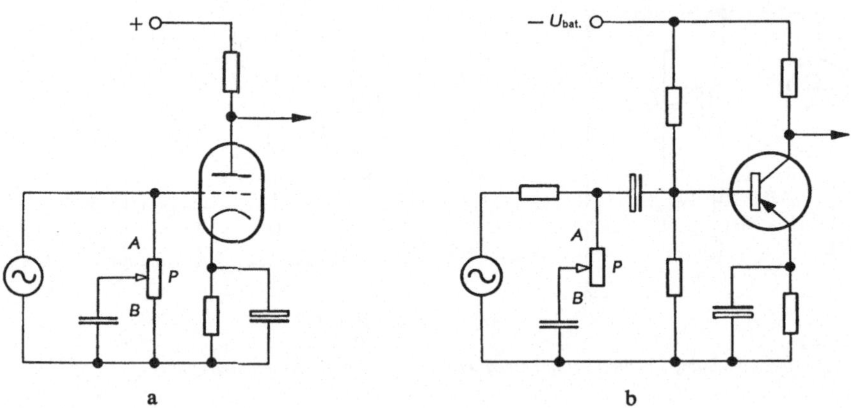

Fig. 346
Einfache Klangregelschaltung
a) bei Verwendung von Röhren; b) bei Verwendung von Transistoren

Um eine wirksame Klangregelung zu erhalten, kann man einen Kreis nach Fig. 347 oder einen Mehrkanalverstärker nach Fig. 348 verwenden. In der letzteren Schaltung umfaßt jeder Kanal einen Filterkreis sowie entweder eine Röhre oder einen Transistor. Im Allgemeinen verstärkt in einer solchen Schaltung der 1. Kanal die

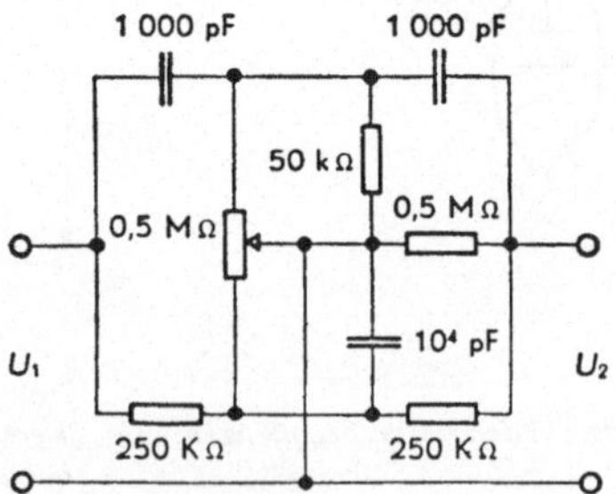

Fig. 347
Wirksame Klangregelschaltung

tiefen Frequenzen. Die mittleren Frequenzen werden im 2. Kanal und die hohen Frequenzen im 3. Kanal verarbeitet.

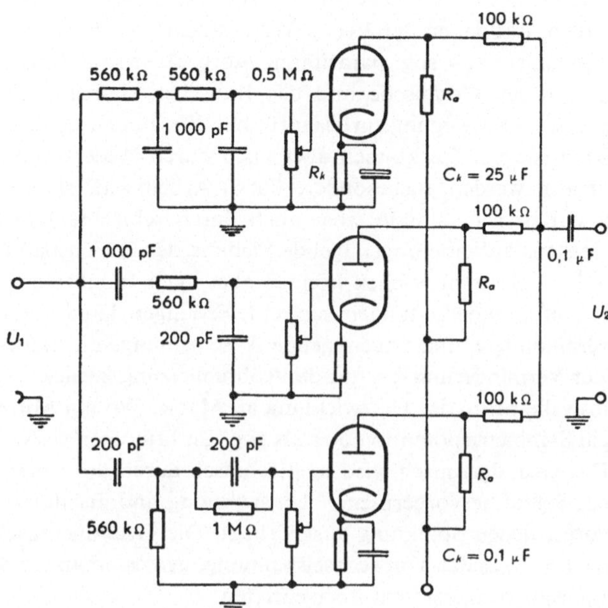

Fig. 348
3-Kanal-Verstärker

Die Wiedergabekurve läßt sich auch durch eine selektive – d.h. auf bestimmte Frequenzabschnitte beschränkte – Gegenkopplung beeinflussen (siehe 11. Kapitel). Zur besonderen Anhebung der tiefen und der hohen Tonfrequenzen verwendet man oft Verstärker, die mit zwei Lautsprechern ausgerüstet sind.

Von diesen Lautsprechern wird der eine, mit großem Membrandurchmesser zur Wiedergabe der tiefen Töne verwendet, während der zweite Lautsprecher, mit kleinem Membrandurchmesser, speziell die hohen Töne wiedergibt. Um die Wirkung der beiden Lautsprecher zu verstärken, werden Filterkreise, zum Durchlaß der tiefen bzw. hohen Frequenzen, gemäß Fig. 349 zwischen den Verstärkerausgang und die beiden Lautsprecher geschaltet.

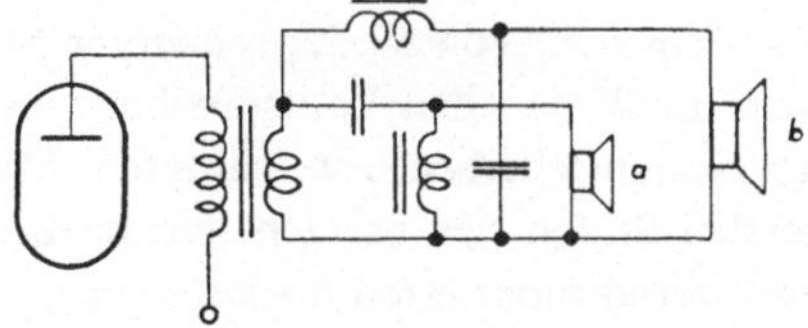

Fig. 349
Lautsprecher-Filterkreise
a) Lautsprecher zur Höhen-Wiedergabe
b) Lautsprecher zur Tiefen-Wiedergabe

215. Verstärker-Grundgeräusche

Wenn kein Signal am Eingang eines Verstärkers vorhanden ist, so hört man doch im Lautsprecher mehr oder weniger starke Geräusche. Es sind das die Grundgeräusche des Verstärkers. Ihre Stärke wächst mit der Anzahl Röhren bzw. Transistoren, mit denen der Verstärker bestückt ist. Solche Grundgeräusche setzen sich zusammen aus sog. parasitären Störgeräuschen, Rauschen, Brummen usw. Die parasitären Geräusche und das Rauschen sind auf Unregelmäßigkeiten in der Elektronenbewegung zurückzuführen. Wir finden sie bei Elektronenröhren und bei Transistoren. Sie können aber auch durch Widerstände schlechter Qualität verursacht werden, insbesondere durch Arbeitswiderstände, Gitterableitwiderstände und Basiswiderstände, aber auch durch schlechte Kontakte. Das Brummen ist meistens auf eine ungenügende Siebung der Gleichspannung zurückzuführen. Als weitere Brummursachen können aber auch Induktionswirkungen durch wechselstromführende Leitungen, schlechte Erdungen, lange und ungünstig verlegte Masseverbindungen und ungenügende Abschirmungen in Betracht gezogen werden.
Zur Verminderung des auf die Röhrenheizung zurückzuführenden Brummens legt man die Mitte der Heizwicklung an Masse. Wo ein Mittelabgriff fehlt, kann auch ein Symmetriepotentiometer als sog. Entbrummer verwendet werden.
Das Grundgeräusch wird meßtechnisch durch das Verhältnis zwischen der durch das Signal hervorgerufenen Tonspannung und der durch das Grundgeräusch hervorgerufenen Spannung ausgedrückt. Die Grundgeräuschspannung soll im allgemeinen $^1/_{2000}$ der Tonwechselspannung, gemessen an der Primärwicklung des Ausgangsübertragers nicht überschreiten.

216. Mikrophonie

Die Elektroden einer Elektronenröhre sind keine starren Gebilde. Stöße und mechanische Erschütterungen, die auf das Steuergitter, den Heizfaden im Innern der Kathode einer indirekt geheizten Röhre, ja sogar auf den Heizfaden einer direkt geheizten Röhre einwirken, können den Anodenstrom irgendwie beeinflussen. Die an sich geringen Stromänderungen werden aber in der Folge verstärkt und sie werden deshalb im Lautsprecher als Störgeräusche wahrgenommen, die sich vor allem als Kratzen, Rauschen usw. bemerkbar machen.
Oft werden die Erschütterungen durch den Lautsprecher selbst hervorgerufen (Fig. 350). Manchmal sind sie so stark, daß sie nach erfolgter Verstärkung und Übertragung auf das Gitter der Endröhre diese zu eigenen Schwingungen anregen. Dann ertönt im Lautsprecher ein gleichförmiger Ton. Es besteht Selbsterregung, und der Ton besteht weiter, auch wenn die NF-Wechselspannung unterdrückt wird, welche auf diejenige Röhre wirkte, die zuerst den Störton erzeugte. In diesem Fall spricht man von niederfrequenter Mikrophonie. Um deren Wirkung zu vermeiden, muß man den Lautsprecher von den NF-Röhren entfernen und letztere durch Gummischeiben usw. dämpfen. Man kann auch die Verstärkung der nachfolgenden Stufen herabsetzen und dazu die mikrophonisch wirkende Röhre auf einen federnd montierten Sockel setzen.

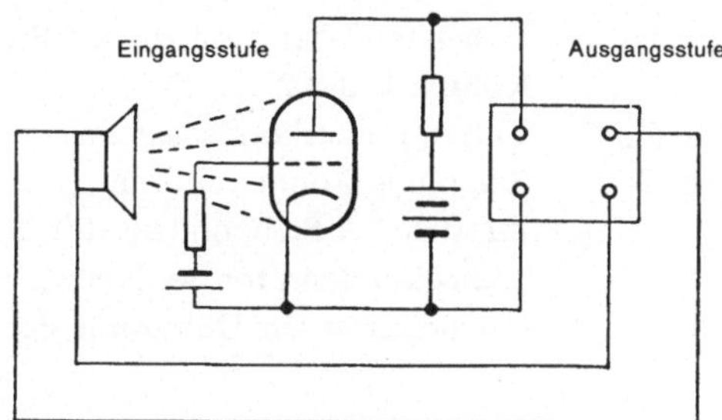

Fig. 350
Niederfrequente Mikrophonie

217. Röhrenverstärker

Die Schaltung der Fig. 351 stellt einen klassischen Niederfrequenzverstärker mit Elektronenröhren dar.

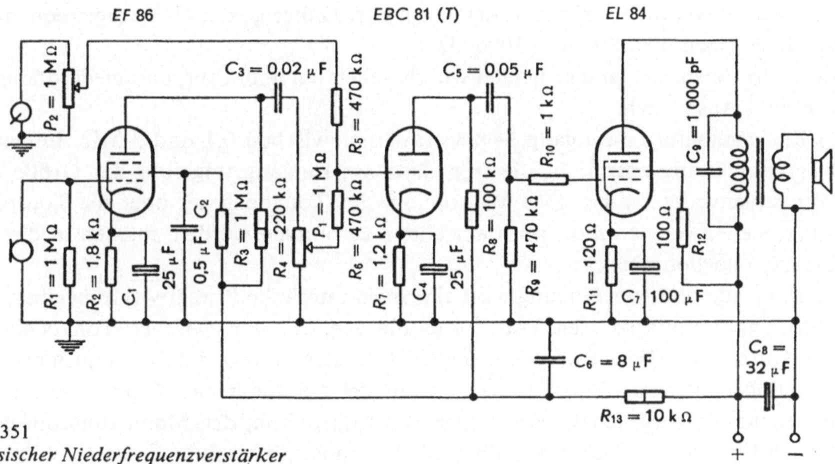

Fig. 351
Klassischer Niederfrequenzverstärker

In diesem Schaltbild stellen dar:

R_1 und R_9	Gitterableitwiderstände
R_2, R_7 und R_{11}	Widerstände zur Erzeugung der Gittervorspannungen
R_3	Schirmgitterwiderstand
R_4 und R_8	Arbeitswiderstände
P_1	erster Lautstärkeregler für den Mikrophoneingang
P_2	zweiter Lautstärkeregler für den Tonabnehmer
R_5 und R_6	Widerstände zur Mischung der Mikrophon- und Tonabnehmerspannungen. Sie verhüten es, daß das Gitter an Masse liegt, wenn der Schleifer eines der Potentiometer P_1 oder P_2 an Masse zu liegen kommt
R_{10} und R_{12}	Widerstände zur Unterdrückung von HF-Schwingungen als Folge der großen Steilheit der Endröhre

R_{13}	Widerstand zur zusätzlichen Siebung der Anodenspannung der Röhren 1 und 2
C_1, C_2, C_4, C_7	Entkopplungskondensatoren
C_3 und C_5	Kopplungskondensatoren
C_6	Zusätzlicher Siebkondensator des Netzteils
C_8	2. Siebkondensator der Netzsiebkette
C_9	Kondensator zur Dämpfung der hohen Frequenzen.

218. Anpassung

Als Impedanz bezeichnet man den Wechselstromwiderstand eines Kreises. Um von einem Kreis zum anderen die maximale Leistung bei einem Minimum an Verzerrungen übertragen zu können, müssen die Impedanzen der beiden Kreise einander angepaßt sein. Die maximale Wirkung wird bei Gleichheit der Impedanzen erzielt. Impedanzen verändern sich mit der Frequenz. Daher gelten als Bezugsfrequenzen im allgemeinen 400, 800 und 1000 Hz.

In einem Verstärker unterscheiden wir zwischen hochohmigen und niederohmigen Ein- und Ausgängen.

a) Ein hochohmiger Eingang liegt wertmäßig zwischen 0,1 und 3 MΩ. Bei einer Röhrenschaltung entspricht die Impedanz am Eingang ungefähr der Größe des Gitterableitwiderstandes. Das Mikrophon, der Tonabnehmer oder die Tonspannungsquelle, welche direkt mit dem Gitter verbunden werden, müssen in diesem Fall also hochohmig sein.

b) Ein niederohmiger Eingang wird allgemein durch die Primärwicklung eines, die Spannung heraufsetzenden Transformators gebildet, der zwischen Tonabnehmer und Gitter der 1. Verstärkerröhre liegt. Ein solcher Transformator hat primärseitig eine Impedanz von 25 bis 800 Ω und auf der Sekundärseite dagegen eine hohe Impedanz. Er paßt den Tonabnehmer, das Mikrophon, den Magnettonkopf usw. an den Eingang der Verstärkerröhre an. In Transistorschaltungen ist der Eingang meist niederohmig.

In Kleinverstärkern, wie wir sie z.B. in Phonokoffern antreffen, werden oft zwei Eingänge vorgesehen:

1. der Mikrophoneingang für ca. 10 mV
2. der Tonabnehmereingang für 0,3 V.

c) Hochohmige Ausgänge sind vorgesehen zur Versorgung mehrerer Lautsprecher oder Wiedergabegeräte, und zwar über sehr lange Leitungen (über 30 m). Die hochohmigen Abgriffe an den Ausgangsübertragern liegen meistens bei 125, 250 und 500 Ω. Neuerdings verwendet man auch sog. 100-V-Ausgänge, welche – wie in einem elektrischen Versorgungsnetz – die Anpassung mehrerer Lautsprecher mit verschieden großen Leistungen ermöglichen.

d) Niederohmige Verstärkerausgänge erlauben den direkten Anschluß der Lautsprecher-Schwingspule, d.h. also ohne Verwendung eines Ausgangsübertragers. Zwecks richtiger Anpassung lassen sich mehrere Lautsprecherschwingspulen zu

Gruppen zusammenfassen, mit Serie- und Parallelschaltungen. Wesentlich ist dabei, daß die Verbindungsleitungen möglichst kurz sind.

219. Transistorverstärker

Die Niederfrequenzteile von Verstärkern für Plattenspieler oder für Radiogeräte besitzen bei Bestückung mit Transistoren in der Regel eine Gegentaktendstufe (Fig. 352). Das Lautstärkepotentiometer P_1 ist so angeschlossen, daß der Anschluß für den Schleifer auf der Eingangsseite liegt, damit der Eingangswiderstand des 1. Transistors möglichst konstant bleibt. Die Klangregelung wird mit dem Potentiometer P_2 vorgenommen. Die NF-Gegenkopplungskette besteht aus dem Widerstand $R = 68\,\text{k}\Omega$ und aus dem Kondensator $C = 2\,\mu\text{F}$. Diese Schaltung ergibt eine modulierte Leistung von ca. 0,4 W. Das Durchlaßband erstreckt sich von 40 bis 10000 Hz. Der Thermistor (parallel zum Widerstand 82 Ω) weist 130 Ω auf (z.B. Philips B 8.320.01 A/130 E) bei 25 °C und eine Konstante $b = 4400\,°\text{K}$.

Als Beispiel seien hier noch die Windungszahlen der Primär- und Sekundärwicklungen des Phasenkehrtransformators T_1 und des Ausgangstransformators T_2 angegeben:

Primärwicklung	T_1	1900 Windungen Draht 0,12 mm ∅
Sekundärwicklung	T_1	2 × 550 Windungen Draht 0,3 mm ∅
Primärwicklung	T_2	2 × 160 Windungen Draht 0,4 mm ∅
Sekundärwicklung	T_2	60 Windungen Draht 0,4 mm

Normblech DIN 41 302 Typ IV 0,35 mm Dimension M42

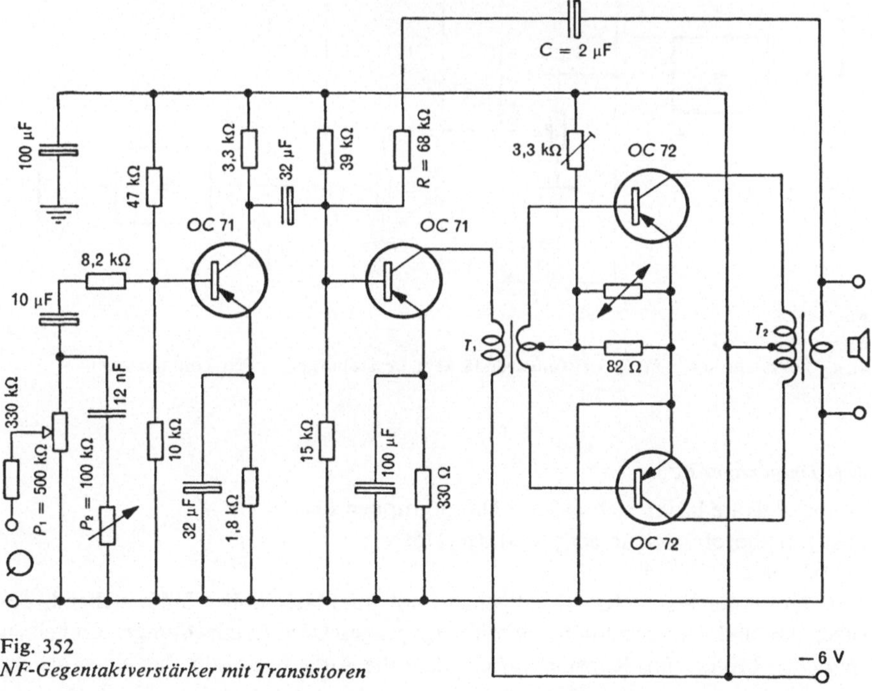

Fig. 352
NF-Gegentaktverstärker mit Transistoren

220. Stereoverstärker

Ein Stereoverstärker besteht allgemein aus zwei symmetrischen elektronischen Systemen, die je einen Vor- und einen Leistungsverstärker enthalten (Fig. 353). Die zu verarbeitenden Signalspannungen liefert eine stereophonische Tonquelle (Mikrophon, Tonabnehmer, Stereo-Tuner). Diese Spannungen gelangen an die Eingänge der Schaltung. Am Ausgang der Vorverstärker ermöglicht ein System von Balancereglern das Schwergewicht der Verstärkung je nach Reglerstellung mehr auf die linke oder auf die rechte Seite zu legen. Die Balanceregler, wie auch die Lautstärke- und Klangregler sind jeweils in Tandemausführung miteinander gekoppelt.

Stereoverstärker müssen kompatibel sein, d.h. sie müssen sowohl stereophonische wie auch monaurale Darbietungen verarbeiten können.

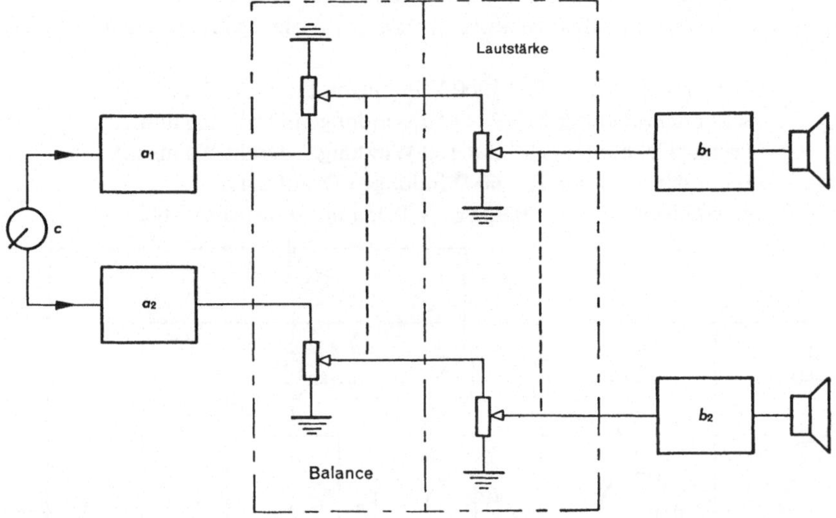

Fig. 353
Stereo-Verstärker
a_1, a_2 Vorverstärker; b_1, b_2 Leistungsverstärker; c stereophonischer Tonabnehmer

221. Tonbandgeräte

Tonbandgeräte lassen sich in zwei Hauptgruppen klassieren:

a) sog. halbprofessionale oder Studiogeräte

b) Heimgeräte.

Die Geräte der ersten Klasse, allgemein auf qualitativ hoher Stufe stehend, besitzen Ab- und Aufwickelmotoren mit entgegengesetzten Laufrichtungen und einen speziellen Motor zum Kapstanantrieb, dem die Aufgabe zufällt, für einen gleichförmigen Bandlauf zu sorgen. Diese Geräte besitzen separate Köpfe zur Löschung, zur Aufnahme und zur Wiedergabe. Außerdem finden wir in diesen Geräten magnetische Bremsvorrichtungen, Umschalter für die Bandgeschwindigkeit (in der Regel 19 cm/s und 9,5 cm/s), sowie Umdrehungszähler und Anzeigegeräte für den Aufnahmepegel. Solche Geräte ermöglichen Aufnahmezeiten von mehreren Stunden. Die Geräte der zweiten Klasse sind allgemein einfacher gehalten. Meistens arbeiten sie mit nur einem Motor, der zugleich das Aufwickeln und den Bandtransport bewerkstelligt. Sie besitzen in der Regel zwei Tonköpfe, von denen einer zur Löschung dient, während der zweite für die Aufnahme und Vormagnetisierung und zugleich auch für die Wiedergabe verwendet wird.

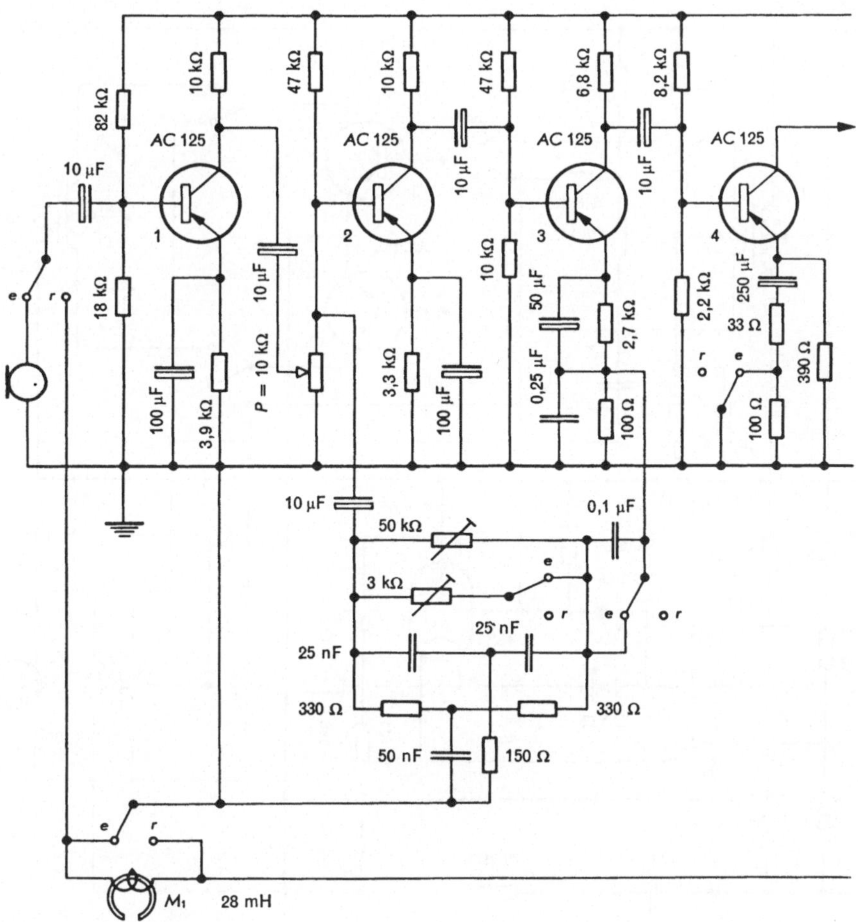

Fig. 354a
Vorstufen, Spannungsverstärker und Entzerrer eines transistorisierten Tonbandgerätes

Fig. 354 zeigt die Schaltung eines transistorisierten Tonbandgerätes. Es umfaßt 6 Transistoren und eine direkt geheizte Anzeigeröhre. Letztere wird meistens durch ein als Pegelanzeiger geschaltetes Drehspulinstrument ersetzt.
Die erste Stufe ist ein klassischer Vorverstärker. Die zweite Stufe stellt einen Verstärker dar, der eine selektive Gegenkopplung zwischen dem Emitter der 3. Stufe und der Basis der 2. Stufe besitzt. Der Filterkreis dient zur gegenläufigen Entzerrung bei der Aufnahme und bei der Wiedergabe.
Stehen die Umschalter in der Betriebsstellung *e*, so arbeitet das Tonbandgerät in der Aufnahmestellung. Für die Wiedergabe dagegen sind die Umschalter auf Stellung *r* zu legen.

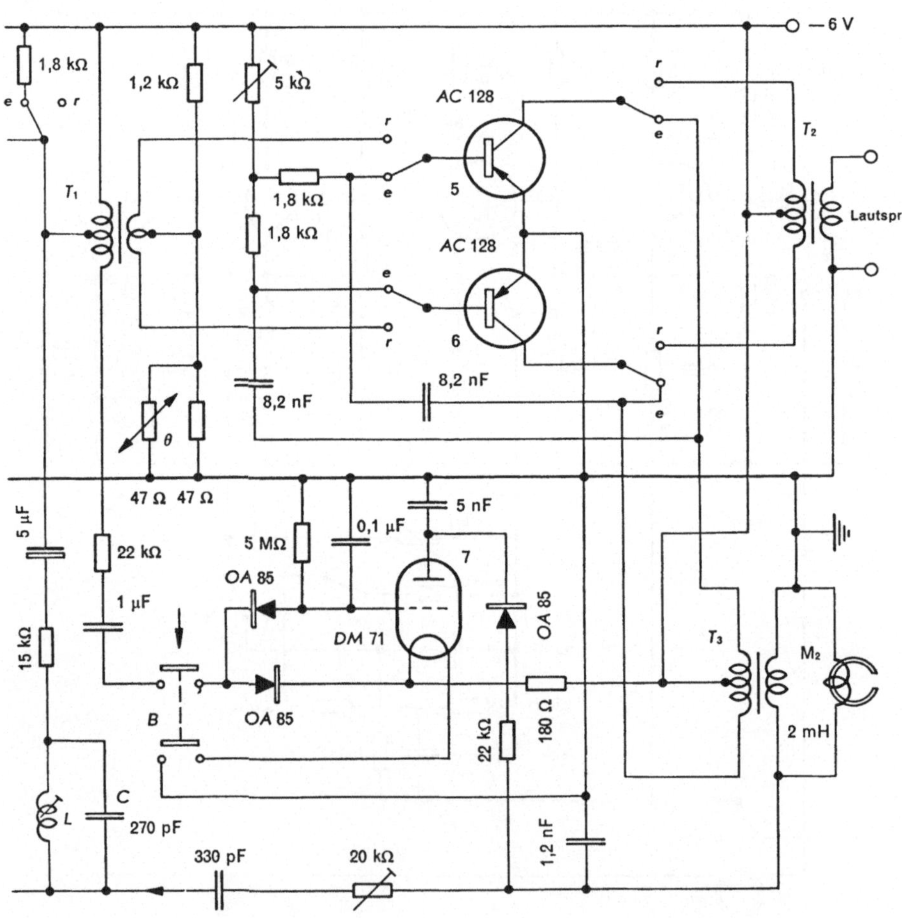

Fig. 354b
Oszillator bzw. Ausgangsstufe und Pegelanzeige eines transistorisierten Tonbandgerätes

Bei der Aufnahme und bei der Wiedergabe arbeiten die vier ersten Stufen unter denselben statischen Bedingungen. Dagegen arbeitet die letzte Stufe bei der Aufnahme als symmetrischer Oszillator für die Vormagnetisierung und die Löschung, während sie bei der Wiedergabe als Gegentaktverstärker geschaltet ist. Im ersten Fall wird durch Drücken der Taste »*B*« die Anzeigeröhre DM71 eingeschaltet, mit welcher der Aufnahmepegel optisch überwacht werden kann. Die Löschspannung, welche der symmetrische Oszillator bei der Aufnahme abgibt, ist auf eine Frequenz von ca. 100 kHz eingestellt. Zur Vormagnetisierung wird diese Spannung auch dem kombinierten Aufnahme- und Wiedergabekopf zugeführt. Der Schwingkreis, bestehend aus der Spule L und dem Kondensator $C = 270$ pF, sperrt den Durchgang des Vormagnetisierungsstromes zu den NF-Kreisen.

Der Widerstand 15 kΩ in Serie zu diesem Kreis erhöht den Innenwiderstand des Verstärkers gegenüber dem Aufnahmekopf. Bei der Aufnahme wird die Wiedergabekurve verbessert, wenn ein Widerstand von 1,8 kΩ parallel zur Primärwicklung des Transformators T_1 geschaltet wird.

11. Kapitel

Die Gegenkopplung

222. *Rückkopplung und Gegenkopplung*

Wenn wir eine Wechselspannung U_1 am Eingang eines klassischen NF-Verstärkers anlegen (Fig. 355a), so beträgt die Ausgangsspannung

$$U_2 = g\, U_1 \,. \tag{348}$$

Nun nehmen wir mit Hilfe eines Spannungsteilers $R_1 R_2$ eine Teilspannung U_c der Ausgangsspannung U_2 ab und leiten sie an den Eingang zurück. Um die gleiche Wechselspannung U_1 am Eingang AB zu erhalten, kann die Gesamtspannung U größer oder kleiner sein als U_1. Wenn U_c in Phase mit der (z.B. durch einen NF-Generator erzeugten) Gesamtspannung U ist, so haben wir Rückkopplung. Ist hingegen U_c in Gegenphase zu U, so erhalten wir negative Rückkopplung oder Gegenkopplung, siehe Fig. 355b.

Betrachten wir nun einen Verstärker mit Gegenkopplung. Je nachdem, wie die Gegenkopplungsspannung U_c erzeugt wird, spricht man von einer Spannungs- oder Stromgegenkopplung oder auch von gemischter Gegenkopplung. Bei der Spannungsgegenkopplung (Fig. 356a) wird U_c von der Ausgangsspannung abgeleitet und ist ihr proportional. Bei der Stromgegenkopplung (Fig. 356b) hängt U_c vom Widerstand R_u oder von der Impedanz Z_u ab. Sie ist in diesem Falle dem Strom in diesem Widerstand oder dieser Impedanz proportional. Bei der gemischten Gegenkopplung hängt U_c sowohl von der Spannung als auch vom Strom ab.

Bei den NF-Verstärkern wird in der Regel die Spannungsgegenkopplung gewählt. Sie vermindert den Innenwiderstand des Verstärkers, während ihn die Stromgegenkopplung erhöhen würde.

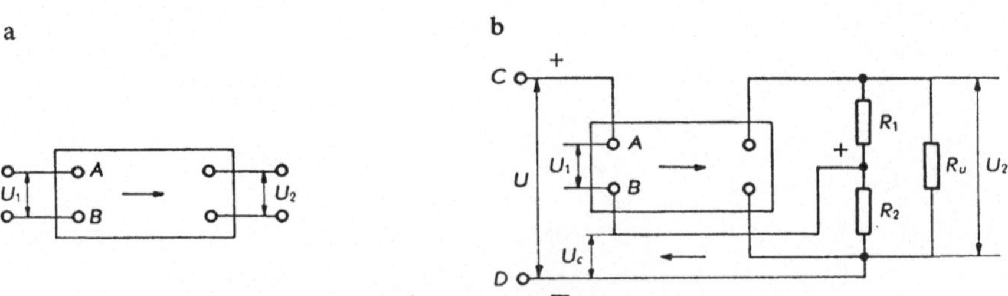

Fig. 355
Verstärker ohne Gegenkopplung (a) *und mit Gegenkopplung* (b)

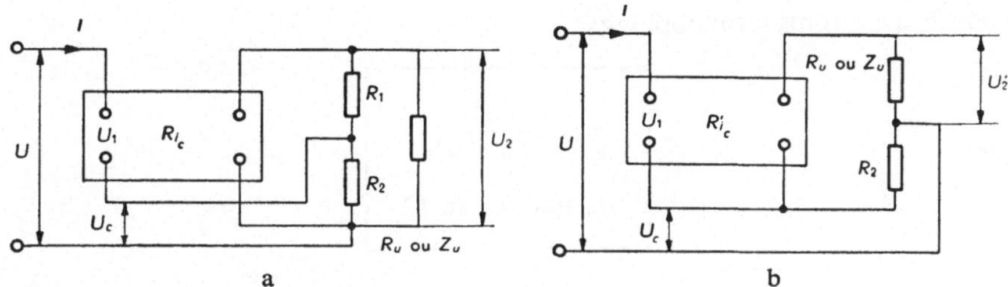

Fig. 356
Hauptsächliche Gegenkopplungsschaltungen
a) Spannungsgegenkopplung; b) Stromgegenkopplung

223. Rückkopplungskoeffizient

Die Gegenkopplungsspannung U_c, welche an den Eingang des Verstärkers zurückgeführt wird, hängt bei der Spannungsgegenkopplung von der Größe der Widerstände R_1 und R_2 (Fig. 356a) und bei der Stromgegenkopplung vom Widerstand R_u oder von der Impedanz Z_u sowie vom Widerstand R_2 ab (Fig. 356b). Im ersten Fall beträgt:

(349) $$U_c = \frac{U_2}{R_1 + R_2} R_2 ;$$

und im zweiten Fall:

(350) $$U_c = \frac{U_2}{R_u + R_2} R_2 = \frac{U_2' R_2}{R_u} .$$

Das Verhältnis zwischen Gegenkopplungsspannung U_c und Ausgangsspannung U_2 heißt Rückkopplungskoeffizient oder Rückkopplungsgrad. Wir haben

(351) $$r = \frac{U_c}{U_2}$$

U_c und U_2 in V;

r wird in der Regel in % angegeben.
Für die Spannungsgegenkopplung beträgt der Rückkopplungskoeffizient:

(352) $$r = \frac{R_2}{R_1 + R_2}$$

R_1 und R_2 in Ω

und für die Stromgegenkopplung:

(353)
$$r = \frac{R_2}{R_u + R_2}$$
R_u und R_2 in Ω.

Indem man das Verhältnis zwischen U_c und U_2' herstellt, bekommt man:

(353a)
$$r' = \frac{U_c}{U_2'} = \frac{R_2}{R_u}\,.$$

224. Verstärkung eines Verstärkers mit Spannungsgegenkopplung Rückkopplungsfaktor, Wirkungsgrad

Betrachten wir den Verstärker mit Gegenkopplung Fig. 355b. Die zum Eingang zurückgeführte Spannung U_c muß von der Spannung U abgezogen werden. Wir haben somit:

(354)
$$U_1 = U - U_c$$
U, U_c und U_1 in V,

und daraus:

(355)
$$U = U_1 + U_c\,.$$

Ersetzt man U_c durch seinen Wert aus der Formel 351, so ergibt sich:

(356)
$$U = U_1 + r\,U_2\,.$$

Substituiert man nun für U_2 den Wert aus Formel 348, so ist

(357)
$$U = U_1 + r g\,U_1 = U_1\,(1 + r g)\,.$$

Um die Spannung U_2 zu erzeugen, mußte U_1 g-mal verstärkt werden. Um die gleiche Spannung U_2, wie ohne Gegenkopplung, zu erhalten, ist es nötig, die äußere Spannung U zu verstärken. Es soll der betreffende Verstärkungsfaktor bestimmt werden. Wir gehen zu diesem Zweck von der Beziehung

(358)
$$U_2 = g_c\,U\,.$$

aus.

Nun wird die Verstärkung mit Gegenkopplung

(359)
$$g_c = \frac{U_2}{U} = \frac{g\,U_1}{U_1\,(1 + r g)}\,,$$

somit

$$g_c = \frac{g}{1 + rg}, \qquad (360)$$

Die Verstärkung g_c mit Gegenkopplung ist kleiner als die Verstärkung g ohne Gegenkopplung. Das Produkt rg heißt Rückkopplungsfaktor und der Ausdruck $1 + rg$ der Wirkungsgrad der Gegenkopplung.
Wenn wir einen hohen Rückkopplungskoeffizienten annehmen, so wird das Produkt rg groß und wir können in der Formel 360 den Summanden 1 vernachlässigen und schreiben:

$$g_c = \frac{1}{r}. \qquad (361)$$

Das Verhältnis $\frac{1}{r}$ ist der Grenzwert der Verstärkung mit Gegenkopplung. In unserem Fall hängt die Verstärkung mit Gegenkopplung ausschließlich von r ab. Wenn somit der Rückkopplungsfaktor wesentlich größer ist als 1, hat die Charakteristik des Verstärkers keinen Einfluß mehr auf die Verstärkung g_c.
Beispiel.
In einem Verstärker nach Fig. 355a und b soll die Verstärkung ohne und mit Gegenkopplung berechnet werden. Wir nehmen an, daß an den Eingang AB eine Wechselspannung U_1 von 1 V angelegt werde. Am Ausgang erhalten wir eine Spannung $U_2 = 6$ V.
Ohne Gegenkopplung beträgt die Verstärkung

$$g = \frac{U_2}{U_1} = 6 .$$

Wir führen nun eine Gegenkopplungsspannung $U_c = 0{,}5$ V an den Eingang zurück. U_c hat gegenüber U eine Phasenverschiebung von 180°. Um an den Klemmen AB eine Spannung von 1 V zu erhalten, muß zwischen C und D eine Gesamtspannung von

$$U = U_1 + U_c = 1 + 0{,}5 = 1{,}5 \text{ V}.$$

angelegt werden. Die Verstärkung mit Gegenkopplung ist dann

$$g_c = \frac{U_2}{U} = \frac{6}{1{,}5} = 4 .$$

225. Stabilitätsfragen

In den betrachteten Schaltungen haben wir angenommen, daß die Ausgangssignale gegenüber den Eingangssignalen um 180° phasenverschoben seien. Wenn die Bandbreite des Verstärkers gering ist, oder wenn der Rückkopplungskoeffizient zu groß gewählt wurde, kann das Rückkopplungsverhältnis komplex werden. Es kann dann vorkommen, daß die Phasenverschiebung so weit von 180° abweicht, daß im Verstärker Eigenschwingungen entstehen.
Die Stabilitätsbedingungen können nach Nyquist oder Bode mit einem diesen Rahmen sprengenden Verfahren berechnet werden, was hier nicht geschehen soll.

226. Einfluß der Spannungsgegenkopplung auf den Innenwiderstand, Verstärkungsfaktor, Eingangswiderstand und Kapazität der Verstärkerröhre

Die Gegenkopplung verringert den Innenwiderstand und den Verstärkungsfaktor der Röhre (oder des Verstärkers). Die Verstärkung ohne Gegenkopplung beträgt:

(362) $$g = \frac{\mu R_a}{R_i + R_a},$$

und mit Gegenkopplung

(363) $$g_c = \frac{g}{1 + r g}.$$

Ersetzt man g durch seinen Wert aus Formel 362, so erhält man

(364) $$g_c = \frac{\mu R_a}{R_a (1 + \mu r) + R_i}.$$

Die Gleichung mit $(1 + \mu r)$ dividiert ergibt:

$$g_c = \frac{\dfrac{\mu}{1 + \mu r} R_a}{\dfrac{R_i}{1 + \mu r} + R_a}.$$

Diese Formel zeigt, daß Innenwiderstand R_{i_c} und Verstärkungsfaktor μ_c mit Gegenkopplung verhältnismäßig kleiner sind als R_i und μ.

(365) $$\boxed{R_{i_c} = \frac{R_i}{1 + \mu r}}$$

R_i und R_{i_c} in Ω

und

$$\mu_c = \frac{\mu}{1 + \mu r} . \tag{366}$$

Wenn die Gegenkopplungsspannung am Verstärkereingang in Serie geschaltet ist, so wird der Eingangswiderstand erhöht (Fig. 356a), er wird:

$$R_{e_c} = \frac{U}{I} . \tag{367}$$

Ersetzt man U durch seinen Wert aus Formel 357, so erhält man:

$$R_{e_c} = \frac{U_1 (1 + r g)}{I} . \tag{368}$$

Unter Berücksichtigung, daß der Eingangswiderstand R_e ohne Gegenkopplung

$$R_e = \frac{U_1}{I} , \tag{369}$$

ist,
bekommen wir

$$R_{e_c} = R_e (1 + r g) \tag{370}$$

R_e und R_{e_c} in Ω.

Wird die Gegenkopplungsspannung parallel zum Verstärkereingang geschaltet, so vermindert sich dessen Widerstand R_e (siehe Abschnitt 230).
Die Eingangskapazität wird durch die Gegenkopplung kleiner. Der Strom I, welcher die Eingangskapazität C_e durchfließt, ist (Fig. 357):

$$I = U_1 \omega C_e . \tag{371}$$

Andererseits ist der Strom, welcher durch die infolge Gegenkopplung entstehenden Eingangskapazität fließt[1]

$$I = U \omega C_{e_c} ; \tag{372}$$

Da aber

$$U = U_1 (1 + r g) ; \tag{357}$$

wobei U in Formel 372 eingesetzt wird,
folgt

$$I = U_1 (1 + r g) \omega C_{e_c} . \tag{373}$$

[1] Der Einfluß von R_2 kann vernachlässigt werden.

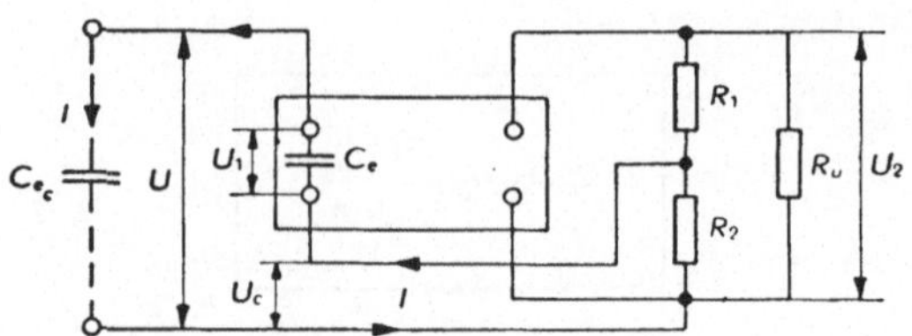

Fig. 357
Ersatzschema eines Verstärkers mit Gegenkopplung, welches gestattet, die Eingangskapazität C_{e_c} mit Gegenkopplung zu ermitteln.

Die beiden Gleichungen 371 und 373 gleichgesetzt und vereinfacht ergeben für die Eingangskapazität mit Gegenkopplung C_{e_c}

(374)
$$C_{e_c} = \frac{C_e}{1 + r g}$$
C_e und C_{e_c} in pF.

227. Änderung der Charakteristik einer Röhre durch Spannungsgegenkopplung. Ideelles Kennlinienfeld

Die Anwendung der Gegenkopplung verändert die Kennlinien der Röhren oder der Transistoren. Durch Gegenkopplung kann man eine I_a/U_a- oder I_a/U_g-Kennlinienschar in eine neue, ideelle Kennlinienschar verwandeln. Diese ist für Wechselstrom und für einen bestimmten Rückkopplungskoeffizienten gültig und gestattet die Bestimmung der Röhrendaten (Innenwiderstand, Verstärkungsfaktor, optimale Impedanz, Klirrfaktor mit Gegenkopplung), wie bei den klassischen Kennlinienscharen.

Der Arbeitspunkt P ist derselbe, wie bei den statischen Kennlinien. Er soll so gewählt werden, daß die Gittervorspannung der Röhre nie kleiner wird als $U_g = -1{,}3$ V, dem Einsatzpunkt des Gitterstromes.

Nachstehend soll das ideelle Kennlinienfeld einer Tetrode mit Elektronenbündelung, bei einem Rückkopplungskoeffizienten $r = 0{,}2$ (Fig. 358) erstellt werden.

Die Spannung U_1, an die gegengekoppelte Röhre angelegt, beträgt:

(375) $$U_1 = U - r\,U_2\,,$$

wobei U die Gesamtwechselspannung, U_2 die Ausgangsspannung und r den Rückkopplungskoeffizienten bedeuten.

Wenn $U_2 = U_a$ ist, so wird die zurückgeführte Spannung U_c:

(376) $$U_c = r\,U_a\,.$$

Die wirkliche Spannung zwischen Gitter und Kathode ist gegeben durch:

(377) $$U_1 = U - r\,U_a\,.$$

Zeichnen wir die Kurven für die Spannung U auf, so erhalten wir eine ideelle Kurvenschar. Bestimmen wir z.B. die Punkte für eine Kurve für $U = U_g = 60$ V. Wir haben dann für $U_a = 300$ V:

$$U_1 = U - r\,U_a = 60 - 0{,}2\,(300) = 0\,;$$

$$\text{für } U_a = 250\text{ V}:\quad U_1 = 10\text{ V};$$
$$\text{für } U_a = 200\text{ V}:\quad U_1 = 20\text{ V};$$
$$\text{für } U_a = 150\text{ V}:\quad U_1 = 30\text{ V};$$

was den Gitterspannungen $U_g = 0$ V, $U_g = -10$ V, $U_g = -20$ V und $U_g = -30$ V entspricht.

Zeichnen wir die ideelle Kurve für $U_g = -60$ V, indem wir die Punkte A, B, C und D der Fig. 358 miteinander verbinden. Wenn wir nun noch die Kurven für $U_g = -40$ V, $U_g = -50$ V, $U_g = -70$ V und $U_g = -80$ V aufzeichnen, so erhalten wir die ideelle Kurvenschar (Fig. 358). Diese Kennlinien entsprechen einer neuen Röhre, deren Innenwiderstand R_{i_c} und Verstärkungsfaktor μ_c gegeben sind durch (Spannungsrückkopplung):

$$R_{i_c} = \frac{R_i}{1 + \mu\,r} \quad \text{und} \quad \mu_c = \frac{1}{1 + \mu\,r}\,.$$

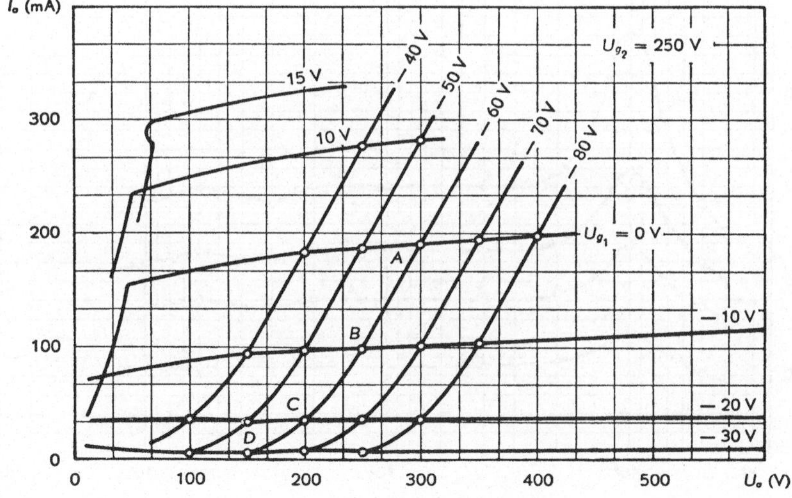

Fig. 358
Ideelles I_a/U_a-Kennlinienfeld für einen Gegenkopplungsfaktor von 0,2

Somit werden, durch die Anwendung der Gegenkopplung, die Kennlinien einer Tetrode oder Pentode denjenigen einer idealen Triode angeglichen.

228. Verminderung der Verzerrungen und des Rauschens durch Gegenkopplung

Wir haben gesehen, daß ein Verstärker Frequenzverzerrungen erzeugt, wenn sich die Verstärkung mit der Frequenz ändert, und Amplitudenverzerrungen, wenn die Verstärkung mit der Amplitude variiert.
Wenn bei einem gegengekoppelten Verstärker der Gegenkopplungsfaktor groß ist, so bewegt sich g_c gegen den Grenzwert.

$$g_c = \frac{1}{r}. \tag{361}$$

In diesem Falle hängt die Verstärkung mit Gegenkopplung nicht mehr von den Daten des Verstärkers, sondern nur noch vom Gegenkopplungskoeffizienten r ab. Ist das Gegenkopplungsverhältnis gegenüber 1 groß und der Gegenkopplungskoeffizient r unabhängig von Frequenz und Amplitude, so werden Frequenz- und Amplitudenverzerrungen kleiner.

a) Fall der Frequenzverzerrung

Stellen wir uns die Aufgabe, den Frequenzgang eines Verstärkers ohne und mit Gegenkopplung zu ermitteln.

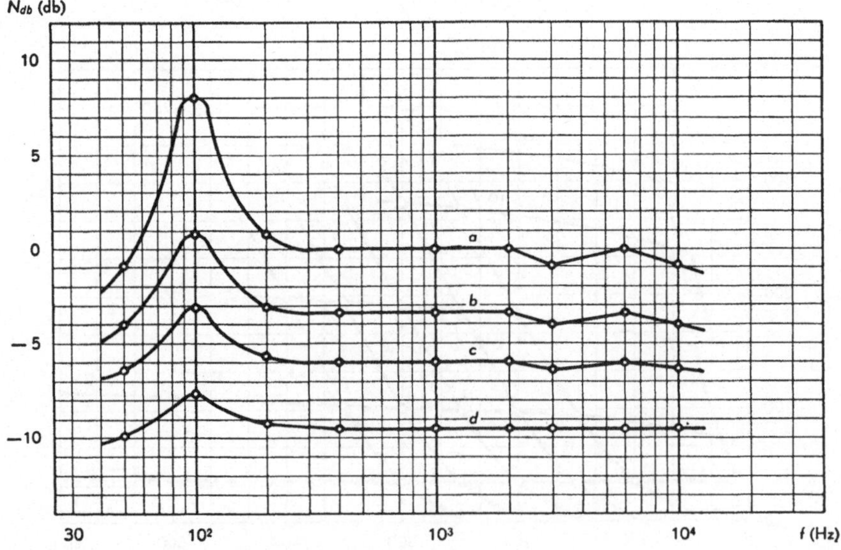

Fig. 359
Verbesserung des Frequenzganges durch Gegenkopplung

Es seien: f die Frequenz, U_2 die Ausgangsspannung, g die Spannungsverstärkung und P_m die Sprechleistung an einem Arbeitswiderstand von 3 Ω bei 1000 Hz. Die Eingangswechselspannung U_1 beträgt 0,4 V.
Ohne Gegenkopplung, können wir die nachstehende Tabelle A aufstellen (Rechenschiebergenauigkeit). Die entsprechende Kurve ist die Linie a der Fig. 359. Das Referenzniveau (0 db) ist die Sprechleistung bei 1000 Hz, ohne Gegenkopplung. Bringen wir nun die Gegenkopplung an und nehmen die Kurven für verschiedene Gegenkopplungskoeffizienten auf.
Die Tabelle B wurde mit einem Koeffizienten von 5%, Tabelle C von 10% und Tabelle D von 20% aufgenommen. Das Referenzniveau bleibt stets dasselbe wie für Tabelle A.
Trägt man die erhaltenen Werte in Fig. 359 ein, so erhält man die Frequenzkurven, die den jeweiligen Koeffizienten entsprechen. Man erkennt leicht die erreichte Verbesserung.
Die Gegenkopplung flacht die Spitzen ab, während sie in den Bereichen kleiner Verstärkung wenig wirksam ist. Bei Kurve D wird auch die Resonanzspitze bei

Tabelle A

f (Hz)	U_2 (V)	g	P_m (W)	db
50	3,6	9	4,3	− 0,9
100	10	25	33,3	+ 8
200	4,4	11	6,4	+ 0,8
400	4	10	5,3	0
1 000	4	10	5,3	0
2 000	4	10	5,3	0
3 000	3,6	9	4,3	− 0,9
6 000	4	10	5,3	0
10 000	3,6	9	4,3	− 0,9

Tabelle B

f (Hz)	U_2 (V)	g	P_m (W)	db
50	2,5	6,2	2,1	− 4
100	4,4	11,1	6,4	+ 0,8
200	2,8	7,1	2,6	− 3,1
400	2,7	6,7	2,4	− 3,4
1 000	2,7	6,7	2,4	− 3,4
2 000	2,7	6,7	2,4	− 3,4
3 000	2,5	6,2	2,1	− 4
6 000	2,7	6,7	2,4	− 3,4
10 000	2,5	6,2	2,1	− 4

Tabelle C

f (Hz)	U_2 (V)	g	P_m (W)	db
50	1,9	4,7	1,2	− 6,4
100	2,8	7,1	2,6	− 3,1
200	2,1	5,2	1,5	− 5,6
400	2	5	1,3	− 6
1 000	2	5	1,3	− 6
2 000	2	5	1,3	− 6
3 000	1,9	4,7	1,2	− 6,4
6 000	2	5	1,3	− 6
10 000	1,9	4,7	1,2	− 6,4

Tabelle D

f (Hz)	U_2 (V)	g	P_m (W)	db
50	1,28	3,2	0,55	− 9,8
100	1,67	4,17	0,93	− 7,6
200	1,4	3,4	0,64	− 9,2
400	1,3	3,3	0,58	− 9,6
1 000	1,3	3,3	0,58	− 9,6
2 000	1,3	3,3	0,58	− 9,6
3 000	1,3	3,3	0,58	− 9,6
6 000	1,3	3,3	0,58	− 9,6
10 000	1,3	3,3	0,58	− 9,6

100 Hz fast unwirksam. Die Verbesserungen des Frequenzganges haben allerdings eine kleinere Gesamtverstärkung zur Folge. Aus diesem Grunde muß ein Verstärker mit Gegenkopplung für eine wesentlich größere Verstärkung entworfen werden, als ein solcher ohne Gegenkopplung. Man kann sich dabei der Grenze $\frac{1}{r}$ nähern.

b) Fall der Amplitudenverzerrung

Nennen wir d die Amplitudenverzerrung ohne, und d_c diejenige mit Gegenkopplung. Beim Anlegen der Gegenkopplung enthält die rückgeführte Spannung U_c den gleichen prozentualen Anteil an Verzerrungen, wie die Ausgangsspannung. Wir können annehmen, daß die rückgeführte Verzerrungsspannung rd_c beträgt. Diese Spannung wird g-mal verstärkt. Somit hat auch die Ausgangsspannung zwei Komponenten, eine $d_c rg$ aus der rückgeführten Verzerrungsspannung, die andere d, bestehend aus den Verzerrungen des Verstärkers selbst. Unter diesen Umständen ist die Verzerrung mit Gegenkopplung

$$d_c = d - d_c r g \,, \tag{378}$$

woraus

(379) $$d = d_c + d_c r g = d_c (1 + rg),$$

und endlich

(380) $$\boxed{d_c = \frac{d}{1 + rg}\,.}$$

Je größer der Rückkopplungsfaktor ist, desto kleiner wird die Amplitudenverzerrung. Die Wirkung ist weniger groß, wenn der Verstärker im Bereich seiner Maximalleistung arbeitet.

In Fig. 360 zeigt die Kurve a die Verzerrungen in Funktion der Leistung eines Verstärkers 12 W mit 5% Verzerrung, ohne Gegenkopplung.

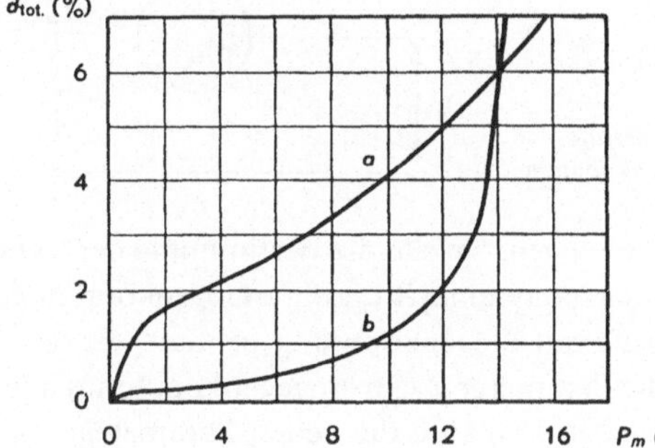

Fig. 360
Verminderung der Verzerrungen durch Gegenkopplung

Mit einem Gegenkopplungskoeffizienten von 20% erhält man die Kurve *b* der Fig. 360. Die Verbesserung ist beträchtlich bis zu einer Leistung von 8 W. Für höhere Leistungen wird sie immer kleiner. Die Kurven schneiden sich bei 14 W. Bei noch höherer Belastung wird die Verzerrung mit Gegenkopplung größer als ohne Gegenkopplung.

Die an das Steuergitter der ersten Röhre (oder der anderen Röhren) angelegte Momentanspannung nimmt mit der Leistung des Verstärkers zu. Für eine gewisse Leistung wird diese Spannung so groß, daß die Röhre übersteuert wird, es entsteht ein Gitterstrom, der bekanntlich starke Verzerrungen verursacht. Diese können durch Gegenkopplung nicht mehr eliminiert werden. Die gegengekoppelten Verstärker sollten deshalb immer unter ihrer Maximalleistung betrieben werden.

c) Fall der Intermodulationsverzerrungen

Die Verzerrungen durch Intermodulation werden durch die Gegenkopplung ebenfalls vermindert. Die Formel 380 bleibt anwendbar, weil es sich hier um eine Amplitudenverzerrung handelt.

d) Verminderung des Rauschens

Nicht nur die Verzerrungen, sondern auch das Rauschen (Grundgeräusch) des Verstärkers wird in gleichem Maße durch die Gegenkopplung vermindert. Wenn U_ε die Störspannung ohne, und $U_{\varepsilon c}$ diejenige mit Gegenkopplung bedeuten, so haben wir:

(381) $$U_{\varepsilon_c} = \frac{U_\varepsilon}{1 + rg} .$$

229. Transistorverstärker mit Gegenkopplung

Im Schema der Fig. 361 wirkt die Gegenkopplung sowohl auf die Gleichstromkomponente, als auch auf die Wechselstromkomponente.

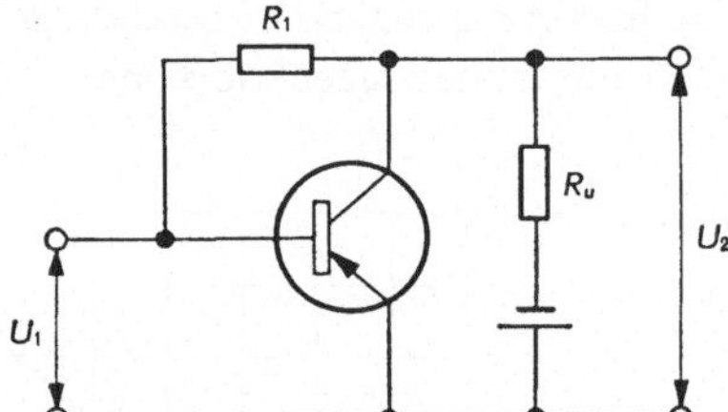

Fig. 361
Verstärkerstufe mit Gegenkopplung

Die Beziehungen, welche die Bestimmung der Verstärkung sowie der Ein- und Ausgangswiderstände einer Stufe ohne Gegenkopplung gestatten, können zur Berechnung einer Stufe mit Gegenkopplung benützt werden. Man ersetzt dabei die Größen h durch die Parameter h' (Stromgegenkopplung) oder h'' (Spannungsgegenkopplung). Beim zweiten Fall sind die neuen Parameter:

(382) $$h''_{11} = \frac{h_{11}}{1 + r} ,$$

(383) $$h''_{12} = \frac{h_{12} + r}{1 + r} ,$$

(384) $$h''_{21} = \frac{h_{21} - r}{1 + r} ,$$

(385) $$h''_{22} = \frac{r\,(h_{21} + 1)\,(1 - h_{21})}{h_{11}\,(1 + r)} + h_{22} .$$

wobei

(386) $$r = \frac{h_{11}}{R_1} .$$

Die Basisvorspannung des Transistors entsteht am Widerstand R_1, welcher ein Teil des Spannungsteilers ist, der die Gegenkopplungsspannung liefert. Wenn mehrere Stufen in Kaskade geschaltet sind, so kann man eine Gesamtgegenkopplung anwenden (siehe Abschnitt 224).

230. Gegenkopplung an der Endröhre

Die Verzerrungen werden hauptsächlich von der Endröhre erzeugt. Man verbessert also die Wiedergabe schon allein durch die Anwendung der Gegenkopplung an der Endröhre. Fig. 362 zeigt ein entsprechendes Schema.

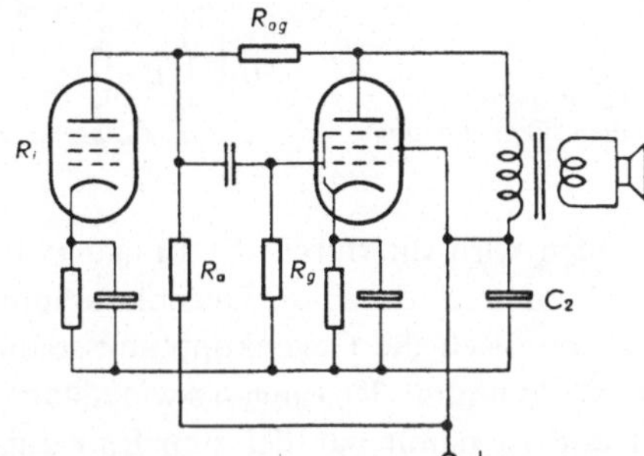

Fig. 362
Spannungsgegenkopplung an der Endröhre von Anode zu Anode

Vernachlässigt man den Einfluß des Innenwiderstandes R_i der ersten Röhre, so wird der Rückkopplungskoeffizient:[1]

(387)
$$r = \frac{R'_g}{R_{ag} + R'_g}$$
R_{ag} und R'_g in Ω,

wobei R'_g die Resultierende der Widerstände R_a und R_g in Parallelschaltung bedeutet.

In dieser Schaltung dürfen wir keine zu starke Gegenkopplung anwenden, weil sonst Eingangs- und Ausgangswiderstand der Röhre zu stark sinken würden.

Tatsächlich erzeugt die Eingangswechselspannung U_1 einen Strom I_g im Widerstand R_g, während die Ausgangswechselspannung U_2 einen Strom I_{ag}, welcher ebenfalls R_g durchfließt, hervorruft. Der Strom zwischen Steuergitter und Kathode ist dann (Fig. 363)

(388)
$$I = I_g + I_{ag} .$$

Der Eingangswiderstand mit Gegenkopplung wird:

(389)
$$R_{e_c} = \frac{U_1}{I_g + I_{ag}} .$$

[1] Wenn die erste Röhre eine Triode ist, kann ihr Innenwiderstand nicht vernachlässigt werden.

Dieser Widerstand R_{e_c} ist kleiner als R_g. Die Empfindlichkeit der Endröhre wird geringer, ebenso nimmt der Arbeitswiderstand der ersten Röhre ab. Es resultiert daraus eine kleinere Verstärkung der ersten Verstärkerstufe, gerade dann, wo sie eine größere Spannung zur Aussteuerung der Endröhre liefern sollte.

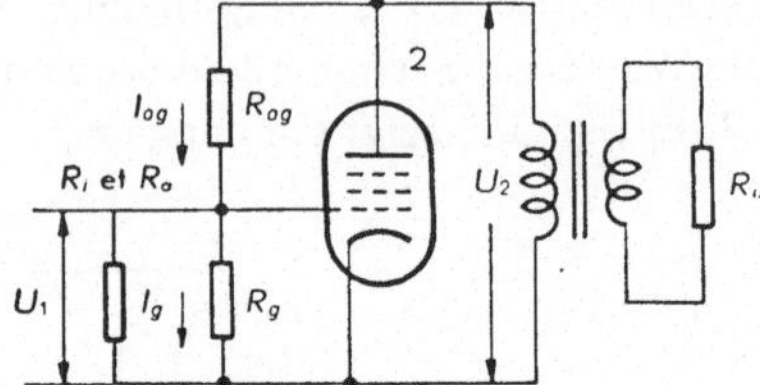

Fig. 363
Verringerung des Eingangswiderstandes einer Röhre durch Spannungsgegenkopplung

Unter diesen Umständen wird die durch die Eingangsstufe erzeugte Verzerrung bedeutend größer, sie kann auch durch die Gegenkopplung nicht behoben werden. Stellen wir fest, daß wenn sich die Gegenkopplungsspannung in Serie zum Verstärkereingang befindet, so nimmt der Eingangswiderstand zu. Wird sie jedoch der Endröhre zugeführt und ist damit parallel zum Eingang, so wird der Eingangswiderstand kleiner.

Nachstehend ein Beispiel für die Berechnung des Widerstandes R_{a_g}. Die Daten eines Verstärkers sind: Arbeitsimpedanz $Z_a = 3500\,\Omega$, Sprechleistung $= 8$ W und die Verzerrung (Klirrfaktor) 8%. Die Wechselspannung am Gitter für diese Leistung beträgt:

$$U_1 = 4\,\text{V}\,.$$

Berechnen wir die Spannung U_2 an der Arbeitsimpedanz.

$$U_2 = \sqrt{P \cdot Z_a} = \sqrt{8 \cdot 3\,500} = 167\,\text{V}\,.$$

Die vorherige Röhre kann, bei annehmbarer Verzerrung, eine Ausgangsspannung von 24 V liefern. Mit Gegenkopplung wird die effektiv an das Gitter der Endröhre angelegte Spannung:

(390) $$U_1 = U - r\,U_2\,.$$

Nun läßt sich der Rückkopplungskoeffizient r bestimmen:

(391) $$r = \frac{U - U_1}{U_2} = \frac{24 - 4}{167} = 0{,}12$$

oder 12%. Wenn der Widerstand R_g 1 Megohm und der Arbeitswiderstand R_a der ersten Röhre 0,2 Megohm hat, so wird der Widerstand R_g'

$$R_g' = \frac{R_a R_g}{R_a + R_g} = \frac{0{,}2 \cdot 1}{0{,}2 + 1} = 0{,}166\ \mathrm{M\Omega}\,. \tag{392}$$

Der Widerstand R_{a_g} kann jetzt mit der Formel

$$r = \frac{R_g'}{R_{ag} + R_g'}\,. \tag{393}$$

berechnet werden.
Tatsächlich haben wir

$$R_{ag} = R_g' \frac{1 - r}{r} \tag{394}$$

R_{ag} und R_g' in Ω.

Wenn der Innenwiderstand R_i der ersten Röhre, im Vergleich zu R_g, groß ist, erhalten wir in unserem Beispiel

$$R_{ag} = \frac{0{,}166\,(1 - 0{,}12)}{0{,}12} = 1{,}2\ \mathrm{M\Omega}\,. \tag{395}$$

231. Spannungsgegenkopplung über zwei Röhren

Die Gegenkopplung von Anode zu Anode korrigiert die Fehler des Ausgangstransformators nicht. Zudem ist, wegen der erforderlichen hohen Ausgangsspannung der 1. Röhre, die durch sie selbst erzeugte Verzerrung nicht mehr vernachlässigbar. Je nach den Betriebsbedingungen kann sie 5 bis 10% erreichen. Damit wird die durch die Gegenkopplung angestrebte Verbesserung geschmälert.
Es ist deshalb vorteilhaft, die Gegenkopplung zwischen Ausgang und Eingang des Verstärkers wirken zu lassen. Fig. 364 zeigt das Schema eines gegengekoppelten, zweistufigen Verstärkers.
Die durch den Spannungsteiler $R_1 - R_2$ gelieferte Gegenkopplungsspannung wird an die Kathode der ersten Röhre angelegt. Der Widerstand R_2 muß gegenüber R_k klein sein und die Kombination $R_1 R_2$ muß so gewählt werden, daß sie nur einen kleinen Teil der Sprechleistung verbraucht.
Wenn man die Gegenkopplung über zwei Röhren anwendet, wählt man mit Vorteil als erste Röhre eine Pentode mit großer Verstärkung. In diesem Falle muß der Entkopplungskondensator des Schirmgitters direkt an die Kathode angeschlossen werden. Tut man das nicht, so würde die Gegenkopplung auch auf das Schirmgitter einwirken, was unerwünscht ist.

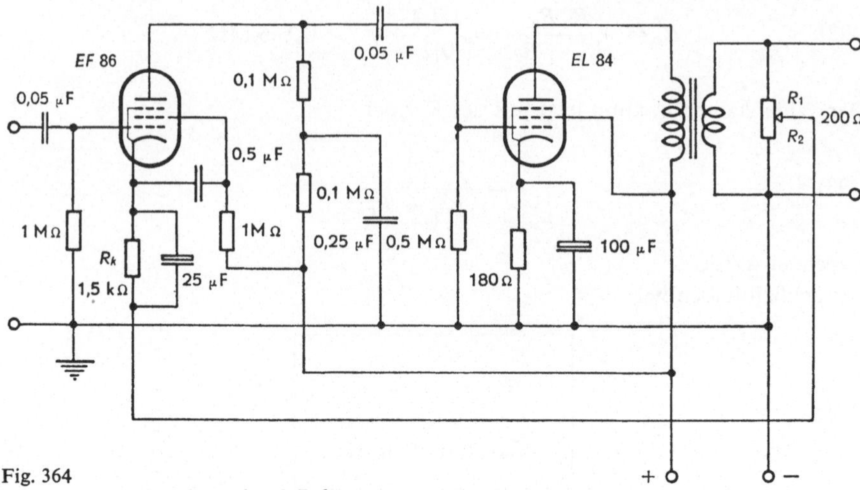

Fig. 364
Spannungsgegenkopplung über 2 Röhren

232. Verringerung der Gegenkopplung an den Grenzen des Hörbereiches. Klangregelung durch Spannungsgegenkopplung

Die Gegenkopplung erlaubt, die Frequenzkurve eines Verstärkers oder Empfängers zu verändern um damit Aufzeichnungs- oder Selektivitätsfehler zu korrigieren (siehe Band 2). Der Frequenzgang kann dabei dem Gehör angepaßt werden.
Die Wiedergabekurve der Schaltung Fig. 364 verläuft im Bereich der hörbaren Frequenzen horizontal. Der Spannungsteiler $R_1 - R_2$ ist rein ohmisch. Der Rückkopplungskoeffizient ist frequenzunabhängig. Die Verstärkungsgrenze mit Gegenkopplung beträgt $\frac{1}{r}$. Wir können die Verstärkung durch Änderung des Verhältnisses $R_1 : R_2$ beeinflussen.

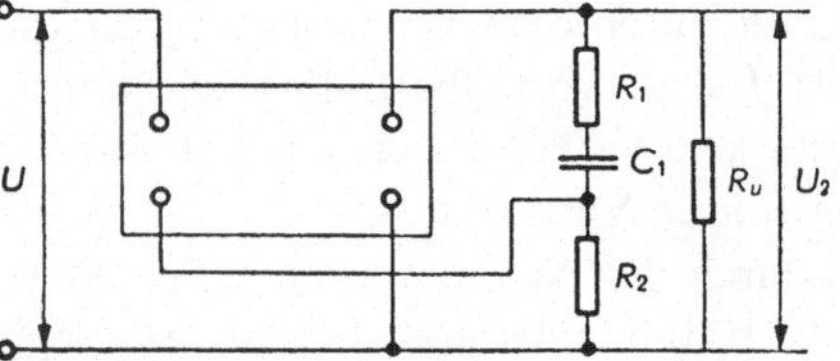

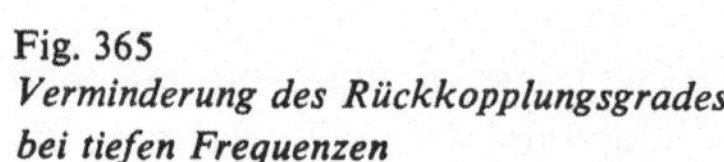
Fig. 365
Verminderung des Rückkopplungsgrades bei tiefen Frequenzen

Um r frequenzabhängig zu machen, müssen R_1 und R_2, oder einer der beiden durch Impedanzen ersetzt werden. Zu diesem Zweck werden in den Gegenkopplungskreis Spulen oder Kondensatoren eingeschaltet. Die Kondensatoren sind den Spulen vorzuziehen, da letztere von magnetischen Streufeldern beeinflußt werden könnten. Zudem ist eine genaue Eichung der Spulen schwieriger.

Um die tiefen Frequenzen anzuheben, schalten wir einen Kondensator C_1 in Serie mit R_1 (Fig. 365). Seine Kapazität ist so gewählt, daß der daraus resultierende Widerstand für die mittleren Frequenzen gegenüber R_1 vernachlässigbar ist. Je tiefer die Frequenz, desto größer wird die Kapazitanz von C_1, was einer Verringerung des Rückkopplungsgrades und damit einer Vergrößerung der Verstärkung für diese Frequenzen entspricht (Z_1 wird größer).

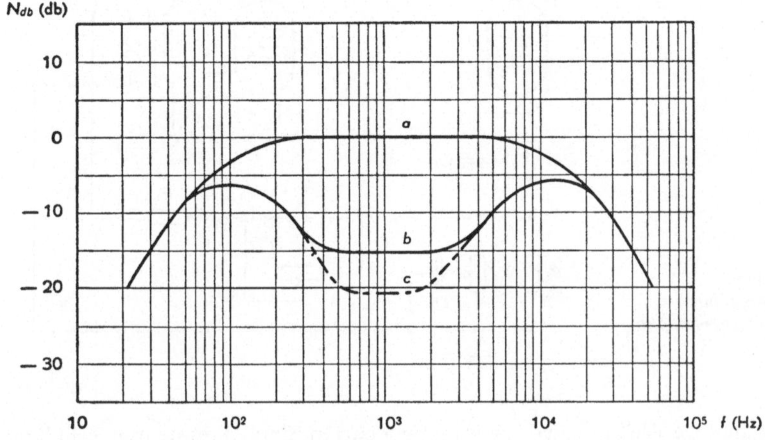

Fig. 366
Einwirkung der Gegenkopplung auf den Frequenzgang
a Ohne Gegenkopplung
b Kleinere Gegenkopplung an den Grenzen des Hörbereiches
c Größte Gegenkopplung

Dieses Resultat kann natürlich nur dann erreicht werden, wenn der Verstärker an beiden Enden der Frequenzkurve ohne Gegenkopplung noch eine genügende Verstärkungsreserve aufweist (siehe Fig. 366).
Um die hohen Frequenzen anzuheben, wird die Gegenkopplung in diesem Bereich abgeschwächt, indem man auf R_2 einwirkt (Fig. 367). Parallel zu R_2 wird ein Kondensator C_2 geschaltet. Für hohe Frequenzen ist sein Wechselstromwiderstand klein, was einer Verminderung von Z_2 entspricht. Damit wird für diesen Frequenzbereich die Verstärkung größer. Bei mittleren und niederen Frequenzen ist der Einfluß von C_2 unbedeutend.

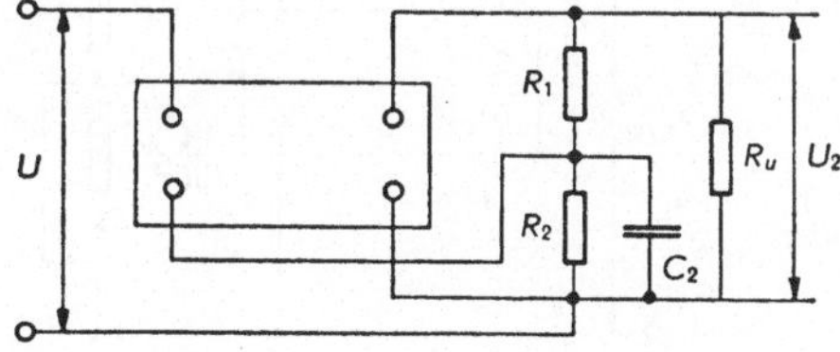

Fig. 367
Verminderung der Gegenkopplung bei hohen Frequenzen

Eine wirksame und feine Klangkorrektur erhält man, indem man die beiden Kondensatoren C_1 und C_2 durch Potentiometer P_1 und P_2 überbrückt (Fig. 368). Wenn der Widerstand von P_1 ein Maximum ist, werden die tiefen Töne angehoben. Ist hingegen der Läufer von P_2 an Masse, so werden die hohen Töne nicht angehoben.

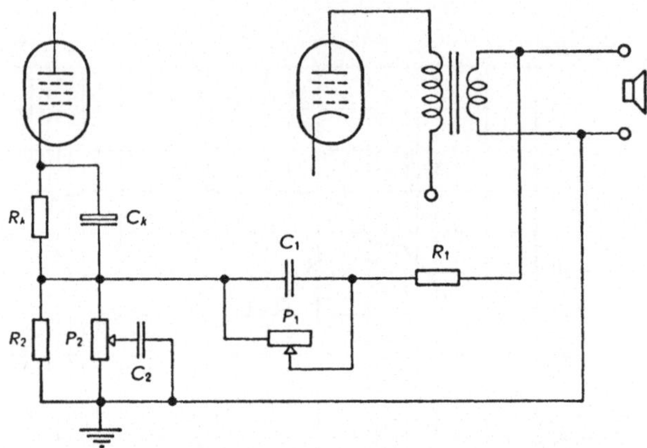

Fig. 368
Klangregelung durch Gegenkopplung

Eine analoge Wirkung, jedoch im umgekehrten Sinne, könnte man erhalten, indem man die Kondensatoren durch Spulen ersetzt (Fig. 369 und 370).

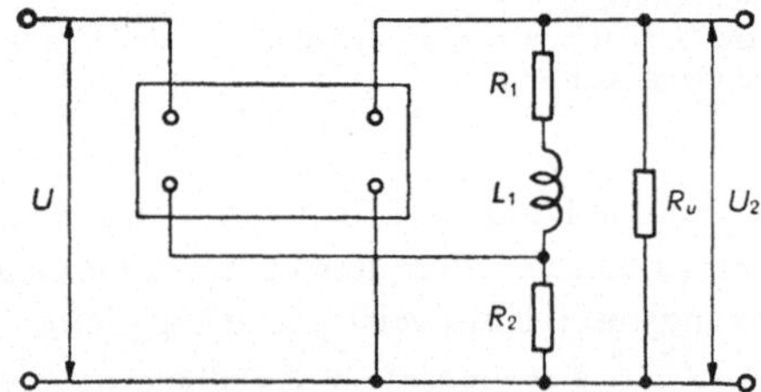

Fig. 369
Selektive Spannungsgegenkopplung, welche die hohen Frequenzen anhebt

Bei einer Gegenkopplungsschaltung mit einer Röhre, kann man die hohen und tiefen Töne durch eine selektive Gegenkopplung kompensieren (Fig. 371).

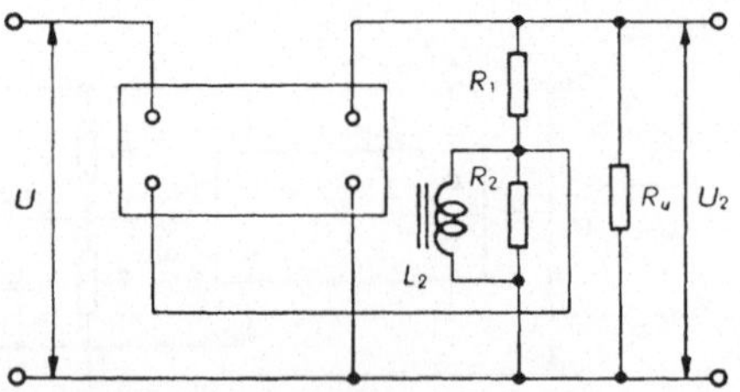

Fig. 370
Selektive Gegenkopplung zur Anhebung der tiefen Frequenzen

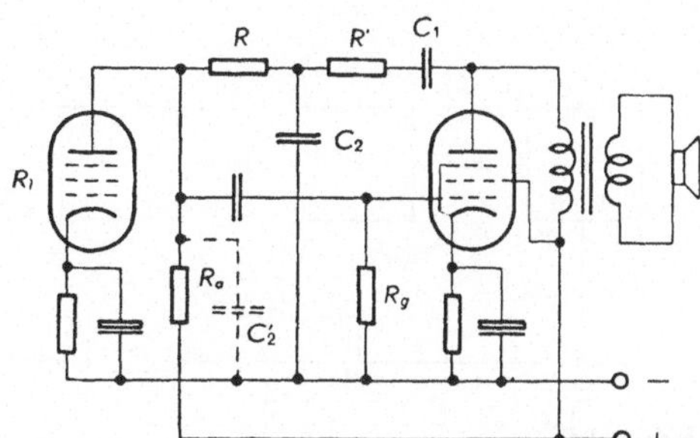

Fig. 371
Selektive Spannungsgegenkopplung an einer Röhre

Der Kondensator C_1 vermindert den Rückkopplungskoeffizienten für tiefe und C_2 für hohe Frequenzen.
Bei schwacher Gegenkopplung verhindert R die Abschwächung der hohen Frequenzen. Bei starker Gegenkopplung ist seine Wirkung klein und C_2 ist wie C_2' geschaltet und hebt die hohen Frequenzen an.

233. Summarische Bestimmung der Elemente eines spannungsgegengekoppelten Verstärkers

Ein Verstärker mit Gegenkopplung muß eine viel größere Verstärkungsreserve haben, als ein solcher ohne Gegenkopplung. Je stärker die Gegenkopplung wirkt, desto mehr verschwinden die Verzerrungen. Der Rückkopplungsgrad wird außerdem noch hoch angenommen, um eine Klangkorrektur durch selektive Gegenkopplung zu ermöglichen.
Es sollen die Elemente eines gegengekoppelten Verstärkers mit einer Sprechleistung von 5 W bei einer Eingangsspannung von 0,4 V bestimmt werden (Fig. 372).
Der Ausgangstransformator hoher Qualität überträgt die Sprechleistung auf einen Arbeitswiderstand oder auf eine Schwingspule mit einer Impedanz von 3 Ω. Ohne Gegenkopplung sei die Spannungsverstärkung 29 für die erste, 27 für die zweite, 1,8 für die Phasenumkehr- und 0,13 für die Endstufe, total ca. 180.
Ohne Gegenkopplung wäre das eine zu große Verstärkung.
Um eine Sprechleistung von 5 W zu erhalten, genügt eine Verstärkung von 10.
Für die Grenzverstärkung mit Gegenkopplung $\frac{1}{r}$ wählen wir einen Rückkopplungsgrad von 0,1 oder 10%. Bestimmen wir nun R_1 und R_2. R_2 soll gegenüber dem Kathodenwiderstand der Eingangsröhre oder dem Emitterwiderstand des 1. Transistors vernachlässigbar sein.
Die Summe $R_1 + R_2$ muß gegenüber der Schwingspulenimpedanz groß sein, damit ein möglichst kleiner Verlust an modulierter Leistung resultiert.
Obige Bedingungen sind erfüllt, wenn wir $R_1 = 540\,\Omega$ und $R_2 = 60\,\Omega$ (prakt. Werte 560 und 56 Ω) wählen. Bestimmen wir nun die Kapazitäten C_1 und C_2 um die tiefen und hohen Töne anzuheben. Um das Maximum an Verstärkung zu erreichen, können wir im äußersten Fall die Gegenkopplung für die betr. Frequenz aufheben.

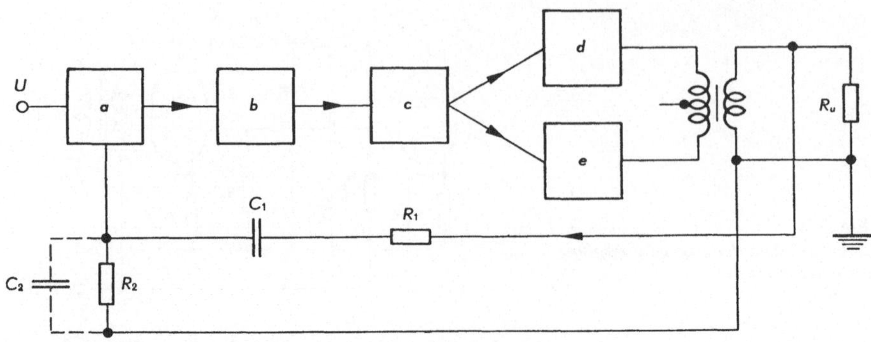

Fig. 372
Verstärker mit selektiver Gegenkopplung
a und *b* Spannungsverstärkerstufen
c Phasenumkehrstufe
d und *e* Gegentakt-Ausgangsstufe

Aus diesem Grunde müssen die Bestandteile des Verstärkers von guter Qualität sein, um schon ohne Gegenkopplung einen guten Frequenzgang zu erreichen. Wollen wir z. B. die Verstärkung bei 50 Hz verfünffachen, so muß hier der Rückkopplungskoeffizient fünfmal schwächer sein. Wir haben dann $r = 0{,}02$ oder 2%. Um r zu verkleinern, schalten wir einen Kondensator C_1 in Serie zum Widerstand R_1. C_1 ermitteln wir aus

$$r = \frac{R_2}{\sqrt{(R_1 + R_2)^2 + \dfrac{1}{\omega_1^2 C_1^2}}}, \tag{396}$$

woraus:

$$C_1 = \frac{r}{\omega_1 \sqrt{R_2^2 - r^2 (R_1 + R_2)^2}} = \frac{0{,}02}{314 \sqrt{3\,600 - 144}} \mathrel{\hat{=}} 1\ \mu\text{F}. \tag{397}$$

Schaltet man ein Potentiometer parallel zu C_1, so können wir die tiefen Töne kontinuierlich anheben. Wenn der Widerstand P_1 sein Maximum erreicht, hat die Verstärkung der tiefen Töne den größten Wert. P_1 muß groß genug gewählt werden, um die Wirkung von C_1 nicht zu beeinträchtigen. Ein Potentiometer von 10 kΩ erfüllt diese Bedingung. Wünschen wir nun die Verstärkung bei einer Frequenz von 8 kHz zu verfünffachen, so vermindern wir R_2 so weit, bis $r = 0{,}02$ wird. Wir haben dann:

$$r = \frac{R_2}{\sqrt{(\omega_2 C_2 R_1 R_2)^2 + (R_1 + R_2)^2}}, \tag{398}$$

woraus

$$(399)\qquad C_2 = \frac{\sqrt{R_2^2 - r^2 (R_1 + R_2)^2}}{\omega_2 \, r \, R_1 \, R_2} = \frac{\sqrt{3\,600 - 144}}{50\,240 \cdot 0{,}02 \cdot 3{,}24 \cdot 10^4} \mathrel{\hat{=}} 1{,}8\ \mu\text{F} .$$

Praktisch wählen wir einen Kondensator von 2 μF. Um die hohen Töne kontinuierlich anzuheben, kann man entweder ein Potentiometer P_2 in Serie zu C_2 schalten, oder R_2 durch ein Potentiometer P_2', dessen Läufer an C_2 angeschlossen ist, ersetzen. Wenn im ersten Fall P_2 kurzgeschlossen ist, erhalten wir eine maximale Anhebung der hohen Töne. Der Widerstand P_2 muß so gewählt werden, daß er bei seinem Maximum die Wirkung von C_2 verkleinert. Ein Potentiometer von 250 Ω erfüllt diese Aufgabe. Im zweiten Fall wird die Verstärkung der hohen Töne ein Maximum, wenn der Läufer von P_2' am weitesten von Masse entfernt ist.

234. Gegentaktverstärkerschaltungen mit Gegenkopplung

Fig. 373 zeigt das Schema eines hochwertigen, gegengekoppelten Gegentaktverstärkers mit Röhren.

Das Gegenkopplungsnetz besteht aus einem Widerstand 470 Ω, einem Kondensator von 1 μF zur Anhebung der tiefen, und einem Elektrolytkondensator 10 μF zur Anhebung der hohen Töne. Die Potentiometer 10 kΩ und 50 Ω gestatten eine kontinuierliche Einstellung der Verstärkung für diese Frequenzen.

Das Eingangssignal wird dem Steuergitter der Röhre EF 86 über den Lautstärkeregler 1 MΩ zugeführt. Die erste Verstärkerstufe wird mit dem Kathodenwiderstand 2,2 kΩ, durch 100 μF entkoppelt, automatisch vorgespannt.

Das Klangfarbepotentiometer 50 Ω hat hier keinen wesentlichen Einfluß. Der Anodenkreis besteht aus dem Arbeitswiderstand 100 kΩ und einem *RC*-Glied (100 kΩ, 0,5 μF) zur Phasenkorrektur. Das Schirmgitter wird über einem Widerstand von 1,2 MΩ gespiesen und mit 0,5 μF entkoppelt.

Die Kathodyne-Phasenumkehrstufe ist mit der Eingangsstufe durch einen Kondensator von 0,1 μF verbunden. Das Steuergitter der als Triode geschalteten EL 42 erhält durch den Spannungsteiler 2,2 MΩ–470 kΩ die nötige positive Vorspannung, um die durch den Kathodenwiderstand erzeugte hohe Vorspannung zu kompensieren. Der Anodenkreis enthält einen Arbeitswiderstand von 3,3 kΩ und ein Siebglied (32 μF, 1 kΩ).

Die Gegentaktstufe erhält ihre Eingangsspannungen über die Kondensatoren 0,1 μF und die Gitterableitwiderstände 470 kΩ. Die vor die Steuergitter geschalteten Widerstände 1 kΩ sollen Eigenschwingungen des Verstärkers vermeiden, welche infolge der großen Steilheit der EL 84 entstehen könnten.

Die Speisung eines Verstärkers mit Gegenkopplung muß sehr sorgfältig entworfen werden.

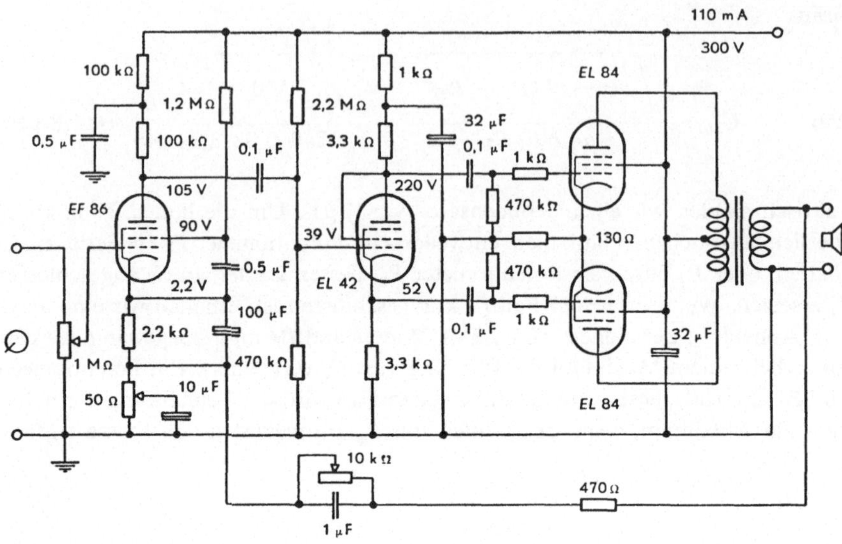

Fig. 373
Gegentaktverstärker hoher Tonqualität

In Fig. 352 haben wir das Schema eines gegengekoppelten Gegentaktverstärkers mit Transistoren kennengelernt. Die Gegenkopplung wird an die Basis des Phasenumkehrtransistors über den Kondensator $C = 2\,\mu F$ und den Widerstand $R = 68\,\Omega$ angelegt.

235. Anmerkung zur Kathodyne-Phasenumkehrschaltung

Die Kathodyne-Phasenumkehrschaltung ist eigentlich ein gegengekoppelter Verstärker (Fig. 374).
Die zwischen Anode und Kathode verfügbare Spannung ist:

$$U_2 + U_2' .$$

Die Spannung U_1, welche an den Eingang des Verstärkers angelegt wird, beträgt:

$$U_1 = U - U_2' .$$

Nur die Spannung U_1 zwischen Gitter und Kathode wird g-mal verstärkt.
Die Widerstände R_1 und R_2 bilden einen Spannungsteiler für die Gegenkopplung. Berechnen wir den Rückkopplungskoeffizienten für den Fall $R_1 = R_2$. Wir haben dann:

$$r = \frac{R_2}{R_1 + R_2} = 0{,}5 \text{ oder } 50\% .$$

Die Grenze der Verstärkung ist jetzt

$$g_c = \frac{1}{r} = 2 \, .$$

In Wirklichkeit ist die Totalverstärkung kleiner als 2.

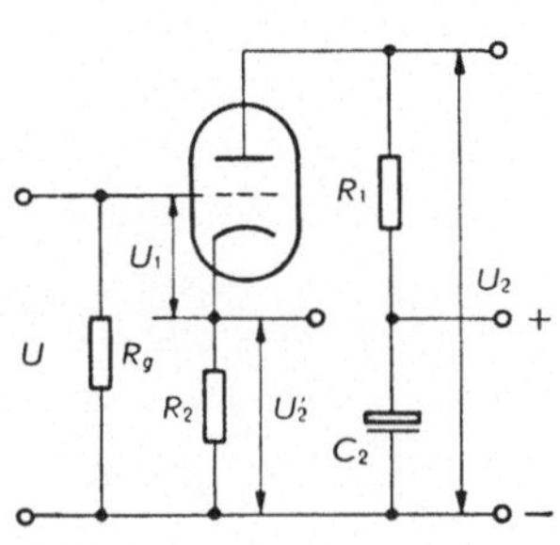

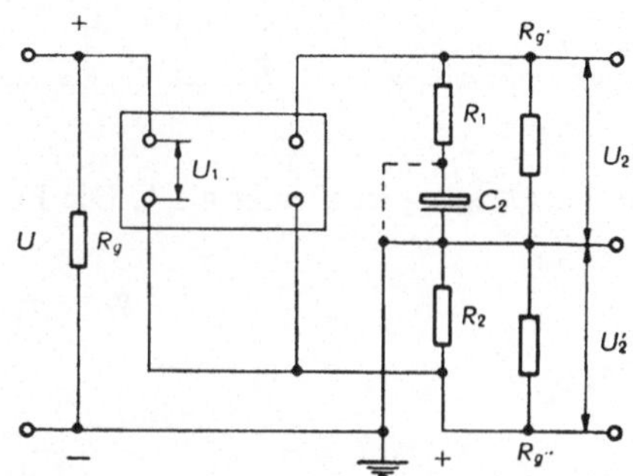

Fig. 374
Enfluß der Gegenkopplung in der Kathodyne-Phasenumkehrstufe

Betrachten wir nun die Verstärkung für die Widerstände R_1 und R_2 einzeln. Die Verstärkung mit Gegenkopplung ist kleiner als 1. Da R_1 und R_2 gleichgroß sind, trifft das auch für die Spannungen U_2 und U_2' zu, jedoch mit entgegengesetzter Phase.
Es ist

$$U_2' = r\,(U_2' + U_2) \, ,$$

also

$$U_2' = 0{,}5\, U_2' + 0{,}5\, U_2 \, ,$$

woraus

$$U_2' = U_2 \, .$$

In einer Kathodyne-Phasenumkehrstufe sind die Spannungen U_2 und U_2' gleichgroß, jedoch immer kleiner als die Eingangsspannung.

236. Kathodyne- und Kollektorschaltungen

Die Kathodyneschaltung ist ein spannungsgegengekoppelter Verstärker mit einem Rückkopplungskoeffizienten $r = 1$.
Die Ausgangsspannung U_2 wird ebenso am Eingang wirksam (Fig. 375), sie ist in Phase mit U_1.

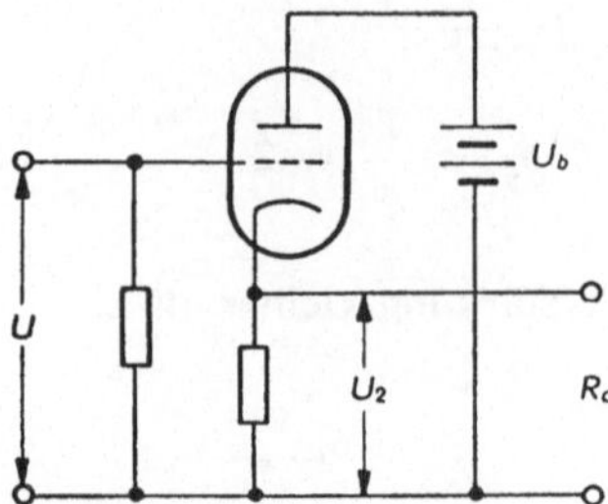

Fig. 375
Kathodyne-Schaltung

Die Verstärkung ist kleiner als 1. Die Formeln

$$g_c = \frac{g}{1 + r g}$$

oder

(400)
$$g_c = \frac{\dfrac{\mu}{1 + \mu r} \cdot R_k}{\dfrac{R_i}{1 + \mu r} + R_k}$$

sind anwendbar.

Bei dieser Schaltung werden Innenwiderstand R_i, Verstärkungsfaktor μ und Eingangskapazität C_e reduziert.

Der Hauptvorteil einer Verstärkerstufe in Kathodyne-Schaltung besteht darin, daß sie von der Frequenz 0 bis mehrere MHz als Impedanzwandler wirkt. Die Eingangsimpedanz ist hoch und die Ausgangsimpedanz ist niedrig. Die Ausgangsspannung U_2 hängt praktisch nur vom Arbeitswiderstand oder von der Arbeitsimpedanz ab. Das entsprechende Ersatzschema zeigt Fig. 376. Es dient zur Ermittlung des Ausgangswiderstandes:

(401)
$$R_s = \frac{R_{i_c} R_k}{R_{i_c} + R_k}\,;$$

und indem man R_{i_c} durch seinen Wert aus Gleichung (400) ersetzt:

(402)
$$R_s = \frac{R_i R_k}{R_i + R_k (1 + \mu)}\,.$$

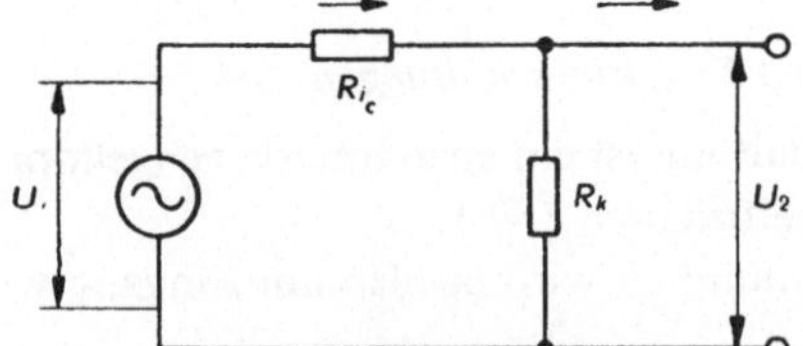

Fig. 376
Ersatzschema einer Kathodyneschaltung

Dividiert man Zähler und Nenner des zweiten Gliedes durch R_i, so sieht man, daß wenn $\mu \gg 1$ und $SR_K \gg 1$, so wird der Ausgangswiderstand

(403)
$$R_s \approx \frac{1}{S}$$
R_s in Ω und S in A/V.

Die Kathodyneschaltung gestattet die Ausführung von Vorstufen für Klasse B_2- und AB_2-Verstärker, Eingangsstufen für Oszillographenverstärker, Impedanzwandlern und Gleichspannungsstabilisatoren.
Die Kollektorschaltung hat ähnliche Eigenschaften, wie die Kathodyneschaltung (siehe Abschnitt 73).
Die Spannungsverstärkung ist kleiner als 1 und die Stromverstärkung entspricht praktisch derjenigen einer Emitterschaltung. Der Eingangswiderstand ist hoch, der Ausgangswiderstand ist klein. Letzterer beträgt:

(404)
$$R_s = \frac{1}{\frac{1}{r_c} + \frac{h_{21_e}}{h_{11_e} + R_g}},$$

wobei r_c den Innenwiderstand des Kollektors und R_g denjenigen des Eingangsgenerators bedeuten. Wenn r_c groß und $h_{11_e} \ll R_g$ ist, so haben wir

(405)
$$R_s \approx \frac{R_g}{h_{21_e}}$$
R_g und R_s in Ω.

Die Breitbandkollektorschaltungen müssen mit Transistoren mit kleinen Kapazitäten zwischen den Elektroden ausgerüstet sein.

237. Stromgegenkopplung. Schaltungen mit Röhren und Transistoren

Die Verstärkung g_c' einer Verstärkerstufe mit Stromgegenkopplung (Fig. 377) beträgt:

(406)
$$g_c' = \frac{U_2'}{U}.$$

In den Abschnitten 233 und 224 haben wir erfahren, daß

(407)
$$U = U_1 + U_c = U_1 + \frac{R_2}{R_u} U_2'.$$

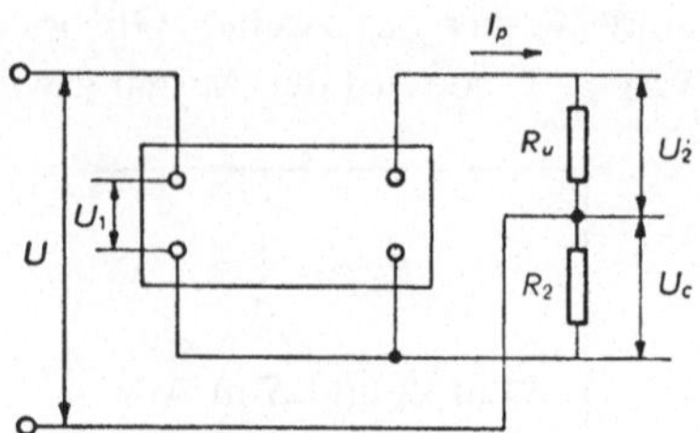

Fig. 377
Stromgegenkopplung

Ersetzt man U_1 durch seinen Wert $\frac{U_2'}{g}$, so erhält man

(408)
$$g_c' = \frac{g}{1 + \frac{R_2}{R_u} g},$$

wobei R_2 den Kathodenwiderstand einer Röhre oder den Emitterwiderstand eines Transistors bedeuten kann.

a) Röhrenschaltung

Ersetzt man in der Formel 408 die Verstärkung ohne Gegenkopplung durch ihren Wert

(409)
$$g = \frac{\mu R_a}{R_i + R_k + R_a},$$

so erhält man

(410)
$$g_c' = \frac{\mu R_a}{R_i + R_a + R_k (1 + \mu)}$$

R_a, R_i und R_k in Ω.

Wir stellen hier fest, daß der Innenwiderstand R_i bei Anwendung der Stromgegenkopplung größer wird. Er beträgt:

(411)
$$R_{i_c}' = R_i + R_k (1 + \mu)$$

R_i, R_{i_c} und R_k in Ω.

Für eine Pentode kann die Erhöhung von R_i beträchtlich sein. In diesem Falle wird die Steilheit viel kleiner, nämlich

$$S = \frac{\mu}{R_i};$$

woraus: Wenn R_i zunimmt, so wird S kleiner.

Die Fig. 378 zeigt eine Schaltung mit Stromgegenkopplung. Der sonst übliche Entkopplungskondensator des Kathodenwiderstandes fehlt.
Die Stromgegenkopplung vermindert die Verzerrungen und die Eingangskapazität eines Verstärkers. Hingegen erhöht sie den Eingangswiderstand und den Innenwiderstand der Verstärkerstufe. Mit Stromgegenkopplung wird die effektiv an den Verstärkereingang angelegte Spannung U_1

(412) $$U_1 = U - U_c = U - I_p R_k .$$

Wenn $R_k \ll R_a$ ist, erhalten wir

(413) $$I_p \approx S_d U_1 .$$

Setzt man den Wert I_p in die Formel 412 ein, so ergibt sich

$$U_1 = U - S_d U_1 R_k ,$$

somit

(414) $$U_1 = \frac{U}{1 + S_d R_k}$$

S_d in A/V, R_k in Ω, U und U_1 in V,

wobei S_d die dynamische Steilheit bedeutet
Damit wird der Eingangswiderstand mit Stromgegenkopplung:

(415) $$R'_{e_c} = R_e (1 + S_d R_k)$$

S_d in A/V, R_e, R'_{e_c} und R_k in Ω,

wobei R_e den Eingangswiderstand ohne Gegenkopplung (Serieschaltung) bedeutet.
Die Eingangsspannung mit Stromgegenkopplung beträgt:

(416) $$C'_{e_c} = \frac{C_e}{1 + S_d R_k}$$

C_e und C'_{e_c} in pF, S_d in A/V, R_k in Ω,

C_e ist die Eingangskapazität ohne Gegenkopplung. Die Verzerrung (Klirrfaktor) mit Gegenkopplung ergibt sich aus der Formel

(417)
$$d_c' = \frac{d}{1 + S_d R_k}$$
S_d in A/V, R_k in Ω.

wo d die Verzerrung ohne Gegenkopplung bedeutet.

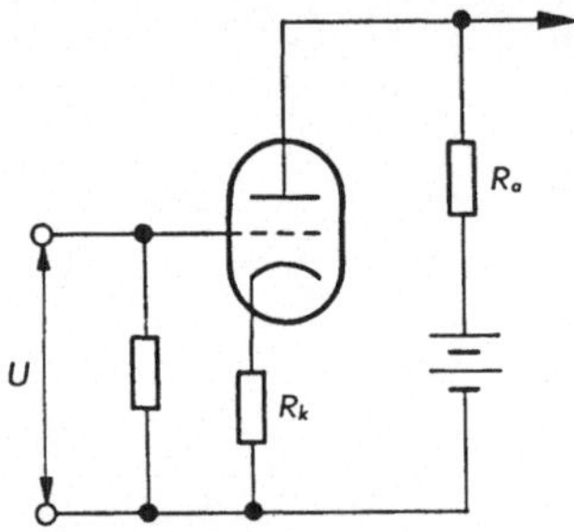

Fig. 378
Röhrenverstärker mit Stromgegenkopplung

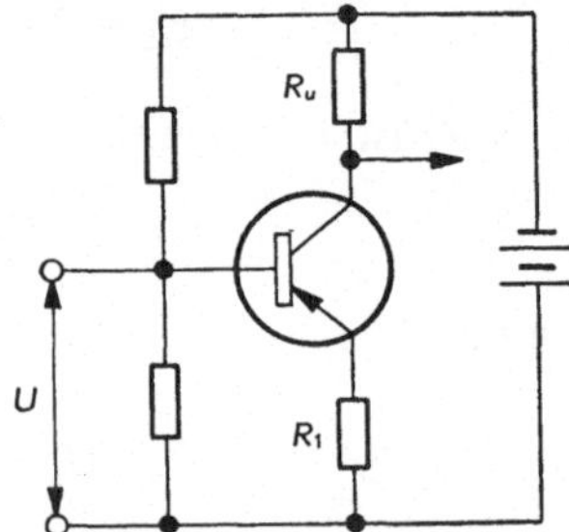

Fig. 379
Transistorenverstärker mit Stromgegenkopplung

b) Transistorschaltung

Die allgemeinen, im Abschnitt 73 beschriebenen Verhältnisse, sind bei Stromgegenkopplung anwendbar, und zwar unter der Bedingung, daß man anstelle der Parameter h die neuen Werte

(418) $$h_{11}' = h_{11} + R_1\, h_{21}\,,$$

(419) $$h_{12}' = h_{12} + R_1\, h_{22}\,,$$

(420) $$h_{21}' = h_{21}\,,$$

(421) $$h_{22}' = h_{22}\,;$$

setzt.

Diese Verhältnisse haben Gültigkeit, wenn $h_{12} \ll 1$, $R_1 h_{22} \ll 1$ und $h_{21} \gg 1$ sind. Die Fig. 379 zeigt das Schema eines Verstärkers mit Stromgegenkupplung.

238. Bemerkungen zur Einregulierung von gegengekoppelten Verstärkern

Vor der Anwendung der Gegenkopplung muß man sich überzeugen, ob der Verstärker ohne diese korrekt arbeitet.

Beim Anlegen der Gegenkopplung kann es vorkommen, daß im Lautsprecher ein Heulton entsteht, nämlich dann, wenn die Gegenkopplung sich nicht in Gegenphase mit der Eingangsspannung befindet, wir haben dann positive Rückkopplung. Um diesen Fehler zu beheben, genügt es, die Anschlüsse primär oder sekundär des Transformators zu vertauschen. Gelegentlich kann der Verstärker auch bei sehr tiefen oder sehr hohen (sogar nicht mehr hörbaren) Frequenzen zum Schwingen kommen. Das rührt von einer Phasendrehung in diesen Bereichen her. Bei tiefen Frequenzen kann man diese Verzerrung vermindern, indem man die Kapazitäten der Entkopplungskondensatoren (Kathode, Schirmgitter, Speisung) vergrößert.
In bestimmten Fällen muß man die Verstärkung der tiefen Frequenzen durch Verkleinerung der Kopplungskondensatoren vermindern.

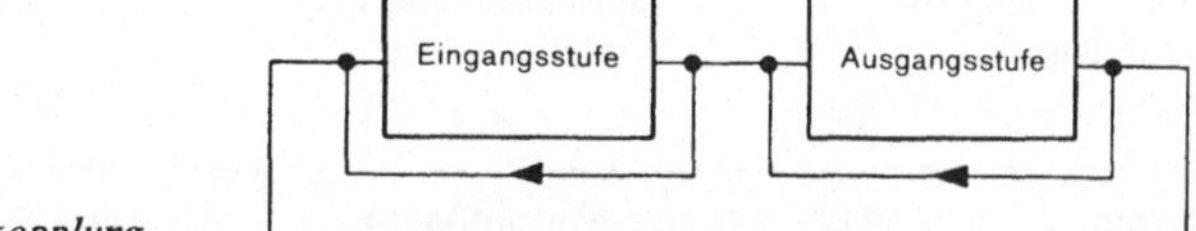

Fig. 380
Aufteilung der Gegenkopplung

Die Schwingneigung bei hohen Frequenzen kann durch Seriewiderstände vor den Steuergittern und, soweit möglich, durch Verminderung der Streukapazitäten bekämpft werden. Manchmal kann auch eine Überbrückung des Arbeitswiderstandes der ersten Röhre mit einer Kapazität eine Verbesserung ergeben.
Man kann auch, wie Fig. 380 zeigt, die Gegenkopplung aufteilen oder einen Kondensator an den Primärkreis des Ausgangstransformators anschließen.
Bei den Gegentaktschaltungen ist darauf zu achten, daß die Röhren oder Transistoren die gleiche Charakteristik haben.
Das Radikalmittel, um die Schwingungen zu bekämpfen, wäre die Verminderung des Rückkopplungsgrades r. Dabei verliert man jedoch die Vorteile der Gegenkopplung.

Farben-Code für Widerstände und Kondensatoren

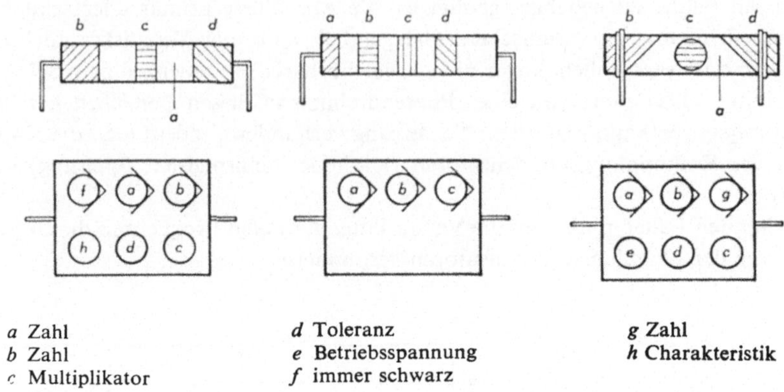

a Zahl
b Zahl
c Multiplikator
d Toleranz
e Betriebsspannung
f immer schwarz
g Zahl
h Charakteristik

Farbe	Zahl	Multiplikator	Toleranz %	Spannung V
Schwarz	0	1		
Braun	1	10	1	100
Rouge	2	100	2	200
Orange	3	1 000	3	300
Gelb	4	10 000	4	400
Grün	5	100 000	5	500
Blau	6	1 000 000	6	600
Violett	7	10 000 000	7	700
Grau	8	100 000 000	8	800
Weiß	9	1 000 000 000	9	900
Gold		0,1	5	1 000
Silber		0,01	10	2 000
ohne Farbe			20	500

Normalisierte Werte (± 10%):

10 12 15 18 22 27 33 39 47 56 68 82

Vergleichstabelle der Einheiten verschiedener Maßsysteme

Größen	Prakt.	Giorgi	E.S.C.G.S.	E.M. C.G.S.	Gauss
Stromstärke I	A	A	1 u.e.s. $= \frac{1}{10\,c}$ $\approx 3{,}33.10^{-10}$ A	1 u.e.m. $=$ 10 A	1 u.e.s. $\approx$ $3{,}33.10^{-10}$ A
Spannung U	V	V	1 u.e.s. $= \frac{c}{10^6}$ ≈ 300 V	1 u.e.m. $=$ 10^{-8} V	1 u.e.s. $\approx$ 300 V
Widerstand R	Ω	V/A = Ω	1 u.e.s. $= \frac{c^2}{10^5}$ $\approx 9 \cdot 10^{11}$ Ω	1 u.e.m. $=$ 10^{-9} Ω	1 u.e.s. $\approx$ 9.10^{11} Ω
Last Q	C	A.s = C	1 u.e.s. $= \frac{1}{10\,c}$ $\approx 3{,}33.10^{-10}$ C	1 u.e.m. $=$ 10 C	1 u.e.s. $\approx$ $3{,}33.10^{-10}$ C
Kapazität C	F	C/V = F	1 cm $= \frac{10^5}{c^2}$ $\approx 1{,}11.10^{-12}$ F	1 u.e.m. $=$ 10^9 F	1 u.e.s. $\approx$ $1{,}11.10^{-12}$ F
El. Feldstärke E	V/m	V/m	1 u.e.s. $= \frac{c}{10^4}$ $\approx 3.10^4$ V/m	1 u.e.m. $=$ 10^{-6} V/m	1 u.e.s. $\approx$ 3.10^4 V/m
Magn. Feldstärke H	Oe	A/m	1 u.e.s. $= \frac{10}{4\pi c}$ $\approx 2{,}65.10^{-9}$ A/m	1 Oe $\approx$ 79,6 A/m	1 Oe $\approx$ 79,6 A/m
Magn. Fluß Φ	Mx	V.s = Wb	1 u.e.s. $= \frac{c}{10^8}$ ≈ 300 Wb	1 Mx $=$ 10^{-8} Wb	1 Mx $=$ 10^{-8} Wb
Magn. Induktion B	Gs	Wb/m²	1 u.e.s. $= \frac{c}{10^2}$ $\approx 3.10^6$ Wb/m²	1 Gs $=$ 10^{-4} Wb/m²	1 Gs $=$ 10^{-4} Wb/m²
Selbstinduktions-koeffizient L	H	Wb/A	1 u.e.s. $= \frac{c^2}{10^5}$ $\approx 9.10^{11}$ H	1 cm $=$ 10^{-9} H	1 cm $=$ 10^{-9} H

Anmerkung: u.e.s. = Elektrostatische Einheiten
u.e.m. = Elektromagnetische Einheiten